高等教育"十二五"规划教材

大学计算机应用基础案例教程

刘若慧　主编

電子工業出版社
Publishing House of Electronics Industry
北京·BEIJING

内容简介

本书是根据教育部高等学校非计算机专业计算机基础课程指导分委员会提出的《关于进一步加强高校计算基础教学的意见》中的教学要求和最新大纲编写而成的。全书主要内容包括计算机基础知识、Windows XP操作系统、Word 2007字处理软件、Excel 2007电子表格处理软件、PowerPoint 2007电子演示文稿软件、Access 2007数据库管理软件、网络基础及Internet应用、多媒体技术与常用工具软件。

本书以能力培养为目标，以问题导向为方法，以“做中学”为手段，进行了一体化设计。从案例入手，将计算机应用基础的相关知识恰当地融入到案例的分析和制作过程中，图文并茂、深入浅出、通俗易懂，符合学生思维的构建方式，使学生在学习过程中不仅能掌握独立的相关知识，而且能培养学生综合分析问题和解决问题的能力。全书采用案例方式安排教学内容，注重实用性和可操作性，有助于提高大学生计算机应用操作能力。

本书可作为高等学校非计算机专业“大学计算机基础”课程教材，也可供计算机爱好者学习使用。

图书在版编目（CIP）数据

大学计算机应用基础案例教程 / 刘若慧主编. —北京：电子工业出版社，2012.7
ISBN 978-7-121-17237-3

Ⅰ.①大… Ⅱ.①刘… Ⅲ.①电子计算机－高等学校－教材 Ⅳ.①TP3

中国版本图书馆CIP数据核字（2012）第117541号

策划编辑：祁玉芹
责任编辑：鄂卫华
印　　刷：三河市鑫金马印装有限公司
装　　订：三河市鑫金马印装有限公司
出版发行：电子工业出版社
　　　　　北京市海淀区万寿路173信箱　邮编　100036
开　　本：787×1092　1/16　印张：18.5　字数：474千字
印　　次：2012年9月第2次印刷
定　　价：35.00元

凡所购买电子工业出版社图书有缺损问题，请向购买书店调换。若书店售缺，请与本社发行部联系，联系及邮购电话：（010）88254888。

质量投诉请发邮件至zlts@phei.com.cn，盗版侵权举报请发邮件至dbqq@phei.com.cn。

服务热线：（010）88258888。

前　言

《大学计算机应用基础案例教程》是根据教育部高等学校非计算机专业计算机基础课程指导分委员会提出的《关于进一步加强高校计算机基础教学的意见》的指导思想编著的。

大学计算机基础课程教学的目的是为大学生提供计算机基本知识与计算机应用技能方面的教育，使学生具备用计算机处理实际问题的基本能力，课程的重点放在培养学生利用计算机分析问题、解决问题的能力上。本书以能力培养为目标，采取“案例”教学法，采用“教、学、做”一体化的教学模式。使计算机基础教学从传统的“讲授+上机”向基于工作过程的“做中学、学中做”教学模式的转变。

本书的创新在于用案例贯穿知识，用任务驱动教学。按照教学规律和学生的认知特点选择与知识点紧密结合的案例，把理论单元的知识进行系统融合、连接。围绕案例中的任务展开知识点教学，在实际任务的驱动下引导学生去积极地学习计算机知识与技能。

本书通过综合案例系统地介绍了计算机基础知识、Windows XP，Word 2007、Excel 2007、PowerPoint 2007、Access 2007、网络基础及Internet应用、多媒体技术与常用工具软件、计算机新技术。书中案例均取自实际应用。每个教学案例包括学习目标、相关知识点及操作步骤，同时提供与教学案例相对应的实训案例作为巩固练习之用。

全书共分9章，第1章 计算机基础知识，第2章 Windows XP操作系统，第3章 Word2007文字处理软件，第4章Excel2007电子表格处理软件，第5章 PowerPoint电子演示文稿软件，第6章Access2007数据库管理软件，第7章网络基础及Internet应用，第8章多媒体技术与常用工具软件，第9章 新技术介绍。每章配有实训题目。为了保证知识的系统性、完整性，拓宽知识面，在相关章节后面增加了知识链接。

本书由大学计算机基础课程教学一线教师编写完成，刘若慧教授任主编，魏雪峰、李景富、刘康明任副主编，参加本书编写的还有张莉华、牛小梅、陈萍老师。第1章由魏雪峰编写，第2章由刘若慧编写，第3章由张莉华编写，第4、5章由牛小梅编写，第6章由陈萍编写，第 7、8 章由刘康明编写，第 9 章由李景富编写。全书由耿红琴教授统稿审核。

由于编写时间仓促，书中难免有疏漏和不妥之处，欢迎广大读者批评指正，衷心希望广大使用者尤其是任课教师提出宝贵的意见和建议，以便再版时修改完善。

编　者

2012 年 5 月

目　录

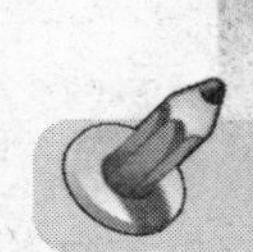

第 1 章　计算机基础知识

教学目标：

通过本章的学习，了解计算机发展的历史和未来的新型计算机，了解计算机的分类、特点、应用领域，掌握微型计算机的基本结构、硬件组成、软件配置以及微机的组装等，掌握计算机中的信息表示，了解计算机病毒的概念，了解计算机和网络相关的政策和法律法规，理解信息素质的概念和信息素质的内涵及标准，培养遵守网络使用规范和网络道德，能够识别和抵制不良信息的良好行为。

教学内容：

本章主要介绍计算机的基础知识，主要包括：

1. 计算机的概念、计算机的产生和发展及未来的计算机。
2. 计算机的分类、特点及应用领域。
3. 计算机的信息表示。
4. 计算机的基本结构。
5. 微型计算机的硬件组成、系统软件配置及其性能指标。
6. 计算机病毒的基本概念。
7. 信息素质的概念、内涵及标准。

教学重点与难点：

1. 计算机的概念。
2. 微型计算机的硬件组成、系统软件配置及其性能指标。
3. 计算机的信息表示。
4. 信息素质的概念和信息素质的内涵及标准。

1.1　教学案例：计算机的发展与应用

【任务】什么是计算机？世界上第一台电子计算机诞生于什么时候？从第一台电子计算机的诞生到现在电子计算机的发展经历了哪几个阶段？电子计算机的主要用途有哪些？

1.1.1　学习目标

通过本案例的学习，使学生充分了解计算机概念、产生和发展，掌握计算机的分类和应用，使学生积累信息技术的基本知识，为后续知识的学习奠定基础。

1.1.2 相关知识

现代计算机的诞生是20世纪人类最伟大的发明创造之一。计算机是各行各业必不可少的一种基本工具，计算机与信息处理知识已成为人们必修的基础文化课程之一。

一、计算机的概念

计算机（Computer）是一种能够在其内部指令控制下运行，并能够自动、高速而准确地对信息进行处理的现代化电子设备。它通过输入设备接受字符、数字、声音、图片和动画等数据；通过中央处理器进行计算、统计、文档编辑、逻辑判断、图形缩放和色彩配置等数据处理；通过输出设备以文档、声音、图片或各种控制信号的形式输出结果；通过存储器将数据、处理结果和程序存储起来以备后用。

随着计算机技术的不断发展，计算机的功能也越来越完善，已具有了相当强的逻辑判断力、自动控制能力和记忆能力，在一定程度上代替了人脑的工作，所以有时人们也将计算机称为“电脑”。

二、电子计算机的诞生及发展历程

1. 电子计算机的诞生

1946年2月14日，世界上第一台电子数字积分计算机ENIAC（Electronic Numerical Integrator And Calculator）在美国宾夕法尼亚大学诞生，如图1-1所示。它是为计算弹道和射程而设计的，主要元件是电子管，每秒钟能完成5000次加法。该机使用了1500 个继电器，18 800个电子管，占地170米^2，重达30多吨，耗电150千瓦，真可谓“庞然大物”。ENIAC的问世标志着电子计算机时代的到来，它的出现具有划时代的意义。

图1-1 电子数字积分计算机

2. 电子计算机的发展历程

从第一台电子计算机诞生到现在的近 60 多年，计算机技术以前所未有的速度迅猛发展，早期计算机大约每隔8～10年速度提高10倍，成本、体积缩小10倍；近年来，大约每隔3年，计算机性能提高近4倍，成本下降50%。人们通常按制造计算机所采用的元器件将计算机分为四代：

（1） 第一代计算机。

第一代电子管计算机（1946—1957 年），其基本元件是电子管。内存为磁鼓，外存为磁带，使用机器语言或汇编语言编程，运算速度为每秒几千次到几万次，内存储器容量非常小。这一代的计算机体积庞大、造价昂贵、速度低、存储容量小、可靠性差、不易掌握、应用范围小，主要应用于军事和科研领域的科学计算。UNIVAC-I是第一代计算机的代表。

（2） 第二代计算机。

第二代晶体管计算机（1958—1964 年），其主要元件是晶体管。晶体管计算机体积小，速度快、功能强和可靠性高。第二代计算机与第一代计算机相比，其运算速度从每秒几万次提高到几十万次，内存储器容量扩展到几十万字节，使用范围也由单一的科学计算扩展到数据处理和事务处理等其他领域中。IBM-7000 系列机是第二代计算机的代表。

（3） 第三代计算机。

第三代集成电路计算机（1965—1972 年），其主要元件是采用小规模集成电路和中规模集成电路。所谓集成电路是用特殊的工艺将完整的电子线路做在一个硅片上。与晶体管相比，集成电路计算机的体积、重量、功耗都进一步减少，运算速度、逻辑运算功能和可靠性都进一步提高。此外，软件在这个时期形成了产业。操作系统在规模和功能上发展很快，提出了结构化、模块化的程序设计思想，出现了结构化的程序设计语言。这一时期的计算机同时向标准化、多样化、通用化、机种系列化发展。IBM-360 系列是最早采用集成电路的通用计算机，也是影响最大的第三代计算机的代表。

（4） 第四代计算机。

第四代大规模和超大规模集成电路计算机（1971 年至今），其主要特征是逻辑器件采用大规模和超大规模集成电路。计算机的体积、重量和耗电量进一步减少，计算机的性能价格比基本上以每 18 个月翻一番的速度上升。IBM4300 系列、3080 系列、3090 系列和 9000 系列是这一代计算机的代表性产品。

尽管人们早已谈论第五代、第六代计算机了，但一些专家认为，新一代计算机系统的本质是智能化，它具有知识表示和推理能力，可以模拟或部分代替人的智能，具有人—机自然通信能力。

从 1946 年第一台计算机诞生起，计算机已经走过了半个世纪的发展历程。60 多年来，计算机在提高速度、增加功能、缩小体积、降低成本和开拓应用等方面不断发展。未来的计算机在朝着巨型化、微型化、多媒体化、网络化、智能化的方向发展。

三、计算机的分类

按照国际上比较流行的分类法，计算机根据其规模和处理能力分为巨型计算机、大型主机、小巨型计算机、小型计算机、工作站和微型计算机 6 大类。

1. 巨型机

巨型计算机（Supercomputer）又称为超级计算机，通常指最大、最快、最贵的计算机。如日本超级计算机“京”（K computer）以每秒 8162 万亿次运算速度成为全球最快的超级计算机，我国研制出的“天河-1A”超级计算机峰值性能为每秒 4700 万亿次，如图 1-2 所示。

图 1-2 “天河-1A”超级计算机

2. 大型主机

大型主机（Mainframe）也称大型计算机，包括通常所说的大、中型计算机。这是在微型机出现之前最主要的计算模式，即把大型主机放在计算中心的机房中，用户要上机就必须去计算中心的终端上工作。大型主机经历了批处理阶段、分时处理阶段，进入了分散处理与集中管理的阶段。美国 IBM 公司是大型主机的主要生产厂家，控制超过 90%的市场份额，日本的富士通、NEC 公司也生产这类计算机。

3. 小巨型计算机

小巨型计算机（Minisupercomputer）是新发展起来的小型超级计算机，或称桌面型超级计算机，它可以使巨型机缩小成个人机的大小，或者使个人机具有超级计算机的性能。它是对巨型机的高价格发出的挑战，发展非常迅速。例如，美国 Conver 公司的 C 系列、Alliant 公司的 FX 系列就是比较成功的小巨型机。

4. 小型计算机

由于大型主机价格昂贵，操作复杂，只有大企业大单位才能买得起，因此，随着集成电路的问世，20 世纪 60 年代 DEC 推出了一系列小型计算机。小型机（Minicomputer）的软件、硬件系统规模比较小，但价格低、可靠性高、便于维护和使用，为中小企事业单位所采用。例如，美国 DEC 公司的 VAX 系列、DG 公司的 MV 系列、IBM 公司的 AS/400 系列，以及富士通公司的 K 系列都是有名的小型机。

5. 工作站

工作站（Workstation）有自己鲜明的特点，它的运算速度通常比微型计算机要快，需要配置大屏幕显示器和大容量的存储器，并且要有比较强的网络通信功能，主要用于特殊的专业领域，例如图像处理、计算机辅助设计等方面。

工作站又分为初级工作站、工程工作站、超级工作站，以及超级绘图工作站等，典型机型有 HP 工作站、Sun 工作站等。

6. 微型计算机

微型计算机（Microcomputer）又称微型计算机或个人计算机（PC），目前已经非常普及，广泛应用于办公、教育领域及普通家庭。随着微型计算机的用户增多，人们对其要求也不断提高，目前微机正在由桌上型向笔记本型发展，功能也由单一的办公用具发展为集音视频、电话、传真和电视等一体化的多媒体计算机，不但可以满足日常办公的需要，还成为人们的一大娱乐工具。

四、计算机的特点

机械可使人类的体力得以放大，计算机则可以使人类的智慧得以放大。作为人类智力的工具，计算机具有以下主要特点。

1. 运算速度快

通常以每秒种完成基本加法指令的数目表示计算机的运算速度。现在每秒执行百万次的计算机已不罕见，有的机器可达数百亿次、甚至数千亿次。计算机的高速度使它在金融、交通、通信等领域达到实时、快速的服务。

2. 精确度高

计算机在进行数值计算时达到很高的精度。在常用的数字用表中，数值的结果达到 4 位，如果要达到 8 位或 16 位的话，用手工计算需花费很多时间，而对于计算机来说，让它来快速而又精确地生成 32 位或 64 位的结果是件非常容易的事。如用计算机计算圆周率，目前可达到小数点后数百万位了。

3. 具有记忆功能

计算机的存储器相当于人的大脑，可以“记忆”大量的信息。能够把数据、指令等信息存储起来，在需要的时候再将它们调出，描述计算机记忆能力的是存储容量，常用的存储容量单位有：字节（B）、KB、MB、GB 等，现在的计算机的存储容量越来越大。

4. 具有逻辑判断功能

计算机不仅能完成加、减、乘、除等数值计算，还能实现逻辑运算。逻辑运算的结果为“真”或“假”。计算机的这种功能可以用以实现事务处理，并广泛用于各种管理决策中。

5. 实现自动控制功能

冯•诺依曼体系结构计算机的基本思想之一是存储程序的控制，用户只要将编制好的程序输入计算机，然后发出执行的指令，计算机就能自动完成一系列预定的操作，因此计算机在人们编制好的程序控制下，自动工作，不需要人工干预，工作完全自动化。

6. 可靠性高

计算机硬件采用大规模和超大规模集成电路，使计算机具有非常高的可靠性，其平均无故障时间可达到以“年”为单位了。可靠性非常高。

7. 适用范围广，通用性强

计算机是靠存储程序控制进行工作的。无论是数值的还是非数值的数据，都可以表示成二进制数的编码；无论是复杂的还是简单的问题，都可以分解成基本的算术运算和逻辑运算，并可用程序描述解决问题的步骤。所以，在不同的应用领域中，只要编制和运行不同的软件，计算机就能在此领域中很好地服务，即通用性很强。

五、计算机的应用

计算机得以飞速发展的根本动力是计算机的广泛应用。目前计算机已被广泛应用于各种学科领域，并迅速渗透到人类社会的各个方面，同时也进入了家庭。概括起来计算机的应用分为以下几个方面。

1. 科学计算

计算机是为科学计算的需要而发明的。科学计算所解决的大都是从科学研究和工程技术中所提出的一些复杂的数学问题，计算量大而且精确度要求高，传统的计算工具是难以完成的，只有具有高速运算和存储量大的计算机系统才能完成。例如：建筑设计中为了确定构件尺寸，通过弹性力学导出了一系列复杂方程，但长期以来由于计算方法跟不上而一直无法求解，使用计算机不但求解出了这类方程，而且还引起了弹性理论上的一次突破。

2. 信息处理

信息处理是目前计算机应用最广泛的领域之一。信息处理是指用计算机对各种形式的信息（如文字、图像、声音等）收集、存储、整理、统计、加工、利用和传送的过程。现代社会是信息社会，信息是资源，信息已经和物质、能量一起被列为人类社会活动的三大基本要素，用计算机进行信息处理，对办公自动化、管理自动化乃至社会信息化都有积极的促进作用。

3. 过程控制

过程控制是指用计算机对生产或其他过程中所采集到的数据按一定的算法经过处理，然后反馈到执行机构去控制相应过程，它是生产自动化的重要技术和手段。比如，在冶炼车间可将采集到的炉温、燃料和其他数据传送给计算机，由计算机按照预定的算法计算并确定控制吹氧或加料的多少等。过程控制可以提高自动化程度、减轻劳动强度、提高生产效率、节省原料、降低生产成本、保证少品质量的稳定。

4. 计算机辅助设计和辅助制造

计算机辅助设计和辅助制造分别简称 CAD（Computer Aided Design）和 CAM（Computer Aided Manufacturing）。在 CAD 系统与设计人员的相互作用下，能够实现最佳化设计的判定和处理，能自动将设计方案转变成生产图纸。CAD 技术提高了设计质量和自动化程度，大大加快了新产品的设计与试制周期，从而成为生产现代化的重要手段。例如利用计算机图形方法学，对建筑工程、机械结构和部件进行设计，飞机、船舶、汽车、建筑、印制电路板等。通过 CAD 和 CAM 的结合就可直接把 CAD 设计的产品加工出来。

5. 现代教育

近年来，随着计算机的发展和应用领域的不断扩大，它对社会的影响已经有了“文化”层次的含义。在学校教学中，已把计算机应用技术作为“文化基础”课程安排于教学计划中。计算机作为现代教学手段在教育领域中应用得越来越广泛、深入。主要有以下几种形式：

（1） 计算机辅助教学。

目前，流行的计算机辅助教学 CAI（Computer Aided Instruction）模式有练习与测试模式和交互的教学模式。计算机辅助教学适用于很多课程，更适应于学生个别化、自主化的学习。

（2） 计算机模拟。

计算机模拟是一种计算机辅助教学的手段。例如，在电工教学中，让学生利用计算机设计电子线路实验并模拟，查看是否达到预期的结果，这样可以避免不必要的电子器件的损坏，节省费用。同样，飞行模拟器训练飞行员，汽车驾驶模拟器训练汽车驾驶员都是利用计算机模拟进行教学、训练的例子。

（3） 多媒体教室。

利用多媒体计算机和相应的配套设备建立的多媒体教室可以演示文字、图形、图像、动画和声音，给教师提供了强有力的现代化教学手段，使得课堂教学变得图文并茂，生动直观。

（4） 网上教学和电子大学。

利用计算机网络将大学校园内开设的课程传送到校园以外的各个地方，使得更多的人能有机会受到高等教育。网上教学和电子大学在地域辽阔的中国将有诱人的发展前景。

6. 人工智能

人工智能（Artificial Intelligence，AI）是指计算机模拟人类某些智力行为的理论、技术和应用。人工智能是计算机应用的一个新的领域，这方面的研究和应用正处于发展阶段。在医疗诊断、定理证明、语言翻译、机器人等方面，已有显著的成效。例如，用计算机模拟人脑的部分功能进行思维学习、推理、联想和决策，使计算机具有一定的“思维能力”。

机器人是计算机人工智能的典型例子，其核心就是计算机。第一代机器人是机械手；第二代机器人对外界信息能够反馈，有一定的触觉、视觉、听觉；第三代机器人是智能机器人，具有感知和理解周围环境，使用语言、推理、规划和操纵工具的技能，可以模仿人完成某些动作。机器人不怕疲劳，精确度高，适应力强，现已开始用于搬运、喷漆、焊接、装配等工作中。机器人还能代替人在危险工作中进行繁重的劳动，如在有放射线、污染有毒、高温、低温、高压、水下等环境中工作。

1.1.3 应用举例

一、计算机大事年表

1946 年，第一台电子数字积分计算器（ENIAC）在美国建造完成。
1960 年，数据处理系统 IBM1401 研制成功。
1961 年，程序设计语言 COBOL 问世，第一台分系统计算机由麻省理工学院设计完成。
1963 年，BASIC 语言问世。
1971 年，第一台微处理机 4004 由英特尔公司研制成功。
1977 年，苹果-II 型微电脑诞生。
1984 年，日本计算机产业着手研制“第五代计算机”——具有人工智能的计算机。
1990 年，第一代 MPC （多媒体个人电脑标准）发布。
1993 年，Pentium 发布。集成了 300 多万个晶体管，每秒钟执行 1 亿条指令。
1995 年，微软发布 Windows 95，Intel 发布 Pentium Pro。
2001 年，苹果公司发布 Mac OS X 操作系统，微软推出 Windows XP 操作系统。
2006 年，Intel 开始推广四核 CPU。

二、未来的新型计算机

按照摩尔定律，每过 18 个月，微处理器硅芯片上晶体管的数量就会翻一番。随着大规模集成电路工艺的发展，芯片的集成度越来越高，也越来越接近工艺甚至物理的上限，最终，晶体管会变得只有几个分子那样小。在这样小的距离内，起作用的将是“古怪”的量子定律，电子从一个地方跳到另一个地方，甚至越过导线和绝缘层，从而发生致命的短路。

以摩尔速度发展的微处理器使全世界的微电子技术专家面临着新的挑战。尽管传统的、基于集成电路的计算机短期内还不会退出历史舞台，但旨在超越它的超导计算机、纳米计算机、光计算机、DNA 计算机和量子计算机正在跃跃欲试。

1.　超导计算机

所谓超导，是指在接近绝对零度的温度下，电流在某些介质中传输时所受阻力为零的现象。1962 年，英国物理学家约瑟夫逊提出了“超导隧道效应”，与传统的半导体计算机相比，使用被称作“约瑟夫逊器件”的超导元件制成的计算机的耗电量仅为其几千分之一，而执行一条指令所需时间却要快上 100 倍。

1999 年 11 月，日本超导技术研究所与企业合作，在超导集成电路芯片上密布了 1 万个约瑟夫逊元件。此项成果使日本朝着制造超导计算机的方向迈进了一大步。据悉，这家研究所定于 5 年后生产这种超导集成电路，在 10 年后制造出使用这种集成电路的超导计算机。

2. 纳米计算机

科学家发现，当晶体管的尺寸缩小到 0.1μm（100nm）以下时，半导体晶体管赖以工作的基本原理将受到很大限制。研究人员需另辟蹊径，才能突破 0.1 微米界，实现纳米级器件。现代商品化大规模集成电路上元器件的尺寸约在 0.35μm（即 350μm），而纳米计算机的基本元器件尺寸只有几到几十纳米。

目前，在以不同原理实现纳米级计算方面，科学家提出四种工作机制：电子式纳米计算技术，基于生物化学物质与 DNA 的纳米计算机，机械式纳米计算机，量子波相干计算。它们有可能发展成为未来纳米计算机技术的基础。

像硅微电子计算技术一样，电子式纳米计算技术仍然利用电子运动对信息进行处理。不同的是：前者利用固体材料的整体特性，根据大量电子参与工作时所呈现的统计平均规律；后者利用的是在一个很小的空间（纳米尺度）内，有限电子运动所表现出来的量子效应。

3. 光计算机

与传统硅芯片计算机不同，光计算机用光束代替电子进行运算和存储：它以不同波长的光代表不同的数据，以大量的透镜、棱镜和反射镜将数据从一个芯片传送到另一个芯片。运算速度快，光开关每秒可进行 1 万亿次逻辑动作，很容易实现并行处理信息，光信息在交叉时也不会发生干扰，在空间可实现几十万条光同时传递，不产生热，噪声小。

研制光计算机的设想早在 20 世纪 50 年代后期就已提出。1986 年，贝尔实验室的戴维·米勒研制出小型光开关，为同实验室的艾伦·黄研制光处理器提供了必要的元件。1990 年 1 月，黄的实验室开始用光计算机工作。

从采用的元器件看，光计算机有全光学型和光电混合型。1990 年贝尔实验室研制成功的那台机器就采用了混合型结构。相比之下，全光学型计算机可以达到更高的运算速度。

然而，要想研制出光计算机，需要开发出可用一条光束控制另一条光束变化的光学“晶体管”。现有的光学“晶体管”庞大而笨拙，若用它们造成台式计算机将有一辆汽车那么大。因此，要想短期内使光计算机实用化还很困难。

4. DNA 生物计算机

1994 年 11 月，美国南加州大学的阿德勒曼博士提出一个奇思妙想，即以 DNA 碱基对序列作为信息编码的载体，利用现代分子生物技术，在试管内控制酶的作用下，使 DNA 碱基对序列发生反应，以此实现数据运算。阿德勒曼在《科学》上公布了 DNA 计算机的理论，引起了各国学者的广泛关注。

在过去的半个世纪里，计算机的意义几乎完全等同于物理芯片。然而，阿德勒曼提出的 DNA 计算机拓宽了人们对计算现象的理解，从此，计算不再只是简单的物理性质的加减操作，而又增添了化学性质的切割、复制、粘贴、插入和删除等种种方式。

DNA 计算机的最大优点在于其惊人的存储容量和运算速度：1 立方厘米的 DNA 存储的信息比 1 万亿张光盘存储的还多；十几个小时的 DNA 计算，就相当于所有电脑问世以来的总运算量。更重要的是，它的能耗非常低，只有电子计算机的一百亿分之一。

5. 量子计算机

量子计算机以处于量子状态的原子作为中央处理器和内存，利用原子的量子特性进行信息处理。由于原子具有在同一时间处于两个不同位置的奇妙特性，即处于量子位的原子既可以代表 0 或 1，也能同时代表 0 和 1 以及 0 和 1 之间的中间值，故无论从数据存储还是处理的角度，量子位的能力都是晶体管电子位的两倍。对此，有人曾经作过这样一个比喻：假设一只老鼠准备绕过一只猫，根据经典物理学理论，它要么从左边过，要么从右边过，而根据量子理论，它却可以同时从猫的左边和右边绕过。

量子计算机与传统计算机在外形上有较大差异：它没有传统计算机的盒式外壳，看起来像是一个被其他物质包围的巨大磁场；它不能利用硬盘实现信息的长期存储……但高效的运算能力使量子计算机具有广阔的应用前景，这使得众多国家和科技实体乐此不疲。尽管目前量子计算机的研究仍处于实验室阶段，但不可否认，终有一天它会取代传统计算机进入寻常百姓家。

1.2　教学案例：数制和编码

【任务】表面上千差万别的数据在计算机内部是怎样表示、存储和处理的?信息的主要用途有哪些？国际组织和相关机构对数据表示的标准有哪些？网页出现乱码是怎么产生的？如何解决？

1.2.1　学习目标

通过本案例的学习，使学生了解各种数制的基本概念，熟悉二进制的特性和基本运算，掌握不同数制间的转换，了解数据的相关概念和编码，熟悉常用数据编码，特别是汉字编码标准和规范，为信息数据处理奠定基础。

1.2.2　相关知识

一、数制的基本概念

1.　数制的概念

数制是用一组固定的数字和一套统一的规则来表示数目的方法。按照进位方式计数的数制叫进位计数制。十进制即逢十进一，生活中也常常遇到其他进制，如六十进制（每分钟 60 秒、每小时 60 分钟，即逢 60 进 1），十二进制，十六进制等。

人们日常生活中习惯使用十进制记数，计算机内部采用二进制处理信息，但是由于二进制数表示数值的位数较长，因此在书写时常采用八进制或十六进制。

2.　基数

基数是指该进制中允许选用的基本数码的个数。

十进制：基数为 10，有 10 个计数符号：0、1、2、…、9。运算规则是“逢十进一”。

二进制：基数为 2，有 2 个计数符号：0 和 1。运算规则是“逢二进一”。

八进制：基数为 8，有 8 个计数符号：0、1、2、…、7。运算规则是“逢八进一”。

十六进制：基数为 16，有 16 个计数符号：0～9，A，B，C，D，E，F。其中 A～F 对应十进制的 10～15。运算规则是“逢十六进一”。

3. 位权

一个数码处在不同位置上所代表的值不同，如数字 6 在十位数位置上表示 60，在百位数上表示 600，而在小数点后 1 位表示 0.6，可见每个数码所表示的数值等于该数码乘以一个与数码所在位置相关的常数，这个常数叫做位权。位权的大小是基数 R 的 i 次幂 R^i（i 为数码所在位置的序号）。不同的进制由于其进位的基数的不同，权值是不同的。十进制的个位数位置的位权是 10^0，十位数位置上的位权为 10^1，小数点后第 1 位的位权为 10^{-1}。

对于十进制数 $(34958.34)_{10}$，在小数点左边，从右向左，每一位对应权值分别为 10^0、10^1、10^2、10^3、10^4；在小数点右边，从左向右，每一位对应的权值分别为 10^{-1}、10^{-2}。

对于二进制数 $(100101.01)_2$，在小数点左边，从右向左，每一位对应的权值分别为 2^0、2^1、2^2、2^3、2^4；在小数点右边，从左向右，每一位对应的权值分别为 2^{-1}、2^{-2}。

4. 数值的按权展开式

十进制数 $(34958.34)_{10}=3\times10^4+4\times10^3+9\times10^2+5\times10^1+8\times10^0+3\times10^{-1}+4\times10^{-2}$

二进制数 $(100101.01)_2=1\times2^5+0\times2^4+0\times2^3+1\times2^2+0\times2^1+1\times2^0+0\times2^{-1}+1\times2^{-2}$

一般而言，对于任意的 R 进制数 $a_{n-1}a_{n-2}\cdots a_1a_0a_{-1}\cdots a_{-m}$（其中 n 为整数位数，m 为小数位数），可以表示为下面的和式，该式称为该数的按权展开式：

$a_{n-1}\times R^{n-1}+a_{n-2}\times R^{n-2}+\cdots+a_1\times R^1+a_0\times R^0+a_{-1}\times R^{-1}+\cdots+a_{-m}\times R^{-m}$（其中 R 为基数）。

二、二进制及其运算

在计算机内部几乎毫无例外地使用二进制来表示信息，这是因为：

（1） 可行性。

采用二进制，只有 0 和 1 两种状态，能够表示 0、1 两种状态的电子器件很多，如开关的接通和断开，晶体管的导通和截止、磁元件的正负剩磁、电位电平的低与高等。使用二进制，电子器件具有实现的可行性。

（2） 简易性。

二进制数的运算法则少，运算简单，使计算机运算器的硬件结构大大简化（十进制的乘法九九口诀表有 55 条公式，而二进制乘法只有 4 条规则）。

（3） 逻辑性。

由于二进制 0 和 1 正好和逻辑代数的假（false）和真（true）相对应，有逻辑代数的理论基础，用二进制表示二值逻辑很自然。

1. 二进制数的算术运算

二进制数的算术运算与十进制数类似，但其运算规则更为简单，其规则见表 1-1。

表 1-1 二进制数的运算规则

加　法	乘　法	减　法	除　法
0+0=0	0×0=0	0-0=0	0÷0=（没有意义）
0+1=1	0×1=0	1-0=1	0÷1=0
1+0=1	1×0=0	1-1=0	1÷0=（没有意义）
1+1=10（逢二进一）	1×1=1	0-1=1（借一当二）	1÷1=1

2. 二进制数的逻辑运算

逻辑运算的结果只有“真”或“假”两个值，一般用“1”表示真，用“0”表示假。逻辑值的每一位表示一个逻辑值，逻辑运算是按对应位进行的，每位之间相互独立，不存在进位和借位关系，运算结果也是逻辑值。

基本的逻辑运算有“或”、“与”和“非”三种，其他复杂的逻辑关系都可以由这三种基本的逻辑运算组合而得到。

“或”运算符可用+、OR、∪或∨表示。逻辑“或”的运算规则如下：

$0+0=0$　　$0+1=1$　　$1+0=1$　　$1+1=1$

即两个逻辑位进行“或”运算，只要有一个为“真”，逻辑运算的结果为“真”。

“与”运算符可用 AND、•、×、∩或∧表示。逻辑“与”的运算规则如下：

$0\times0=0$　　$0\times1=0$　　$1\times0=0$　　$1\times1=1$

即两个逻辑位进行“与”运算，只要有一个为“假”，逻辑运算的结果便为“假”。

“非”运算常在逻辑变量上加一横线表示。逻辑“非”的运算规则如下：

$\overline{1}=0$　　$\overline{0}=1$

即对逻辑位求反。

三、不同数制间的转换

1. R 进制到十进制的转换

任意 R 进制数到十数制数的转换采用写出按权展开式，并按十进制计算方法算出结果的方法。

例1：二进制数$(100101.01)_2=1\times2^5+0\times2^4+0\times2^3+1\times2^2+0\times2^1+1\times2^0+0\times2^{-1}+1\times2^{-2}=(37.25)_{10}$

八进制数$(1325.24)_8=1\times8^3+3\times8^2+2\times8^1+5\times8^0+2\times8^{-1}+4\times8^{-2}=(725.3125)_{10}$

十六进制数$(2BA.4)_{16}=2\times16^2+11\times16^1+10\times16^0+4\times16^{-1}=(698.25)_{10}$

2. 十进制数转换为 R 进制数

十数制数到任意 R 进制数的转换采用基数乘除法，整数和小数部分须分别遵守不同的转换规则。对于整数部分：采用除 R 取余，逆序排列的方法，即整数部分不断除以 R 取余数，直到商为 0 为止，最先得到的余数为最低位，最后得到的余数为最高位。对小数部分：采用乘 R 取整，顺序排列的方法，即小数部分不断乘以 R 取整数，直到小数为 0 或达到有效精度为止，最先得到的整数为最高位（最靠近小数点），最后得到的整数为最低位。

为了将一个既有整数部分又有小数部分的十进制数转换成 R 进制数，可以将其整数部分和小数部分分别转换，然后再组合。

3. 二进制数与为八、十六进制数间的转换

八进制和十六进制的基数 8 和 16 都是 2 的整数次幂，因此 3 位二进制数相当于 1 位八进制数，4 位二进制数相当于 1 位十六进制数（见表 1-2），它们之间的转换关系也相当简单。将二进制数转换成八（或十六）进制数时，以小数点为中心分别向两边分组，每 3（或 4）位为一组，整数部分向左分组，不足位数左补 0。小数部分向右分组，不足部分右边加 0 补足，然后将每组二进制数转化成对应的八（或十六）进制数即可。将八进制数、十六进制数转换

为二进制时，方法类似，只需将每位八（或十六）进制数展开为3（或4）位二进制数即可。转换结果中，整数前的高位零和小数后的低位零均可取消。

表 1-2 二进制、八进制、十六进制数的对应关系表

二进制	八进制	二进制	十六进制	二进制	十六进制
000	0	0000	0	1000	8
001	1	0001	1	1001	9
010	2	0010	2	1010	A
011	3	0011	3	1011	B
100	4	0100	4	1100	C
101	5	0101	5	1101	D
110	6	0110	6	1110	E
111	7	0111	7	1111	F

四、计算机中数据的编码

1. 什么是数据

数据是描述客观事物的、能够被识别的各种物理符号，包括字符、符号、表格、声音和图形、图像等。数据有两种形式。一种形态为人类可读形式的数据，简称人读数据，例如图书资料、音像制品等，都是特定的人群才能理解的数据。一种形式为机器可读形式的数据，简称机读数据，如印刷在物品上的条形码、录制在磁带、磁盘、光盘上的数码、穿在纸带和卡片上的各种孔等，都是通过特制的输入设备将这些信息传输给计算机处理，它们都属于机器可读数据。显然，机器可读数据使用了二进制数据的形式。

2. 数据的单位

计算机中数据的常用单位有位、字节和字。

（1） 位（Bit）。

计算机采用二进制，运算器运算的是二进制数，控制器发出的各种指令也表示成二进制数，存储器中存放的数据和程序也是二进制数，在网络上进行数据通信时发送和接收的还是二进制数。显然，在计算机内部到处都是由0和1组成的数据流。

计算机中最小的数据单位是二进制的一个数位，简称为位（英文名称为bit，读作比特）。计算机中最直接、最基本的操作就是对二进制位的操作。

（2） 字节（Byte）。

字节（Byte，简写为B）是计算机中用来表示存储空间大小的基本容量单位。1个字节由8个二进制数位组成。1Byte（字节）=8Bit（位），1KB（千字节）=1024B=2^{10}B，1MB（兆字节）=1024KB，1GB（十亿字节）=1024MB。

注意位与字节的区别：位是计算机中最小数据单位，字节是计算机中基本数据单位。

（3） 字（Word）。

在计算机中，一般用若干个二进制位表示一个数或一条指令，把它们作为一个整体来处理、存储和传送。这种作为一个整体来处理的二进制位串，称为计算机字。每个字中二进制

位数的长度，称为字长。一个字由若干个字节组成，不同的计算机系统的字长是不同的，常见的有 8 位、16 位、32 位、64 位等，字长越长，计算机一次处理的信息位就越多，精度就越高，字长是计算机性能的一个重要指标。

计算机是以字为单位进行处理、存储和传送的，所以运算器中的加法器、累加器以及一些寄存器，都选择与字长相同位数。字长一定，则计算机数据字所能表示的数的范围也就确定了。例如 8 位字长计算机，它可表示的无符号整数的最大值是 $(11111111)_2=(255)_{10}$。

注意字与字长的区别，字是单位，而字长是指标，指标需要用单位去衡量。正像生活中质量与千克的关系，千克是单位，质量是指标，质量需要用千克加以衡量。

3.　常用的数据编码

数据要以规定好的二进制形式表示才能被计算机进行处理，这些规定的形式就是数据的编码。对于数值数据，可以方便地将它们转换成二进制数，以便计算机处理，但是对于字符、汉字、声音和图像等非数值数据，在计算机中也必须用二进制来编码。下面介绍几种常用的数据编码。

（1）　BCD 码。

因为二进制数不直观，于是在计算机的输入和输出时通常还是用十进制数。但是计算机只能使用二进制数编码，所以另外规定了一种用二进制编码表示十进制数的方式，即每 1 位十进制数数字对应 4 位二进制编码，称 BCD 码（Binary Coded Decimal——二进制编码的十进制数），又称 8421 码。表 1-3 是十进制数 0 到 9 与其 BCD 码的对应关系。

表 1-3　BCD 编码表

十进制数	BCD 码	十进制数	BCD 码
0	0000	5	0101
1	0001	6	0110
2	0010	7	0111
3	0011	8	1000
4	0100	9	1001

（2）　ASCII 编码。

字符必须按规定好的二进制码表示，计算机才能处理。对西文字符，目前普遍采用的是 ASCII 码（American Standard Code for Information Interchange，美国标准信息交换码），ASCII 码虽然是美国国家标准，但它已被国际标准化组织（ISO）认定为国际标准。

标准的 ASCII 码是 7 位码（见表 1-4），用一个字节表示，最高位总是 0，可以表示 128 个字符。前 32 个码和最后一个码通常是计算机系统专用的，代表一个不可见的控制字符。数字字符 0 到 9 的 ASCII 码是连续的，从 30H 到 39H（H 表示是十六进制数）；大写字母 A 到 Z 和小写英文字母 a 到 z 的 ASCII 码也是连续的，分别从 41H 到 54H 和从 61H 到 74H。例如：A 的 ASCII 码为 1000001，即 ASC（A）=65；a 的 ASCII 码为 1100001，即 ASC（a）=97。

扩展的 ASCII 码是 8 位码，也是一个字节表示，其前 128 个码与标准的 ASCII 码是一样的，后 128 个码（最高位为 1）则有不同的标准，并且与汉字的编码有冲突。

表 1-4　7 位 ASCII 码表

b7					0	0	0	0	1	1	1	1
b6					0	0	1	1	0	0	1	1
b5					0	1	0	1	0	1	0	1
列 行					0	1	2	3	4	5	6	7
b4	b3	b2	b1									
0	0	0	0	0	NUL	DLE	SP	0	③	P	③	p
0	0	0	1	1	SOH	DC1	!	1	A	Q	a	q
0	0	1	0	2	STX	DC2	“	2	B	R	b	r
0	0	1	1	3	ETX	DC3	#	3	C	S	c	s
0	1	0	0	4	EOF	DC4	$	4	D	T	d	t
0	1	0	1	5	ENQ	NAK	%	5	E	U	e	u
0	1	1	0	6	ACK	SYN	&	6	F	V	f	v
0	1	1	1	7	BEL	ETB	’	7	G	W	g	w
1	0	0	0	8	BS	CAN	(	8	H	X	h	x
1	0	0	1	9	HT	EM	)	9	I	Y	i	y
1	0	1	0	10	LF	SUB	*	:	J	Z	j	z
1	0	1	1	11	CR	ESC	+	;	K	[	k	{
1	1	0	0	12	VT	IS4	,	<	L	\	l	|
1	1	0	1	13	CR	IS3	-	=	M	]	m	}
1	1	1	0	14	SO	IS2	.	>	N	^	n	～
1	1	1	1	15	SI	IS1	/	?	O	_	o	DEL

（3） 汉字编码。

计算机处理汉字信息时，由于汉字具有特殊性，因此汉字的输入、存储、处理及输出过程中所使用的汉字代码不相同，有用于汉字输入的输入码，用于机内存贮和处理的机内码，用于输出显示和打印的字模点阵码（或称字形码）。

① 汉字字符集标准。

A. 《信息交换用汉字编码字符集基本集》是我国于 1980 年制定的国家标准 GB2312-80，称为国标码，是国家规定的用于汉字信息处理使用的代码的依据。GB2312-80 中规定了信息交换用的 6763 个汉字和 682 个非汉字图形符号（包括几种外文字母、数字和符号）的代码。6763 个汉字又按其使用频度、组词能力以及用途大小分成一级常用汉字 3755 个，二级常用汉字 3008 个。此标准的汉字编码表有 94 行、94 列，其行号称为区号，列号称为位号。双字节中，用高字节表示区号，低字节表示位号。非汉字图形符号置于第 1～11 区，一级汉字 3755 个置于第 16～55 区，二级汉字 3008 个置于第 56～87 区。

B. BIG5 字符集是 1984 年由台湾财团法人信息工业策进会和五家软件公司宏碁（Acer）、神通（MiTAC）、佳佳、零壹（Zero One）、大众（FIC）创立，故称大五码。Big5 字符集共收录 13 053 个中文字。Big5 码使用了双字节储存方法，第一个字节称为“高位字节”，第二个字节称为“低位字节”。高位字节的编码范围 0xA1-0xF9，低位字节的编码范围 0x40-0x7E 及 0xA1-0xFE。

C. 《信息交换用汉字编码字符集基本集的扩充》是我国政府于 2000 年 3 月 17 日发布的新的汉字编码国家标准 GB18030-2000，2001 年 8 月 31 日后在中国市场上发布的软件必须符合本标准。GB 18030 字符集标准解决汉字、日文假名、朝鲜语和中国少数民族文字组成的大字符集计算机编码问题。该标准的字符总编码空间超过 150 万个编码位，收录了 27 484 个汉字，覆盖中文、日文、朝鲜语和中国少数民族文字。满足中国大陆、香港、台湾、日本和韩国等东亚地区信息交换多文种、大字量、多用途、统一编码格式的要求，与 Unicode 3.0 版本兼容。并且与以前的国家字符编码标准（GB2312，GB13000.1）兼容。GB 18030 标准采用单字节、双字节和四字节三种方式对字符编码。

D. Unicode 字符集编码是 Universal Multiple-Octet Coded Character Set 通用多八位编码字符集的简称，支持现今世界各种不同语言的书面文本的交换、处理及显示。UTF-8 是 Unicode 的其中一个使用方式。UTF-8 便于不同的计算机之间使用网络传输不同语言和编码的文字，使得双字节的 Unicode 能够在现存的处理单字节的系统上正确传输。UTF-8 使用可变长度字节来储存 Unicode 字符，如 ASCII 字母继续使用 1 字节储存，重音文字、希腊字母或西里尔字母等使用 2 字节来储存，而常用的汉字就要使用 3 字节。辅助平面字符则使用 4 字节。

② 汉字的机内码。

汉字的机内码是供计算机系统内部进行存储、加工处理、传输统一使用的代码，又称为汉字内部码或汉字内码。不同的系统使用的汉字机内码有可能不同。目前使用最广泛的一种为两个字节的机内码，俗称变形的国标码。这种格式的机内码是将国标 GB2312-80 交换码的两个字节的最高位分别置为 1 而得到的。其最大优点是机内码表示简单，且与交换码之间有明显的对应关系，同时也解决了中西文机内码存在二义性的问题。例如“中”的国标码为十六进制 5650（01010110 01010000），其对应的机内码为十六进制 D6D0（11010110 11010000），同样，“国”字的国标码为 397A，其对应的机内码为 B9FA。

③ 汉字的输入码（外码）。

汉字输入码是为了利用现有的计算机键盘，将形态各异的汉字输入计算机而编制的代码。目前在我国推出的汉字输入编码方案很多，其表示形式大多用字母、数字或符号。编码方案大致可以分为：以汉字发音进行编码的音码，例如全拼码、简拼码、双拼码等；按汉字书写的形式进行编码的形码，例如五笔字型码。也有音形结合的编码，例如自然码。

④ 汉字的字形码。

汉字字形码是汉字字库中存储的汉字字形的数字化信息，用于汉字的显示和打印。目前汉字字形的产生方式大多是以点阵方式形成汉字。因此，字形码主要是指字形点阵的代码。

汉字字形点阵有 16×16 点阵、24×24 点阵、32×32 点阵、64×64 点阵、96×96 点阵、128×128 点阵、256×256 点阵等。一个汉字方块中行数、列数分得越多，描绘的汉字也就越细微，但占用的存储空间也就越多。汉字字形点阵中每个点的信息要用一位二进制码来表示。对 16×16 点阵的字表码，需要用 32 个字节（16×16÷8=32）表示；24×24 点阵的字形码需要用 72 个字节表示。汉字字库是汉字字形数字化后，以二进制文件形式存储在存储器中而形成的汉字字模库。汉字字模库亦称汉字字形库，简称汉字字库。

注意：国标码用 2 个字节表示 1 个汉字，每个字节只用后 7 位。计算机处理汉字时，不能直接使用国标码，而要将最高位置成 1，变换成汉字机内码，其原因是为了区别汉字码和

ASCII 码，当最高位是 0 时，表示为 ASCII 码；当最高位是 1 时，表示为汉字码。

1.2.3 应用举例

1. 二进制的算术运算

例2 二进制数1001与1011相加。

算式：

$$
\begin{array}{rrrrrrl}
 & 1 & 0 & 0 & 1 & & \ldots\ldots(9)_{10} \\
+ & {}_{1}1 & 0_{1} & 1_{1} & 1 & & \ldots\ldots(11)_{10} \\
\hline
1 & 0 & 1 & 0 & 0 & & \ldots\ldots(20)_{10}
\end{array}
$$

结果：$(1001)_2+(1011)_2=(10100)_2$

可以看出，两个二进制数相加时，逢二向高位进一。

例3 二进制数11000001与00101101相减。

算式：

$$
\begin{array}{rrrrrrrrrl}
 & 1 & 1^{1} & 0^{1} & 0^{1} & 0^{1} & 0 & 0 & 1 & \ldots\ldots(193)_{10} \\
- & 0 & 0 & 1 & 0 & 1 & 1 & 0 & 1 & \ldots\ldots(45)_{10} \\
\hline
 & 1 & 0 & 0 & 1 & 0 & 1 & 0 & 0 & \ldots\ldots(148)_{10}
\end{array}
$$

结果：$(11000001)_2-(11000001)_2=(10010100)_2$

可以看出，两个二进制数相减时，从高位借一当二。

2. 二进制的逻辑运算

例4 如果A=1001111，B=（1011101）；求 A+B。

步骤如下：

$$
\begin{array}{rrrrrrrr}
 & 1 & 0 & 0 & 1 & 1 & 1 & 1 \\
+ & 1 & 0 & 1 & 1 & 1 & 0 & 1 \\
\hline
 & 1 & 0 & 1 & 1 & 1 & 1 & 1
\end{array}
$$

结果：A+B=1001111+1011101=1011111

例5 如果A=1001111，B=（1011101），求A×B。

步骤如下：

$$
\begin{array}{rrrrrrrr}
 & 1 & 0 & 0 & 1 & 1 & 1 & 1 \\
\times & 1 & 0 & 1 & 1 & 1 & 0 & 1 \\
\hline
 & 1 & 0 & 0 & 1 & 1 & 0 & 1
\end{array}
$$

结果：A·B=1001111×101101=1001101

3. 十进制数转换为 R 进制数

例6 将$(35.25)_{10}$转换成二进制数。

整数部分：

除数	被除数/商	取余数	
2	35		低 ↑
2	17	1	
2	8	1	
2	4	0	
2	2	0	
2	1	0	
	0	1	高

注意：第一次得到的余数是二进制数的最低位，最后一次得到的余数是二进制数的最高位。

小数部分：

计算	取整数	
0.25		高 ↓
× 2		
0.50	0	
× 2		
1. 00	1	低

所以，$(35.25)_{10}=(100011.01)_2$

注意：一个十进制小数不一定能完全准确地转换成二进制小数，这时可以根据精度要求只转换到小数点后某一位为止即可。将其整数部分和小数部分分别转换，然后组合起来得到。

例7　将十进制数（$1725.32)_{10}$转换成八进制数（转换结果取3位小数）。

整数部分：

除数	被除数/商	取余数	
8	1725		低 ↑
8	215	5	
8	26	7	
8	3	2	
	0	3	高

小数部分：

计算	取整数	
0.32		高 ↓
× 8		
2.56	2	
× 8		
4.48	4	
× 8		
3.84	3	低

所以，$(1725.32)_{10}=(3275.243)_8$

例8　将（$237.45)_{10}$转换成十六进制数（取3位小数）。

整数部分：

```
16 | 237        取余数    低 ↑
16 | 14         13  D
     0          14  E     高
```

小数部分:

```
      0.45      取整数    高
    × 16
    ------
      7.20        7
    × 16
    ------
      3.20        3
    × 16
    ------
      3.20        3       低 ↓
```

所以，$(237.45)_{10}=(ED.733)_{16}$

4. 十进制数转换为 R 进制数

例9 将二进制数 $(11101110.00101011)_2$转换成八进制和十六进制数。

```
(011  101  110  .001  010  110)₂ = (356.126)₈
  3    5    6   .  1    2    6
(1110  1110  .0010  1011)₂ = (EE.2B)₁₆
   E     E   .  2     B
```

例10 将八进制数 $(714.431)_8$和十六进制数 $(43B.E5)_{16}$转换为二进制数。

```
(714.431)₈=(111  001  100  .  100  011  001)₂
             7    1    4   .   4    3    1
(43B.E5)₁₆=(0100  0011  1011 . 1110  0101)₂
              4     3     B  .   E     5
```

各种进制转换中，最为重要的是二进制与十进制之间的转换计算，以及八、十六进制与二进制的直接对应转换。

1.3 教学案例：微型计算机系统的组成

【任务】一个完整微机硬件系统由哪几部分组成？各个组成部分组装一台微型计算机都需要哪些部件？每个部件都有哪些功能？

1.3.1 学习目标

通过本案例的学习，使学生充分了解计算机系统的组成，熟悉微机硬件系统各个组成部分，掌握选购、配置个人电脑的技术，培养学生解决实际问题的能力。

1.3.2 相关知识

冯・诺依曼等人在 1946 年提出的一个完整的现代计算机雏形，计算机由运算器、控制器、存储器、输入设备和输出设备五大部分组成。在冯・诺依曼体系结构的计算机中，数据和程序以二进制代码形式存放在存储器中，控制器是根据存放在存储器中的指令序列（程序）进行工作，控制器具有判断能力，能以计算结果为基础，选择不同的工作流程。

计算机的五大部分中，控制器和运算器是其核心部分，称为中央处理单元（Center Process Unit，CPU），各部分之间通过相应的信号线进行相互联系。冯·诺依曼结构规定控制器是根据存放在存储器中的程序来工作的，为了使计算机能进行正常工作，程序必须预先存放在存储器中。因此，这种结构的计算机是按存储程序原理进行工作的，直到现在冯·诺依曼的体系统结构还在被沿用。

计算机系统是一个整体的概念，无论是大型机、小型机，还是微型机，都是由计算机硬件系统（简称硬件）和计算机软件系统（简称软件）两大部分组成的，如图 1-3 所示。

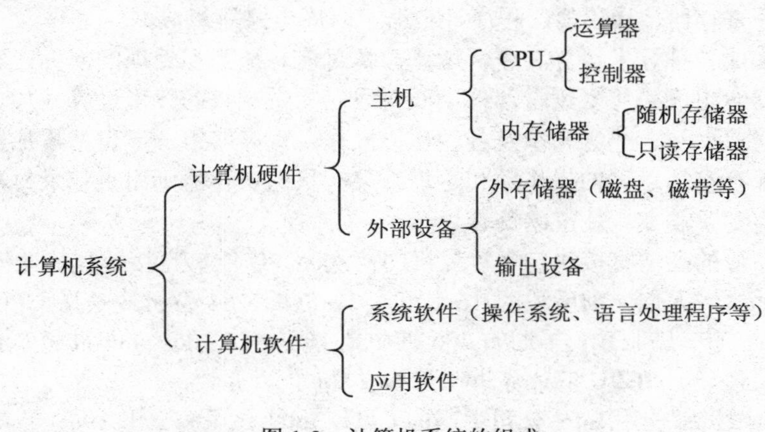

图 1-3　计算机系统的组成

一、微型计算机的硬件系统

微型计算机的主要电子部件是集成度很高的大规模集成电路及超大规模集成电路。通常，把运算器和控制器集成在大规模集成电路块（又称为芯片）上，称为中央处理器（Central Processing Unit，CPU）。

从外观上来看，微型计算机的硬件系统由主机和外部设备（简称外设）两部分组成。

主机有卧式和立式两种机箱，如图 1-4 所示。主机内有主板（又称为系统板或母板）、中央处理器（CPU）、内部存储器（简称内存或内存条）、部分外部存储器（简称外存，如硬盘、软盘驱动器、光盘驱动器等）、电源、显示适配器（又称显示卡）等。

外部设备是指除主机以外的设备，包括键盘、鼠标、扫描仪等输入设备和显示器、打印机等输出设备。不管是最早的 PC 机还是现在的主流计算机，它们的基本构成都是由主机、键盘和显示器构成。

微处理器送出三组总线：地址总线 AB、数据总线 DB 和控制总线 CB。其他电路（常称为芯片）都可以连接到这三组总线上。

1.　中央处理器

微机的中央处理器又称为微处理器，它是微机系统的核心，包括运算器和控制器两个部件，它是微机系统的核心，如图 1-5 所示。CPU 的主要功能是按照程序给出的指令序列分析指令、执行指令，完成对数据的加工处理。计算机所发生的全部动作都受 CPU 的控制。

图 1-4　笔记本电脑和台式机图

图 1-5　中央处理器

控制器是整个计算机的神经中枢，用来协调和指挥整个计算机系统的操作，它本身不具有运算功能，而是通过读取各种指令，并对其进行翻译、分析，而后对各部件作出相应的控制。它主要由指令寄存器、译码器、程序计数器、时序电路等组成。

运算器主要完成各种算术运算和逻辑运算，是对信息加工和处理的部件，它主要由算术逻辑部件和寄存器组组成。算术逻辑部件主要完成对二进制数的算术运算（加、减、乘、除等）和逻辑运算（或、与、非等）以及各种移位操作；寄存器组一般包括累加器、数据寄存器等，主要用来保存参加运算的操作数和运算结果，状态寄存器则用来记录每次运算结果的状态，如：结果为零或非零、是正或负等。

中央处理器品质的高低直接决定了计算机的档次。CPU 能够直接处理的数据位数是 CPU 品质的一个重要标志。人们通常所说的 16 位机、32 位机、64 位机便是指 CPU 可同时处理 16 位、32 位、64 位的二进制数。早期的 286 机均是 16 位机，386、486 机和 Pentium 机是 32 位机，现在主流配置 i5、i7CPU 的计算机已是 64 位机了。

目前，大多数微机都使用 Intel 公司生产的 CPU，Intel 公司成立于 1968 年，从 1971 年开始推出 4 位微处理器至今，已生产出奔腾、酷睿系列微处理器，2008 年推出的 64 位四核心 CPU 酷睿 i7，在 2012 年 Intel 正式发布了 ivy bridge（IVB）处理器，其执行单元的数量达到最多 24 个。Ivy Bridge 会加入对 DX11 的支持的集成显卡，加入的 XHCI USB 3.0 控制器，从而支持原生 USB3.0，CPU 的制作采用 3D 晶体管技术的 CPU 耗电量会减少一半。

2.　存储器

存储器是用来存放程序和数据的记忆装置。对存储器而言，容量越大，存取速度越快越好。计算机中的操作，大量的是与存储器之间的信息交换，存储器的工作速度相对于 CPU 的运算速度要低得多，因此存储器的工作速度是制约计算机运算速度的主要因素之一。为了解决这个矛盾，将存储器分为内存储器和外存储器两大类。

（1）　内存储器。

内存储器又称为主存储器，简称为内存，可以直接与 CPU 交换信息，用于存放当前使用的数据和正在运行的程序。内存由半导体存储器组成，存取速度较快，内存中的每个字节各有一个固定的编号，这个编号称为地址。CPU 在存储器中存取数据时按地址进行。所谓存储器容量即指存储器中所包含的字节数，通常用 KB 和 MB 作为存储器容量的单位。

内存储器按其工作方式的不同，可以分为随机存储 RAM 和只读存储器 ROM 两种。RAM 是一种读写存储器，其内容可以随时根据需要读出，也可以随时重新写入新的信息。当电源电压去掉时，RAM 中保存的信息都将会丢失。RAM 在微机中主要用来存放正在执行的程序和临时数据。

ROM 是一种内容只能读出而不能写入和修改的存储器，其存储的信息是在制作该存储器时就被写入的。ROM 常用来存放一些固定的程序、数据和系统软件等，如检测程序、ROMBIOS 等。只读存储器除了 ROM 外，还有 PROM、EPROM 等类型。PROM 是可编程只读存储器，但只可编写一次。与 PROM 器件相比，EPROM 器件是可以反复多次擦除原来写入的内容，重新写入新的内容的只读存储器。不论那种 ROM，其中存储的信息不受断电的影响，具有永久保存的特点。

由于 CPU 比内存速度快，目前，在计算机中还普遍采用了一种比主存储器存取速度更快的超高速缓冲存储器，即 Cache，置于 CPU 与主存之间，以满足 CPU 对内存高速访问的要求。有了 Cache 以后，CPU 每次读操作都先查找 Cache，如果找到，可以直接从 Cache 中高速读出；如果不在 Cache 中再从主存中读出。

衡量内存的常用指标有容量与速度。2012 年前后，电脑内存的配置越来越大，一般都在 2G 以上，更有 4G、8G 内存的电脑。内存主频和 CPU 主频一样，习惯上被用来表示内存的速度，它代表着该内存所能达到的最高工作频率，目前较为主流的内存频率是 1066MHz 的 DDR3 内存。

目前，市场上的内存品牌主要有金士顿（Kingston）、威刚（ADATA）、宇瞻（Apacer）、海盗船（CORSAIR）、金邦（GeIL）、现代（Hyundai）和三星（Samsung）等。图 1-6 所示的是一款容量 4GB 的金士顿 DDR3 1333 内存。

（2） 外存储器。

外存储器间接和 CPU 交换信息，存取速度慢，但存取容量大，价格低廉，用来存放暂时不用的数据。

内存由于技术及价格上的原因，容量有限，不可能容纳所有的系统软件及各种用户程序，因此，计算机系统都要配置外存储器。外存储器又称为辅助存储器，它的容量一般都比较大，而且大部分可以移动，便于不同计算机之间进行信息交流。

在微型计算机中，常用的外存有磁盘、光盘和磁带，磁盘又可以分为硬盘和软盘。

3. 主板

微机的系统板又称为主板，它是一块长方形的印制电路板。主板上集成了软盘接口、硬盘接口、并行接口、串行接口、USB（Universal Serial Bus，通用串行总线）接口、AGP（Accelerated Graphics Port，加速图形接口）总线、PCI 总线、ISA 总线和键盘接口等，它能够把计算机各个部件紧密地联系在一起。

目前，市场上的主板品牌比较多，主要有华硕、Intel、联想、微星和技嘉等品牌。图 1-7 所示的是 Intel 公司出品的一款主板产品。

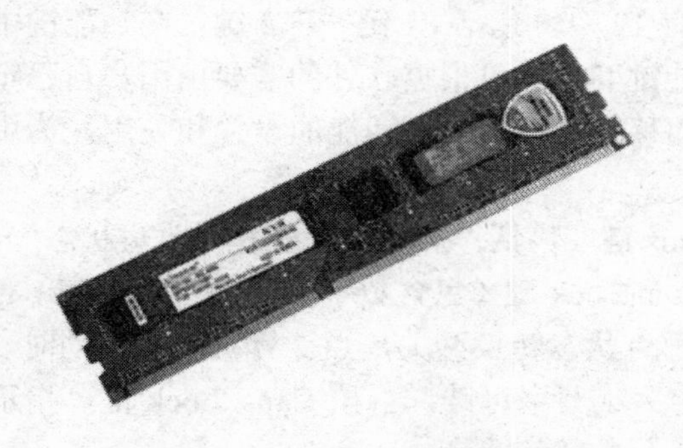

图 1-6　金士顿 DDR3 1333 内存

图 1-7　主板

4. 输入设备

计算机处理的用户信息通常是以数字、文字、符号、图形、图像、声音乃至表示各种物理和化学现象的信息等各种各样的形式表示出来的，而计算机所能存储加工的是以二进制代码表示的信息，因此要处理这些外部信息就必须把它们转换成二进制代码的表示形式。如果这些转换工作由人工去完成，计算机的应用就会受到极大的限制，而且有些转换工作人工也很难完成。计算机的输入设备和输出设备（简称为 I/O 设备），就是完成这种转换的工具。

输入设备将要加工处理的外部信息转换成计算机能够识别和处理的内部表示形式即二进制代码，输送到计算机中去。在微型计算机系统中，最常用的输入设备是鼠标和键盘。

（1） 键盘。

目前微型机所配置的标准键盘有 104（或 107）个按键。104 键盘又称 Win95 键盘，这种键盘在原来 101 键盘的左右两边、Ctrl 和 Alt 键之间增加了两个 Windows 键和一个属性关联键。107 键盘又称为 Win98 键盘，比 104 键多了睡眠、唤醒、开机等电源管理键，这 3 个键大部分位于键盘的右上方。其布局如图 1-8 所示，包括数字键、字母键、符号键、控制键和功能键等。

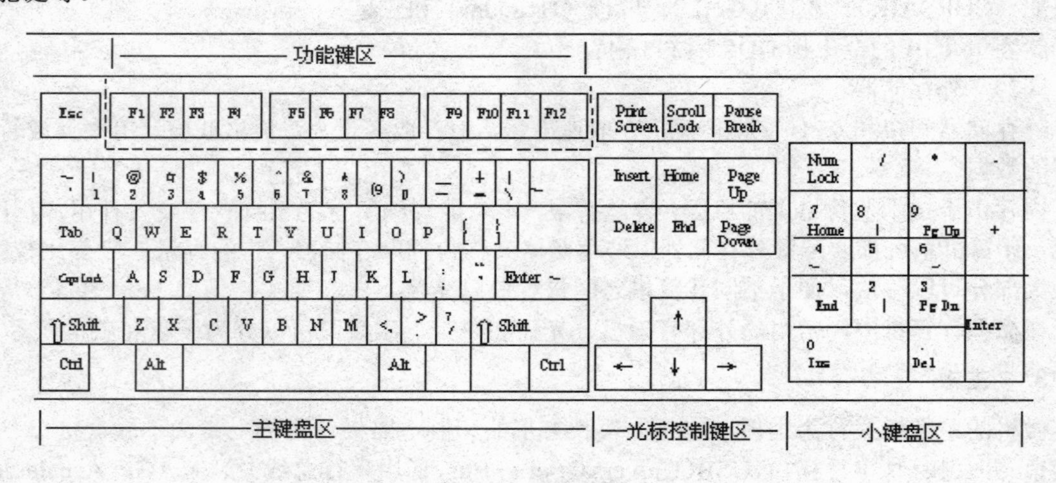

图 1-8 键盘布局

标准键盘的布局分三个区域，即主键盘区、副键盘区和功能键区。主键盘区共有 59 个键，包括数字、符号键（22 个）、字母键（26 个）、控制键（11 个）。副键盘区共用 30 个键，包括光标移动键（4 个）、光标控制键（4 个）、算术运算符键（4 个）、数字键（10 个）、编辑键（4 个）、数字锁定键、打印屏幕键等。功能键共有 12 个，包括 F1 键～F12 键。在功能键中前 6 个键的功能是由系统锁定的，后面的 6 个功能键其功能可根据软件的需要由用户自己定义。副键盘的设置对文字录入、文本编辑和光标的移动进行控制，功能的设置和使用，为用户的操作提供了极大的方便。

在键盘的键中，有 4 个“双态键”，它们是：Ins 键（包括“插入状态”和“改写状态”）、Caps Lock 键（包括大写字母状态和锁定状态）、Num Lock 键（包含数字状态和自锁状态）和 ScrollLock 键（包括滚屏状态和锁定状态）。它们都有状态转换开关，当计算机刚刚启动时，四个双态键都处于第一种状态，所有字母键均固定为小写字母键，再按 Caps Lock 键，指示灯亮，则为大写键；再按该键，指示灯灭，则恢复为小写字母键。

在键盘的键中有 30 个键是“双符”键，即每个键面上有两个字符，如@2、#3等键，主键盘区的双符键由 Shift 键控制，副键盘区的双符键由 Num Lock 键控制。另外，在 101 个键中，键面上只有“A～Z”26 个大写英文字母，若要键入大写英文字母，只需在键入前先按下 Caps Lock 键。这些双符键和大小写字母键的转换，在计算机处于刚刚启动时，各双符键都处于下面的字符和小写英文字母的状态。表 1-5 列出了常用键的功能。

表 1-5　常用键的功能

键　位	功　能
“Back space”退格键	删除光标左边的一个字符。主要用来清除当前行输错的字符
“Shift”换档键	要键入大写字母或“双符”键上部的符号时按此键
“Ctrl”控制键	常用符号“^”表示。此键与其他键合用，可以完成相应的功能
“Esc”强行退出键	按此键后屏幕上显示“\”且光标下移一行，原来一行的错误命令作废，可在新行中键正确命令
“Tab”制表定位键	光标将向右移动一个制表位（一般 8 个字符）的位置。主要用于制表时的光标移动
“Enter”回车键	按此键后光标移至下一行行首
“Space”空格键	输入一个空格字符
“Alt”组合键	它与其他键组合成特殊功能键或复合控制键
“PrintScreen”打印屏幕键	用于把屏幕当前显示的内容全部打印出来

（2）　鼠标。

鼠标（Mouse）是另一种常见的输入设备，如图 1-9 所示。它与显示器相配合，可以方便、准确地移动显示器上的光标，并通过按击，选取光标所指的内容。鼠标器按其按钮个数可以分为两键鼠标（PC 鼠标）和三键鼠标（MS 鼠标）；按感应位移变化的方式可以分为机械鼠标、光学鼠标和光学机械鼠标。

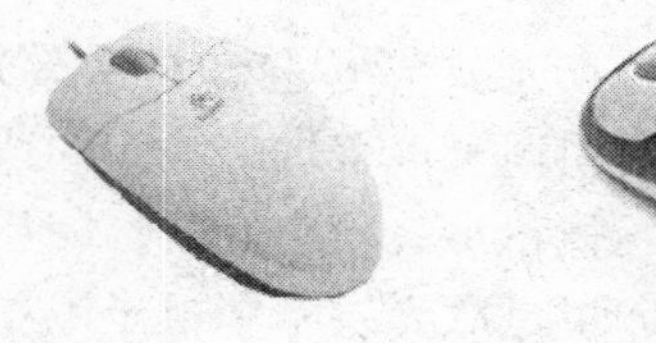

图 1-9　鼠标

5.　输出设备

输出设备则将计算机内部以二进制代码形式表示的信息转换为用户所需要并能识别的形式，如十进制数字、文字、符号、图形、图像、声音，或者其他系统所能接受的信息形式，输出出来。在微型机系统中，主要的输出系统是显示器、打印机等。

（1）　显示器。

显示器是一种输出设备（如图 1-10 所示），其作用是将主机发出的电信号转换为光信号，并最终将字符、图形或图像显示出来。显示器的类型很多，根据可以显示的内容分为：字符显示器和图形显示器；根据显示的颜色可分为：黑白显示器和彩色显示器；根据制造材料的不同，可分为阴极射线管显示器（CRT）、发光二极管显示器（LED）、液晶显示器（LCD）和等离子显示器（PDP）等。CRT 显示器是我们最常见的显示器；液晶和等离子显示器为平板式，体积小、重量轻、功耗少，主要用于笔记本电脑。

影响显示器的主要指标有屏幕尺寸、点距、分辨率、刷新率等。显示器尺寸有 17in、19in、22in 和 24in 等。屏幕上独立显示的点称为像素。点距就是指两个像素点间的距离，通常显示器的点距有 0.28mm，0.31mm 或 0.39mm 等。点距越小，图像越清晰。分辨率是指屏幕上可容纳的像素个数。分辨率 1024×768 表示每屏显示的水平扫描线有 768 条，每条扫描线上有 1024 个光点。通常分为低分辨率、中分辨率和高分辨率三种。灰度，即光点亮度的深浅变化层次，可以用颜色表示，灰度和分辨率决定了显示图像的质量。每秒刷新屏幕的次数称为刷新率，单位为 Hz，如 19'LED 显示器为 75kHz。

显示器是通过显示适配器（简称显卡）与主机相连的，显示器必须与显卡匹配。显示器的质量和显卡的能力决定了显示的清晰与否。显卡有核芯显卡、集成显卡和独立显卡三类，独立显卡接口分 PCI、AGP 和 PCI-E。显示芯片是显卡的核心芯片，它的性能好坏直接决定了显卡性能的好坏，现在主流的显示芯片市场基本上被 AMD-ATi 和 NVIDIA 霸占。显卡是用来存储要处理的图形信息的部件，其性能与容量对显卡性能影响很大，目前流行的显卡品牌有华硕、讯景、七彩虹等（如图 1-11 所示）。

图 1-10　CRT 显示器和液晶显示器

图 1-11　显卡

（2） 打印机。

打印机主要有针式打印机（如图 1-12 所示）、喷墨打印机和激光打印机（如图 1-13 所示）等。针式打印机速度慢，噪声大。但在专用场合很有优势，例如票据打印、多联打印等，并且它的耗材便宜。喷墨打印机价格便宜、体积小、噪声低、打印质量高，但对纸张要求高、墨水消耗量大，适于家庭购买。激光打印机是激光技术和电子照相技术的复合物。它将计算机输出的信号转换成静电磁信号，磁信号使磁粉吸附在纸上形成有色字体。激光打印机印字质量高，字符光滑美观，打印速度快，噪声小，但价格稍高一些。

打印机的技术指标主要有打印速度、印字质量、打印噪声等。

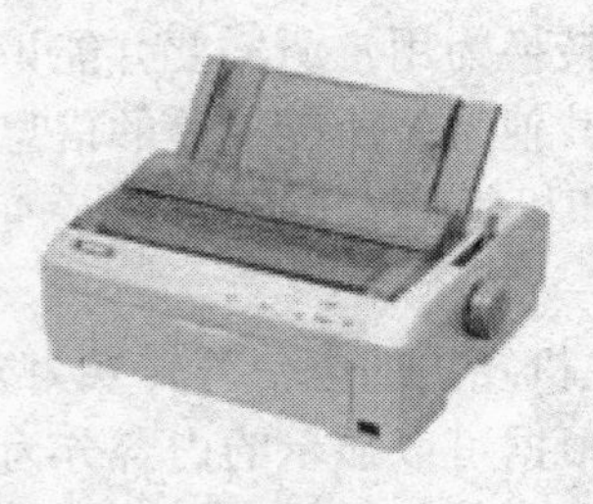

图 1-12　针式打印机

图 1-13　喷墨打印机和激光打印机

二、微机的性能指标

我们通常所说的计算机的性能指标主要包括以下几个方面：

1.　字长

字长是指 CPU 能够直接处理的二进制信息的位数。它标志着计算机处理数据的精度，字长越长，精度越高。同时字长与指令长度有一个对应关系，因而指令系统功能的强弱程度与字长有关。目前，一般的大型主机字长在 128～256 位之间，小型机字长在 32～128 位之间，微型机字长在 16～64 位之间。

2.　内存容量

任何程序和数据的存取都要通过内存，内存容量的大小反映了存储程序和数据的能力，从而反映了信息处理能力的强弱。存储容量越大，所运行的软件越丰富。

3.　主频

主频是指 CPU 的时钟频率，即 CPU 在单位时间（秒）内所发出的脉冲数，它在很大程度上决定了计算机的运算速度。一般时钟频率越高，运算速度就越快。它是反映计算机速度的一个重要的间接指标，但不简单地等同于计算机的运算速度。主频的单位是 GHz，$1GHz=10^6Hz$。如 Intel 酷睿 i7 3770K 的主频为 3.5GHz、AMD FX 8150 的主频为 3.6GHz。

4.　运算速度

计算机的运算速度用每秒钟可以执行的百万条指令数（MIPS）来衡量，AMD FX 8150 的运算速度可达 2000 MIPS 以上。

三、多媒体计算机的硬件设备

现实世界中，信息的表现形式是丰富多彩的，我们将信息的表现形式称为媒体。所谓媒体（Media）是指承载信息的载体，它包括信息的表现和传播载体。如人们日常生活中使用的数字、文字、声音、图形、图像、幻灯片、视频、交通信号灯等都可称之为媒体。所谓多媒体（Multimedia），从字面上理解就是多种媒体的集合。指把文本、声音、图形、图像、视频等多种媒体的信息通过计算机进行数字化加工处理，集成为一个具有交互性系统的技术，称为多媒体技术。我们将在第 8 章详细介绍多媒体技术相关知识。

在一台普通计算机上添加一些多媒体硬件，如光驱、声卡、视频卡等就可以组成一个多媒体计算机（Multimedia Personal Computer，MPC）。多媒体计算机能够编辑和播放声音、视频片断、录像、动画、图像或文本，它还能够控制诸如光驱、MIDI 合成器、录像机、摄像机等外围设备。

1.　声卡

声卡又称音频卡（Audio Card），如图 1-14 所示，它用于处理音频媒体信息的输入输出，是一个重要的多媒体设备，与声卡相配套的硬件还有麦克风和音箱。声卡与音箱相连，可以将数字化的音频信号转换成模拟信号，经放大后从音箱中播出。通过传声器和相应的软件，如 Windows 附件中的“录音机”，可以将声音录制到硬盘上，生成一个数字化的声音文件。使用麦克风可以实现声音录制、演唱卡拉 OK、语音输入和语音聊天等功能。现在的主板大都集成声音处理芯片，一般不需要安装独立声卡。

图 1-14　声卡、话筒和音箱

2. 扫描仪

扫描仪（Scanner）是一个典型的图像输入设备（如图 1-15 所示），它可以将照片、图片、图形输入到计算机中，并转换成图像文件存储于硬盘。常见的有手持式扫描仪（超市收款台使用）、台式扫描仪（办公、家用）等。扫描仪的主要技术参数是分辨率，用每英寸的检测点数表示，其单位是 dpi。一般的扫描仪的分辨率为 600dpi。

图 1-15　扫描仪

3. 数码设备

越来越多的数码设备如 MP3 播放器、数码照像机、数码摄像机（如图 1-16 所示）能够直接与计算机相连，很方便地将数据从这些设备中导入到计算机硬盘中，然后用软件对音频或视频进行编辑，从而轻而易举地制作 DV（数码影像）和电子相册。投影机也越来越多地用于多媒体教学和商务会议中，计算机的功能和应用也因此越来越强了。

图 1-16　MP3 播放器、数码照相机、数码摄像机和投影机

4. 视频捕获卡

视频捕获卡是视频媒体信息的输入设备，它可以将电视、摄影机和录像的视频信号输入到计算机中，用户可以将视频片断录制到硬盘上。视频片断一般以 AVI（Audio Video

Interleaved）格式的文件存放。在购买视频捕获卡时一般提供视频编辑软件，但也可以单独购买更专业化的视频编辑软件，利用它可进行剪辑帧，改变播放顺序或添加特殊效果。用 Windows 的“媒体播放机”，无需任何特殊的硬件就可以播放视频片断。

如果没有视频捕获卡，利用 Windows 的“媒体播放机”可以从 VCD 或已有的视频片断中剪辑你所需要的视频片断。

制作和播放视频片断是多媒体应用的最高目标。如果你已将视频片断保存为 AVI 格式的文件，就可以将它插入到你的演讲报告或幻灯片中进行播放，使枯燥沉闷的东西活跃起来，增强对听众的感染力。

四、计算机的软件系统

没有配置任何软件的计算机称为“裸机”，裸机不可能完成任何有实际意义的工作，就像没有音乐磁带的录音机一样。软件是计算机系统必不可少的组成部分。软件是指程序、数据和相关文档的集合。以计算机可以识别和执行的操作表示的处理步骤称为程序。文档是指用自然语言或者形式化语言所编写的用来描述程序的内容、组成、设计、功能规格、开发情况、测试结构和使用方法的文字资料和图表。例如程序设计说明书、流程图、用户手册等。

从第一台计算机上第一个程序出现到现在，计算机软件已经发展成为一个庞大的系统。从应用的观点看，软件可以分为三类，即系统软件、支撑软件和应用软件，如图 1-17 所示。

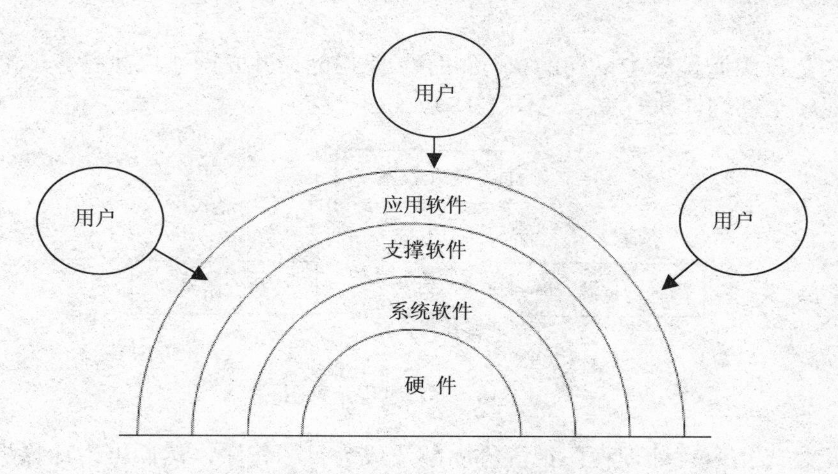

图 1-17　软件系统结构示意图

1. 系统软件

系统软件是计算机系统中最靠近硬件的软件。它与具体的应用无关，其他软件一般都是通过系统软件发挥作用的。系统软件的功能主要是对计算机硬件和软件进行管理，以充分发挥这些设备的效力，方便用户的使用。系统软件一般包括操作系统、语言处理程序、数据库管理系统等。

（1） 操作系统。

操作系统是最基本、最重要的系统软件。它负责管理计算机系统的全部软件资源和硬件资源，合理地组织计算机各部分协调工作，为用户提供操作界面。常用的操作系统有 UNIX、Linux、Mac OS 和 Windows XP、Windows 7/8、Windows 2008 等。我们将在第 2 章详细介绍 Windows XP 操作系统。

（2） 计算机语言。

人与计算机交流信息所使用的语言称为计算机语言或程序设计语言。计算机语言可分为机器语言、汇编语言、高级语言三类。

机器语言是以二进制代码形式表示的机器基本指令的集合、是计算机硬件唯一可以直接识别和执行的语言。它的特点是运算速度快，每条指令都是 0 和 1 的代码串，指令代码包括操作码与地址码，且不同计算机其机器语言不同，难阅读，难修改。

汇编语言是为了解决机器语言难于理解和记忆，用名称和符号表示的机器指令。汇编语言虽比机器语言直观，对同一问题编写的程序在不同类型的机器上仍然是互不通用。

机器语言和汇编语言都是面向机器的低级语言，其特点是与特定的机器有关，工作效率高，但与人们思考问题和描述问题的方法相距太远，使用繁琐、费时，易出差错，对使用者要求熟悉计算机的内部细节，非专业的普通用户很难使用。

高级语言解决了低级语言的不足，它是由一些接近于自然语言和数学语言的语句组成。因此，更接近于要解决的问题的表示方法并在一定程度上与机器无关，用高级语言编写程序，接近于自然语言与数学语言，易学、易用、易维护。但是由于机器硬件不能直接识别高级语言中的语句，因此必须将高级语言程序翻译成机器语言程序，才能执行。

把汇编语言或高级语言程序翻译成机器语言程序的翻译程序称为语言处理程序；被翻译的程序称为源程序，翻译成的机器语言程序称为目标程序。语言处理程序有解释和编译两种翻译方式。

解释方式是按照源程序中语句的执行顺序，逐句翻译并立即予以执行。即翻译一句执行一句，直到程序全部翻译执行完（见图 1-18）。

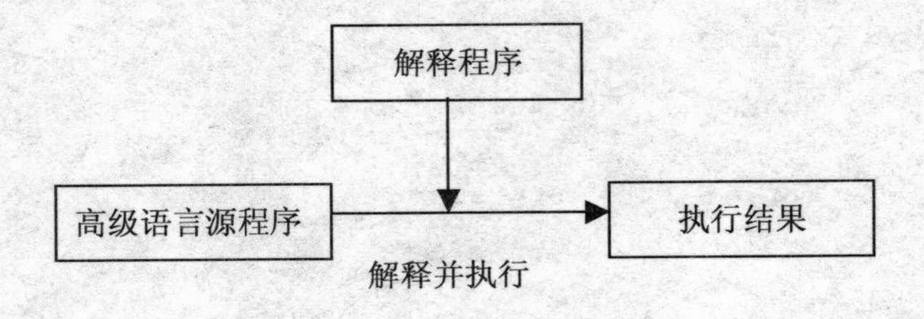

图 1-18 解释过程示意图

编译方式是先由语言处理程序把源程序翻译成为目标程序，然后再由计算机执行目标程序（见图 1-19）。这种实现途径可以划分为两个明显的阶段：前一阶段称为生成阶段；后一阶段称为运行阶段。采用这种途径实现的翻译程序，如果源语言是一种高级语言，目标语言是某一计算机的机器语言或汇编语言，则这种翻译程序特称为编译程序。如果源语言是计算机的汇编语言，目标语言是相应计算机的机器语言，则这种翻译程序特称为汇编程序。

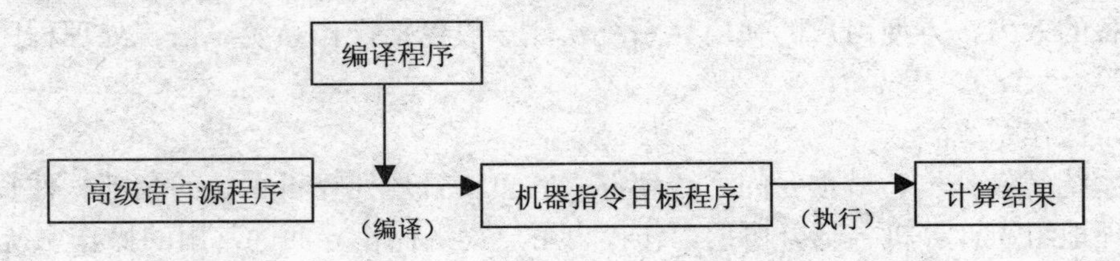

图 1-19 编译过程示意图

从 20 世纪 50 年代中期第一个实用的高级语言诞生以来，人们设计出了几百种高级语言，最常用的有：FORTRAN、COBOL、BASIC、PASCAL、C 语言等。近几年来，随着面向对象和可视化技术的发展，出现了像 C++，C#，Java 等面向对象程序设计语言和 Visual Studio，Eclipse 等集成开发环境。

（3） 数据库管理系统。

计算机处理的对象是数据，因而如何管理好数据就是一个重要的问题。在 20 世纪 50 年代中期以前没有专门用于数据管理的软件。操作系统出现以后，可以通过操作系统管理数据。用户可以通过操作系统对文件进行打开、读、写和关闭，但要对文件内容进行查询、修改，仍然要编写专门的程序，不能由用户直接查询、修改；文件结构的修改将导致应用程序的修改，使应用程序的维护工作量很大；文件之间没有联系，很难解决重复存储和不一致的问题；由于缺少统一管理，在数据的结构、编码、表示格式等方面也不易做到规范化、标准化。为了解决这些问题，20 世纪 60 年代末提出了数据库的概念。

数据库是存储在一起的相互有联系的数据的集合。它能为多个用户、多种应用所共享，又具有最小的冗余度；数据之间联系密切，又与应用程序没有联系，具有较高的数据独立性。数据库管理系统就是对这样一种数据库中的数据进行管理、控制的软件。它为用户提供了一套数据描述和操作语言，用户只须使用这些语言，就可以方便地建立数据库，并对数据进行存储、修改、增加、删除、查找。我们将在第 6 章介绍小型关系型数据库管理系统 Access 2007。

2. 支撑软件

支撑软件是支持其他软件的编制和维护的软件。随着计算机应用的发展，软件的编制和维护在整个计算机系统中所占的比重已远远超过硬件。从提高软件的生产率，保证软件的正确性、可靠性和易于维护来看，支撑软件在软件开发中占有重要地位。广义地讲，可以把操作系统看作支撑软件，或者把支撑软件看作是系统软件的一部分。但是随着支持大型软件开发而在 20 世纪 70 年代后期发展起来的软件支撑环境已和原来意义下的系统软件有很大的不同，它主要包括环境数据库和各种工具，例如测试工具、编辑工具、项目管理工具、数据流图编辑器、语言转换工具和界面生成工具等。

3. 应用软件

应用软件是为计算机在特定领域中的应用而开发的专用软件。例如文字处理软件、表格处理软件、绘图软件、各种管理信息系统、飞机订票系统、地理信息系统、CAD 系统等。应用软件包括的范围是极其广泛的，可以这样说，哪里有计算机应用，哪里就有应用软件。应用软件不同于系统软件，系统软件是利用计算机本身的逻辑功能，合理地组织用户使用计算机的硬、软件资源，以充分利用计算机的资源，最大限度地发挥计算机效率，便于用户使用、管理为目的；而应用软件是用户利用计算机和它所提供的系统软件，为解决自身的、特定的实际问题而编制的程序和文档。我们将在第 3 章介绍文字处理软件 Word 2007，在第 4 章介绍表格处理软件 Excel 2007，在第 5 章介绍演示文稿制作软件 PowerPoint 2007 的使用。

应当指出，软件的分类并不是绝对的，而是相互交叉和变化的。例如系统软件和支撑软件之间就没有绝对的界限，所以习惯上也把软件分为两大类，即系统软件和应用软件。

1.3.3 应用举例

一、各种存储设备简介

1. 硬磁盘

硬磁盘是由若干个硬盘片组成的盘片组，一般被固定在计算机箱内。主要用于存放计算机操作系统、各种应用软件和用户数据文件。硬盘的存储格式与软盘类似，硬盘一般都封装在一个金属盒子里，固定在主机箱内。近年来，硬盘的技术进展速度比其他存储设备快了许多，容量越来越大，速度越来越快，价格却越来越低。如今，在系统软件和应用程序的功能越来越多，占用存储空间越来越大的情况下，硬盘的这种发展趋势给广大用户带来了很大的好处。

硬盘分为固态硬盘（SSD）和机械硬盘（HDD）；SSD 采用闪存颗粒来存储，HDD 采用磁性碟片来存储。固态硬盘 SSD（Solid State Disk、IDE FLASH DISK、Serial ATA Flash Disk）是由控制单元和存储单元（FLASH 芯片）组成，简单的说就是用固态电子存储芯片阵列而制成的硬盘，固态硬盘的接口规范和定义、功能及使用方法上与普通硬盘的使用方法完全相同。在产品外形和尺寸上也完全与普通硬盘一致，包括 3.5in，2.5in，1.8in 多种类型。由于固态硬盘没有普通硬盘的旋转介质，因而抗震性极佳，同时工作温度很宽，扩展温度的电子硬盘可工作在-45℃～+85℃。广泛应用于军事、车载、工控、视频监控、网络监控、网络终端、电力、医疗、航空等、导航设备等领域。

硬盘也可以根据接口类型的不同，主要分为 IDE、SATA 和 SCSI 几种，最常用的是前两种，而 SCSI 接口主要用于服务器。

（1） IDE（Integrated Drive Electronics，集成驱动器电子接口）：也称为 AT-Bus 或 ATA 接口，是十分普及的一种硬盘接口，采用并行传输方式。随着技术的不断进步，IDE 接口的数据传输速率在不断提高。初期的数据传输速率只有 16.6 MB/s，后来传输速率提升至 66 MB/s。现在，传输速率更高的 100 MB/s 和 133 MB/s 硬盘已在广泛使用中。

（2） SATA（Serial ATA，串行 ATA 接口）：它是一种新的接口标准，与并行 ATA 的主要不同就在于它的传输方式。它和并行传输不同，它只有两对数据线，采用点对点传输，以比并行传输更高的速度将数据分组传输。现在的 SATA II 接口传输速率为 300 MB/s，将来 SATARevision3.0 的传输速率将达到 6Gb/s。图 1-20 所示的即是一款 SATA II 接口的硬盘。

图 1-20　SATA II 接口的硬盘

（3） SCSI（Small Computer System Interface，小型计算机系统接口）：它是一种系统级的接口，它可以同时挂接各种不同的设备（如硬盘、光盘驱动器、磁带驱动器、扫描仪和打印机等），其数据传输速率要比 IDE 接口高很多。

硬盘写入保存和读取数据的原理类似于录音机录音和放音的过程。写入数据时，通过磁头对盘片表面的可磁化单元进行磁化，将二进制的数字信息记录在高速旋转的盘面上。读取数据时，只需把磁头移动到相应的位置读取此处的磁化编码状态即可。

硬盘在出厂后必须经过以下三步操作才能正常使用：第一步是对硬盘进行低级格式化；第二步是对硬盘进行分区；第三步是对硬盘进行高级格式化。这些工作一般都由计算机经销商完成。

衡量硬盘的常用指标有容量、转速、硬盘自带 Cache（缓存）的容量等。容量越大，存储信息量越多；转速越高，存取信息速度越快；Cache 大，计算机整体速度越快。目前微机常用硬盘容量在 250GB 以上，普通硬盘转速 5400 转、7200 转，高速硬盘 1 万转，普通硬盘 16M 的 Cache，而高速硬盘有 64M Cache。

2. 光盘

光盘的存储介质不同于磁盘，它属于另一类存储器。由于光盘的容量大、存取速度快、不易受干扰等特点，光盘的应用越来越广泛。光盘根据其制造材料和记录信息的方式的不同一般分为三类：只读光盘、一次性写入光盘和可擦写光盘。

只读光盘也称 CD-ROM（Compact Disk-Read Only Memory），是生产厂家在制造时根据用户要求将信息写入到盘上，用户不能抹掉，也不能写入，只能通过光盘驱动器读出盘中信息，如图 1-21 所示。计算机上用的 CD-ROM 有一个数据传输速率指标，称为倍数。一倍速的数据传输速率是 150kb/s，24 倍速 CD-ROM 的数据传输速率是 24×150kb/s=3.6MB/s。由于这种光盘具有 ROM 性质，因此又称为 CD-ROM。

一次性写入型光盘也称 CD-R（Compact Disk-Recordable），可以由用户写入信息，但只能写一次，不能抹除和改写（像 PROM 芯片一样），存储容量一般为 650MB，如图 1-21 所示。可擦写光盘也称为 CD-RW，也可对已记录的信息进行抹除和改写，就像使用磁盘一样反复使用，它的存储容量一般在几百 MB 至几个 GB 之间。CD-R 和 CD-RW 光盘是通过刻录机进行写入的。

DVD-ROM 是 CD-ROM 的后继产品，DVD-ROM 盘片的尺寸与 CD-ROM 盘片完全一致，不同之处是采用较短的 650nm 波长激光读写，容量也提到 4.7GB，一倍速的数据传输速率是 1350 kb/s。现在常用的 DVD 刻录机如图 1-22 所示。

图 1-21 各种类型光盘

图 1-22 DVD 刻录机

3. 移动硬盘和U盘

移动硬盘和U盘是两种可移动的便携式外部存储器，其中U盘是采用Flash Memory（一种半导体存储器）制造的移动存储器，它具有掉电后还能保持数据不丢失的特点。一般将它接在USB接口上，所以也叫U盘。两者相比，移动硬盘的容量更大，除可以实现数据移动之外，还是好的资料备份工具。U盘的容量较小，但更加小巧，且不易损坏，可随时携带。图1-23所示的即是一款纽曼80 GB移动硬盘，图1-24所示是一款U盘产品示例。

图1-23　纽曼80 GB移动硬盘

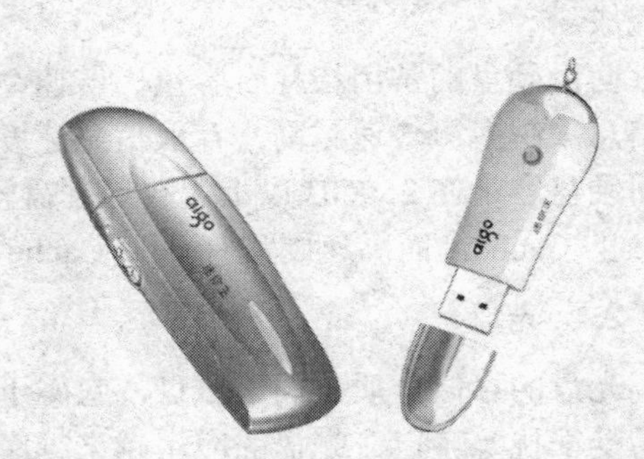

图1-24　U盘产品示例

1.4　教学案例：计算机病毒

【任务】计算机病毒与生物病毒是一回事吗？计算机中病毒后如何处理？如何预防和避免计算机病毒？

1.4.1　学习目标

通过本案例的学习，使学生充分了解病毒的概念和特征，了解病毒的起源和产生，熟悉病毒的发展与危害，熟悉病毒的命名、传播途径与分类，掌握发现病毒、查杀病毒的手段方法，掌握预防病毒的方法，培养学生解决实际问题的能力。

1.4.2　相关知识

一、计算机病毒概念和特征

"计算机病毒"为什么叫做病毒。首先，与医学上的"病毒"不同，它不是天然存在的，是某些人利用计算机软、硬件所固有的脆弱性，编制具有特殊功能的程序。其能通过某种途径潜伏在计算机存储介质（或程序）里，当达到某种条件时即被激活，它用修改其他程序的方法将自己的精确拷贝或者可能演化的形式放入其他程序中，从而感染它们，对计算机资源进行破坏的这样一组程序或指令集合。1994年2月18日，我国正式颁布实施了《中华人民共和国计算机信息系统安全保护条例》，在《条例》第二十八条中明确指出："计算机病毒，是指编制或者在计算机程序中插入的破坏计算机功能或者毁坏数据，影响计算机使用，并能自我复制的一组计算机指令或者程序代码。"

病毒具有传染性、非授权性、隐蔽性、潜伏性、破坏性、不可预见性的如下特征。

1. 传染性

计算机病毒的传染性是指病毒具有把自身复制到其他程序中的特性。计算机病毒是一段人为编制的计算机程序代码，这段程序代码一旦进入计算机并得以执行，它会搜寻其他符合其传染条件的程序或存储介质，确定目标后再将自身代码插入其中，达到自我繁殖的目的。只要一台计算机染毒，如不及时处理，那么病毒会在这台机子上迅速扩散，其中的大量文件（一般是可执行文件）会被感染。而被感染的文件又成了新的传染源，再与其他机器进行数据交换或通过网络接触，病毒会继续进行传染。

正常的计算机程序一般是不会将自身的代码强行连接到其他程序之上的。而病毒却能使自身的代码强行传染到一切符合其传染条件的未受到传染的程序之上。计算机病毒可通过各种可能的渠道，如软盘、计算机网络去传染其他的计算机。当你在一台机器上发现了病毒时，往往曾在这台计算机上用过的软盘已感染上了病毒，而与这台机器相联网的其他计算机也许也被该病毒感染上了。是否具有传染性是判别一个程序是否为计算机病毒的最重要条件。

2. 非授权性

一般正常的程序是由用户调用，再由系统分配资源，完成用户交给的任务。其目的对用户是可见的、透明的。而病毒具有正常程序的一切特性，它隐藏在正常程序中，当用户调用正常程序时窃取到系统的控制权，先于正常程序执行，病毒的动作、目的对用户是未知的，是未经用户允许的。

3. 隐蔽性

病毒一般是具有很高编程技巧、短小精悍的程序。通常附在正常程序中或磁盘较隐蔽的地方，也有个别的以隐含文件形式出现。目的是不让用户发现它的存在。如果不经过代码分析，病毒程序与正常程序是不容易区别开来的。一般在没有防护措施的情况下，计算机病毒程序取得系统控制权后，可以在很短的时间里传染大量程序。而且受到传染后，计算机系统通常仍能正常运行，使用户不会感到任何异常。试想，如果病毒在传染到计算机上之后，机器马上无法正常运行，那么它本身便无法继续进行传染了。正是由于隐蔽性，计算机病毒得以在用户没有察觉的情况下扩散到上百万台计算机中。

大部分的病毒的代码之所以设计得非常短小，也是为了隐藏。病毒一般只有几百或 1K 字节，而 PC 机对 DOS 文件的存取速度可达每秒几百 KB 以上，所以病毒转瞬之间便可将这短短的几百字节附着到正常程序之中，使人非常不易被察觉。

4. 潜伏性

大部分的病毒感染系统之后一般不会马上发作，它可长期隐藏在系统中，只有在满足其特定条件时才启动其表现（破坏）模块。只有这样它才可进行广泛地传播。如“PETER-2”在每年 2 月 27 日会提三个问题，答错后会将硬盘加密。著名的“黑色星期五”在逢 13 号的星期五发作。国内的“上海一号”会在每年三、六、九月的 13 日发作。当然，最令人难忘的便是 26 日发作的 CIH。这些病毒在平时会隐藏得很好，只有在发作日才会露出本来面目。

5. 破坏性

任何病毒只要侵入系统，都会对系统及应用程序产生程度不同的影响。轻者会降低计算机工作效率，占用系统资源，重者可导致系统崩溃。由此特性可将病毒分为良性病毒与恶性病毒。良性病毒可能只显示些画面或出点音乐、无聊的语句，或者根本没有任何破坏动作，但会占用系统资源。这类病毒较多，如：GENP、小球、W-BOOT 等。恶性病毒则有明确的目的，或破坏数据、删除文件或加密磁盘、格式化磁盘，有的对数据造成不可挽回的破坏。这也反映出病毒编制者的险恶用心。

6. 不可预见性

从对病毒的检测方面来看，病毒还有不可预见性。不同种类的病毒，它们的代码千差万别，但有些操作是共有的（如驻内存，改中断)。有些人利用病毒的这种共性，制作了声称可查所有病毒的程序。这种程序的确可查出一些新病毒，但由于目前的软件种类极其丰富，且某些正常程序也使用了类似病毒的操作甚至借鉴了某些病毒的技术。使用这种方法对病毒进行检测势必会造成较多的误报情况。而且病毒的制作技术也在不断的提高，病毒对反病毒软件永远是超前的。

二、病毒起源与产生

最早由冯·诺伊曼提出一种可能性——现在称为病毒，但没引起注意。1983 年，弗雷德·科恩（FRED COHEN）博士研制出一种在运行过程中可以复制自身的破坏性程序，在VAX11/750 计算机系统上运行实验成功，从而在实验上验证了计算机病毒的存在。1988 年 11 月 2 日，美国六千多台计算机被病毒感染，造成 Internet 不能正常运行，迫使美国政府立即做出反应，国防部成立了计算机应急行动小组。这次事件中遭受攻击的包括 5 个计算机中心和 12 个地区结点，连接着政府、大学、研究所和拥有政府合同的 250，000 台计算机。这次病毒事件，计算机系统直接经济损失达 9600 万美元。这个病毒程序设计者是罗伯特·莫里斯（ROBERT T.MORRIS)，当年 23 岁，是在康乃尔（CORNELL）大学攻读学位的研究生。1988 年底，在我国的国家统计部门发现小球病毒。

计算机病毒的产生是计算机技术和以计算机为核心的社会信息化进程发展到一定阶段的必然产物。其产生的过程可分为：程序设计-传播-潜伏-触发、运行-实行攻击。究其产生的原因有以下几种：

（1） 一些计算机爱好者出于好奇或兴趣，也有的是为了满足自己的表现欲，而此种程序流传出去就演变成计算机病毒，此类病毒破坏性一般不大。

（2） 产生于个别人的报复心理。如祖国宝岛台湾的学生陈盈豪，编写一个能避过各种杀病毒软件的 CIH 病毒，对当时的电脑用户曾造成一度的灾难。

（3） 来源于软件加密，一些商业软件公司为了不让自己的软件被非法复制和使用，会产生一些新病毒；如巴基斯坦病毒。

（4） 产生于游戏，编程人员在无聊时互相编制一些程序输入计算机，让程序去销毁对方的程序，如最早的“磁芯大战”，这样，另一些病毒也产生了。

（5） 用于研究或实验而设计的“有用”程序，由于某种原因失去控制而扩散出来。

（6） 由于政治、经济和军事等特殊目的，一些组织或个人也会编制一些程序用于进攻对方电脑，给对方造成灾难或直接性的经济损失。

三、病毒的发展与危害

当前计算机病毒的最新发展：病毒的演化，任何程序和病毒都一样，不可能十全十美，所以一些人还在修改以前的病毒，使其功能更完善，使杀毒软件更难检测。在时下操作系统抢占市场的时候，各种操作系统应运而生，其他操作系统上的病毒也千奇百怪。一些新病毒变得越来越隐蔽。多变型病毒也称变形发动机，是新型计算机病毒。这类病毒采用复杂的密码技术，在感染宿主程序时，病毒用随机的算法对病毒程序加密，然后放入宿主程序中，由于随机数算法的结果多达天文数字，所以，放入宿主程序中的病毒程序每次都不相同。这样，同一种病毒，具有多种形态，每一次感染，病毒的面貌都不相同，犹如一个人能够“变脸”一样，检测和杀除这种病毒非常困难。既然杀病毒软件是杀病毒的，而就有人却在搞专门破坏杀病毒软件的病毒，一是可以避过杀病毒软件，二是可以修改杀病毒软件，使其杀毒功能改变。

计算机病毒会感染、传播，但这并不可怕，可怕的是病毒的破坏性。其主要危害有：

（1） 击硬盘主引导扇区、Boot 扇区、FAT 表、文件目录，使磁盘上的信息丢失。

（2） 删除 U 盘、硬盘或网络上的可执行文件或数据文件，使文件丢失。

（3） 占用磁盘空间。

（4） 修改或破坏文件中的数据，使内容发生变化。

（5） 抢占系统资源，使内存减少。

（6） 占用 CPU 运行时间，使运行效率降低。

（7） 对整个磁盘或扇区进行格式化。

（8） 破坏计算机主板上 BIOS 内容，使计算机无法工作。

（9） 破坏屏幕正常显示，干扰用户的操作。

（10） 破坏键盘输入程序，使用户的正常输入出现错误。

（11） 攻击喇叭，会使计算机的喇叭发出响声。有的病毒作者让病毒演奏旋律优美的世界名曲，在高雅的曲调中去杀戮人们的信息财富。有的病毒作者通过喇叭发出种种声音。

（12） 干扰打印机，假报警、间断性打印、更换字符。

四、计算机病毒的命名、传播途径与分类

1. 计算机病毒命名

对病毒命名，各个反毒软件亦不尽相同，有时对一种病毒不同的软件会报出不同的名称。如“SPY”病毒，KILL 起名为 SPY，KV300 则叫“TPVO-3783”。给病毒起名的方法有以下几种：按病毒出现的地点，如“ZHENJIANG_JES”其样本最先来自镇江某用户。按病毒中出现的人名或特征字符，如“ZHANGFANG-1535”，“DISK KILLER”，“上海一号”。按病毒发作时的症状命名，如“火炬”，“蠕虫”。按病毒发作的时间，如“NOVEMBER 9TH”在 11 月 9 日发作。有些名称包含病毒代码的长度，如“PIXEL.xxx”系列，“KO.xxx”等。

2. 计算机病毒的传播途径

计算机病毒的传播主要是通过复制文件、传送文件、运行程序等方式进行的。而主要的传播途径有以下几种。

（1） U 盘。

U 盘主要是携带方便，为了计算机之间互相传递文件，经常使用 U 盘也会将一台机子的病毒传播到另一台机子。

（2） 硬盘。

因为硬盘存储数据多，在其互相借用或维修时，将病毒传播到其他的硬盘或 U 盘上。

（3） 光盘。

光盘的存储容量大，所以大多数软件都刻录在光盘上，以便互相传递；由于各普通用户的经济收入不高，购买正版软件的人就少，一些非法商人就将软件放在光盘上，因其只读，所以上面即使有病毒也不能清除，商人在制作过程中难免会将带病毒文件刻录在上面。

（4） 网络。

在电脑日益普及的今天，人们通过计算机网络，互相传递文件、信件，这样给病毒的传播速度又加快了；因为资源共享，人们经常在网上下载免费、共享软件，病毒也难免会夹在其中。

3. 计算机病毒的分类

病毒主要有以下几种类型：

（1） 开机型病毒（Boot Strap Sector Virus）。

开机型病毒是藏匿在硬盘的第一个扇区。因为操作系统（OS）的架构设计，使得病毒可以在每次开机时，在操作系统还没被加载之前就被加载到内存中，这个特性使得病毒可以针对 OS 的各类中断（Interrupt）得到完全的控制，并且拥有更大的能力进行传染与破坏。

（2） 文件型病毒（File Infector Virus）。

文件型病毒通常寄生在可执行文件（如 *.COM，*.EXE 等）中。当这些文件被执行时，病毒的程序就跟着被执行。文件型的病毒依传染方式的不同，又分成非常驻型以及常驻型两种：

① 非常驻型病毒（Non-memory Resident Virus）。

非常驻型病毒将自己寄生在 *.COM，*.EXE 或是 *.SYS 的文件中。当这些中毒的程序被执行时，就会尝试去传染给另一个或多个文件。

② 常驻型病毒（Memory Resident Virus）。

常驻型病毒躲在内存中，其行为就是寄生在各类的低阶功能（如 Interrupts），由于这个原因，常驻型病毒往往对磁盘造成更大的伤害。一旦常驻型病毒进入了内存中，只要执行文件被执行，它就对其进行感染的动作，其效果非常显著。将它赶出内存的唯一方式就是冷开机（完全关掉电源之后再开机）。

（3） 复合型病毒（Multi-Partite Virus）。

复合型病毒兼具开机型病毒以及文件型病毒的特性。它们可以传染 *.COM，*.EXE 文件，也可以传染磁盘的开机系统区（Boot Sector）。由于这个特性，使得这种病毒具有相当程度的传染力。一旦发病，其破坏的程度将会非常可观！

（4） 隐型飞机式病毒（Stealth Virus）。

隐型飞机式病毒又称作中断截取者（Interrupt Interceptors）。顾名思义，它通过控制 OS 的中断向量，把所有受其感染的文件“假还原”，再把“看似和原来一模一样”的文件丢回给 OS。

（5） 千面人病毒（Polymorphic/Mutation Virus）。

千面人病毒可怕的地方，在于每当它们繁殖一次，就会以不同的病毒码传染到别的地方去。每一个中毒的文件中，所含的病毒码都不一样，对于扫描固定病毒码的防毒软件来说，无疑是一个严重的考验！有些高竿的千面人病毒，几乎无法找到相同的病毒码。感染 PE_Marburg 病毒后的 3 个月，即会在桌面上出现一堆任意排序的“X”符号。

（6）　宏病毒（Macro Virus）。

宏病毒主要是利用软件本身所提供的宏能力来设计病毒，所以凡是具有写宏能力的软件都有宏病毒存在的可能，如 Word、Excel、AmiPro 等。

（7）　特洛伊木马病毒和计算机蠕虫。

特洛伊木马（Trojan）和计算机蠕虫（Worm）之间，有某种程度上的依附关系，有越来越多的病毒同时结合这两种病毒型态的破坏力，达到双倍的破坏能力。

计算机蠕虫大家过去可能比较陌生，不过近年来应该常常听到，顾名思义计算机蠕虫指的是某些恶性程序代码会像蠕虫般在计算机网络中爬行，从一台计算机爬到另外一台计算机，方法有很多种例如透过局域网络或是 E-mail。最著名的计算机蠕虫案例就是“ILOVEYOU-爱情虫”。例如：“MELISSA-梅莉莎”便是结合“计算机病毒”及“计算机蠕虫”的两项特性。该恶性程序不但会感染 Word 的 Normal.dot（此为计算机病毒特性），而且会通过 Outlook E-mail 大量散播（此为计算机蠕虫特性）。

事实上，在真实世界中单一型态的恶性程序其实越来越少了，许多恶性程序不但具有传统病毒的特性，更是结合了“特洛伊木马程序”、“计算机蠕虫”型态来造成更大的影响力。一个耳熟能详的案例是“探险虫”（ExploreZip）。探险虫会覆盖掉在局域网络上远程计算机中的重要文件（此为特洛伊木马程序特性），并且会透过局域网络将自己安装到远程计算机上（此为计算机蠕虫特性）。

（8）　黑客型病毒。

自从 2001 年 7 月 CodeRed 红色警戒利用 IIS 漏洞，揭开黑客与病毒并肩作战的攻击模式以来，CodeRed 在病毒史上的地位，就如同第一只病毒 Brain 一样，具有难以抹灭的历史意义。继红色代码之后，出现一只全新攻击模式的新病毒，透过相当罕见的多重感染管道在网络上大量散播，包含：电子邮件、网络资源共享、微软 IIS 服务器的安全漏洞，等等。由于 Nimda 的感染管道相当多，病毒入口多，相对的清除工作也相当费事。尤其是下载微软的 Patch，无法自动执行，必须每一台计算机逐一执行，容易失去抢救的时效。

一般而言，计算机黑客想要轻易的破解防火墙并入侵企业内部主机并不是件容易的事，所以黑客们通常就会采用另一种迂回战术，直接窃取使用者的账号及密码，如此一来便可以名正言顺的进入企业内部。而 CodeRed、Nimda 即是利用微软公司的 IIS 网页服务器操作系统漏洞，大肆为所欲为。

计算机及网络家电整日处于开机状态，也使得计算机黑客有更多入侵的机会。在以往拨接上网的时代，家庭用户对黑客而言就像是一个移动的目标，非常难以锁定，如果黑客想攻击的目标没有拨接上网络，那么再厉害的黑客也是一筹莫展，只能苦苦等候。相对的，宽带上网所提供的 24 小时固接服务却让黑客有随时上下其手的机会，而较大的带宽不但提供家庭用户更宽广的进出渠道，也同时让黑客进出更加的快速便捷。过去我们认为计算机防毒与防止黑客是两回事，然而 CodeRed 却改写了这个定律，过去黑客植入后门程序必须一台计算机、一台计算机地大费周折的慢慢入侵，但 CodeRed 却以病毒大规模感染的手法，瞬间即可植入后门程序，更加暴露了网络安全的严重问题。

1.4.3 应用举例

一、病毒的发现

计算机病毒发作时，通常会出现以下几种情况，这样我们就能尽早地发现和清除它们。

1. 电脑运行比平常迟钝

程序载入时间比平常久；有些病毒能控制程序或系统的启动程序，当系统刚开始启动或是一个应用程序被载入时，这些病毒将执行他们的动作，因此会花更多时间来载入程序。

对一个简单的工作，磁盘似乎花了比预期长的时间，例如：储存一页的文字若需一秒，但病毒可能会花更长时间来寻找未感染文件。

2. 不寻常的信息出现

文件奇怪的消失，文件的内容被加上一些奇怪的资料，文件名称，扩展名，日期，属性被更改过等。

3. 硬盘的指示灯无缘无故的亮了

当你没有存取磁盘，但磁盘指示灯却亮了，电脑这时已经受到病毒感染了。

4. 系统内存容量忽然大量减少

有些病毒会消耗可观的内存容量，曾经执行过的程序，再次执行时，突然告诉你没有足够的内存可以利用，表示病毒已经存在你的电脑中了！

5. 磁盘可利用的空间突然减少

这个信息警告你病毒已经开始复制了！

6. 可执行程序的大小改变了！

正常情况下，这些程序应该维持固定的大小，但有些较不聪明的病毒，会增加程序的大小。

7. 坏轨增加

有些病毒会将某些磁区标注为坏轨，而将自己隐藏其中，扫毒软件也无法检查病毒的存在，例如 Disk Killer 会寻找 3 个或 5 个连续未用的磁区，并将其标示为坏轨。

8. 程序同时存取多部磁盘

内存内增加来路不明的常驻程序。

二、病毒的查杀与预防

如果发现病毒，首先是停止使用计算机，用干净启动软盘启动计算机，将所有资料备份；用正版杀毒软件进行杀毒，最好能将杀毒软件升级到最新版；如果一个杀毒软件不能杀除，可到网上找一些专业性的杀病毒网站下载最新版的其他杀病毒软件，进行查杀；如果多个杀毒软件均不能杀除，可将此病毒发作情况发布到网上，或到专门的 BBS 论坛留下贴子；可用此染毒文件上报杀病毒网站，让专业性的网站或杀毒软件公司帮你解决。

“常在河边走，哪能不湿脚”，交换文件，上网冲浪，收发邮件都有可能感染病毒。那么怎么才能使自己的计算机不受病毒侵害，或是最大程度地降低损失呢，一般情况下，建议遵循以下原则，防患于未然。

（1） 建立正确的防毒观念，学习有关病毒与反病毒知识。

（2） 不随便下载网上的软件。尤其是不要下载那些来自无名网站的免费软件，因为这些软件无法保证没有被病毒感染。不要使用盗版软件。

（3） 不要随便使用别人的 U 盘或光盘。尽量做到专机专盘专用。

（4） 使用反病毒软件。及时升级反病毒软件的病毒库，开启病毒实时监控。

（5） 注意计算机有没有异常症状，发现可疑情况及时通报以获取帮助。

（6） 使用新设备和新软件之前要检查。

（7） 有规律地制作备份。要养成备份重要文件的习惯。

（8） 制作应急盘/急救盘/恢复盘。按照反病毒软件的要求制作应急盘/急救盘/恢复盘，以便恢复系统急用。

（9） 重建硬盘分区，减少损失。若硬盘资料已经遭到破坏，不必急着格式化，因病毒不可能在短时间内将全部硬盘资料破坏，故可利用“灾后重建”程序加以分析和重建。

1.5　教学案例：信息社会与信息素养

【任务】信息社会对人的基本要求有哪些？如何培养适应未来社会的信息素养？

1.5.1　学习目标

通过本案例的学习，使学生充分了解与信息技术相关的法律法规，熟悉现代社会所要求信息素养内涵和标准，不断增强信息素质，培养良好的信息道德素养，为适应信息社会工作和生活奠定基础。

1.5.2　相关知识

信息社会也称信息化社会，是脱离工业化社会以后，信息起主要作用的社会。人类社会生活的改变，最终是由社会生产力所决定，当今社会科学技术的第一生产力作用日益凸现，信息科学技术作为现代先进科学技术体系中的前导要素，它所引发的社会信息化迅速改变社会的面貌、改变人们的生产方式和生活方式，对社会生活产生巨大影响。

一、信息产业的法律法规

由于信息产业涵盖的面十分广泛，这里只对和计算机有关的法律法规作些介绍，以期使读者在今后的工作时能有法制观念和版权意识，避免那些不必要的麻烦。

1.　与计算机有关的法律法规

目前广泛采用的计算机软件保护手段、相应法律法规主要有：著作权法（或版权法）、专利法、商标法及保护商业秘密法、中华人民共和国知识产权海关保护条例、反不正当竞争法等。由于计算机产业的飞速发展。计算机软件作为一项新兴信息产业工程也取得了突飞猛进的发展和长足的进步。在这样的技术、经济和社会背景下，我国颁布了一些和计算机知识产权保护有关的法律法规。究竟采用哪一种法律法规能更为有效而适用地对计算机软件进行保护，专家指出，在采用商标法、专利法和著作权法等对计算机软件进行保护上，客观上存在着一个保护力度问题，国际上至今尚无定论。

2. 计算机软件保护

对于计算机软件的保护在法律上是指如下两个层面，即以法律手段对计算机软件的知识产权提供保护和为支持计算机软件的安全运行而提供的法律保护。

（1） 计算机软件的著作权。

计算机软件的著作权又称为版权，是指作品作者根据国家著作权法对自己创作的作品的表达所享有的专有权的总和。我国的法律和有关国际公约认为：计算机程序和相关文档、程序的源代码和目标代码都是受著作权保护的作品。国家依法保护软件开发者的这些专有权利。对软件权利人利益的最主要的威胁是擅自复制程序代码和擅自销售程序代码的复制品，这是侵害软件权利人的著作权的行为。

（2） 与计算机软件相关的发明专利权。

专利权是由国家专利主管机关根据国家颁布的专利法授予专利申请者或其权利继承者在一定的期限内实施其发明以及授权他人实施其发明的专有权利。世界各国用来保护专利权的法律是专利法，专利法所保护的是已经获得了专利权、可以在生产建设过程中实现的技术方案。

（3） 计算机软件中商业秘密及保护。

如果一项软件的技术设计没有获得专利权，而且尚未公开，这种技术设计就是非专利的技术秘密，可以作为软件开发者的商业秘密而受到保护。对于商业秘密，其拥有者具有使用权和转让权，可以许可他人使用，也可以将之向社会公开或者去申请专利。

（4） 计算机软件名称标识的商标权。

商标是指商品的生产者、经销者为使自己的商品同其他人的商品相互区别而置于商品表面或者商品包装上的标志，通常用文字、图形或者兼用这两者组成。对商标的专用权也是软件权利人的一项知识产权叫商标权。

随着软件技术产业的不断壮大发展，各种涉及软件著作权、专利权的纠纷会越来越多，法律法规会逐步完善，但无论在那种情况下，遵纪守法是每个人所必须遵守的基本准则。

3. 有关网络方面的法律法规

自 1986 年 4 月开始，我国相继制定并颁布了《中华人民共和国计算机信息系统安全保护条例》、《计算机系统安全规范》、《计算机病毒控制规定》、《互联网安全条例》、《计算机信息网络国际互联网安全保护管理办法》、《中华人民共和国电信条例》等一系列规定和法规，并在刑法、刑事诉讼法、民法、民事诉讼法等相关法律条文中写入了有关计算机信息安全方面的条文。为适应信息产业和信息犯罪增加的形势，我国加快了信息立法的步伐。2000 年 9 月 29 日国务院第 31 次常委会议通过公布实施了《互联网信息服务管理办法》，这是我国为尽快融入世贸组织规则而制定的有效管理信息产业、应对国际竞争和处理信息安全问题的基本框架性政策。了解有关网络方面的法律法规，规范网上行为。

二、信息社会与信息素质

1. 信息素质

信息素质是指一个人的信息需求、信息意识、信息知识、信息道德、信息能力方面的基本素质。信息素质，是人类素质的一部分，是人类社会的信息知识、信息意识、接受教育、环境因素影响等形成的一种稳定的、基本的、内在个性的心理品质。

信息素质一词，最早是在 1974 年，由美国信息工业协会的会长 Paul Zurkowski 首次提出的。当时他对信息素质下的定义是：利用大量的信息工具及主要信息源使问题得到解答的技术和技能。发展到今天，对它最广泛性的解释为作为具有信息素质的人，必须具有一种能够充分认识到何时需要信息，并有能力有效的发现、检索、评价和利用所需要的信息，解决当前存在的问题的能力。信息素质是现在人才的必备条件之一。

2. 信息素质的内涵和标准

（1） 信息素质的内涵。

信息素质的内涵包括 4 个方面：信息意识、信息知识、信息能力和信息品质。信息意识是指人们对信息的敏感程度；信息知识是指与信息技术相关的常用术语和符号、与信息技术相关的文化及其符号、与信息获取和使用有关的法律规范；信息能力是指发现、评价、利用和交流信息的能力；信息品质是指积极生活和高情商、敏感和开拓创新精神、团队和协作精神、服务和社会责任心。

（2） 信息素质的标准。

美国全国图书馆协会和教育传播与技术协会在1998年制定了学生学习的9大信息素质标准，这一标准分信息素质、独立学习和社区责任三个方面，这一标准丰富了信息素质的内涵。借鉴，一般认为信息素质的评判标准如下。

① 信息素质方面。

标准一：具有信息素质的人能够高效地获取信息。

标准二：具有信息素质的人能够熟练地、批判性地评价信息。

标准三：具有信息素质的人能够精确地、创造性地使用信息。

② 独立学习方面。

标准四：作为一个独立的学习者具有信息素质，并能探求与个人兴趣有关的信息。

标准五：作为一个独立的学习者具有信息素质，并能欣赏作品和其他对信息进行创造性表达的内容。

标准六：作为一个独立的学习者具有信息素质，并能力争在信息查询和知识创新中做得最好。

③ 社区责任方面。

标准七：对学习社区和社会有积极贡献的人具有信息素质，并能认识信息对社会的重要性。

标准八：对学习社区和社会有积极贡献的人具有信息素质，并能实行与信息和信息技术相关的符合伦理道德的行为。

标准九：对学习社区和社会有积极贡献的人具有信息素质，并能积极参与活动来探求和创建信息。

3. 增强信息素质，培养良好的信息道德素养

现代社会已发展成为以计算机为核心的社会。互联网提供了广阔丰富的信息搜索，网络信息的极端丰富和信息流动的极端自由，一方面改变了人们获取信息的途径和方式，提供了信息共享的广阔空间，促进了信息的交流与传播；另一方面也导致了信息的过度膨胀和泛滥，

成了信息污垢滋生繁衍和传播的“场所”。各种合法信息与非法信息、有益信息与有害信息、有用信息与垃圾信息、真实信息与虚假信息混杂在一起，严重防碍了人们对有用信息的吸收利用，导致一些辨别能力差的上网者在价值判断、价值选择上出现迷惘，而利用高科技手段进行犯罪活动者，更是屡见不鲜。如有一些法制观念淡薄的大学生在BBS上发表一些不负责任的言论、冒用别人的IP地址、盗用别人的帐号、甚至因好奇而充当了黑客等。

大学生正处在人生观、世界观和价值观形成和确立的关键时期，因此，大学生要跟上教育信息化的步伐，在网络信息的海洋中自由地航行，就必须具备抵御风浪的能力，即良好的信息道德素质。随着全社会对信息道德问题的日益重视，大学生要了解信息道德法律和规范，充分认识网络的各种功能，发挥利用网络信息资源的主观能动性，培养和训练学生的创新思维和个性品质的同时，明确网络的负面影响，规范自己的上网行为，提高信息鉴别能力和自我约束能力，增强对信息污染的免疫力，在学习和以后的工作中成为具有较高信息道德素养的人。

首先，应从自我做起，不从事各种侵权行为。其次，不越权访问、窃听、攻击他人系统，不编制、传播计算机病毒及各种恶意程序。在网上不能发布无根据的消息，更不能阅读、复制、传播、制作妨碍社会治安和污染社会的有关反动、暴力、色情等有害信息，也不要模仿“黑客”行为。

总之，信息时代的公民不仅要接受和传递数字信息，而且要创造、享受这种数字化、精确化、高速化的生活。不但要遵守现实社会的秩序，而且还应该遵守虚拟社会的秩序。所有这些都对信息时代的公民提出了新的要求。

1.5.3 应用举例

一、构建信息时代的网络道德体系

道德是调整人们相互关系的行为准则和规范的总和，网络道德是社会道德的反映。一般而言，人们在现实生活中有什么样的道德素质，在虚拟空间也会有相应的道德品质体现，但网络世界又是一种特殊的社会生活方式，正是它的特殊性，决定了网络社会生活中的道德，必然具有不同于现实社会生活中的道德的新的特点与发展趋势：一是自主性。即与现实社会的道德相比，网络环境中更少人干预、过问、管理和控制，因此失去了现实中的某些强制和他律因素，网络社会的道德呈现出一种更少依赖性、更多自主性的趋势，客观要求人们在网络使用中的行为具有较高的道德自律性。二是开放性。信息技术带来的传播方式的现代化，使得现实的地理距离暂时“消失”了，人们可以不受时空的限制交往，不同的道德意识、道德观念和道德行为之间呈现经常性的冲突、碰撞和融合的特点与趋势。三是多元性。在网络社会中，人们的需要和个性有可能得到更充分的尊重与满足，在遵守网络主导道德的前提下，人们可以自由地从事网络行为、进入网络生活，自主自愿形成的网络社会，网络社会的道德呈现出一种多元化、多层次化的特点与发展趋势。

网络社会这种道德影响的自主性、开放性、多元性特点，必将对人们的道德水平、文明程度等进行一场或许是有趣的、意味深长的新检验，许多传统道德津津乐道的东西，譬如空洞的号召说教、人为强加的规范约束都将难免被“默杀”。简单地套用既有社会道德去代替网络社会道德是不可想象的，但抛弃既有社会道德去构筑网络社会道德也是不可能的。如何在虚拟空间中引入传统道德的优秀成果和富有成效的运行机制，适应并满足网络社会对道德教育的新需求，并形成网络时代新的道德观念体系，均是网络道德建设的重要课题。

团中央、教育部等部门曾向社会发布了《全国青少年网络文明公约》，其内容大致可归纳为“五要”和“五不”：“要善于网上学习，不浏览不良信息；要诚实友好交流，不侮辱欺诈他人；要增强自护意识，不随意约会网友；要维护网络安全，不破坏网络秩序；要有益身心健康，不沉溺虚拟时空。”《全国青少年网络文明公约》正式启动了网络文明工程，号召“文明上网、文明建网、文明网络”，使我国青少年有了较为完备的网络行为道德规范。但道德规范只有上升至道德习惯和道德信念的高层次，才具有自律性和有效地规范个人的网络行为。如何加强青少年网络道德教育，引导他们积极参与网络文明工程，健康繁荣网络文化，成长为合格的网络公民，仍然是一项系统的社会工程。

1.6　实训内容

1.6.1　选购配置个人计算机

1. 实训目标

（1） 了解个人计算机各个部件性能指标，掌握各个部件的选购技巧。

（2） 了解个人计算机主要部件搭配原则，熟悉组装流程。

（3） 学会独立选配一台适合自己使用的个人计算机。

2. 实训要求

（1） 通过网络了解当前主流个人计算机各个部件性能、品牌和价格，借助各大 IT 门户网站提供的模拟攒机平台按自己的需求进行模拟攒机。

（2） 到学校附近的电脑市场实地了解市场上个人计算机各个主流部件性能、品牌和价格，并与商家沟通了解更多信息。

（3） 根据多方信息，为自己配置一台经济适用的个人计算机。

3. 相关知识点

（1） 微型计算机的硬件系统。

（2） 多媒体计算机的硬件设备。

1.6.2　计算机对你的学习及生活的影响

1. 实训目标

（1） 通过调查分析计算机对自己和周围同学的学习及生活的影响。

（2） 通过对分析结果的研究发现负面影响，并寻求解决办法。

2. 实训要求

（1） 结合同学们使用计算机情况收集、确定调查问卷内容，形成调查问卷。

（2） 在一定范围进行调查后自己完成统计，汇总。与其他同学互通材料交流情况，最后列出统计总表。

（3） 统计分析，得出结论并针对发现的问题提出建议。

（4） 做好记录和形成的资料归档工作。

习　题

1. 选择题

（1） 存储容量的基本单位是________。

A. 位　　B. 字节

C. 字　　D. ASCII 码

（2） I/O 设备的含义是________。

A. 输入输出设备　　B. 通信设备

C. 网络设备　　D. 控制设备

（3） 一个完整的计算机系统包括________。

A. 计算机及外部设备　　B. 系统软件和应用软件

C. 主机、键盘和显示器　　D. 硬件系统和软件系统

（4） 第四代计算机所采用的主要逻辑元件是________。

A. 电子管　　B. 晶体管

C. 集成电路　　D. 大规模和超大规模集成电路

（5） 完整的计算机存储器应包括________。

A. 软盘、硬盘　　B. 磁盘、磁带、光盘

C. 内存储器、外存储器　　D. RAM、ROM

（6） 我们通常使用的计算机属于________。

A. 巨型机　　B. 小型计算机

C. 工作站　　D. 微型计算机

（7） 计算机软件系统包括________。

A. 操作系统和网络软件　　B. 系统软件和应用软件

C. 客户端应用软件和服务器端系统软件　　D. 操作系统、应用软件和网络软件

（8） 计算机中的所有信息都以________数据表示。

A. 二进制　　B. 八进制

C. 十进制　　D. 十六进制

（9） 以下值相等的选项是________。

A. 1001010 和 1001010B　　B. $(1001010)_2$ 和 1001010B

C. 1001010B 和 1001010H　　D. $(1001010)_2$ 和 1001010H

（10） 在二进制数的算术运算中，1+1=________。

A. 2　　B. 01

C. 11　　D. 10

（11） 下列 4 个二进制数中，________与十进制数 10 等值。

A. 11111111　　B. 10000000

C. 00001010　　D. 10011001

（12） 微型计算机的微处理器包括________。

A. 运算器和主存　　　　B. 控制器和主存
C. 运算器和控制器　　　　D. 运算器、控制器和主存

（13） 在微机中，访问速度最快的存储器是________。
A. 硬盘　　　　B. 软盘
C. 光盘　　　　D. 内存

（14） 下列软件中，________是系统软件。
A. 工资管理软件
B. 用 C 语言编写的求解一元二次方程的程序
C. 用汇编语言编写的一个练习程序
D. Windows 操作系统

（15） 运行一个程序文件时，它被装入到________中。
A. RAM　　　　B. ROM
C. CD-ROM　　　　D. EPROM

（16） 目前最好的防病毒软件的作用是________。
A. 检查计算机是否染有病毒，消除已感染的任何病毒
B. 杜绝病毒对计算机的侵害
C. 查出计算机已感染的任何病毒，消除其中的一部分
D. 检查计算机是否染已知病毒，消除已感染的部分病毒

（17） 计算机病毒具有________。
A. 传播性，潜伏性，破坏性
B. 传播性，破坏性，易读性
C. 潜伏性，破坏性，易读性
D. 传播性，潜伏性，安全性

（18） 下面列出的计算机病毒传播途径，不正确的说法是________。
A. 使用来路不明的软件　　　　B. 通过借用他人的 U 盘
C. 通过非法的软件拷贝　　　　D. 通过把多个 U 盘叠放在一起

2. 填空题

（1） ________年________月，第一台现代电子计算机 ENIAC 在________诞生，其中文全称为________。

（2） 简单地说，计算机是一种能够自动进行________和________的电子机器。

（3） 计算机是由______________5 大部件组成的，缺一不可。

（4） 中央处理器简称为________。

（5） 随机存储器简称为________。

（6） 2 Byte =________Bit。

（7） 在微型计算机中常用的西文字符编码是________等。

（8） 在计算机工作时，内存储器的作用是________。

（9） 常用 ASCII 码采用______位编码，最多可表示________个字符。

（10） 内存储器分为________和________两类。

（11） 存储容量的基本单位是________。

（12） 计算机中的所有信息都是以________进制形式表示的。

（13） 二进制的基数是________，在第 i 位上的位权为________。

（14） 计算机语言可分为________、________和________三类，计算机能够直接执行的是：________。

3. 判断题

（1） 操作系统是计算机硬件和软件资源的管理者。 （ ）

（2） 在计算文件字节数时，1 KB=1 000 B。 （ ）

（3） 微型机的主要性能指标是机器的样式及大小。 （ ）

（4） 第 1 代计算机采用电子管作为基本逻辑元件。 （ ）

（5） RAM 的中文名称是“随机存储器”。 （ ）

（6） 微软公司的 Office 系列软件属于系统软件。 （ ）

（7） 操作系统是用于管理、操纵和维护计算机各种资源或设备并使其正常高效运行的软件。 （ ）

（8） 运算器和控制器合称“中央处理器”（CPU），CPU 和内存储器则合称“计算机的主机”，在微型机中主机安装在一块主机板上。 （ ）

（9） 媒体是指信息表示和传输的载体或表现形式，而多媒体技术指利用计算机技术把文字、声音、图形、动画和图像等多种媒体进行加工处理的技术。 （ ）

（10） 电子计算机的发展已经经历了四代，第一代电子计算机不是按照存储程序和程序控制原理设计的。 （ ）

4. 简答题

（1） 按所采用的元器件计算机经历了几代？各代的特征是什么？

（2） 冯·诺依曼型计算机的工作原理是什么？

（3） 计算机的分类？计算机的特点？

（4） 计算机硬件系统由哪几个部分构成？各部分的作用是什么？

（5） 什么是系统软件？什么是应用软件？各举出两个例子说明。

（6） 当前计算机的应用领域有哪些方面？

（7） 什么是计算机软件保护？

（8） 如何防治计算机病毒？

（9） 什么是信息素质？信息素质的内涵和标准？

（10） 作为信息时代的一名在校大学生，如何培养良好的信息道德素养？

第 2 章　Windows XP 操作系统

教学目标：

通过本章的学习，了解操作系统的基本概念，掌握 Windows XP 的基本操作，理解 Windows XP 的文件及文件夹的基本概念，掌握 Windows XP 的文件及文件夹管理操作，掌握利用控制面板进行系统设置与管理操作。

教学内容：

本章主要介绍目前微型计算机上最流行的操作系统 Windows XP 的基本功能和使用方法，主要包括：

1. Windows XP 的安装与启动。
2. Windows XP 的基本操作。
3. Windows XP 的文件及文件夹管理。
4. Windows XP 的系统设置与管理。
5. Windows XP 的附件工具。

教学重点与难点：

1. Windows XP 基本操作。
2. Windows XP 中信息资源管理方法。
3. Windows XP“控制面板”的常用功能和使用方法。
4. Windows XP 常用附件工具的功能和使用方法。

2.1　Windows XP 操作系统基础

2.1.1　Windows XP 操作系统概述

操作系统是最基本的系统软件，它是整个计算机系统的控制和管理中心，是计算机软件与硬件资源的管理者，是用户与计算机之间的桥梁，用户通过操作系统所提供的各种命令可以方便地使用计算机。

1.　Windows 的主流版本

Windows 是微软公司推出的操作系统系列产品。自 Windows 95 诞生至今，微软公司先后正式发布的 Windows 版本主要有以下两个系列。

（1） Windows 98/ Windows me/ Windows XP/ Windows Vista/Windows7/Windows 8

这些版本主要用于个人计算机，其中 Windows 95 和 Windows 98 常统称为 Windows 9x。2001 年 10 月正式推出的 Windows XP 是微软公司目前在这个系列的主打产品。2007 年年初，Windows 再出新版本 Windows Vista，无论是从界面还是功能上都大为提升，尤其是 Vista 自带的微软搜索功能给用户带来了全新体验。但是，由于 Windows Vista 对计算机硬件要求非常高，且很多功能对个人用户来说并不实用、某些应用软件对 Vista 也不兼容，因此遭到多半 Windows 用户的排斥，使其一时还不能占领办公领域，所以目前占主导地位的仍是 Windows XP。

（2） Windows NT/ Windows 2000 /Windows 2003/ Windows 2007 /Windows 2008/Windows 2012 RC

这些版本主要面向网络服务器。Windows 2000 采用先进的 NT 架构，Windows XP 继承了这种技术。2003 年 4 月推出的 Windows 2003，全称是 Windows Server 2003，采用了有别于 NT 核心的. NET 架构。2012 年 6 月发布的 Windows 2012 是目前这个系列的最新版本。

Windows XP 是在 Windows 2000 和 Windows Me 的基础上于 2001 年底推出的新一代视窗操作系统，它是一个完整的 32 位操作系统。由于 Windows XP 更多注重多媒体特性，并提供了方便的多用户切换功能，因此使用更加便捷。

2. Windows XP 的安装

Windows XP 的安装可以分为三种：升级安装、多系统共存安装和全新安装。

（1） 升级安装。

升级安装即覆盖原有的操作系统，在以前的 Windows 98/Me/NT 4.0/2000 操作系统的基础上顺利升级到 Windows XP，但不能从 Windows 95 进行升级。升级安装是安装 Windows XP 的 CD 盘推荐的类型，安装过程中出现“安装向导”，根据“安装向导”的提示可以完成 Windows XP 的初始安装。

（2） 多系统共存安装。

将 Windows XP 安装在一个独立的分区中，与计算机中原有的系统相互独立，互不干扰。多系统共存安装完成后，会自动生成开机启动时的系统选择菜单，选择启动不同的操作系统。多系统安装的操作过程是启动已有的 Windows 操作系统，将 Windows XP 安装盘放到光驱中，光盘自动运行，在“安装类型”栏中选择“全新安装（高级）”，然后在“安装向导”的提示下按步骤完成安装。

（3） 全新安装。

全新安装 Windows XP 的硬盘分区至少要有 1 GB 的剩余空间，根据微软的建议运行 Windows XP 的硬件配置为中等级别的 PentinumⅢ CPU 和 128 MB 内存。为了充分发挥 Windows XP 的性能，内存越大越好，最好为 256 MB。全新安装是将原有的操作系统卸载，只安装 Windows XP。全新安装的操作过程是将原有的操作系统卸载后重新启动计算机，将 Windows XP 的安装盘放入光驱中，从光盘启动后，然后按屏幕上的提示一步步进行，即可完成 Windows XP 的全新安装。

2.1.2 Windows XP 的基本操作

1. Windows XP 启动与退出

启动、注销和退出操作系统是最基本的操作。在使用装有 Windows XP 的计算机时，打开电脑的过程其实就是在启动 Windows XP 操作系统的过程。

（1） 启动 Windows XP。

当用户启动一台已经安装好 Windows XP 操作系统的计算机后，打开计算机电源，系统将会进入自检状态。自检结束后，进入 Windows XP 的登录界面。如果计算机中只设置了一个账户，且没有设置启动密码（系统安装时的默认设置），启动后会自动进入 Windows XP 操作界面；如果计算机中设置了多个账户且没有设置密码，在登录界面将显示多个用户账户的图标，单击某个账户图标即可进入该用户的系统界面。如果用户账户设置了登录密码，选择账户后还需输入正确的密码才可以进入操作系统。

（2） 注销 Windows XP。

Windows XP 是一个支持多用户的操作系统，每个用户都可以进行个性化设置又相互不影响。为了方便不同的用户快速登录计算机，Windows XP 提供了注销功能。使用注销功能，可以使用户在不重新启动计算机的情况下实现多用户快速登录，这种登录方式不但方便快捷，而且减少了对硬件的损耗。具体操作如下。

单击“开始”菜单的“注销”命令按钮，弹出“注销 Windows”对话框，如图 2-1 所示。然后根据需要选择对应的命令。

①“注销”：用于保存当前设置，并关闭当前登录用户。单击此按钮后会显示选择账户名称的界面，以便用户用新的账户登录。

②“切换用户”：用于在不关闭当前用户账户的情况下切换到另外一个用户，当前用户可以不关闭正在运行的程序，当再次返回时系统会保留原来的状态。

（3） 退出 Windows XP。

当用户需要关闭或重新启动计算机时，可退出 Windows XP 操作系统。但在退出之前应注意先关闭所有的应用程序，非正常关机可能会造成数据丢失，严重时还可能造成系统损坏。正确退出 Windows XP 操作系统的步骤如下。

① 关闭系统中所有正在运行的应用程序。

② 单击“开始”菜单中的“关闭计算机”命令，系统将会弹出“关闭计算机”对话框，如图 2-2 所示。

图 2-1　“注销 Windows”对话框

图 2-2　“关闭计算机”对话框

③ 对话框中有如下 3 个选项，用户可根据需要进行选择。

- “待机”：系统保持当前运行，暂时关闭显示器和硬盘，使计算机转到低能耗状态。
- “关闭”：系统停止当前运行，保存设置后退出，并自动关闭电源。
- “重新启动”：关闭并重新启动计算机。计算机运行较长的一段时间后，可用的系统资源会变少、速度减慢，重新启动计算机可以找回失去的系统资源、恢复到原来的运行状态。

2. 桌面操作

启动 Windows XP 之后，首先出现的就是桌面，即屏幕工作区，桌面好比个性化的工作台，操作所需的内容都在桌面上显示。桌面上的图标数据与计算机的设置有关。Windows XP 的桌面组成如图 2-3 所示。

图 2-3 Windows XP 的桌面

（1） 桌面背景。

桌面背景是操作系统为用户提供的一个图形界面，作用是让系统的外观变得更加美观，用户可根据需要更换不同的桌面背景。

（2） 桌面图标。

桌面图标是指桌面上那些带有文字标志的小图片，每个图标分别代表一个对象，如文件夹、文档或应用程序。对图标的操作主要有以下几种。

① 添加新图标：可以从其他窗口用鼠标拖动一个对象到桌面上，也可以在桌面上右击鼠标，从弹出的快捷菜单中选择“新建”命令，在子菜单中选择所需对象来创建新对象图标。

② 删除桌面上的图标：鼠标右击桌面上欲删除的图标，在弹出的快捷菜单中选择“删除”命令即可。

③ 排列桌面上的图标对象：可以用鼠标将图标对象拖动到桌面的任意地方进行排列，也可以用鼠标右击桌面，在弹出的快捷菜单中选择“排列图标”命令即可。

④ 启动程序或窗口：双击桌面上的相应图标对象即可。通常，可以把一些重要而常用的应用程序、文件等摆放在桌面上，使用起来很方便，但同时影响了桌面背景画面的美观。

（3） 任务栏。

任务栏是 Windows XP 桌面的一个重要组成部分，它显示出各种可以执行或者正在执行的任务。Windows XP 的任务栏通常位于桌面底部，由“开始”按钮、“快速启动”工具栏、任务按钮区和通知区 4 部分构成。通过任务栏，用户可以查看系统当前的各种状态信息、启动和管理应用程序、或者对桌面进行管理。

① “开始”按钮：用于打开“开始”菜单。利用“开始”菜单可以完成系统中的所有任务，如启动程序、打开文档、自定义桌面、寻求帮助、搜索计算机中的项目等。

② “快速启动”工具栏：用于存放应用程序的快捷方式，单击其中的图标按钮，会立即打开相应的程序或执行相应的操作。

③ 任务按钮区：任务栏中的按钮表示已打开的文件夹或应用程序窗口，包括最小化的或隐藏在其他窗口下的窗口。Windows XP 是一个多任务操作系统，可以同时运行多个任务。但是，用户每次只能在一个窗口中进行操作，其他的窗口都最小化为按钮排列在任务栏上，单击任务栏上的任务按钮可以在各个窗口之间切换。

④ 通知区：用于显示一些计算机设备及某些正在运行程序的状态图标，位于任务栏的最右侧。通常情况下，任务栏的通知区中有输入法图标、时间日期图标和音量图标。

3. 鼠标与键盘操作

鼠标和键盘是最常用的两种输入设备，通过它们可以实现对计算机的各种控制操作。

（1） 鼠标操作。

① 鼠标外观。

目前最常用的鼠标一般有左右两个键，中间一个滚轮，通常称为 3D 鼠标。

- 鼠标左键：用于执行定位、选择等操作。
- 鼠标右键：用于弹出快捷菜单。
- 鼠标滚轮：用于滚动屏幕。

② 基本操作。

在 Windows XP 中，鼠标有以下几种基本操作。

- 指向：不按鼠标按钮，移动指针到目标对象。
- 单击：按下鼠标左键立即放开，选取相应的操作对象。
- 双击：连续快速地按两下鼠标左键随即松开，启动应用程序或打开对象。
- 右击：按下鼠标右键立即放开，启动相应对象的快捷菜单。
- 拖动：移动鼠标到目标对象，按下鼠标键不放，移动鼠标到另一位置后，再松开。

（2） 键盘操作。

键盘操作可分为输入操作和命令操作两种形式，输入操作是用户通过键盘向计算机输入信息，如文字、数据等。命令操作的目的是向计算机发布命令，让计算机执行指定的操作，由系统的快捷键来完成。在 Windows XP 中常用的快捷键如表 2-1 所示。

表 2-1　常用快捷键

窗口操作	Alt+Tab	在当前打开的各窗口之间进行切换
	Alt+Enter	让 DOS 程序在窗口与全屏显示方式之间切换
	Alt+Space	打开当前的系统菜单
	Alt+F4	关闭当前窗口或退出应用程序
	F1	显示被选中的对象的帮助信息
菜单操作	Ctrl+ESC	打开“开始”菜单
	F10,Alt	激活菜单栏
	Shift+F10	打开选中对象的快捷菜单
	Alt+菜单栏上带下画线的字母	打开相应的菜单
对象操作	Ctrl+A	选中所有（或窗口）的显示对象
	Ctrl+X	剪切选中的对象
	Ctrl+C	复制选中的对象
	Ctrl+V	粘贴对象
	Ctrl+Z	撤销对象
	Ctrl+Home	回到文件或窗口的顶部
	Ctrl+End	回到文件或窗口的底部

（续表）

资源管理器中常用快捷键	在拖动文件来文件夹时按 Ctrl	拷贝（复制）文件或文件夹
	在拖动文件来文件夹时按 Ctrl+Shift	创建文件或文件夹的快捷方式
	Shift+Delete	直接删除一个对象而不是将其放到回收站中
	F2	重新命名对象
	F3	打开“查找：所有文件”窗口
	F4	打开“地址栏”下拉列表
	F5	刷新当前窗口
	Backspace	切换到当前文件夹的上一级文件夹

4. 剪贴板（Clipboard）操作

剪贴板是在内存中开辟的临时存储区，为了存储临时被剪切或复制的信息。剪贴板不但可以存储文本，还可以存储图像、声音等其他信息。剪切、复制和粘贴是剪贴板的 3 种基本操作。

在 Windows XP 中，剪贴板只能保存最近一次被“剪切”或者“复制”的内容，并将这份内容保持到下次“剪切”或“复制”操作，其间可用于多次“粘贴”。需要说明的是，目前也有些应用程序，例如 Microsoft Office，具有增强的剪贴板管理功能，可以在剪贴板中连续保存多份被“剪切”或者“复制”的内容，并允许对这些内容进行有选择的“粘贴”操作。

剪贴板具体操作步骤如下：

（1） 将信息复制到剪贴板。

① 将选定的信息复制到剪贴板。

选定要复制的信息，使之突出显示。选定的信息既可以是文本，也可以是文件或文件夹。选择应用程序菜单中的“编辑”|“剪切”或“编辑”|“复制”命令。

② 复制整个屏幕或窗口到剪贴板。

在 Windows XP 中，把整个屏幕或某个活动窗口复制到剪贴板的方法如下。

- 复制整个屏幕：按 PrintScreen 键，整个屏幕将被复制到剪贴板上。
- 复制窗口：选择某一个窗口为活动窗口，然后按 Alt+PrintScreen 组合键，活动窗口将被复制到剪贴板上。

（2） 从剪贴板中粘贴信息。

将信息复制到剪贴板后，就可以将剪贴板中的信息粘贴到目标程序中去。

① 切换到要粘贴信息的应用程序，光标定位到要放置信息的位置上。

② 选择应用程序菜单中“编辑”|“粘贴”命令，或单击鼠标右键选择“粘贴”命令即可。

将信息粘贴到目标应用程序中后，剪贴板中的内容依旧保持不变，因此既可有同一文件中多处粘贴，也可在不同文件中多次粘贴。

“复制”、“剪切”和“粘贴”命令对应的快捷键分别为：Ctrl+C、Ctrl+X、Ctrl+V。

“剪切-粘贴”操作在把选定对象经剪贴板复制到目标位置时将删除源对象；而“复制-粘贴”操作不删除源对象。注意，在不同类型窗口中，“剪切”功能可能稍有差异。例如在文件夹窗口对文件或文件夹执行“剪切”时，系统仅以浅色调显示已被剪切的对象，除非即时进行“粘贴”操作，否则系统不会真正删除剪切的对象；但在图文编辑窗口（记事本、写字板、文本框等）中对文字、图片或其他对象进行“剪切”时，对象及时被删除。

2.2　教学案例：个性化桌面设置

【任务】李晓华是数学科学系信息与计算科学专业的学生，最近他购置了一台电脑，想设置一个自己所喜爱的个性化的桌面环境，包括如下内容：

（1）建立个人的“用户账户”，账户名为“xiaohua”，账户类型为受限账户。

（2）选用个人喜爱的图片作为桌面背景和屏幕保护程序。

（3）改变“开始”菜单的显示方式，便于快捷操作。设置“我的文档”和“图片收藏”的显示方式为“显示为菜单”；清除最近使用的程序项的快捷方式。

（4）更改任务栏的显示，便于方便操作。移动任务栏位置将其置于桌面的顶部；适当调整任务栏大小；隐藏最近没有单击过的图标；分组相似的任务栏按钮；在快速启动工具栏中添加项目。

2.2.1　学习目标

通过本案例的学习，使学生熟悉 Windows XP 桌面上的主要元素和基本构成，掌握桌面的简单调整方法，掌握桌面显示属性、任务栏、“开始”菜单的设置方法。联系实际，学以致用，能够设置自己所喜爱的个性化的桌面环境。

2.2.2　相关知识

（1）建立“用户账户”。

（2）桌面背景的设置。

（3）屏幕保护程序的设置。

（4）“开始”菜单的设置。

（5）任务栏的设置。

2.2.3　操作步骤

1. 建立“用户账户”，账户名为“xiaohua”，账户类型为受限账户

Windows XP 具有多用户管理功能，可以让多个用户共用一台计算机，每个用户都可以建立自己专用的运行环境。每个用户可以有自己的“桌面”、“开始”菜单、“收藏夹”和“我的文档”等个性化项目，同时可以为不同的用户设置不同的权限，增加系统的安全性。

（1）账户类型。

在 Windows XP 中，可以创建多个不同的账户供多人使用，为了计算机安全，Windows XP 的账户类型可分为计算机管理员、受限账户与来宾账户 3 种类型。

① 计算机管理员：此类型的账户可以存取所有文件、安装程序、改变系统设置、添加与删除账户，对计算机具有最大的操作权限。

② 受限账户：此类型的账户操作权限受到限制，只可以完成执行程序等一般的计算机操作。

③ 来宾账户：此账户名称为 Guest，其权限比受限账户更小，可提供给临时使用计算机的用户。默认情况下，此账户未被启用，要想让临时用户使用计算机，计算机管理员必须先启用 Guest 账户。

（2） 添加账户。

在计算机上添加新用户，必须有计算机管理员账户，才能将新用户添加到计算机。

① 执行“控制面板”命令，出现如图 2-4 所示的“控制面板”窗口。

② 双击“用户账户”图标打开如图 2-5 所示的“用户账户”窗口。

③ 本案例在选择窗口中创建一个新账户，输入账户名为“xiaohua”，选择账户类型为受限账户。在此窗口中还可以选择更改账户、更改用户登录或注销的方式。

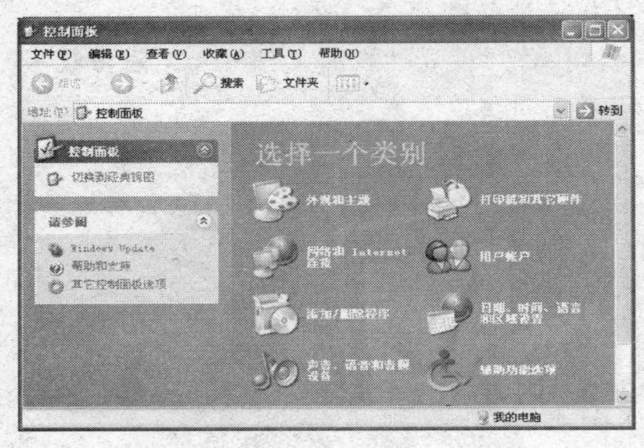

图 2-4 “控制面板”窗口

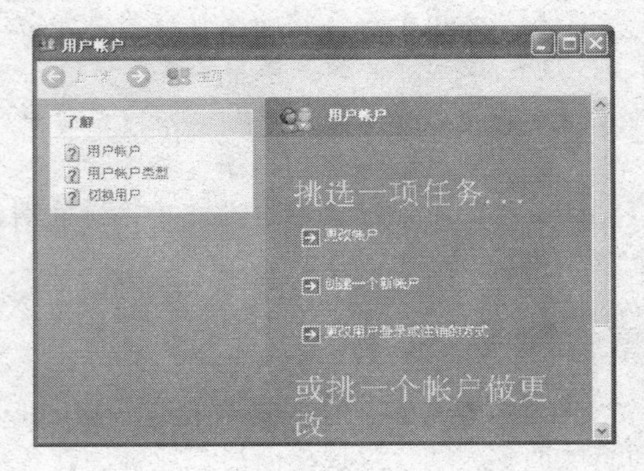

图 2-5 “用户账户”窗口

（3） 管理账户。

计算机管理员有权更改自己的和其他用户账户的有关信息，并且可以删除账户，受限账户则可以更改自己的账户信息。

如果用户是以计算机管理员身份登录的，在“用户账户”窗口中单击某个用户账户后会出现此账户的可更改选项，用户可以根据需要单击相应的选项以更改具体的信息，如图 2-6 所示。

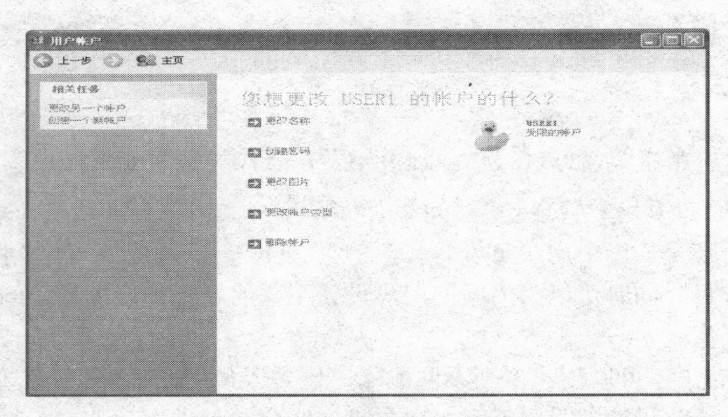

图 2-6 “用户账户”对话框

2. 选用个人喜爱的图片作为桌面背景和屏幕保护程序

显示属性包括桌面背景、屏幕保护程序、主题、外观和分辨率等。合理地设置计算机的显示属性不但可以提供一个具有个性化的显示环境，还可以延长计算机的使用寿命。

（1） 右击桌面背景，从弹出的快捷菜单中选择“属性”命令，或者双击控制面板中的“显示”图标，打开“显示 属性”对话框，如图 2-7 所示。

（2） 该对话框有 5 个选项卡，可以设置系统的显示属性。选择②、③设置桌面背景及屏幕保护程序。

① “主题”选项卡：主题是背景加一组声音、图标以及只需单击即可帮助用户个性设置计算机的元素。

② “桌面”选项卡：在此选项卡中，用户可以更改桌面背景。系统已为用户准备了一些背景图片（墙纸），用户可在列表框中选择。也可以通过“浏览”选择指定其他位置的图案。

本案例中，用户单击“浏览”按钮，在打开的“浏览”对话框中选择个人喜爱的图片作为桌面背景。

③ “屏幕保护程序”选项卡：在此选项卡中，用户可以设置不同的屏幕保护程序，如图 2-8 所示。

图 2-7 “桌面”选项卡

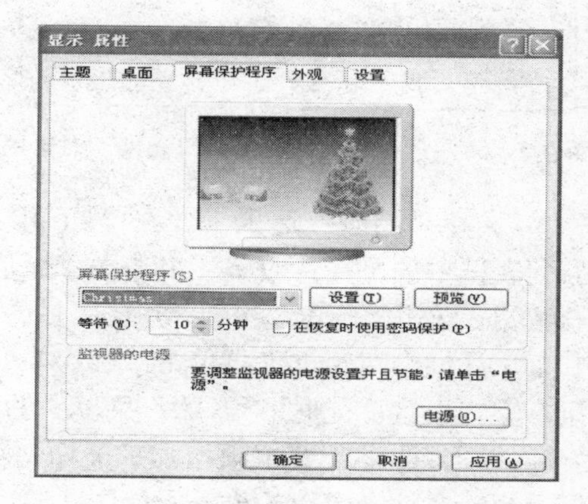

图 2-8 “屏幕保护程序”选项卡

本案例中，用户可以从下拉列表框中选择个人喜爱的图片作为屏幕保护程序，并可以设置等待时间和密码。

④ “外观”选项卡：在此选项卡中，用户可以设置桌面和窗口各种元素的显示属性，包括桌面图标大小、间距，菜单字型、字体，标题栏颜色大小等属性。

⑤ “设置”选项卡：在此选项卡中，用户可以设置屏幕分辨率、颜色质量以及屏幕刷新频率等选项。

3. 改变“开始”菜单的显示方式，便于快捷操作

Windows XP 的“开始”菜单分为左右两部分，如图 2-9 所示。右边是常用系统文件夹和常用系统命令，如“我的文档”、“图片收藏”和“我的电脑”等选项；左边是常用程序的快捷方式和最近使用的程序项的快捷方式，如 Internet、“电子邮件”、“所有程序”和最近使用的程序项的快捷方式。“所有程序”菜单中列出了一些当前用户经常使用的程序。上面是登录所使用的用户名，下面是“注销”和“关机”按钮。

本案例要求分别设置“我的文档”和“图片收藏”的显示方式为“显示为菜单”；清除最近使用的程序项的快捷方式。

（1） 设置“我的文档”和“图片收藏”的显示方式。

① 右击任务栏的空白处，在弹出的快捷菜单中选择“属性”选项，可以打开“任务栏和「开始」菜单属性”对话框，如图 2-9 所示。

② 选择"「开始」菜单"选项卡，单击"自定义"按钮，打开"自定义「开始」菜单"对话框，如图 2-10 所示。

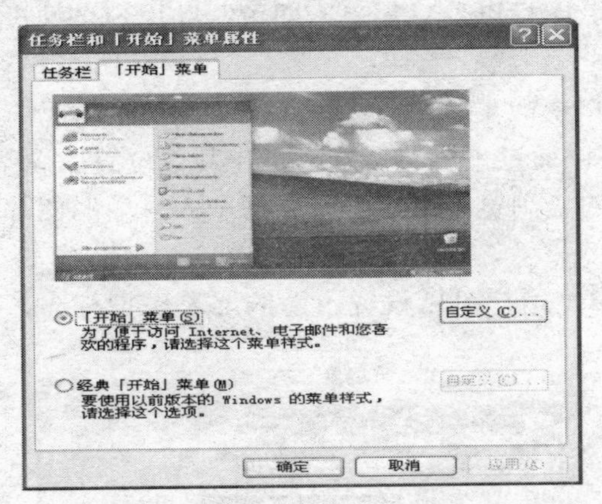

图 2-9　"任务栏和「开始」菜单属性"对话框

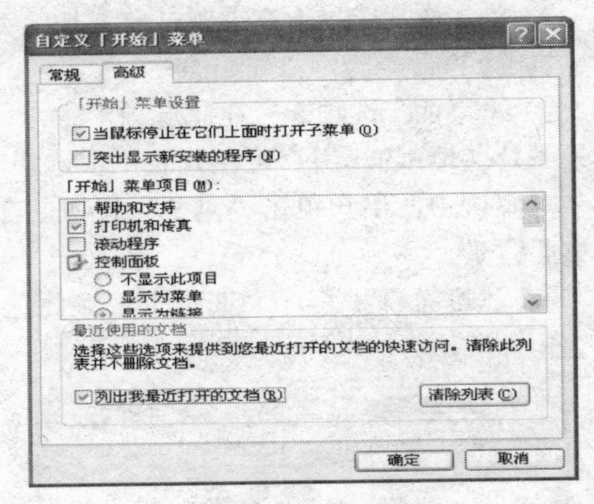

图 2-10　"自定义「开始」菜单"对话框

③ 选择"高级"选项卡，在"「开始」菜单项目"列表框中的"图片收藏"中选中"显示为菜单"单选按钮。单击"确定"按钮，返回"任务栏和「开始」菜单属性"对话框，再单击"确定"或"应用"按钮，完成设定。此时，"开始"菜单中的"我的文档"和"图片收藏"菜单项增加扩展标记"▶"，可以显示相应文件夹窗口的内容，如图 2-11 所示。

这样可以方便操作，如单击"图片收藏"菜单项下的某一图片文件，即可打开相应的图片。

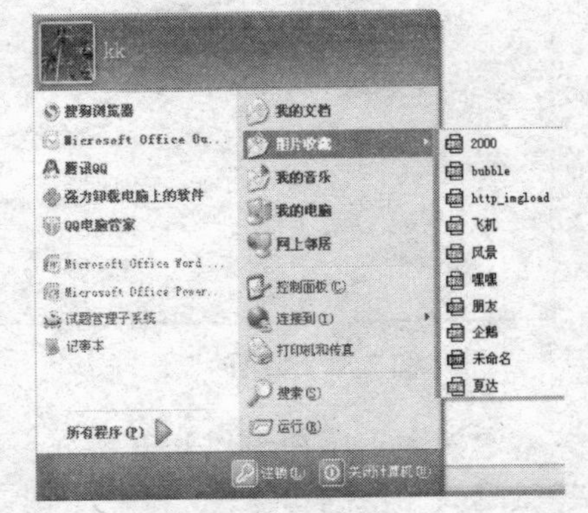

图 2-11　更改显示方式后的"开始"菜单

（2） 清除"开始"菜单左边的最近使用的程序项的快捷方式。

① 打开"自定义「开始」菜单"对话框，然后选择"常规"选项卡，如图 2-12 所示。

② 单击"清除列表"按钮，再单击"确定"按钮，返回"任务栏和「开始」菜单属性"对话框，再单击"确定"或"应用"按钮，完成设定。此时，"开始"菜单左边经常使用的应用程序项的快捷方式全部清除，如图 2-13 所示。

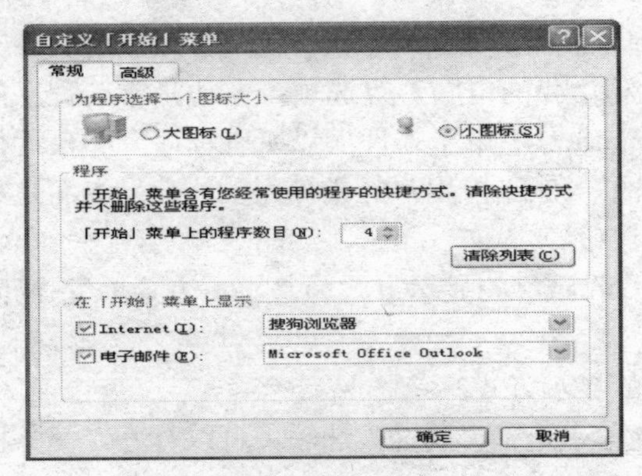

图 2-12　"自定义「开始」菜单"对话框常规选项卡

图 2-13　清除快捷方式后的开始菜单

4. 更改任务栏的显示，便于方便操作

Windows XP 的任务栏具有许多新的特征，如可以隐藏最近没有单击过的图标和分组相似的任务按钮，使任务栏整洁有序。

本案例要求移动任务栏位置将其置于桌面的顶部；适当调整任务栏大小；设置任务栏总在最前；隐藏最近没有单击过的图标；分组相似的任务栏按钮；在快速启动工具栏中添加“我的电脑”项目。

（1） 移动任务栏位置。

当“锁定任务栏”选项没有选中时，用鼠标拖动任务栏的空白处即可将其置于桌面的顶部。

（2） 调整任务栏大小。

当“锁定任务栏”选项没有选中时，将鼠标指向任务栏的边沿，待鼠标变成双箭头状，拖动鼠标，适当调整任务栏大小即可。

（3） 设置任务栏总在最前。

右击任务栏的空白处，在弹出的快捷菜单中选择“属性”选项，打开“任务栏和「开始」菜单属性”对话框，选择“任务栏”选项卡，如图 2-14 所示。选中“将任务栏保持在其他窗口的前端”，则任务栏始终处于其他窗口的前端。

如果选中“自动隐藏”，则任务栏不再出现在桌面上。当鼠标指向任务栏时，任务栏显示出来，鼠标离开后，又自动隐藏起来。

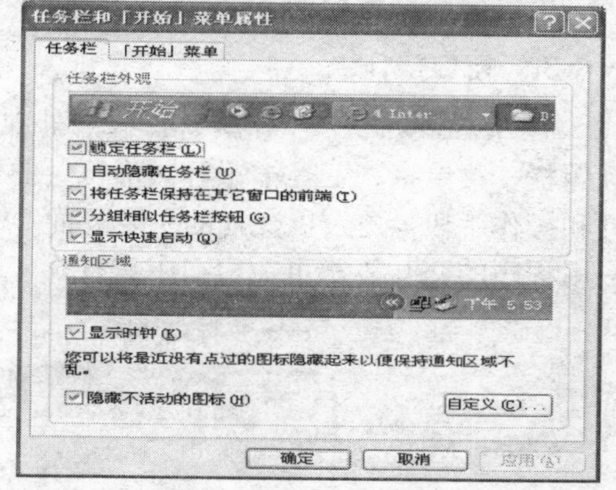

图 2-14　“任务栏”选项卡

（4） 自定义“快速启动”工具栏。

任务栏上默认有一个“快速启动”工具栏，通常有 3 个按钮：“启动 Internet Explore 浏览器”、“启动 Outlook Express”和“显示桌面”。用户根据需要添加、删除和重命名项目。

① 向“快速启动”工具栏添加新项目。在桌面上选中“我的电脑”，将其直接拖动到工具栏中。

② 设置“快速启动”工具栏的项目。右击“快速启动”工具栏中要设置的项目，在快捷菜单中可以选择“重命名”、“删除”等多种命令对“快速启动”工具栏进行设置。

【知识链接】

1. 排列桌面图标

（1） 自动排列。

① 用鼠标右键单击桌面空白处，弹出桌面快捷菜单，如图 2-15 所示。将鼠标指针指向“排列图标”，弹出下级子菜单，选中级联菜单中的“自动排列”。

② 再次激活快捷菜单，在“排列图标”级联菜单中进一步选择相关选项，可使桌面上的图标按不同的方式（名称、大小、类型、修改时间）进行排列。

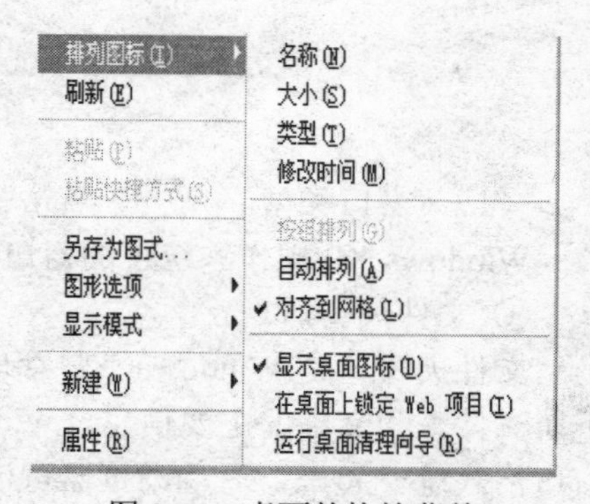

图 2-15　桌面的快捷菜单

（2） 手动排列。

当再次选择“自动排列”命令时，将会取消该选项前的“√”，此时即为手动排列。

2. 排列桌面上的窗口

（1） 窗口自动排列。

桌面上打开的多个窗口可以按一定的方式排列，使其便于操作。窗口自动排列方式有层叠窗口、横向平铺窗口和纵向平铺窗口。排列窗口的方法是右击任务栏的空白处，从弹出的快捷菜单中选择相应的命令。

① “层叠窗口”命令：以层叠形式显示所有已经打开的窗口。

② “横向平铺窗口”命令：把所有打开的窗口变成大小相同的窗口横向平铺。

③ “纵向平铺窗口”命令：把所有打开的窗口变成大小相同的窗口纵向平铺。

（2） 窗口的手动排列。

用鼠标拖动窗口的标题栏，将窗口移动到桌面的任意位置。

3. 窗口操作

在 Windows XP 中，所有窗口的外观都基本相同，其操作的方法也都一样，是一个具有标题栏、菜单栏、工具按钮等图形符号的矩形区域，如图 2-16 所示。窗口为用户提供多种工具和操作手段，是人机交互的主要界面。Windows XP 环境下所有资源的管理和使用、系统或应用程序的交互等都可在窗口中进行。

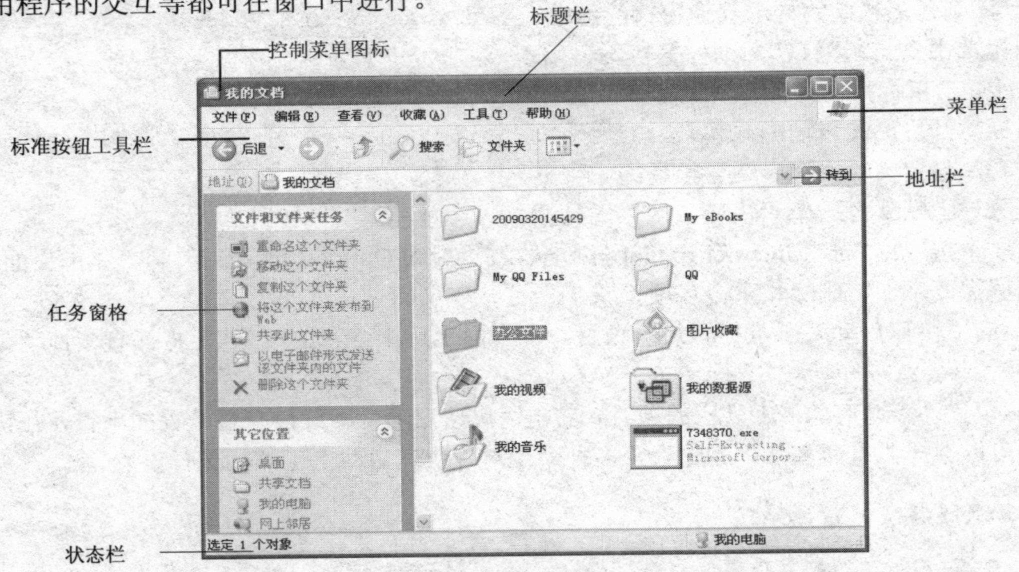

图 2-16 “我的文档”窗口

（1） 窗口类型。

Windows XP 操作系统中的窗口分为以下四类。

① 文件夹窗口。

文件夹窗口是 Windows XP 管理文件夹时所用的一种特殊窗口，用于显示一个文件夹的下属文件夹和文件的主要信息。Windows XP 将文件夹窗口和 Internet Explorer（IE）浏览器窗口格式统一起来，通过浏览器可以浏览本机的文件夹信息，从文件夹窗口也可以直接浏览网页。

② 程序窗口。

运行任何一个需要人机交互的程序都会打开一个该程序特有的“程序窗口”，一般关闭程序窗口就关闭了程序。

③ 文档窗口。

隶属于应用程序的子窗口。有些应用程序可以同时打开多个文档窗口，称为多文档界面。

④ 对话框。

对话框可看成一种特殊窗口，用来输入信息进行参数设置。

（2） 窗口的组成。

一个典型的窗口主要由标题栏、菜单栏、工具栏、地址栏、任务窗格和状态栏等元素构成。

① 标题栏：位于窗口的最顶端，其左端标明窗口的名称，右端有“最小化”按钮，“最大化”按钮及“关闭”按钮。在 Windows XP 中可以同时打开多个窗口，但只有一个是活动窗口，只有活动窗口才能接收鼠标和键盘的输入。活动窗口的标题栏呈高亮度显示，默认颜色为蓝色表示。如果标题栏呈灰色，则该窗口是非活动窗口。

② 菜单栏：位于标题栏的下方，其中通常有“文件”、“编辑”、“查看”、“收藏”、“工具”、“帮助”等菜单项，这些菜单几乎包含了对窗口操作的所有命令。

③ 工具栏：通常位于菜单栏的下面，以按钮或下拉列表框的形式将常用功能分组排列出来，使用鼠标单击按钮便能直接执行相应的操作。

④ 地址栏：显示当前窗口所处的位置。在地址栏中输入一个地址，然后单击“转到”按钮，窗口将转到该地址所指的位置。另外，Windows XP 利用地址栏将文件夹窗口与浏览器（IE）连接起来，在文件夹窗口的地址栏输入网页地址（URL），文件夹窗口就可显示网页内容，作为浏览器使用。

⑤ 任务窗格：包括多个具体的窗格，单击其中的链接，将执行相应的操作。

⑥ 状态栏：位于整个窗口的底部，用于显示一些状态信息或与操作有关的解释性信息。

（3） 窗口基本操作。

对窗口的基本操作包括调整窗口大小、移动、排列、切换或关闭窗口等，下面分别介绍这些窗口操作的方法。

① 调整窗口大小。

在 Windows XP 中，大多数应用程序的窗口大小都可以改变，通常有以下两种方法。

- 窗口的最大化、最小化、还原：单击“最大化”按钮，可将窗口调到最大；单击“最小化”按钮，可将窗口最小化到任务栏上；将窗口调到最大化后，“最大化”按钮会变成“还原”按钮，单击此按钮可将窗口恢复到原来的大小。
- 调整窗口的大小：当窗口处于非最大化状态时，将鼠标指针指向窗口的边框或者顶角，当指针变成一个双向箭头时，按住鼠标左键拖动鼠标，当窗口大小合适后，松开鼠标即可。

② 移动窗口。

当窗口处于非最大化状态时，移动窗口的方法有以下两种。

- 使用鼠标：将指针指向标题栏，按住鼠标左键拖动鼠标。
- 使用键盘：单击标题栏最左端的系统菜单图标，在弹出的快捷菜单中选择“移动”命令，当指针变为四向箭头后，按键盘上的方向键，直到窗口位置合适后按下 Enter 键即可。

③ 切换窗口。

当打开了多个窗口同时进行工作时，用户只能对当前窗口进行操作，当需要切换到另一个窗口时，可以采用下面两种方法。

- 使用鼠标：如果要切换的窗口在屏幕上能看到，单击该窗口的任一部分即可将该窗口切换到屏幕最前面；如果在屏幕上看不到要切换的窗口，则可单击任务栏中任务按钮。
- 使用键盘：按 Alt+Tab 组合键。

④ 关闭窗口。

单击窗口右上角的“关闭”按钮，或者选择“文件”菜单中的“关闭”命令，或者按 Alt+F4 组合键，即可关闭当前窗口。

4. 对话框操作

对话框是一种特殊的窗口，通常提供一些参数选项供用户设置，它一般没有控制菜单图标、菜单栏，不能改变窗口的大小。选择了菜单中带有“…”的菜单命令或程序运行过程中需要用户输入某些参数时，都会弹出对话框窗口。图 2-17 和图 2-18 所示为两个典型的对话框。

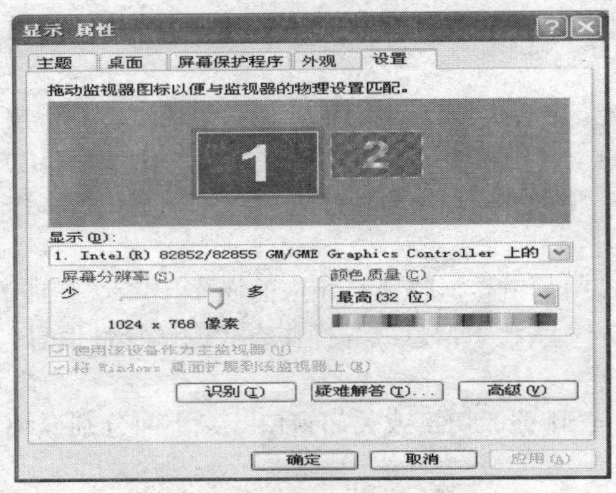

图 2-17 “显示 属性”对话框

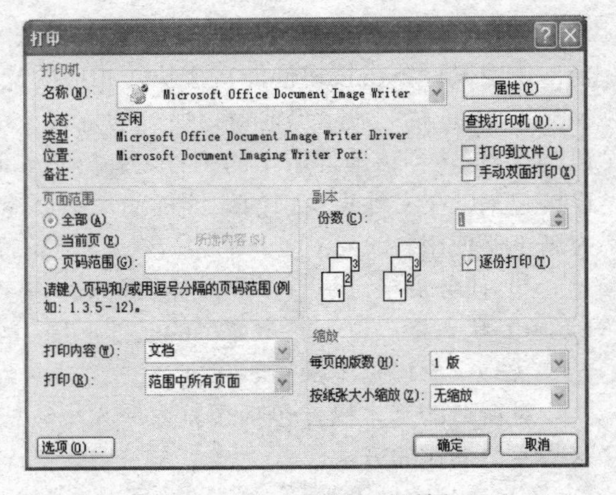

图 2-18 “打印”对话框

（1） 对话框元素及主要功能。

对话框中提供了多种可操作元素，可实现不同的功能。

① 选项卡：当对话框中含有多种不同类型的选项时，系统将会把这些内容分类放在不同的选项卡中。单击任意一个选项卡即可显示出该选项卡中包含的选项。

② 列表框：将所有的选项显示在列表中，供用户选择。

③ 复选框：一组复选框可以同时选中零个或多个。被选中的复选框中将出现对号，再次单击一次可取消选择。

④ 单选按钮：一组单选按钮只能选中一个钮。当一个单选按钮被选中后，同组的其他单选按钮将自动被取消选择，被选中的单选按钮中出现一个圆点，再次单击一次可取消选择。

⑤ 文本框：用于接收输入的信息。

⑥ 下拉列表框：含有下拉按钮的文本框叫做下拉列表框，可通过单击下拉按钮，直接选择系统提供的可用文本信息。

⑦ 数字框：含有微调按钮 的文本框也叫微调框或数值框，用于输入数字信息。

⑧“确定”按钮：用于确认并执行对各种选项的设置。

⑨“取消”按钮：用于关闭对话框并取消各项设置。

⑩“帮助”按钮：对话框右边的“?”按钮是帮助按钮。

（2） 对话框元素的定位。

对话框元素的定位可以通过鼠标或键盘来实现。

① 鼠标操作：直接单击。

② 键盘操作：按 Tab、Shift+Tab 键移动光标。

5. 菜单操作

菜单实际上是一组“操作命令”列表，通过简单的鼠标点击就可以实现各种操作。

（1） 菜单类型。

Windows XP 中的菜单主要有开始菜单、下拉菜单、级联菜单和快捷菜单。

① “开始”菜单：“开始”菜单是 Windows XP 操作系统中最重要的菜单，主要用于存放操作系统或设置系统的绝大多数命令，利用“开始”菜单可以实现使用和管理计算机软件硬件资源。

② 下拉菜单：单击某菜单名或图标展开的菜单，窗口菜单栏上的所有菜单都属于这种类型。

③ 级联菜单：菜单项后面带有右三角标识“▶”，表示该菜单项有子菜单，选择这类菜单项，将打开一个级联菜单。

④ 快捷菜单：右键单击操作对象会弹出该对象在当前状态下的可用操作和状态名称。不同的操作对象，快捷菜单的内容会有很大的差异。

（2） 菜单符号的约定。

Windows XP 的菜单中有很多不同含义的符号。如图 2-19 是 Windows XP 中两种常用的菜单。

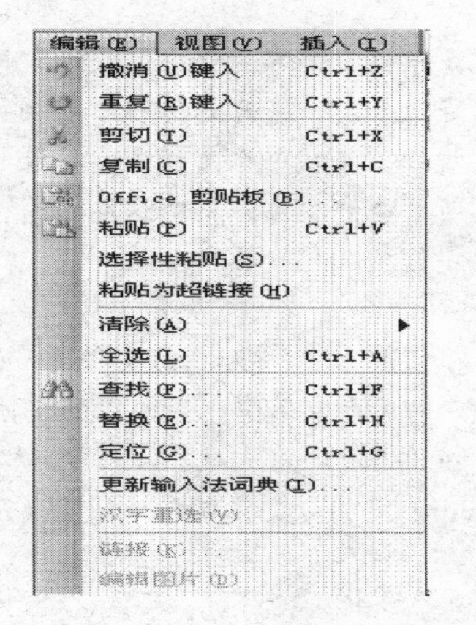

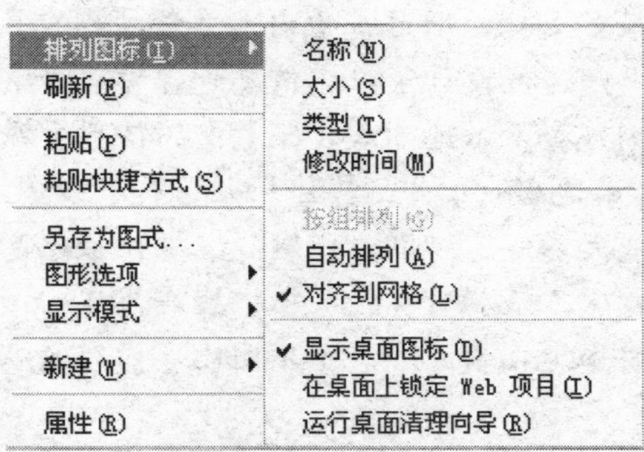

图 2-19 两种常用菜单

① 菜单的分组线：为方便用户查找，菜单中属同一类型的菜单项排列在一起成为一组，各组间用横线分隔。

② 无效菜单项：若菜单项呈灰色（而不是黑色）显示，表示该菜单项的功能当前不可用。

③ 英文省略号“…”：菜单项的后边带有省略号“…”，表示单击该菜单项会弹出一个对话框，它是菜单项的功能标记。

④ 右三角符号“▶”：菜单项后边带有右三角标识“▶”表示该菜单项含有级联菜单，鼠标指针指向该菜单项后会弹出级联菜单，它是菜单项的功能标记。

⑤ 菜单项左边的圆点“●”：“●”为单选标记，表示该菜单项对应的功能被启用。一组中必须且仅可选中一个。

⑥ 菜单项左边的对号“√”：“√”为复选标记，表示该菜单项对应的功能已启用。一组中可以选中多个，也可以一个也不选。

⑦ 菜单项后括弧中的字母：括弧中加下画线的字母是该菜单项的键盘操作代码。打开菜单后，直接键入该字母即可执行相应的操作，与鼠标单击该项效果一样。

⑧ 选项后的组合键：表示该菜单项的快捷键，不打开菜单，直接键入组合键即可执行该命令。

（3） 菜单操作。

① 打开“开始”菜单：单击“开始按钮”或按组合键 Ctrl+Esc 即可打开“开始”菜单。

② 打开下拉菜单：单击菜单名或使用组合键或按 F10 键选中菜单栏，再按菜单项对应的快捷键。

③ 打开级联菜单：直接单击菜单名或者用鼠标指向菜单名并停留 1～2 秒，系统将自动展开其级联菜单。

④ 打开快捷菜单：右击对象或选定对象按组合键 Shift+F10。

⑤ 关闭菜单：执行菜单中的某个命令或执行与菜单无关的其他任何鼠标操作或按 Esc 键可以随时关闭当前打开的菜单。

2.3 教学案例：信息资源管理

【任务】社会管理系法律文秘专业的王浩同学是学校宣传部的秘书。最近宣传部正在筹备学校文化艺术节，王浩负责文化艺术节相关信息资源管理。一开始他将所有相关文件随意放在计算机本地磁盘（C:）中，文件名也没有什么规律，查找一个文件需要很长时间，并且经常要打开很多文件，通过查看内容才能找到自己所需要的文件。针对这些问题，他请教了张老师，张老师为他设计了以下信息资源管理方案。

（1） 浏览查看本地磁盘（C:）中的信息资源。

（2）在本地磁盘 D:\上建立一级文件夹“文化艺术节”文件夹和二级文件夹“英语比赛”、“计算机技能大赛”、“歌舞比赛”、“体操比赛”用来存放不同比赛内容的文档。

（3） 搜索本地磁盘（C:）中扩展名为.docx 的文件。

（4） 将本地磁盘（C:）中不同比赛内容的 Word 文档分类复制本地磁盘（D:）中相应的文件夹中。

（5） 将本地磁盘（C:）中与艺术节相关的信息资源移入回收站。

（6） 将本地磁盘（C:）中艺术节文件夹中的文件名重命名为与文件内容有关的名称。

（7） 在桌面上创建打开“艺术节”文件的快捷方式。

（8） 定期清理回收站中的文件。

2.3.1 学习目标

通过本案例的学习，使学生了解文件及文件夹的概念，掌握文件及文件夹的命名规则，掌握“资源管理器”、“我的电脑”、“回收站”的使用方法。联系实际，学以致用，能够用 Windows XP 提供的工具管理自己的信息资源。

2.3.2 相关知识

（1）“资源管理器”与“我的电脑”的使用。
（2）新建文件夹。
（3）搜索复制文件。
（4）文件及文件夹的移动。
（5）文件及文件夹的删除。
（6）文件及文件夹的重命名。
（7）建立快捷方式。
（8）回收站的使用。

2.3.3 操作步骤

在计算机系统中计算机的信息是以文件的形式保存的，用户所作的工作都是围绕文件展开的。因此，在使用计算机时，如何对这些类型繁多、数目巨大的文件和文件夹进行管理是非常重要的。文件、文件夹及文件目录结构相关内容见知识链接。

1. 浏览查看本地磁盘 C:中的信息资源

（1）利用“资源管理器”浏览本地磁盘（C:）中的信息资源。

① 在本地磁盘（C:）中寻找浏览的文件夹。利用滚动条滚动左窗格，单击“-”标志关闭不需查找的文件夹；单击“+”标志打开需查找的文件夹。

② 在左窗格中单击找到所需要浏览的文件夹。

③ 双击右窗格所要的对象，激活该对象。

（2）利用“我的电脑”浏览信息资源。

① 双击“我的电脑”图标，将其打开。

② 双击要查看的本地磁盘（C:）。

③ 双击要查看的文件、文件夹或要运行的某个程序。

2. 在本地磁盘 D:\ 建立文件夹“文化艺术节”文件夹和相应的子文件夹

为了将文件分类存放或以一定的关系组织起来，用户可根据需要自己创建新的文件夹。

要创建新文件夹，应先打开要在其中创建新文件夹的目标文件夹，本案例为驱动器 D:。然后选择“文件”|“新建”|“文件夹”命令。或者右击文件和文件夹列表中的空白处，从弹出的快捷菜单中选择“新建”|“文件夹”命令，即会出现一个默认名称为“新建文件夹”的文件夹图标，且文件夹名称处于可编辑状态，将默认名称改为所需的文件夹名称，本案例新建文件夹的名称为“文件艺术节”，然后按 Enter 键或在文件和文件夹列表的空白处单击即可。

打开“艺术节”文件夹，用同样的方法在其中创建二级文件夹“英语比赛”、“计算机技能大赛”、“歌舞比赛”。

3. 搜索本地磁盘（C：）中扩展名为．docx 的文件

在“资源管理器”窗口中，可以方便地搜索文件或文件夹。

（1） 在资源管理器窗口中，选择“文件”|“搜索”命令，或者单击工具栏中的“搜索”按钮，出现“搜索结果”窗口，如图 2-20 所示。

（2） 单击“搜索结果”窗口左窗格中的“所有文件和文件夹”选项，出现“搜索文件和文件夹”窗口，如图 2-21 所示。

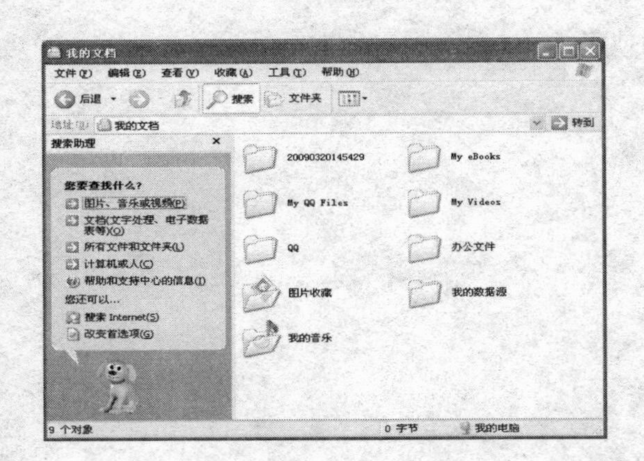

图 2-20 “搜索结果”窗口

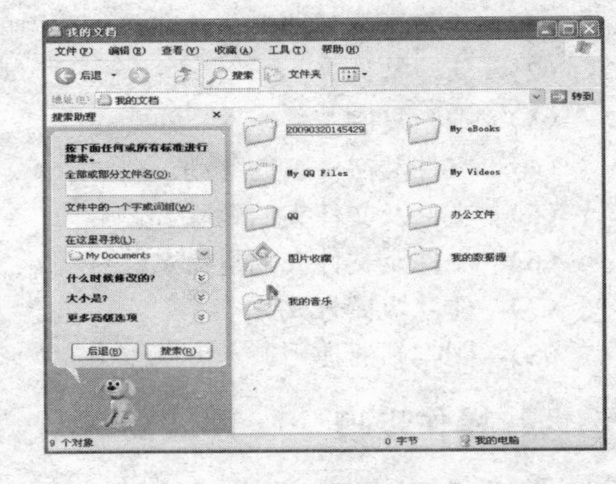

图 2-21 “搜索文件和文件夹”窗口

（3） 在“全部或部分文件名”文本框中键入想要查找的所有或部分文件名或文件夹名。本案例输入*.docx。

（4） 在“文件中的一个字或词组”文本框中键入想要查找的文字，本案例分别输入“英语”、“计算机”、“歌舞”、“体操”分别查找四类文件。

（5） 在“在这里寻找”下拉列表框中，选择想要寻找的驱动器、文件夹或网络。本案例选择本地磁盘（C:）。

（6） 指定附加的搜索条件：通过设置“什么时候修改的？”、“大小是”和“更多高级选项”，缩小查找范围。

（7） 单击“搜索”按钮。

搜索结果出现在右窗格下面的列表框中，可对这些搜索结果进行删除、复制、移动、重命名和查看属性等操作。

4. 将本地磁盘 C:中不同比赛内容的 Word 文档分类复制到本地磁盘 D:中相应的文件夹中

文件及文件夹的复制是实现为所选的文件或文件夹在指定的位置创建一个备份，而在原位置仍然保留被复制的内容。

（1） 文件及文件夹复制的一般方法。

先选定要复制的文件或文件夹，选择“编辑”|“复制”命令，再打开目标盘或目标文件夹，选择“编辑”|“粘贴”命令。先选定要复制的文件或文件夹，按下 Ctrl+C 组合键，切换到目标文件夹窗口，按下 Ctrl+V 组合键。

本案例利用该方法即可将所搜索到的本地磁盘（C:）上的“英语比赛”、“计算机技能大赛”、“歌舞比赛”四类文件分别复制到“艺术节”中相应的文件夹下。

（2） 在同一驱动器之间的复制。

先选定要复制的文件或文件夹，按住 Ctrl 键的同时，拖动文件或文件夹到目的地位置。

（3） 在不同驱动器之间的复制。

先选定要复制的文件或文件夹，直接拖动文件或文件夹到目标驱动的指定位置即可，不需要按住 Ctrl 键。

5. 将本地磁盘（C:）中与艺术节相关的信息资源移入回收站

当确认不再需要一个文件或文件夹时，可以将其删除，以腾出更多的磁盘空间存放其他文件。文件或文件夹的删除有两种情况：一种情况是对象删除后移入回收站，如果需要还可恢复；另一种情况是对象彻底从系统中删除，而不移入回收站。

（1） 对象删除后移入回收站。

① 在要删除的对象上右击，从弹出的快捷菜单中选择“删除”命令。

② 选定需要删除的对象后，选择“文件”|“删除”命令，或者按下 Delete 键。

③ 直接将文件或文件夹拖动到回收站中。

按上述某一种方法执行删除操作时，会弹出一个确认文件或文件夹删除提示对话框，如图 2-22 所示。确认无误后，单击“是”按钮，即可将删除的文件或文件夹移入回收站。

注意：有三类文件或文件夹执行上述操作后不会移入到回收站，它们是 U 盘上的文件或文件夹；网络上的文件或文件夹；在 MS-DOS 方式下删除的文件或文件夹。

（2） 对象彻底删除。

选定需要删除的对象后，按下 Shift 键，选择“文件”|“删除”命令，或者按下 Shift+Delete 组合键。这时系统会弹出一个确认文件或文件夹删除提示对话框，如图 2-23 所示。确认无误后，单击“是”按钮，即可将选定文件或文件夹彻底从系统中删除。

图 2-22　确认文件删除提示对话框

图 2-23　确认文件删除提示对话框

6. 将本地磁盘（C:）中艺术节文件夹中的文件名重命名为与文件内容有关的名称

在“资源管理器”窗口中，选择本地磁盘（C:）上需要改名的文件或文件夹，选择“文件”|“重命名”命令，或者单击右键在快捷菜单中选择“重命名”命令，或者鼠标指向文件名单击一次，再单击一次，键入新的名称，然后按回车键。

本案例利用这两种方法均可将本地磁盘（C:）中搜索到的不同类别的文件用与文件内容有关的关键字进行重命名，尽可能地做到“见名知内容”。

7. 在桌面上创建打开“文化艺术节”文件夹的快捷方式

快捷方式是 Windows XP 的一个重要概念。在桌面或文件夹窗口中，快捷方式与文件或文件夹的形式类似，也以带有名称的图标的形式存在，图标的左下角一般有一个小箭头作为标志。它是一个很小的文件，其中存放的是文件或文件夹的地址，如图 2-24 所示。双击快捷方式图标，可以立刻运行这个应用程序，完成打开这个文档或文件夹的操作。

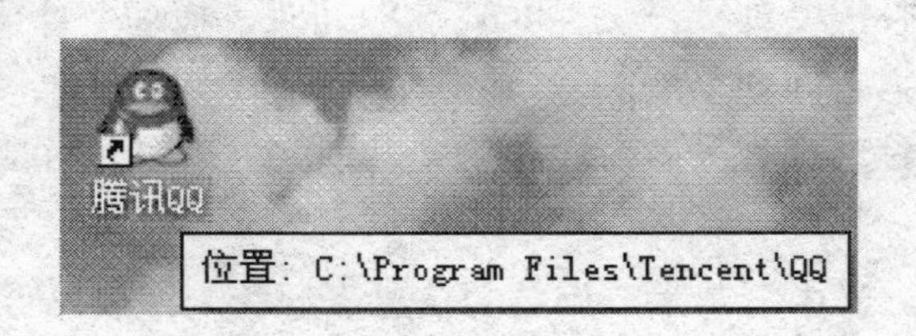

图 2-24　快捷方式示意图

创建快捷方式有以下 3 种情况。

（1） 如果未选中某个对象，选择“文件”菜单或快捷菜单的“快捷方式”选项后，会弹出“创建快捷方式”对话框，如图示 2-25 所示。它是一个向导，可在其引导下逐步完成对象快捷方式的创建。

（2） 如果事先已选中某个对象，选择“文件”菜单或快捷菜单的“快捷方式”选项后，不会弹出向导，会立即创建。

（3） 使用鼠标右键拖动要创建快捷方式的对象，到要创建快捷方式的目标文件夹后，释放鼠标，将出现一个包含“移动”、“复制”、“创建快捷方式”、“取消”四个选项的快捷菜单，如图 2-26 所示。

图 2-25　“创建快捷方式”对话框

图 2-26　“创建快捷方式”快捷菜单

本案例在本地磁盘（D:）的窗口中用右键拖动“文化艺术节”文件夹到桌面上，在弹出的快捷菜单中选择“创建快捷方式”即可。

8. 定期清理回收站中的文件

（1） 恢复被删除的文件或文件夹。

在管理文件或文件夹时，如果误操作而将有用的文件或文件夹删除，可以借助“回收站”将被删除的文件或文件夹恢复。在清空回收站之前，被删除的文件被保存在回收站中。

当一个文件或文件夹删除后，如果还没有进行其他操作，则应该选择“编辑”|“撤销删除”命令恢复，然后按 F5 键，刷新“资源管理器”窗口。如果执行了其他操作，则必须通过“回收站”恢复。通过“回收站”恢复被删除的文件或文件夹的具体操作如下：

在资源管理器左窗格中，选择“回收站”，在右窗格中选择要恢复的文件或文件夹，然后

选择“文件”|“还原”命令即可完成恢复操作。

（2） 清除回收站中的垃圾文件。

选择“回收站”中的垃圾文件，在回收站窗口选择“文件”|“删除”命令将选择的垃圾文件删除。如果确认回收站中全部为垃圾文件，可以直接选择“文件”|“清空回收站”命令。

【知识链接】

1. 文件、文件夹及其命名规则

（1） 文件及文件夹。

文件操作系统是用来存储和管理信息的基本单位，文件用来保存各种信息，如声音、文字、图片视频信息等。文件在计算机中采用“文件名”来进行识别。

文件夹是 Windows 操作系统管理和组织文件的一种方法，是为方便用户存储、查找、维护文件而设置的。用户可以将文件存储在同一个文件夹中，也可以存储在不同的文件夹中。用户还可以在文件夹中创建子文件夹。文件夹是 Windows 操作系统下使用的名称，而在 DOS 方式下叫做目录。

（2） 文件及文件夹的命名规则。

文件名一般由文件名称和扩展名两部分组成，这两部分之间由一个小圆点隔开。扩展名代表文件的类型，文件名也可以没有扩展名。例如，Word 文件的扩展名为.doc，文本文档的扩展名为 .txt 等。

MS-DOS 和 Windows3.x 使用“8. 3”形式的文件命名方式，即最多可用 8 个字符作为主文件名，3 个字符作为文件的扩展名。如 Command.com，其中“Command”为主文件名，“com”为扩展名，这两部分之间由一个小圆点隔开。

在中文 Windows XP 操作系统下，文件名和文件夹名可以用除字符\、/、:、*、？、“、<、>、. 、; 以外的英文字母、汉字、数字空格等命名。在表 2-2 中列出了在文件名中不能使用的特殊字符。文件名称由 1～255 个字符组成（即支持长文件名），而扩展名由 1～3 个字符组成，但文件夹一般没有扩展名。

表 2-2　在文件名中不能使用的特殊符号

点（.）	引号(“)
斜杠(/)	冒号（:）
反斜杠（\）	星号（*）
垂直线（|）	分号（;）
问号（?）	尖括号(>、<)

在 Windows XP 操作系统下，扩展名也表示文件类型，表 2-3 列出了常见的扩展名对应的文件类型。另外，也用文件图标来区分不同类型的文件名，与扩展名是相对应的。

文件分为程序文件和非程序文件。当用户选中程序文件，用鼠标双击或按下回车键后，计算机就会打开程序文件，而打开程序文件的方式就是运行它。当用户选中非程序文件，用鼠标双击或按下回车键后，计算机也会试图打开它，而这个打开方式就是用特定的程序去打开它。至于用什么特定程序来打开，则决定于这个文件的类型。

表 2-3　常见的扩展名对应的文件类型

扩 展 名	文件类型
COM	命令程序文件
EXE	可执行文件
BAT	批处理文件
SYS	系统文件
TXT	文本文件
DBF	数据库文件
BMP、JPG、GIF	图像文件
DOC	Word 文档
BMP	图形文件
HLP	帮助文件
PPT	演示文稿文件
XLS	电子表格文件

2.　文件目录结构

树形文件目录结构是最常用的一种文件组织和管理形式。文件系统的目录结构的作用与图书管理中目录的作用完全相同，采用这种结构，可以实现按名存取、快速检索等功能。

在文件目录结构中，第一级目录称为根目录，目录树中的的非树叶节点均称为子目录，树叶结点称为文件，如图 2-27 所示为文件目录结构。

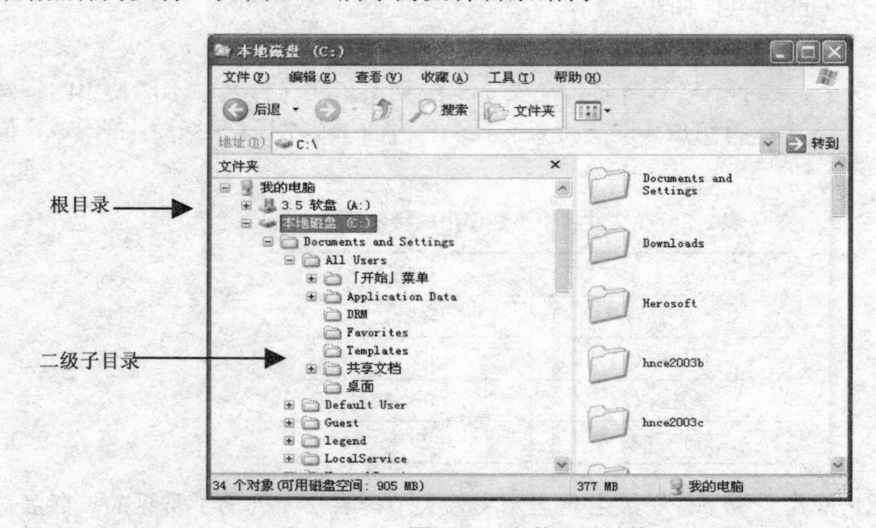

图 2-27　文件目录结构

在树形文件目录结构中，用户访问某个文件时，除了知道文件的名字外，还需要知道文件所在位置，即文件所在的磁盘，以及磁盘上哪个文件夹中。文件在树形文件目录结构中的位置称为文件的路径。文件的路径分为绝对路径和相对路径。绝对路径是指从根目录出发到指定文件所在位置的目录序列。相对路径是指从当前目录出发到指定文件位置的目录序列。目录左侧有“+”号的表示其下有子目录，用鼠标左键单击“+”号展开目录，“+”号变为“－”

号，用鼠标左键单击“－”号折叠目录，“－”号又变为“+”号。

3.　移动文件或文件夹

文件及文件夹的移动是指将所选的文件或文件夹移动到指定的位置，在原位置不再有此文件或此文件夹。移动文件或文件夹的方法类似于复制文件或文件夹，请注意比较两种操作的异同。

（1）　移动文件或文件夹的一般方法。

先选定要复制的文件或文件夹，选择“编辑”|“剪切”命令，再打开目标盘或目标文件夹，选择“编辑”|“粘贴”命令。先选定要复制的文件或文件夹，按下 Ctrl+X 组合键，切换到目标文件夹窗口，按下 Ctrl+V 组合键。或者选定对象后，选择“文件和文件夹任务”窗格中的“移动”命令，在弹出的对话框中选择要移动的目的地。单击“移动”按钮，即可将选定的对象移动到指定的位置。

（2）　在同一驱动器之间的移动。

用鼠标按住要移动的非程序文件或文件夹，直接拖到目标位置。注意，在同一驱动器上拖动程序文件是建立文件的快捷方式，而不是移动文件。

（3）　在不同驱动器之间的移动。

先选定要复制的文件或文件夹，按住 Shift 键的同时，拖动要移动的文件或文件夹到目标位置。

4.　查看或修改文件或文件夹的属性

文件除了文件名外，还有文件大小、占用空间、创建时间等信息，这些信息称为文件属性。除了这些信息外，文件还有以下几个重要属性。

（1）　只读属性。

设置为只读属性的文件只能读，不能修改或删除，只读起保护作用。

（2）　隐藏属性。

具有隐藏属性的文件在一般情况下是不显示的。如果设置了显示隐藏文件和文件夹，则隐藏的文件和文件夹是浅色的，以表明它们与普通文件不同。

（3）　存档属性。

任何一个新创建或修改的文件都有存档属性。当用“附件”|“系统工具”|“备份”程序备份后，存档属性消失。

在“资源管理器”中，可以方便地查看或修改文件和文件夹的属性。

① 选定要查看或修改属性的文件或文件夹。

② 在“资源管理器”窗口中，选择“文件”|“属性”命令，打开文件或文件夹属性对话框，如图 2-28 所示。

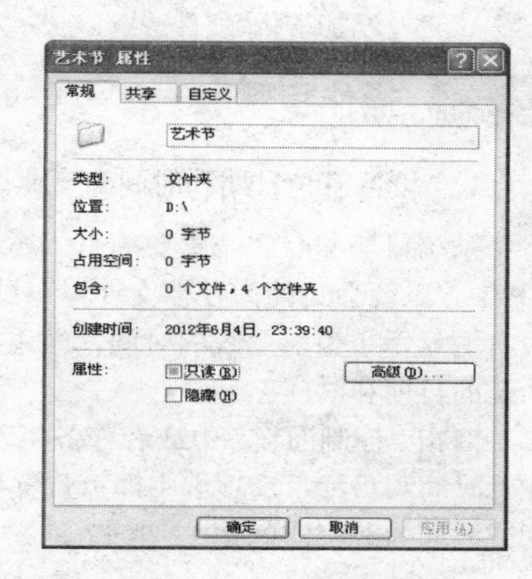

图 2-28　文件夹属性对话框

③ 在“常规”选项卡中，显示了文件及文件夹的名称、类型、位置、大小、创建的日期和时间、最近一次修改的日期和时间，最近一次访问的日期和时间等属性。

④ 在“属性”栏中可以查看或修改文件或文件夹的属性。

⑤ 单击“应用”或“确定”按钮。

2.4 教学案例：利用控制面板进行环境设置

【任务】在日常工作和学习时，人们常常需要对计算机系统进行管理与设置，请按以下要求完成对系统的管理与设置操作任务。

（1） 修改系统日期与时间为“北京时间 2012 年 12 月 25 日 10:30 分”。

（2） 添加微软拼音输入法、删除全拼输入法。

（3） 添加“COMSCRTN”字体、删除“方正行楷”字体。

（4） 添加应用程序腾讯 QQ。

（5） 删除应用程序金山词霸。

（6） 安装打印机 Epson LQ-1600K，并设置为默认打印机，不打印测试页，并且脱机使用。

（7） 调整鼠标双击速度，设置鼠标指针方案为“恐龙”，滑轮一次滚动的行数为 4 行。

2.4.1 学习目标

通过本案例的学习，使学生熟悉控制面板的基本构成，掌握控制面板的使用方法，学会利用控制面板设置系统日期与时间、添加/删除程序、添加/删除输入法等。联系实际，学以致用，能够利用控制面板进行系统管理与环境设置。

2.4.2 相关知识

（1） 设置日期与时间。

（2） 添加/删除输入法。

（3） 安装/删除字体。

（4） 添加/删除程序。

（5） 添加/删除硬件。

2.4.3 操作步骤

1. 设置系统日期和时间为“北京时间 2012 年 12 月 25 日 10:30 分”

系统日期和时间是重要的系统属性，许多程序运行时需要日期和时间信息。在 Windows XP 中，系统会自动为存档文件标上日期和时间，以供用户检索和查询。在 Windows XP 任务栏右侧显示了当前系统的时间，当系统日期和时间不准确或在特定的情况下，用户可以更改系统的日期和时间。

双击“控制面板”中或者任务栏右侧显示的时间图标，打开“日期和时间 属性”对话框，在“时间和日期”选项卡中即可设置日期或时间，如图 2-29 所示。在对话框中设置系统的日期或时间为北京时间 2012 年 12 月 25 日 10:30 分。

2. 添加微软拼音输入法、删除全拼输入法

在使用计算机时经常要进行汉字输入，Windows XP 提供了多种中文输入法，用户可以根

据不同的习惯选择相应的输入法进行汉字的输入。

（1） 打开和关闭输入法。

默认情况下，系统启动后出现的是英文输入法，用户可单击“任务栏”右端的语言栏上的图标，弹出当前系统已装入的输入法菜单，如图 2-30 所示，单击要使用的输入法，即可切换到该输入法。

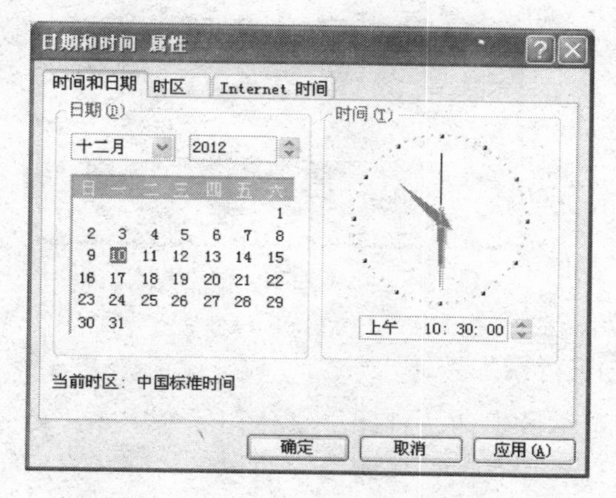

图 2-29　“日期和时间 属性”对话框

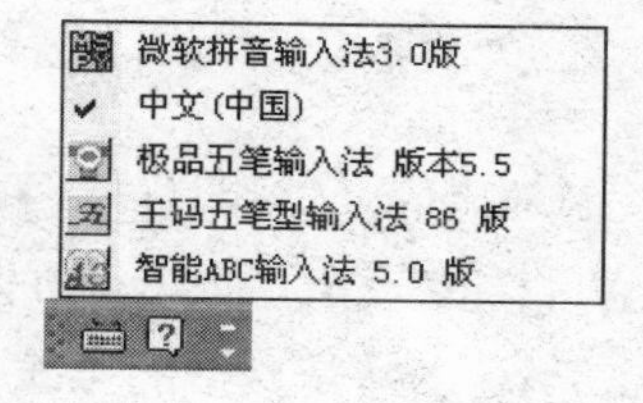

图 2-30　输入法菜单

用户可以使用 Ctrl+Shift 组合键在英文输入法及各种中文输入法之间进行切换，用“Ctrl+空格键”可以在当前中文输入法和英文输入法之间切换。

（2） 添加/删除输入法。

对于 Windows XP 自带的输入法，如果输入法菜单中没有显示，可通过“文字服务和输入语言”对话框来进行安装；如果要使用其他非 Windows XP 自带的输入法，如极品五笔输入法、紫光拼音等，则需使用相应的软件进行安装。

① 添加输入法。

如果要 Windows XP 自带的而没有显示在输入法菜单中的输入法，可用以下方法进行安装：右击“语言栏”，在弹出的快捷菜单中选择“设置”命令，打开如图 2-31 所示的“文字服务和输入语言”对话框，单击其中的“添加”按钮，打开“添加输入语言”对话框，在“输入语言”下拉列表框中选择输入的语言，然后在“键盘布局/输入法”下拉列表框从中选择需要添加的输入法选项，单击“确定”按钮。

本案例选择“微软拼音输入法”，如图 2-32 所示。单击“确定”按钮后，该输入法即添加到“语言栏”中的输入法菜单中。

② 删除输入法。

如果要删除某种输入法，打开“文字服务和输入语言”对话框后，在“已安装的服务”列表框中选择要删除的输入法，然后单击“删除”按钮。

本案例选择“中文（简体）-全拼”，然后单击“删除”按钮即可。

（3） 设置默认输入法。

计算机启动时会使用一个已安装的输入法作为默认输入法。Windows XP 中默认的输入法是英文输入法，用户可以将自己习惯使用的输入法设置为默认输入法。

打开“文字服务和输入语言”对话框后，在“默认输入语言”下拉列表框中选择要设置为默认语言的输入法，然后单击“确定”按钮，即可将该输入法设置为默认输入法。

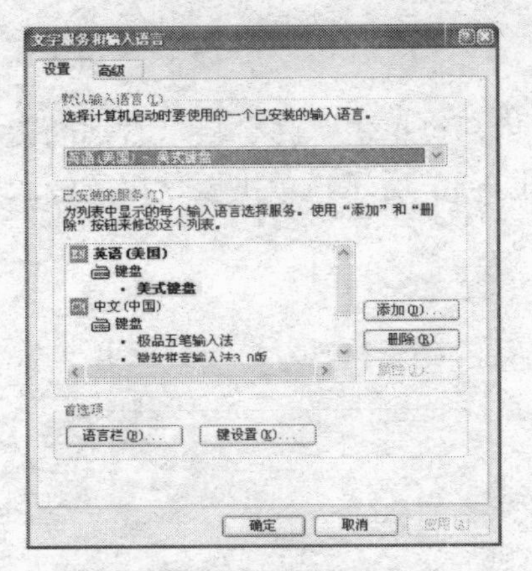

图 2-31 “文字服务和输入语言”对话框

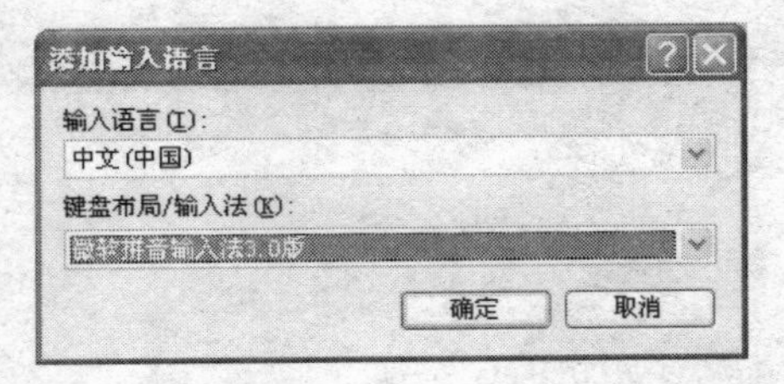

图 2-32 “添加输入语言”对话框

3. 添加“COMSCRTN”字体、删除“方正行楷”字体

在 Windows XP 中，用户可用的字体包括可缩放字体、打印机字体和屏幕字体。目前流行的 TrueType 字体是典型的可缩放字体，使用这种字体时，打印出来的效果与屏幕显示完全一致，也就是“所见即所得”。在 Windows XP 系统盘上有一个字体文件夹，其中存放着系统可以使用的各种字体的字体文件，一般添加或删除字体要通过打开该文件夹进行。添加/删除字体的具体操作如下：

（1） 双击控制面板上的“字体”图标，弹出字体文件夹窗口，如图 2-33 所示。

（2） 单击“文件”菜单中的“安装新字体”菜单项，弹出“添加字体”对话框，如图 2-34 所示。

图 2-33 “字体文件夹”窗口

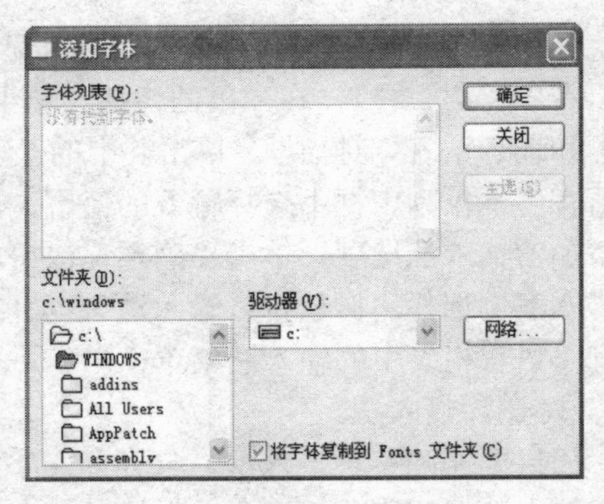

图 2-34 “添加字体”对话框

（3） 选择存放字体文件的驱动器和文件夹，然后在“字体列表”框中选择一个或多个字体，单击“确定”按钮，就会把相应的字体文件复制到字体文件夹中。

本案例需要选择添加“COMSCRTN”字体。

如果不选中“添加字体”对话框中的“将字体复制到‘字体’文件夹”复选框，则不把字体文件复制到字体文件夹，仅记住文件夹的位置，这样可以节省存储空间。

（4） 在 Windows XP 字体文件夹 Font 中选择要删除的字体文件，选择“文件”|“删除”命令，即可。

本案例要求选择删除“方正行楷”字体。

4. 添加应用程序“腾讯 QQ”、删除应用程序“金山词霸”

在 Windows XP 环境下可运行多种应用程序，在使用它们之前首先要进行安装，不再使用时，也可从系统中删除，以节约系统资源。“添加/删除程序”是 Windows XP 控制面板中的一个组件，用于安装、更改和删除程序，包括各种应用程序和 Windows XP 组件。其优点是保持 Windows XP 对安装和删除过程的控制，不会因为误操作而造成对系统的破坏。在“控制面板”窗口中双击“添加/删除程序”图标，即可打开“添加或删除程序”窗口，如图 2-35 所示。

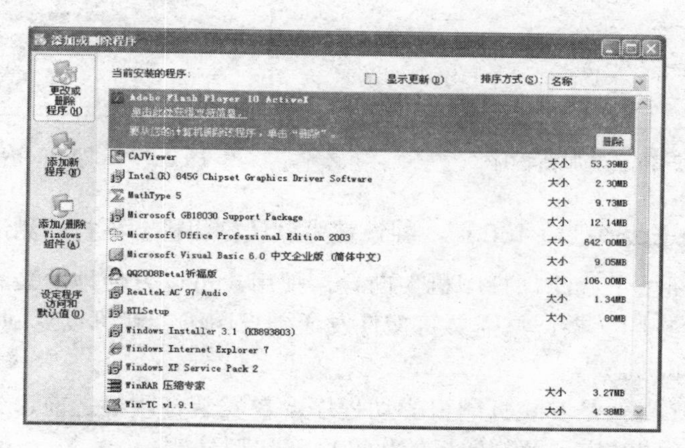

图 2-35 “添加或删除程序”窗口

“添加或删除程序”窗口由两部分组成，左侧提供了“更改或删除程序”、“添加新程序”、“添加/删除 Windows 组件”和“设定程序访问和默认值”4 个操作按钮，单击不同的操作按钮，右侧窗口即显示系统为该操作提供的信息。

（1） 更改或删除程序。

要更改或删除应用程序，在“添加或删除程序”窗口中单击“更改或删除程序”按钮，然后在“当前安装的程序”列表框中选择要更改或删除的程序，本案例选择“金山词霸”。单击“更改”或“删除”按钮，再根据不同程序的需要和提示进行操作。

（2） 添加新程序。

如果要添加新程序，需要在“添加或删除程序”窗口中单击“添加新程序”按钮，右侧将显示相应的提示信息及选项，如图 2-36 所示。

若要从本地计算机（例如光盘或硬盘）添加程序，单击“CD 或软盘”按钮，并在出现的“从软盘或光盘安装程序”向导的提示下，执行相应的操作，即可完成应用程序的安装。如果计算机已与 Internet 连接，单击“Windows Update”按钮可从 Internet 上更新系统。本案例添加 F:\“下载”文件夹中的腾讯 QQ 应用程序。

（3） 添加/删除 Windows 组件。

默认安装完成 Windows XP 后，系统只安装了一些最常用的组件。要添加或删除 Windows 组件，可以在“添加或删除程序”窗口中单击“添加”|“删除 Windows 组件”图标，打开如

图 2-37 所示的“Windows 组件向导”对话框，在“组件”列表框中选中要添加的组件复选框，或者清除要删除的组件复选框，然后单击“下一步”按钮，打开向导的“正在配置组件”对话框，稍后打开“完成 Windows 组件向导”对话框，单击“完成”按钮，即可添加或删除指定的组件。如果是添加组件，系统将要求插入 Windows XP 安装盘。

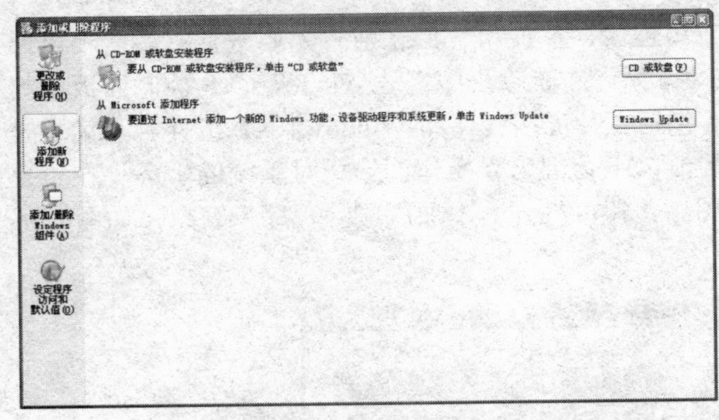

图 2-36　添加新程序

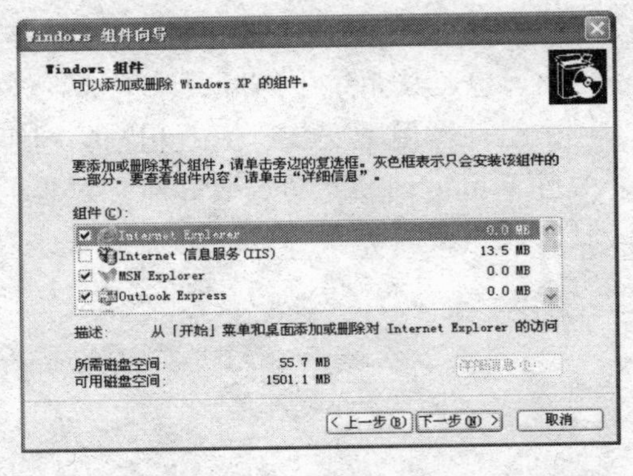

图 2-37　“Windows 组件向导”对话框

5. 安装打印机 Epson LQ-1600K，并设置为默认打印机，不打印测试页，并且脱机使用

Windows XP 新增了“添加打印机”向导，使用户可以方便地安装新的打印机。另外，Windows XP 在后台打印文档，只需要将文件发送到打印机，就可以返回继续工作。

（1）添加打印机。

添加打印机实际上就是安装打印机驱动程序。在安装打印机之前，先确认打印机与计算机是否已正确连接，同时应了解打印机的生产厂商和型号。

① 在“控制面板”窗口中单击“打印机和其他硬件”，屏幕上弹出“打印机和其他硬件”窗口，如图 2-38 所示。

② 在“打印机和其他硬件”窗口中单击“打印机和传真”图标，弹出“打印机和传真”窗口，如图 2-39 所示。

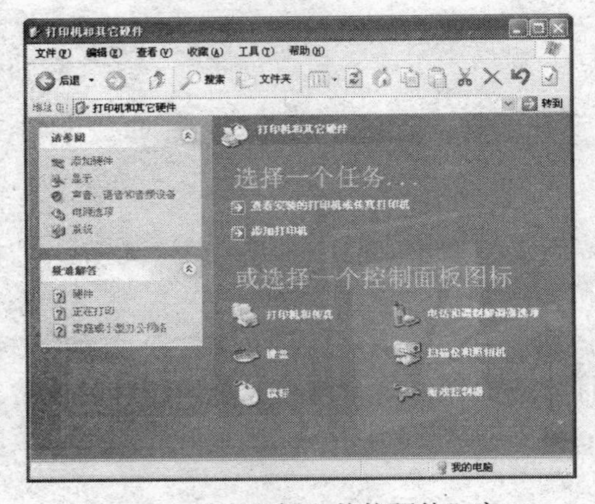

图 2-38　“打印机和其他硬件”窗口

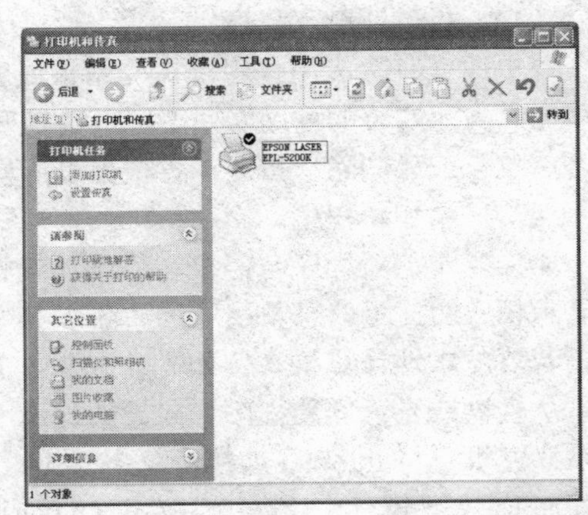

图 2-39　“打印机和传真”窗口

③ 在“打印机和传真”窗口中单击“添加打印机”选项，打开“添加打印机向导”对话框，如图 2-40 所示。根据向导提示进行安装，系统将自动检测新连接的打印机。如果想使用

网络上共享打印机设备打印作业，则选择第二项。

④ 单击“下一步”按钮，选择打印机要使用的端口，如图 2-41 所示。

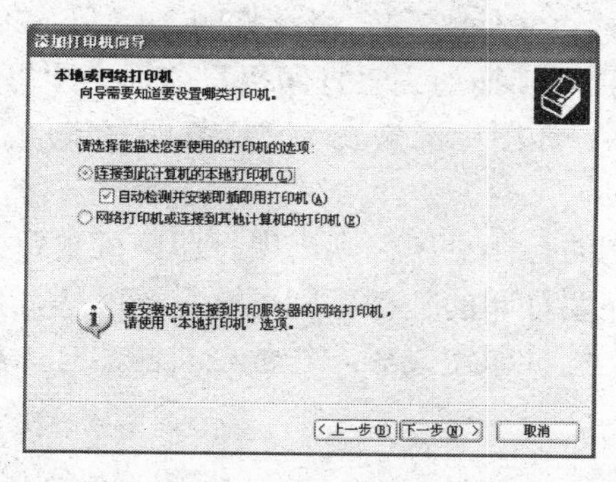

图 2-40　“添加打印机向导”对话框

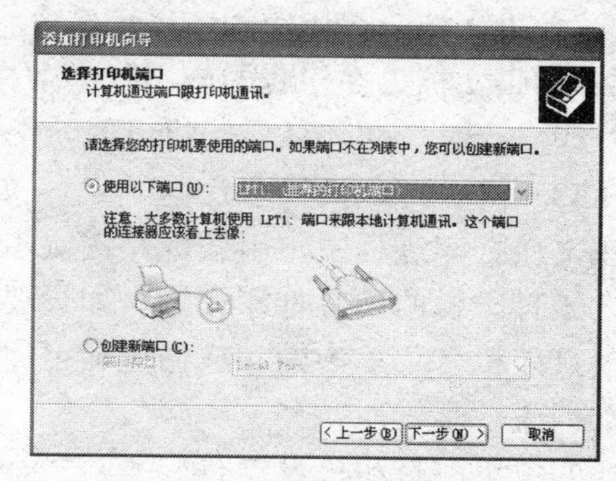

图 2-41　打印机使用端口选择

⑤ 通过左侧列表框的滚动条浏览选项，选择打印机制造商为 Epson，在右侧列表框中选择打印机型号为 Epson LQ-1600K，如图 2-42 所示。

⑥ 单击“下一步”按钮，命名打印机，如图 2-43 所示，如果设置这台打印机为默认打印机，单击“是”按钮。

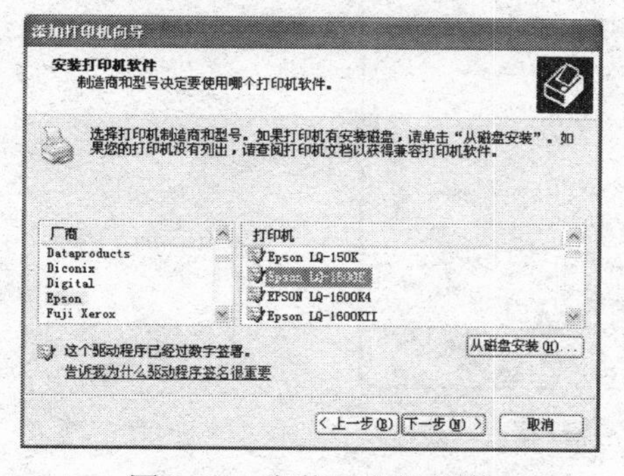

图 2-42　安装打印机软件

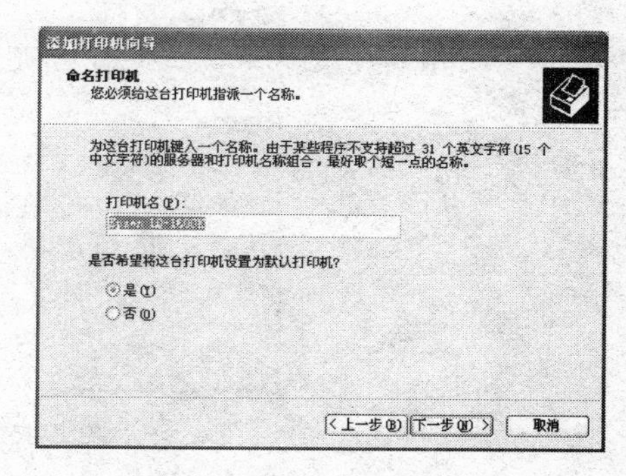

图 2-43　命名打印机

⑦ 单击“下一步”按钮，在打印测试页向导中单击“否”单选按图，如图示 2-44 所示。

⑧ 安装完成后，打印机的图标将出现在“打印机和传真”文件夹中，如图 2-45 所示，选中打印机图标单击右键，在快捷菜单中单击“脱机使用打印机”命令。

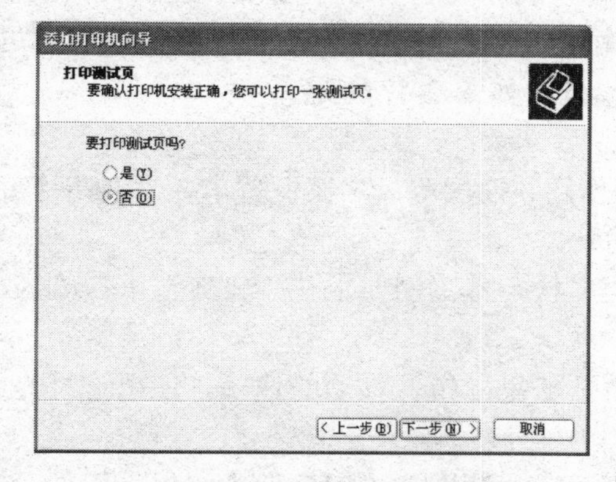

图 2-44　打印测试页

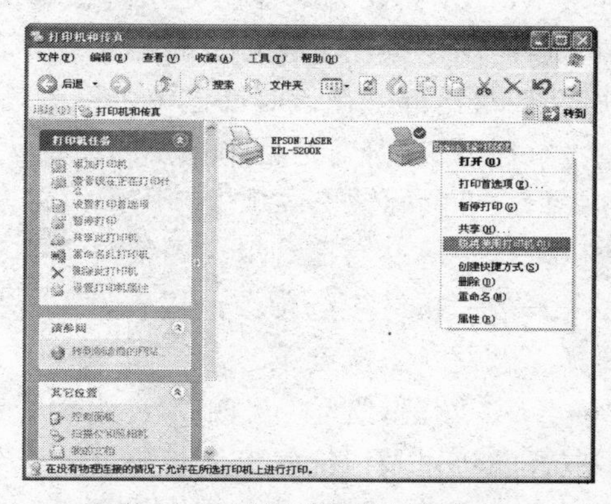

图 2-45　设置脱机使用打印机

（2） 打印文档。

文档打印有以下两种方法。

① 如果文档已在相应的应用程序中打开，则选择“文件|打印”命令打印文档。

② 如果文档未在相应的应用程序中打开，将文档直接拖动到“打印机”图标上即可。

打印文档时，在任务栏上将出现一个打印机图标。该图标消失表示文档打印完毕。

（3） 查看打印机状态。

在文档打印过程中，用鼠标左键双击任务栏右侧的打印机图标则出现打印队列窗口，其中包含该打印机的所有打印作业。如果要取消或暂停要打印的文档，则可选定该文档，然后选择“打印机”菜单中的相应命令即可完成操作。文档打印完成后，任务栏右侧的打印机图标自动消失。

（4） 更改打印机设置。

在“打印机”窗口中选定要更改设置的打印机，然后选择“文件”|“属性”命令，弹出打印机属性窗口，如图 2-46 所示。在打印机属性窗口中根据需要更改打印机设置。

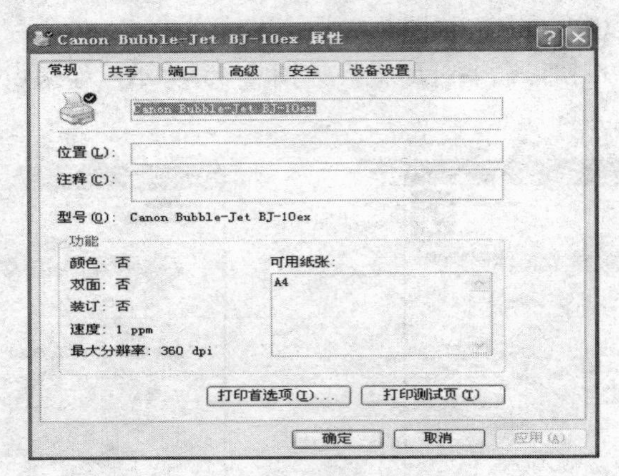

图 2-46 打印机属性窗口

更改打印机设置将会影响所有打印文档。如果只想为单个文档更改打印设置，应该选择“文件”|“页面设置”命令。

6. 调整鼠标双击速度，设置鼠标指针方案为“恐龙”，滑轮一次滚动的行数为 4 行

在 Windows XP 中，鼠标是一种极其重要的设备，鼠标性能的好坏直接影响到工作效率。控制面板向用户提供了鼠标设置的工具。在“控制面板”窗口双击“鼠标”图标，打开“鼠标 属性”对话框，在该对话框中可以对鼠标进行设置，如图 2-47 所示。

“鼠标 属性”对话框中主要的设置选项如下。

（1） “鼠标键”选项卡：用于设置鼠标键的作用、速度等。本案例要求在“双击速度”处按住鼠标左键左右拖动滑块调整鼠标的双击速度。

（2） “指针”选项卡：用于设置鼠标指针的形状。本案例要求在“方案”下拉列表框中选择“恐龙（系统方案）”。

（3） “指针选项”选项卡：用于设置鼠标指针随鼠标指针移动的速率，还可选择是否显示鼠标轨迹以及鼠标轨迹的长短。

（4） “轮”选项卡：用于设置滚动滑轮一次滚动的范围。本案例要求将鼠标滑轮一次滚动的行数设置为 4 行，如图 2-48 所示。

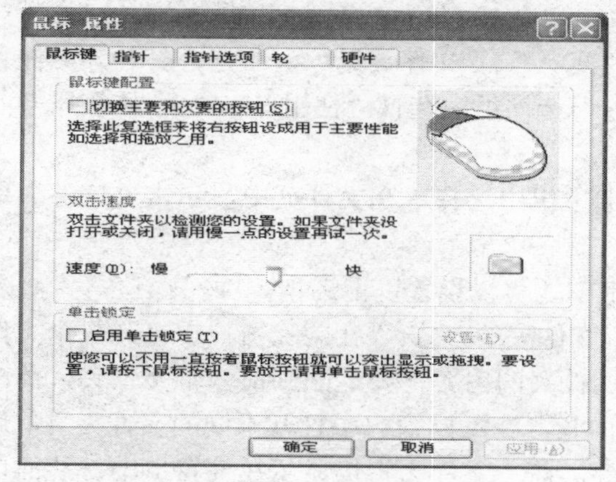

图 2-47　“鼠标 属性”对话框

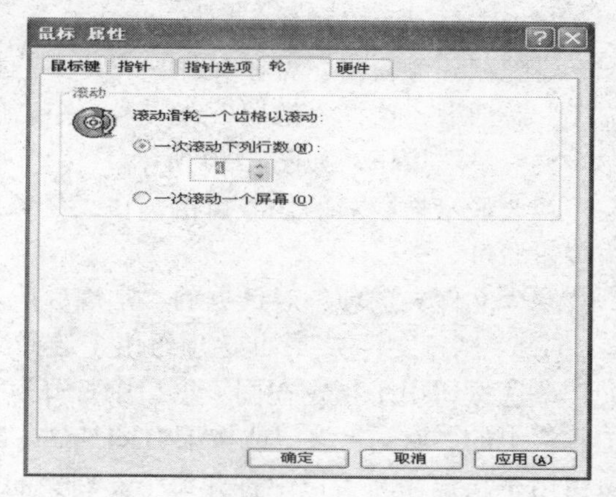

图 2-48　鼠标滑轮一次滚动 4 行的设置

（5）“硬件”选项卡：显示所使用的鼠标设置，包括制造商的名称和设备类型。

【知识链接】

1. 系统属性设置

在控制面板窗口中双击“系统”图标，打开“系统属性”对话框，如图 2-49 所示。对话框中主要的设置选项如下。

图 2-49　“系统属性”对话框

（1）“常规”选项卡：显示 Windows XP 操作系统的版本信息、注册用户名以及计算机的 CPU 频率及内存容量信息。

（2）“计算机名”选项卡：显示计算机在网络上的名称和它所属的工作组名或域名。

（3）“硬件”选项卡：包括“设备管理器”、“驱动程序”和“硬件配置文件”。通过相应按钮实现对计算机硬件的管理配置。

（4）“高级”选项卡：更改计算机处理器资源指派给前台和后台程序的方式，设置计算机页面文件和注册表大小；更改环境变量；更改打开计算机时启动的默认操作系统；选择系统意外终止时，Windows XP 应采取的操作。

（5）“系统还原”选项卡：通过对“在所有驱动器上关闭系统还原”复选框的设置，控制是否跟踪并更正对计算机进行的更改。

（6）“自动更新”选项卡：启动“自动更新”可以使 Windows 定期检查重要更新，并帮助它们，以此帮助保护计算机。

2. 文件夹选项设置

一般情况下，文件夹窗口内容的显示方式是预先设置好的，例如，默认显示窗口中的“任务窗格”，不显示文件扩展名及具有隐藏属性的文件和文件夹等。可以在“文件夹选项”对话框中更改文件夹窗口的显示方式。

（1） 显示和隐藏任务窗格。

要隐藏任务窗格，可在文件夹窗口中选择“工具”|“文件夹选项”命令，打开“文件夹选项”对话框，选择“常规”选项卡，在“任务”选项组中选择“使用 Windows 传统风格的文件夹”单选按钮，如图 2-50 所示。

若要显示被隐藏的任务窗格，在“任务”选项组中选择“在文件夹中显示常见任务”单选按钮即可。

在“文件夹选项”对话框的“常规”选项卡中还可以设置以下选项。

① “浏览文件夹”：此选项组用于选择浏览文件夹的方式。“在同一窗口中打开每个文件夹”单选按钮用于指定在同一窗口中打开每个文件夹的内容，要返回到前一个文件夹，单击工具栏上的“返回”按钮或按下 BackSpace 键即可；“在不同窗口中打开不同的文件夹”单选按钮用于指定在新窗口中打开每个文件夹的内容，前一文件夹将仍显示在其窗口中，从而可在文件夹之间切换。

② “打开项目的方式”：此选项组用于选择打开文件或文件夹的方式。“通过单击打开项目（指向时选定）”单选按钮用于指定通过单击来打开文件或文件夹，以及桌面上的项目，就像单击网页上的链接一样，如果希望选中某一项而不打开，只需将指针停在上面；“通过双击打开项目（单击时选定）”单选按钮用于在单击时选择项目，双击时打开项目，这是默认的打开项目的方式。

（2） 显示所有文件和文件夹。

默认情况下，具有隐藏属性的文件或文件夹是不显示的。当需要查看它们或对其进行操作时，必须先显示所有文件和文件夹。显示所有文件和文件夹的方法是在“文件夹选项”对话框中切换到“查看”选项卡，在“高级设置”列表框中选择“隐藏文件和文件夹”文件夹中的“显示所有文件和文件夹”单选按钮，如图 2-51 所示。

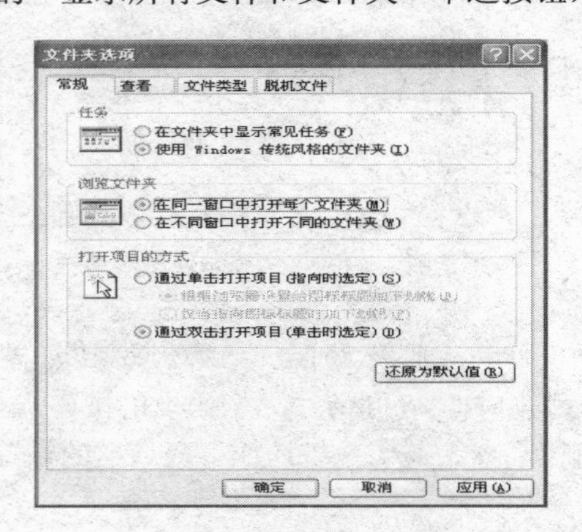

图 2-50 隐藏任务窗格

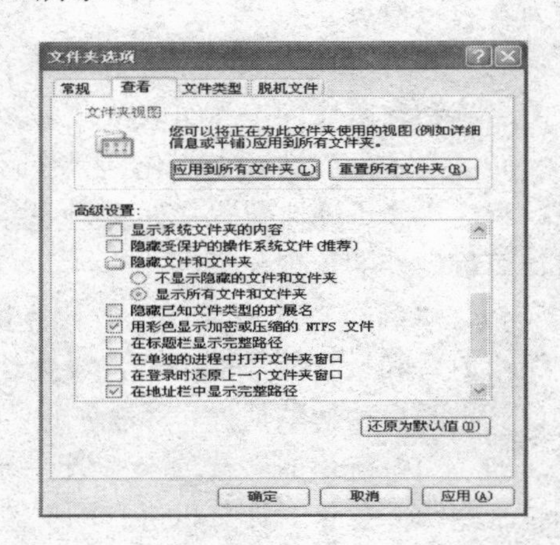

图 2-51 显示所有文件和文件夹

3. 添加硬件

对于即插即用设备，只要根据生产商的说明将设备连接在计算机上，然后打开计算机启动 Windows XP，Windows XP 将自动检测新的“即插即用”设备并安装所需要的驱动程序，必要时插入含有相应驱动程序的软盘或 CD-ROM 光盘即可。如果 Windows XP 没有检测到新的“即插即用”设备，则设备本身不能正常工作、没有正确安装或根本没有安装。这时需要使用控制面板中的“添加新硬件”工具。

双击控制面板中的“添加硬件”图标，打开“添加硬件向导”，可在向导的提示下一步一步完成安装。注意在运行向导之前，应确认硬件已经正确连接或已将其组件安装到计算机上。如果在厂商和类型列表框中找不到所安装的硬件，则单击“从磁盘安装”按钮，从安装盘中安装该硬件的设备驱动程序。

4．键盘管理

键盘有不同的响应特性和不同的语言布局。使用“键盘 属性”对话框，可以设置当按住一个键时字符的重复率、光标的闪烁频率等。控制面板向用户提供了设置键盘的工具。用鼠标左键双击控制面板上的“键盘”图标，打开“键盘 属性”对话框，在“速度”选项卡中进行设置，如图 2-52 所示。

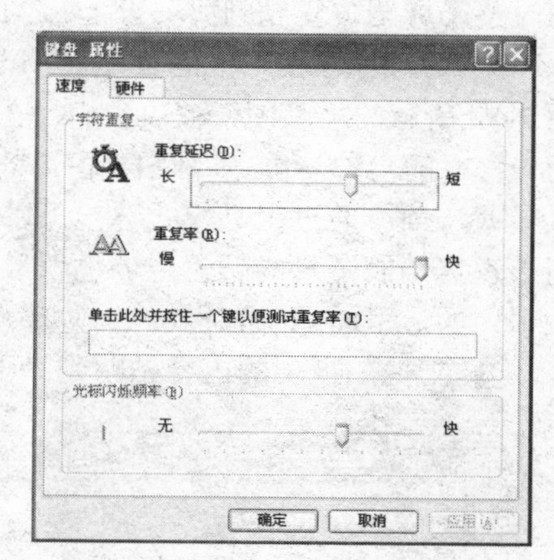

图 2-52　“键盘 属性”对话框

（1）　“速度”选项卡：用于设置按下一个键后过多长时间开始连续重复输入字符、设置重复速度和光标闪烁的速度。

（2）　“硬件”选项卡：显示所使用的设备，包括制造商的名称和设备类型。

2.5　教学案例：Windows XP 附件的使用

【任务】 Windows XP 操作系统中的“附件”为用户提供了许多使用方便而且功能强大的工具。请利用 Windows XP 提供的附件中的工具，按以下要求完成相应的操作任务。

（1）　使用“画图”应用程序和剪贴板复制快捷菜单。

（2）　使用“录音机”应用程序，录制一首自己唱的歌。

（3）　使用系统工具进行磁盘管理。浏览“本地磁盘（C:）”，查看该磁盘空间的大小后清理磁盘，并分别进行碎片整理、磁盘备份等操作。

2.5.1　学习目标

通过本案例的学习，掌握 Windows XP 附件中常用工具的使用方法，掌握磁盘浏览、格式化、属性设置。学会利用“画图”程序制作图片文件，利用“录音机”应用程序制作音频文件，利用“磁盘碎片整理”、“磁盘清理”应用程序整理与清理磁盘。联系实际，学以致用，能够使用 Windows XP 附件工具制作音频文件、视频文件及进行磁盘管理。

2.5.2　相关知识

（1）　“画图”应用程序。

（2）　“录音机”应用程序。

（3）　“磁盘碎片整理”应用程序。

（4）　“磁盘清理”应用程序。

2.5.3 操作步骤

1. 使用“画图”应用程序和剪贴板复制屏幕中的快捷菜单

（1） 复制屏幕。

① 显示 Windows XP 桌面，单击鼠标右键后弹出桌面的快捷菜单，按下 Print Screen 键，此时整个屏幕被复制到剪贴板上。

② 启动“画图”应用程序。单击“开始” | “程序” | “附件” | “画图”菜单项，打开如图 2-53 所示的“画图”程序窗口。在“画图”窗口标题栏的下面是菜单栏，分类列出了“画图”程序的全部功能；“画图”窗口的中间是工作区，也称为画布；画布的左侧是工具箱和工具模式选项，通过工具模式选项可以设置线条的宽度或画笔的粗细；画布的下面是调色板，用于设置绘制图形的颜色，调色板最左边的两个矩形框分别显示前景色和底色（背景色）；在窗口的最下面是状态栏。

③ 把剪贴板上的内容粘贴到“画图”应用程序中，如图 2-54 所示。

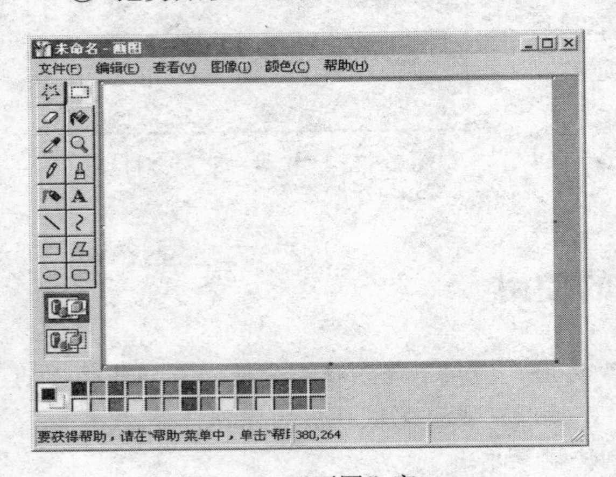

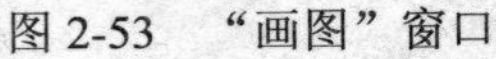
图 2-53 “画图”窗口

图 2-54 执行粘贴后窗口

④ 利用工具箱中的“选定”工具，选定图形中的快捷菜单。

方法：单击选定工具，按住鼠标左键不放，拖动选中要复制的快捷菜单。

画图工具箱中提供了 16 种绘图工具，分别用 16 个图标来表示。将鼠标指针移到对应的工具图标上，单击左键，就可以选定一种绘图工具。选定后，将鼠标移到绘图区，鼠标指针形状将随选取的工具的变化而变化。下面分别介绍这些绘图工具的功能和用法。

- 任意形状裁剪工具和矩形裁剪工具。

这两种工具都可以在一幅图中选取一部分图形。不同的是，任意形状裁剪工具可以按用户的需要选定任意形状的图形，矩形裁剪工具又称为“选定”工具，只能选取矩形区域的图形。

单击任意形状裁剪工具后，将光标移到选定区域的附近，按住鼠标左键，沿所需剪裁区域拖动鼠标一周，放开左键，这时从起点到终点将自动出现一个闭合虚线圈，圈内便是选取的图形。

单击矩形裁剪工具后，将光标移至需选取的矩形区域的左上角处，按住鼠标左键，向右下角方向拖动鼠标，会出现一个矩形虚线框，拖动过程中当虚线框与需选取的矩形区重合时，放开左键，便选中了图形。

选中图形后，可以利用“编辑”菜单中的“复制”、“剪切”和“粘贴”命令对选中的图形进行复制、剪切等操作，或利用“图像”菜单中的“旋转”、“扭曲”、“反色”等命令对图形进行旋转、反色、扭曲等操作。如果将光标移入选中的区域，按住左键拖动鼠标，该区域的图形将随鼠标的移动而移动。在选定的区域外单击鼠标左键可以取消选定。

- 橡皮/颜色橡皮。

橡皮工具可以将绘图区中它经过的地方变成背景色。选择此工具后，从需开始擦除的地方，按住鼠标左键沿需擦除的部位拖动鼠标，可将图形擦除。从“工具模式选项”中选择适当宽度，可增大橡皮的擦除面。

- 颜料桶。

使用颜料桶可以将选定的前景色填入一个封闭的区域中，常用于大面积的着色。选中此工具后，鼠标指针将变成一个颜料桶的样子，将流出的颜料尖置于要填充的区域中，单击鼠标左键，该封闭区域就会被新的颜色所填满。

- 颜色吸管。

选择此工具后，鼠标指针变成一个吸管的样子，将管口对准绘图区的一种颜色，单击左键可以把这种颜色设定为当前的前景色。

- 放大镜。

选择此工具后，单击绘图区的任一点，这一点附近区域的图形将放大，以便作细致的修改；再选择此工具（或选此工具后按住Shift键），单击放大的绘图区，可以使图形恢复常规尺寸。

- 铅笔和刷子工具。

这两种工具就像绘图中使用的铅笔和刷子一样，可以用选定的前景色以随意的风格来绘制各种线条。刷子的形状和粗细还可以从“工具模式选项”中选择。

- 喷枪工具。

喷枪工具是用来产生喷雾状效果的，用于绘制云彩等效果颇佳。选取喷枪工具后，再从“工具模式选项”中选择喷雾区的大小，将鼠标指针移至绘图区，在需喷图的位置单击，画面上就会出现一团雾状圆圈。按住鼠标左键拖动鼠标，将会产生一条雾状轨迹。拖动鼠标的速度将影响喷雾的密度，拖动得快则密度就小，放开鼠标按键喷雾停止。

- 文本工具。

文本工具可用来在图中的某个位置加入文字标注。选中文本工具后，用鼠标单击绘图区中需加入文字说明的地方进行定位后，出现一个文本框，拖动文本框上的控点，可以改变文本框的大小。文本框的底色为背景色，由键盘输入的字取前景色。鼠标重新定位之前，输入的文字可以用Backspace键来删除。用户还可以从“查看”菜单中选择“文字工具栏”命令，对鼠标重新定位之前输入的字符，设定字体、字号大小等格式。鼠标再次定位后，形成的文字则无法改变其大小体等。只能借助于橡皮或“编辑”菜单中的撤销命令来删除形成的文字。

- 直线工具。

直线工具顾名思义是用来画直线的，用法也较简单。选中该工具后，将光标在直线的起点位置按下鼠标左键拖动光标到直线的终点位置松开鼠标按键，就可以形成一条直线。如果要画一条准确的水平线、垂直线或倾斜45°的直线，拖动光标的过程必须按住Shift键。

- 曲线工具。

曲线工具是用来绘制光滑曲线的。选中曲线工具后，将光标移到绘制区曲线的起点位置，按下鼠标左键拖动光标到曲线终点位置放开按键。这时，会产生一条连接曲线两端点的直线。再将光标置于曲线需要弯曲的部分，按住左键，拖动光标，该直线将向光标移动的方向弯曲，待曲线弯曲程度合适后，放开按键，便成形一条光滑的曲线。但成形并不等于已最终形成曲线，如果成形的曲线就是所需要的最终形状，可将光标定位在曲线终点处，单击鼠标左键将其定型，即形成曲线；若用户想在刚成形的曲线上向相反的方向再产生第二个弯，只需再次将光标定位在曲线的新弯曲点，按住左键，拖动光标向新的方向运动，到合适位置松开按键，便形成曲线。

- 矩形工具。

选择矩形工具后，“工具模式选项”中将出现三种选项：一种是空心矩形，即矩形的边框为前景色，内部是绘图区的背景色，而且不取当前所选的背景色；一种是实心矩形，即矩形边框取当前选定的前景色，内部取当前选中的背景色；一种是内部取当前中的前景色的无边框矩形。

选中矩形工具后，将光标移至欲画矩形的左上角，按住鼠标左键，拖动光标至矩形的右下角，放开鼠标按键，即出现一个矩形。和画直线一样，若要画准确的正方形，在拖动光标时应按住Shift键。

- 多边形工具。

多边形工具和矩形工具一样也有三种模式选项。选取该工具后，将鼠标移至多边形的一个顶点处，按下鼠标左键，拖动光标至第二个顶点处，松开鼠标按键，这时会有一条细线段连接两点，代表多边形的第一条边；此时移动鼠标到第三个顶点，单击左键；依此类推，在最后一个顶点处，双击左键，多边形就自动生成。

- 椭圆工具。

椭圆工具和矩形工具一样也有三种模式选项。作圆或椭圆的工具是通过定位圆或椭圆外切矩形的两个对角顶点来定位圆或椭圆的位置和形状的，具体的操作方法与利用“矩形工具”制作矩形框相同。若要画标准的正圆，在拖动鼠标过程中，应按住Shift键。

- 圆角矩形工具。

该工具和矩形工具一样也有三种模式选项。使用时，在绘图区按住鼠标左键，水平向右或向左拖动光标形成与圆角框宽度相近的直线，不松开鼠标按键，继续向上或向下拖动鼠标，直到形成的圆角矩形比较满意时，松开左键。

⑤ 把选定的快捷菜单复制到剪贴板上。

⑥ 将剪贴板上的快捷菜单复制到目标位置。

2. 使用“录音机”应用程序，录制一首自己唱的歌

（1） 启动“录音机”应用程序。

单击“开始”|“程序”|“附件”|“娱乐”|“录音机”选项，打开“声音-录音机”程序窗口，如图 2-55 所示。

（2） 单击“录音机”应有程序窗口中的录音按钮，对着麦克风唱歌，录音程序开始录制，如图 2-56 所示。

（3） 声音录制好后，选择“文件”|“保存”命令，打开“另存为”对话框。

（4） 单击对话框左侧的“桌面”按钮，在“文件名”文本框中输入文件名“我的歌”，在“保存类型”下拉列表框中选择“声音（*.wav）”选项，单击“保存”按钮，如图 2-57 所示。

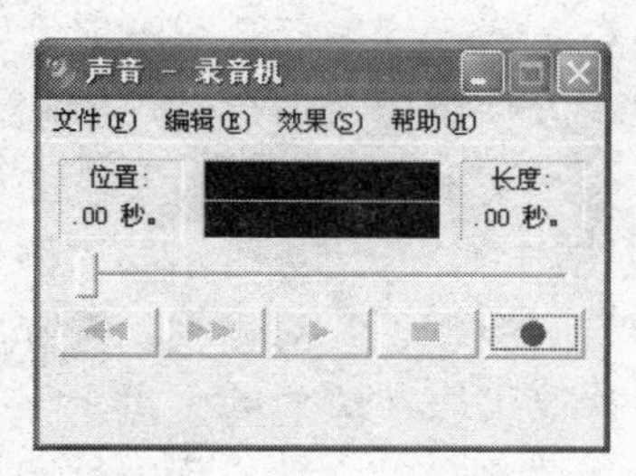

图 2-55　“声音-录音机”窗口

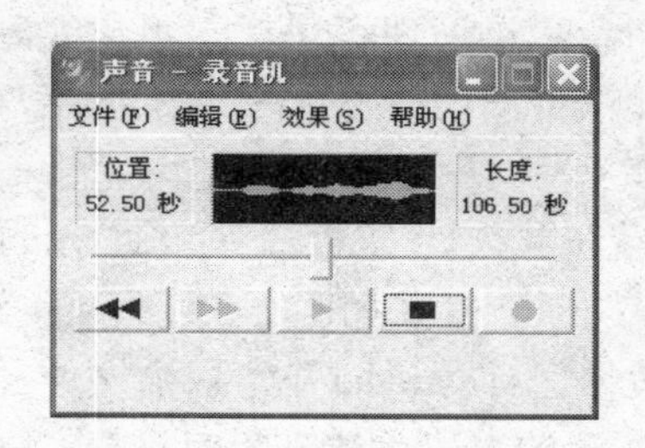

图 2-56　录制过程

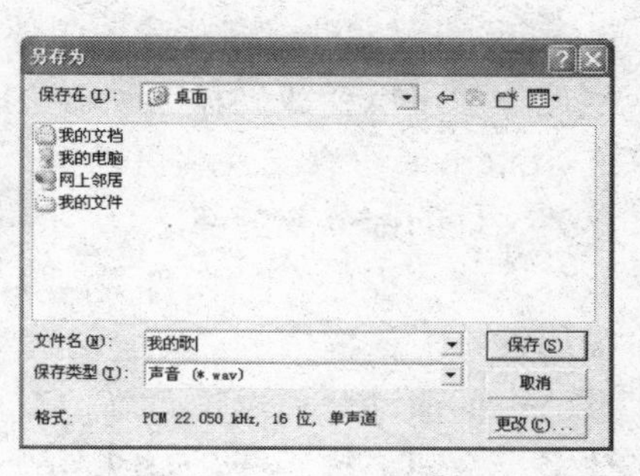

图 2-57　“另存为”对话框

3. 使用系统工具进行磁盘管理

Windows XP 操作系统对所有的系统资源进行管理，磁盘管理是其中的一个重要部分，主要包括磁盘的浏览、纠错、清理、碎片整理、备份、格式化等操作。

（1）　浏览“本地磁盘（C:）”中的内容。

在“我的电脑”或“资源管理器”窗口中双击“本地磁盘（C:）”驱动器图标，可以浏览“本地磁盘（C:）”中的内容。

（2）　查看“本地磁盘（C:）”的属性。

在“我的电脑”或“资源管理器”窗口中，用鼠标右键单击“本地磁盘（C:）”图标，在弹出的快捷菜单中选择“属性”命令，出现“磁盘属性”对话框，如图 2-58 所示。

（3）　检测磁盘。

在“磁盘属性”对话框中，选择“工具“选项卡，出现如图 2-59 所示的磁盘属性对话框。单击对话框中的“开始检查”按钮，会出现“检查磁盘”对话框，如图 2-60 所示。在“检查磁盘”对话框中设定“磁盘检查选项”，单击“开始”按钮，系统就开始对磁盘进行检查和修复。磁盘的检查和修复过程不能被打断，必须等到该过程完成。

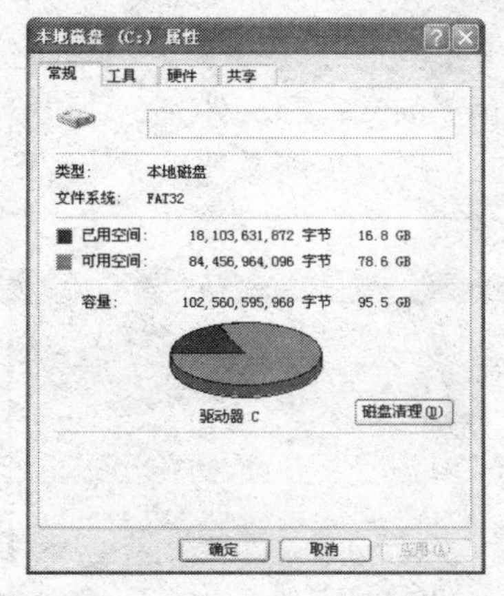

图 2-58　“磁盘属性 常规选项卡”对话框

图 2-59　“磁盘属性 工具选项卡”对话框

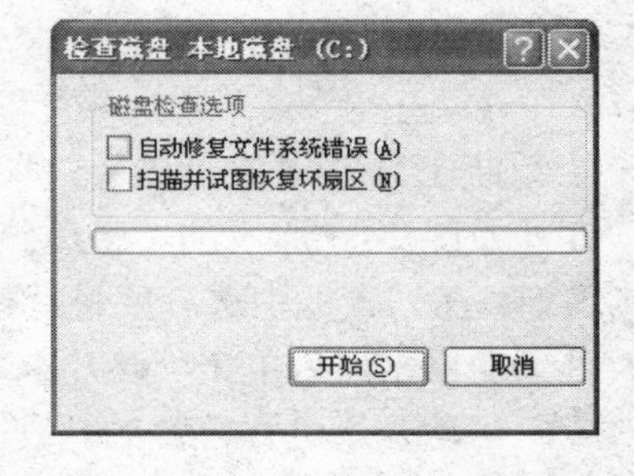

图 2-60　“检查磁盘”对话框

（4）　清理“本地磁盘（C:）”。

在计算机上运行 Windows 操作系统时，有时 Windows 会使用用于特定目的的临时文件，然后将这些文件保留在为临时文件指派的文件夹中。用户在遨游 Internet 时也会产生许多

Internet 缓存文件。这些残留文件不但占用磁盘空间，而且会影响系统的整体性能。使用磁盘清理程序可以释放硬盘驱动器空间。磁盘清理程序搜索用户的磁盘驱动器，然后列出临时文件、Internet 缓存文件和可以安全删除的不需要的程序文件。用户可以使用磁盘清理程序删除这些文件的部分或全部。

选择“程序”|“附件”|“系统工具”|“磁盘清理”命令，或单击如图 2-59 所示的“磁盘属性”对话框中的“磁盘清理”按钮，打开如图 2-61 所示的“选择驱动器”对话框，选择要清理的驱动器后单击“确定”按钮，计算机即开始扫描文件，计算可以在清理的磁盘上释放多少空间，然后打开如图 2-62 所示的“磁盘清理”对话框，在“要删除的文件”列表框中选定要删除的文件前的复选框，然后单击“确定”按钮即可进行磁盘清理。

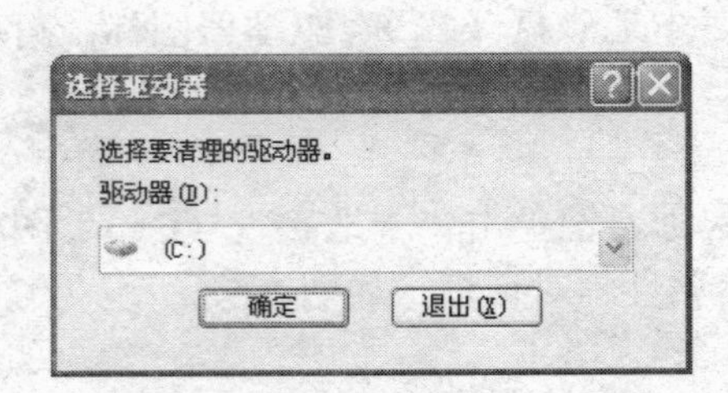

图 2-61　选择驱动器

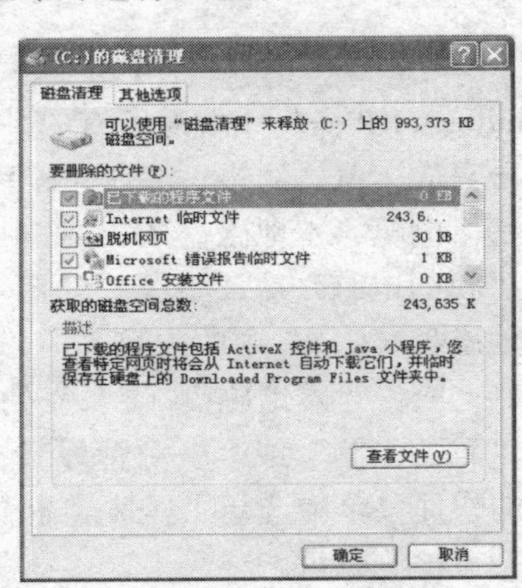

图 2-62　选择要删除的文件

（5）　对“本地磁盘（C:）”进行碎片整理。

若用户经常创建和删除文件与文件夹、安装新软件，磁盘会形成碎片。磁盘中的碎片越多，计算机的文件输入/输出系统性能就越低。使用磁盘碎片整理程序可以分析本地磁盘与合并碎片文件和文件夹，以便每个文件或文件夹都可以占用磁盘上单独而连续的磁盘空间。这样，系统就可以更有效地访问文件和文件夹，以及更有效地保存新的文件和文件夹。通过合并文件和文件夹，磁盘碎片整理程序还将合并磁盘上的可用空间，以减少新文件出现碎片的可能性。合并文件和文件夹碎片的过程称为碎片整理。

在“开始”菜单中选择“程序”|“附件”|“系统工具”|“磁盘碎片整理程序”命令，打开如图 2-63 所示的“磁盘碎片整理程序”窗口，在列表框中选择要进行碎片整理的磁盘驱动器，然后单击“碎片整理”按钮，系统即自动开始进行碎片的整理。整理磁盘碎片时，“磁盘碎片整理程序”窗口的状态栏和进度条中显示碎片整理的进度。

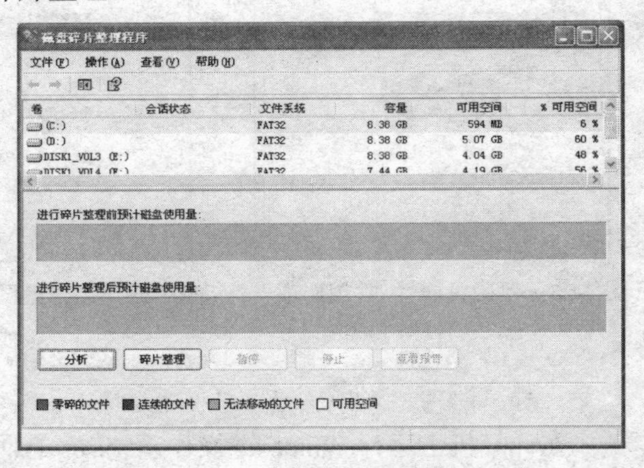

图 2-63　“磁盘碎片整理程序”窗口

在磁盘碎片整理过程中，用户可单击“停止”按钮终止当前的碎片整理操作，也可以单击“暂停”按钮暂时中断当前的碎片整理。在暂停整理后，如果要继续以前的碎片整理操作时，可单击“恢复”按钮。

【知识链接】

1. 计算器

Windows XP 提供两种类型的计算器，即标准型计算器和科学型计算器。在“计算器”窗口的“查看”菜单选择“标准型”或者“科学型”命令，可以将计算器换到相应类型。

标准型计算器是系统默认的计算器类型，主要用于各种常规的数值计算。而科学型计算器在标准型计算器的基础上又增加了数制转换、统计分析和三角函数等运算功能。

单击“开始”|“程序”|“附件”|“计算器”菜单项，打开如图 2-64 所示的“计算器”窗口。

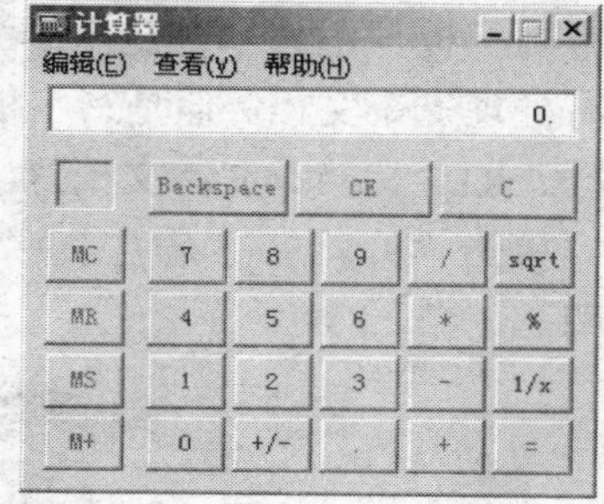

图 2-64　“计算器”窗口

如果要把计算结果直接提取到其他正在编辑的文档（例如用写字板编辑的文档）中，则需要在“计算器”窗口的“编辑”菜单中选择“复制”命令，然后切换到其他正编辑的文档，将插入点移动到要放置结果的地方，再单击右键选择“粘贴”命令即可。

如果要将其他文档（例如用写字板编辑的文档）中的数据提取到计算器中参加计算，则先选中要用的数据，然后单击右键，选择“复制”命令，再启动计算器，选择“计算器”窗口的“编辑”菜单中的“粘贴”命令，则其他文档中的数据即被提取到计算器中。

2. 记事本

记事本是 Windows XP 在附件中提供的文本文件（以.TXT 为扩展名）编辑器，它运行速度快、占用空间小、使用简单方便。用“记事本”编辑的文本文件不包含特殊格式代码和控制符，可以被 Windows XP 的大部分应用程序调用。但文件长度不得超过 64 KB。

单击“开始”|“程序”|“附件”|“记事本”菜单项，便会打开如图 2-65 所示的“记事本”窗口。在“记事本”窗口中可以便捷地完成文本文档的建立、打开、保存、编辑和打印等操作。

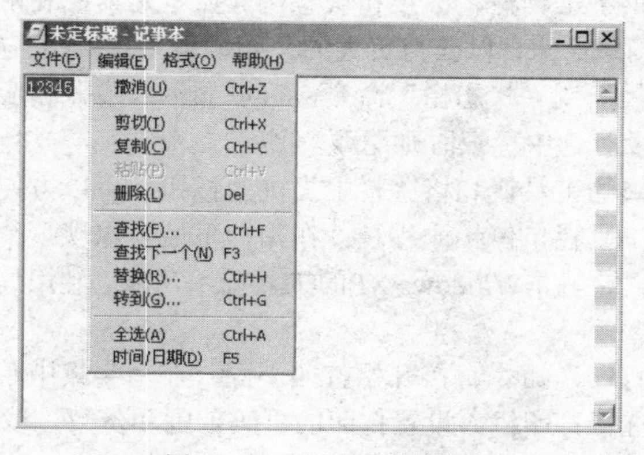

图 2-65　“记事本”窗口

“记事本”菜单栏中的“文件”菜单用于新建文件、保存文件和打印文件等的文件操作；“编辑”菜单的各项命令用于实现对文本文件的编辑操作。“格式”菜单用于字体格式设置和自动换行设置。

3. 写字板

写字板是 Windows XP 在附件中提供的另一个文档编辑器，适于编辑具有特定格式的短小文档。写字板的功能虽然不如专业文本处理软件 Microsoft Word，但它已具备了编辑较复杂文档的基本功能，可以设置不同的字体和段落格式，支持多种对象（如图形）的插入，还提供了工具栏与标尺等窗口元素。

写字板与记事本都是用于编辑文档的工具，两者均不支持多个文档的同时编辑，均只能同时处理一个文档。但是写字板的功能要比记事本丰富得多，它支持多种文件格式，如 Word 文档、RTF 文档、文本文档等。

单击“开始”|“程序”|“附件”|“写字板”选项，打开如图 2-66 所示的“写字板”窗口。

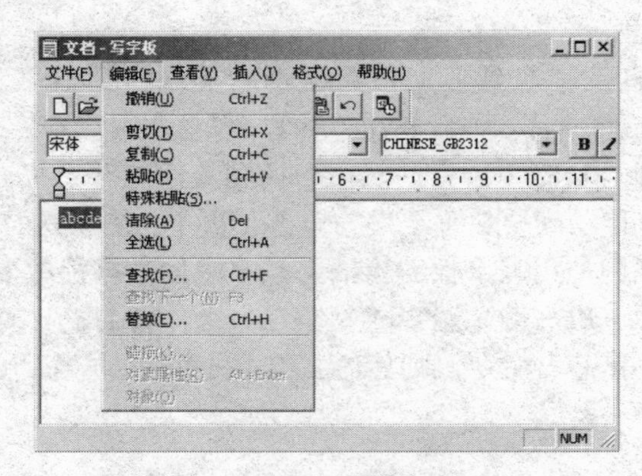

图 2-66 “写字板”窗口

写字板菜单栏中的“文件”菜单用于新建文件、保存文件和打印文件等的文件操作；“查看”菜单用于设定窗口组成元素如工具栏、标尺等的显示与否；“格式”菜单用于字体和段落的格式设置；“插入”菜单仅有“插入日期和时间”、“插入对象”两个命令；“编辑”菜单的各项命令用于对文档的编辑。

“写字板”窗口提供了工具栏、标尺和状态栏等窗口元素，利用它们可以方便地完成某些操作，也可以将它们隐藏起来，以获得更大的文档编辑窗口。在“查看”菜单中，单击“工具栏”、“格式栏”、“标尺”或“状态栏”命令，可以显示或隐藏相应的窗口元素，当其前面有选中标记时将显示，没有选中标记时则隐藏。

利用“写字板”窗口的工具栏和格式栏中提供的按钮，可以方便快速地完成大多数菜单命令。将鼠标指向某个工具栏，停顿一秒种，在指针下面将出现一个黄色的小方块，其中的文字就是该按钮的名称，这就是Windows XP的工具提示功能。利用这个功能可以方便地知道各个按钮的名称和作用。

与记事本中单击“打印”命令直接开始打印不同，在写字板中单击“打印”命令将弹出“打印”对话框，可以选择打印机、设置打印的页码范围和份数，以及是否打印到文件等。

4. 声像工具

声像工具包括“Windows Media Player”、“录音机”、“音量控制”等，这些工具都可以在“开始”|“程序”|“附件”|“娱乐”菜单下找到并打开。

（1） Windows Media Player。

通过使用Windows Media Player，可以播放多种类型的音频和视频文件，还可以播放和制作CD副本、播放DVD（如果有DVD硬件）、收听Internet广播站、播放电影剪辑或观赏网站中的音乐电视。除此之外，使用Windows Media Player还可以制作自己的音乐CD。

（2） 录音机。

使用“录音机”程序可以录制、混合、播放和编辑声音。还可以将声音链接或插入到某个文档中。

（3） 音量控制。

如果有声卡，对于计算机上播放的声音或都由多媒体应用程序播放的声音，用户可以使用“音量控制”调节其音量、平衡、低音或高音设置。还可以使用“音量控制”调整系统声音、麦克风、CD音频、线路、合成器以及波形输出的音量。

2.6 实训内容

2.6.1 建立你的桌面工作环境

1. 实训目标

（1） 掌握“用户账户”的建立方法。
（2） 掌握桌面显示属性的设置。
（3） 掌握任务栏、“开始”菜单的设置。

2. 实训要求

（1） 用你的姓名建立一个账户，账户图标为“实训素材”文件夹中“企鹅. jpg”，账户类型为“受限”，并设置密码。

（2） 切换用户到你的账户。

（3） 设置桌面背景为“实训素材”文件夹中的“风景. jpg”，“位置”为“平铺”，“颜色”为“深绿色”。

（4） 设置屏幕保护程序为“实训素材”中的“bubble. jpg”图片文件；等待时间为 10 分钟；更换图片的频率为 22 秒，图片占屏幕的 85%，在图片之间使用过渡效果。

（5） “开始”菜单用小图标显示，最近使用应用程序的个数为 8；将“开始”菜单上“我的电脑”的显示方式设置为“显示为菜单”。

（6） 设置“任务栏”外观为“自动隐藏任务栏”、“分组相似任务栏按钮”、“显示快速启动”；“通知区域”为“显示时钟”、“隐藏不活动的图标”。

3. 相关知识点

（1） 建立“用户账户”。
（2） 桌面背景的设置。
（3） 屏幕保护程序的设置。
（4） “开始”菜单的设置。
（5） 任务栏的设置。

2.6.2 管理你的信息资源

1. 实训目标

（1） 掌握文件夹的建立方法。

（2） 掌握文件及文件夹的复制、移动。

（3） 掌握应用程序的添加与删除。

（4） 掌握文件及文件夹的搜索。

（5） 掌握快捷方式的建立。

2. 实训要求

（1） 在你的工作盘（假设为 D:盘），建立“课程学习”文件夹以及其子文件夹“大学计算机应用基础”和“实训素材”。

（2） 复制“实训素材”文件夹中的扩展名为.pptx 的文件到“大学计算机应用基础”文件夹中。

（3） 删除计算机中现有的金山词霸应用程序。

（4） 备份“计算机应用基础”文件夹中的文件。

（5） 在计算机上查找扩展名为. bmp 的文件，并将其移动到“图片素材”文件夹中。

（6） 在桌面上建立打开“课程学习”的快捷方式。

3. 相关知识点

（1） 文件夹及快捷方式的创建。

（2） 文件及文件的复制、移动。

（3） 添加/删除应用程序。

（4） 文件及文件夹的搜索。

（5） 任务栏的设置。

习　　题

1. 选择题

（1） 在窗口中关于当前窗口的有关信息显示在________中。

A. 标题栏　　B. 任务窗格

C. 状态栏　　D. 地址栏

（2） 要在多个窗口中进行切换，应按________键。

A. Alt+Tab　　B. Ctrl+Alt+Tab

C. Alt+F4　　D. Ctrl+Alt+F4

（3） 要选中某个对象时，通常使用鼠标的________操作。

A. 单击　　B. 双击

C. 右击　　D. 拖动

（4） 可执行文件的扩展名为________。

A. COM　　B. EXE　　C. BAK　　D. BAT

（5） 数字锁定键是________。

A. Caps Lock　　B. Num Lock

C. Scroll Lock　　D. Pause

（6） 在 Windows XP 中，剪贴板是________。

A. 硬盘上的一块区域　　B. 内存中的一块区域

C. 软盘上的一块区域　　D. ROM 中的一块区域

（7） 在 Windows XP 的“资源管理器”窗口右部，若已单击了第一个文件，再按住〈Ctrl〉键，并单击了第 5 个文件，则________。

A. 有 0 个文件被选中　　B. 有 5 个文件被选中

C. 有 1 个文件被选中　　D. 有 2 个文件被选中

（8） 在 Windows XP 中，能直接进行中文/英文转换的操作是________。

A. Shift + Space　　B. Ctrl + Space

C. Ctrl + Alt　　D. Ctrl + Shift

（9） 为了正常退出 Windows XP，正确的操作是________。

A. 在任何时候都可关掉计算机电源

B. 选择系统菜单中的“关闭系统”并进行人机对话

C. 在计算机没有任何操作的状态下关掉计算机电源

D. 在任何时刻按〈Ctrl〉+〈Del〉+〈Alt〉键

（10） 在 Windows XP 环境下，文档文件都与某个应用程序关联。类型名.txt 的关联应用程序名是________。

A. 画图　　B. 写字板

C. Word　　D. 记事本

（11） 将鼠标光标指向窗口最上方的“标题栏”，然后“拖放”，则可以________。

A. 变动窗口上缘，从而改变窗口大小　　B. 移动该窗口

C. 放大窗口　　D. 缩小该窗口

（12） 在 Word 下打开“Wan1.DOC”文档，经过修改，想将编辑后的文档以“Wan2.DOC”为名存盘，应当执行“文件”菜单中的________命令。

A. 保存　　B. 另存为

C. 另存为 Web 页　　D. 发送

（13） Windows XP 是________。

A. 工具软件　　B. 应用软件

C. 系统软件　　D. 办公自动化软件

（14） 下列操作中能在各种输入法之间切换的是________。

A. Ctrl+Shift　　B. Ctrl+空格键

C. Alt+F 功能键　　D. Shift+空格键

（15） 画图程序可以实现________。

A. 制作动画　　B. 查看和编辑图片

C. 编辑文档　　D. 编辑表格

（16） 关于添加打印机，正确的描述是________。

A. 在同一操作系统中只能安装一台打印机

B. 在 Windows XP 中不能安装网络打印机

C. 在 Windows XP 中可以安装多台打印机，但同一时间只有一台打印机是默认的

D. 以上都不对

（17） Windows XP 的菜单项前带有“ √ ”标记的表示________。

A. 选择该项将打开一个下拉菜单　　B. 选择该项将打开一个对话框

C. 该项是复选项且被选中　　D. 该项是单选项且被选中

（18） Windows XP 的开始菜单中的“文档”里，存放的是________。

A. 最近建立的文档文件　　B. 最近打开的文档文件

C. 最近建立、打开过的文档文件　　D. 最近运行过的程序

（19） 要想文件不被修改和删除，可把文件设置成________。

A. 存档文件　　B. 隐含文件

C. 只读文件　　D. 系统文件

（20） 在 Windows XP 中，要将当前窗口放入剪贴板应该按________组合键。

A. Alt + Print Screen　　B. Ctrl + Print Screen

C. Print Screen　　D. Shift + Print Screen

2. 填空题

（1） 在 Windows XP 中，文件或文件夹的管理可以在“我的电脑”或________中进行。

（2） 当使用一幅图片作为桌面背景时，如果要使其完整地显示在整个屏幕上，应在“显示 属性”对话框的“桌面”选项卡中选择________选项。

（3） 文件名一般由________和 ________两部分组成，这两部分由一个小圆点隔开。________代表文件的类型。

（4） 对磁盘进行格式化，可以________，同时检查出整个磁盘上有无缺陷的磁道，并对________加注标记，以免把信息存储在这些坏磁道上。

（5） 使用磁盘碎片整理程序可以________和________，以便________。

（6） 在 Windows XP 中选取某一菜单后，若菜单项后面带有省略号（…），表示单击该项（或执行该命令）后将打开一个________。

（7） 在 Windows XP 中，有多个打开的窗口时，只有一个是________。

（8） 当某个窗口占满整个桌面时，双击窗口的标题栏，可以使窗口________。

（9） 用“记事本”所创建文件的默认扩展名为________。

（10） 在 Windows XP 中，当用鼠标左键在不同驱动器之间拖动对象时，系统默认的操作是________。

3. 简答题

（1） Windows XP 操作系统的主要功能及作用是什么？

（2） 在文件名中禁止使用哪些特殊字符？

（3） 如何调整计算机的时钟？

（4） 如何添加/删除 Windows XP 组件？

（5） 如何添加/删除输入法？

（6） 什么是快捷方式？使用快捷方式有什么好处？

（7） 搜索文件和文件夹的含义是什么？有哪些搜索条件？

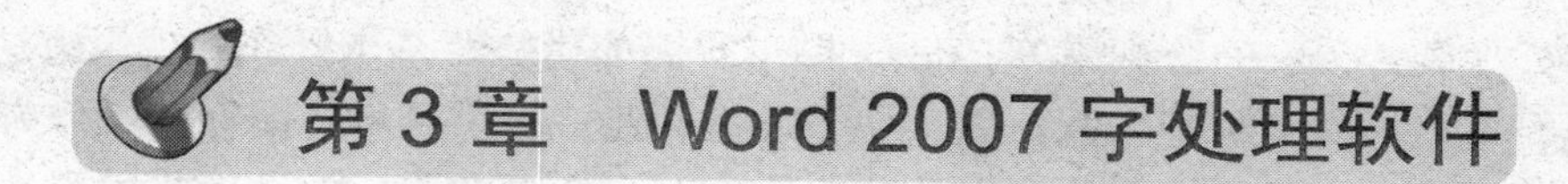

第3章　Word 2007字处理软件

教学目标：

通过本章的学习，熟悉Word 2007的工作环境，理解Word 2007的基本功能及用途，熟练掌握Word 2007文档的管理与操作、文本的基本编辑及段落排版技术，掌握图形、图片及艺术字的插入与格式设置，熟练掌握表格的制作编辑及数据的排序与公式计算、目录及邮件合并等操作方法。能够帮助用户轻松地制作图文并茂、具有专业水准的精美文档。

教学内容：

本章主要介绍Word 2007软件的基本概念和使用Word 2007编辑文档、排版、页面设置、表格制作和图形绘制等基本操作。主要包括：

1. Word 2007的基本概念，启动和退出。
2. 文档的创建、输入、打开、保存、保护和打印。
3. 文本的选定、移动与复制、插入与删除、查找与替换等基本编辑技术。
4. 文字格式、段落设置、页面设置和分栏等基本排版技术。
5. 图片和艺术字的插入与格式设置、图形的绘制和编辑。
6. 表格的制作、修改以及表格中文字的编排和格式设置等。
7. 表格中数据的排序与公式计算。
8. 目录的生成与更新。
9. 邮件合并。

教学重点与难点：

1. 文档的基本编辑。
2. 文字格式及段落设置。
3. 图形、图片的编辑与格式设置。
4. 表格的制作及编排。
5. 表格中数据的排序与公式计算。
6. 邮件合并。

3.1　Word 2007基础

3.1.1　Word 2007概述

Microsoft Office 2007是目前最为流行的办公自动化软件之一，Word 2007作为Microsoft

Office 2007 的重要组件之一，在人们日常办公应用中占有重要的地位。是目前国际上最优秀最普及的文字处理软件，它充分利用 Windows 图形界面的优势，基本操作和使用方法简单，功能强大，具有丰富的文字处理功能；图、文、表格并茂；提供菜单和图标的操作方式，易学易用。它已成为被广大用户选用的字表处理软件之一。使用 Word 2007 能排版出内容极为丰富多彩的文档，如书籍、信函、通知、公文、报刊、简历、海报等，真正实现所见即所得的效果。

1. Word 2007 的功能

（1） 文档管理。

包括创建文档、输入文本、以多种方式保存文档、自动保存文档、文档加密及意外恢复等。

（2） 文档的编辑与排版。

包括文本的插入、删除、移动、复制、查找和替换等操作，页面有多种美观的排版方式，以提高排版效率，制作出丰富多彩的文章。

（3） 所见即所得。

它采用了 Windows 的 TrueType 字体，文字格式丰富，字体可以无级放大而不出现锯齿边。编辑时，在屏幕上见到的就是可以得到的结果，真正实现了“所见即所得”的效果。

（4） 图文混排。

图文混排是 Word 的一大功能。在图文混排的状态下，仍可以做到“所见即所得”。可以利用 Word 提供的图形工具在文档中插入图形或图片，也可以插入由其他软件产生的图形或图片，使文档具有图文并茂的效果。

（5） 表格制作。

利用 Word 软件不仅可以自动创建一般的表格，还可以用手动的方式绘制特殊的表格，以完成各种复杂表格的制作。Word 提供丰富的表格编辑功能和表格的自动套用格式，使得表格的制作成为一件轻松的事情。

（6） 兼容性好。

Word 能把 WPS 和纯文本等格式的文件转换成 Word 格式进行处理，也可以把 Word 格式的文件转换成 WPS 或 PDF 等其他格式的文件。它的兼容性为用户提供了方便。

（7） 撤销和重复操作的功能。

利用“撤销操作”的功能可以恢复被误删除的文字，利用“重复操作”功能可以多次重复同一个操作。

（8） 自动更正。

Word 可以让用户根据自己的习惯来建立自动更正库，在输入英文单词时会自动修正单词的拼写错误。例如，可能在输入时常常会把 the 错输成 hte 或 teh，那么可以在自动更正库中加入 hte 和 teh 这两项，以后再输错时，Word 就会自动更正为 the 了。

（9） 自动生成目录。

可以快速地完成目录的要求，并且内容改变时，更新和修改目录也非常方便。

（10） 邮件合并。

如果将内容大同小异的信函发给一批人，可使用邮件合并来简化工作。

此外，Word 增加了“Office 助手”的功能，Office 助手提供了用户所需的帮助，并根据用户正在做的工作提示不同的帮助主题。有时 Office 助手中会出现一个黄色的小灯泡，表示

Word 提供了更有效的解决方法。可以单击功能区右上方的帮助按钮“ ”显示它。

2. Word 2007 的启动和退出

（1） 启动。

启动 Word 2007 有多种方法，用户可以根据个人的习惯选择。其中常用的启动 Word 的方法有以下 3 种。

① 常规方法。

在 Windows 下运行一个应用程序的操作，单击“开始”|“程序（P）”|“Microsoft Office”|“Microsoft Office Word 2007”命令，如图 3-1 所示。

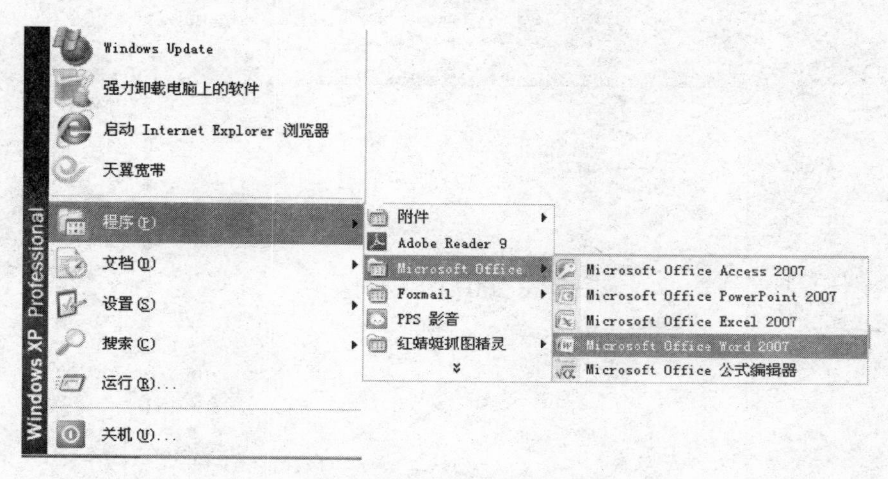

图 3-1　通过“开始”菜单启动 Word 2007

② 快捷方式。

双击 Windows 桌面上的 Word 2007 快捷方式图标，这是启动 Word 的一种快捷方法。

③ 利用文档启动 Word 2007。

打开保存有 Word 文档的文件夹，双击一个 Word 2007 文档的文件名，系统会自动启动 Word 2007，并将该文档装入到系统内。

（2） 退出 Word。

退出 Word 的方法有以下几种，可任选其一：

① 单击 Office 按钮 下拉菜单中的“退出”命令。

② 单击标题栏右端 Word 窗口的关闭按钮 。

③ 双击标题栏左端 Word 窗口的 Office 按钮 图标。

④ 利用快捷键：按下 Alt+F4 组合键。

在执行退出 Word 的操作时，如文档输入或修改后尚未保存，那么 Word 将会出现一个对话框，询问是否要保存文档，如图 3-2 所示。这时若单击“是”按钮，则保存当前输入或修改的文档，而且 Word 还会出现另一个对话框询问保存到的文件夹和文档类型等；若单击“否”按钮，则放弃当前所输入或修改的内容，退出 Word；若单击“取消”按钮，则取消这次操作，继续工作。

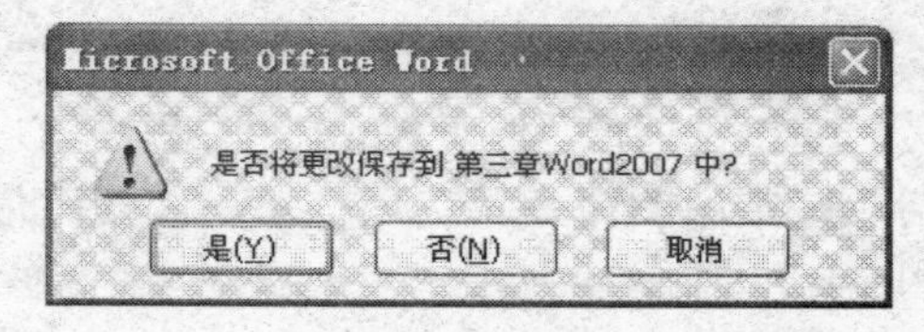

图 3-2　提示保存文件的对话框

3. Word 2007 的工作窗口

Word 2007 启动后，首先看到的是 Word 2007 的标题屏幕，然后出现 Word 窗口并自动创建一个名为“文档 1”的新文档。其窗口由 Office 按钮、标题栏、快速访问工具栏、功能区、工作区和状态栏等部分组成。在 Word 窗口的工作区中包含标尺、滚动条、文档编辑区和视图切换按钮等，如图 3-3 所示。

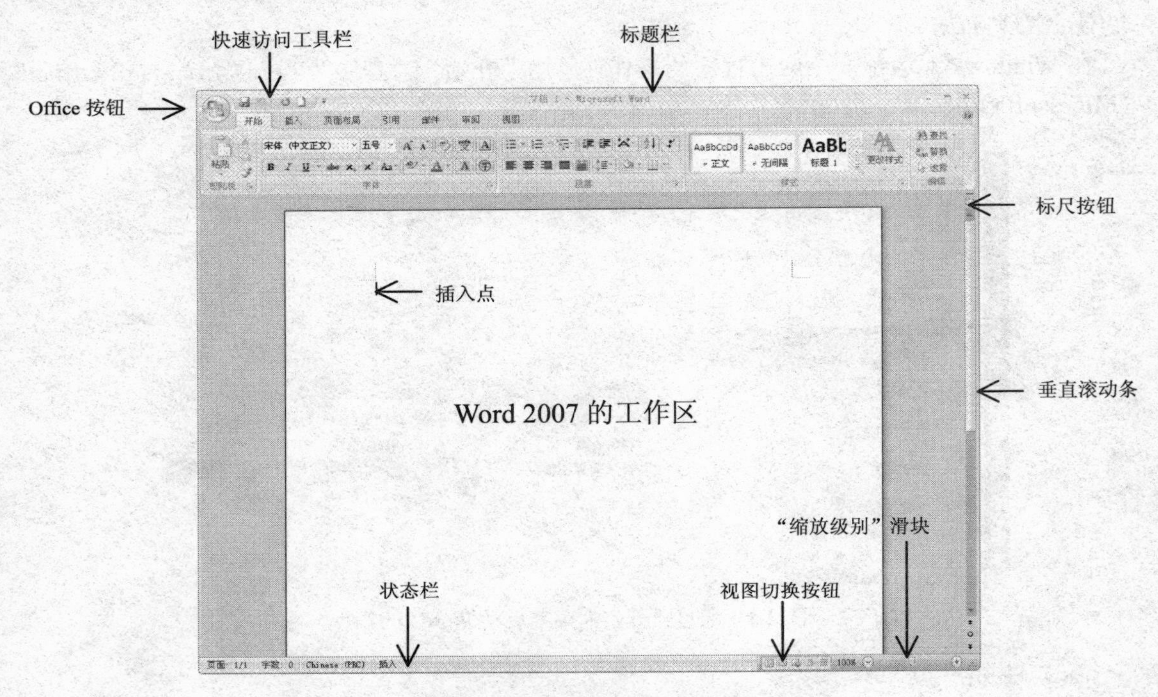

图 3-3 Word 2007 主窗口的组成

熟悉 Word 窗口的主要组成部分和它们的功能对掌握 Word 的操作是有益的，下面分别对 Word 窗口的主要组成部分作简要说明。

（1） 标题栏。

标题栏位于程序窗口的最上方，快速访问工具栏的右面，显示了程序名称、当前编辑的文档名和“最小化”、“向下还原/最大化”及“关闭”按钮。“最小化”按钮用于将程序窗口缩小为一个图标显示在屏幕最底端的任务栏中；“向下还原/最大化”按钮用于使Word程序窗口还原为上次调整后的大小或者最大化以充满整个屏幕；“关闭”按钮用于退出Word。在当前窗口未处于最大化或最小化状态时，用鼠标按住标题栏并拖动标题栏可移动窗口在屏幕上的位置。右击标题栏的任意位置可弹出Word控制菜单，用于改变窗口的大小、位置和关闭Word。

（2） Office 按钮。

Office按钮位于Word 2007程序窗口的左上角，单击该按钮弹出一个下拉菜单，其中包括一些常用的命令及选项按钮，并列出最新打开过的文档，以便用户快速打开这些文档，如图3-4所示。

（3） 快速访问工具栏。

快速访问工具栏位于Office按钮的右边，默认显示“保存”、“撤销插入”、“重复清除”和

“新建”文档4个按钮。它是Office 2007的组成部分，始终显示在程序界面中。单击快速访问工具栏右端的“自定义快速访问工具栏”按钮，可弹出一个下拉菜单，其中包含一些常用工具，如“新建”、“打开”、“打印预览”、“绘制表格”等，如图3-5所示。

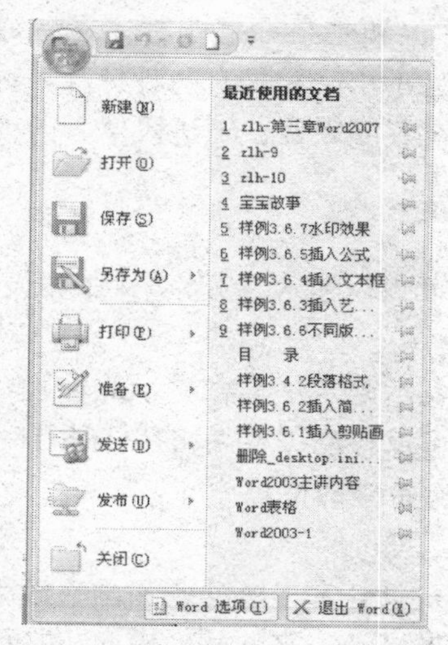

图 3-4　Office 按钮及其下拉菜单

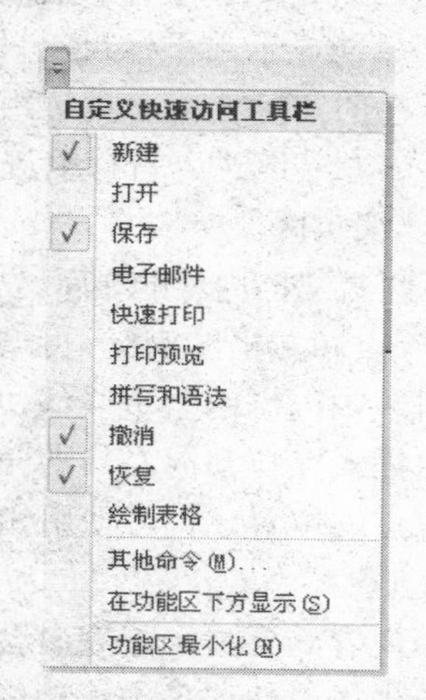

图 3-5　快速访问工具栏及其下拉菜单

在“自定义快速访问工具栏”下拉菜单中选择某一命令，即可使其显示在快速访问工具栏中；而取消对其选择，又可将其隐藏。若在下拉菜单中选择“在功能区下方显示”命令，则可以将快速访问工具栏移到功能区的下方显示。

（4） 功能区。

Word 2007的功能区位于Office按钮、快速访问工具栏和标题栏的下方，它代替了传统的菜单栏和工具栏，可以帮助用户快速找到完成某一任务所需的命令。功能区中的命令被组织在逻辑组中，逻辑组集中在选项卡下。每个选项卡都与一种类型的活动相关，如图3-6所示。

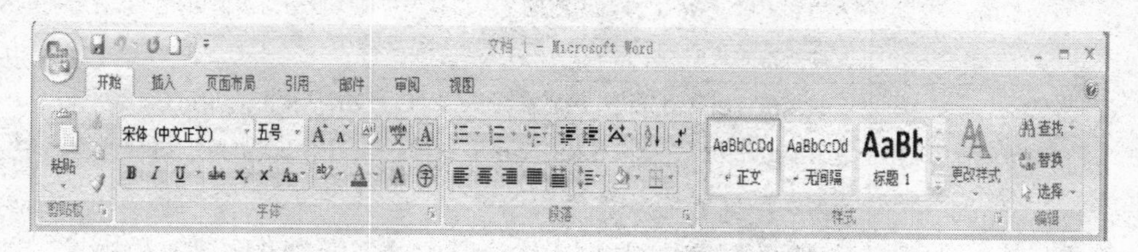

图 3-6　功能区

为了减少混乱，功能区中的某些选项卡只在需要时才显示。例如，仅当选择图片后，才显示“图片工具”选项卡。

用户可以用最小化功能区以增大屏幕中可用的空间，方法是单击“自定义快速访问工具栏”按钮，在弹出的下拉菜单中选择“功能区最小化”命令。在功能区最小化的情况下，若要使用其中的命令，只需单击包含该命令的选项卡标签，即可显示功能区，然后单击要使用的选项或命令即可。操作完毕，功能区会依然返回到最小化状态。

（5） 工作区。

工作区即文档编辑区，是Word 2007主窗口中的主要组成部分。用户在该区域对文档进行输入、编辑、修改和排版等工作。在工作区的右侧，除垂直滚动条外，还有几个具有特殊作用的按钮："标尺"、"前一次查找/定位"、"选择浏览对象"和"下一次查找/定位"按钮。它们的作用分别如下。

① 标尺。

"标尺"：用于显示或隐藏标尺。标尺有水平标尺和垂直标尺两种，在普通视图和Web版式下只能显示水平标尺，只有在页面视图下才能显示水平和垂直两种标尺。标尺除了显示文字所在的实际位置、页边距尺寸外，还可以用来设置制表位、缩进段落、改变栏宽、调整页边距、左右缩进、首行缩进等。

② 文档编辑区。

标尺下面是文档内容的显示区，称为文档编辑区，在此可以输入、编辑、排版和查看文档。

③ 插入点和文档结束标记。

在编辑区中闪烁的垂直竖线"I"，称为插入点。它表示键入字符将显示的位置。每输入一个字符，插入点自动向右移动一格，在编辑文档时，可以移动"I"状的鼠标指针并单击，来移动插入点的位置，也可使用光标移动键将插入移到所希望的位置。

④ 滚动条。

当文档内容一屏显示不完时会自动出现滚动条。滚动条分水平滚动条和垂直滚动条，可拖动滚动条中的滑块或单击滚动箭头来翻动查看一屏中未显示出来的其他内容，从而浏览整个文档。

⑤ 视图与视图切换按钮。

Word 2007提供了5种版式视图，该按钮组中的每个按钮与某种版式的视图对应，单击对应按钮即可切换到相应的版式视图。Word中5种视图具体操作功能如表3-1所示。

表3-1 视图切换按钮的操作

视 图	视图模式功能
页面视图	该视图可以输入、编辑和排版文档，也可以处理页边距、图文框、分栏、页眉和页脚、Word 绘制的图形等；其显示与最终打印的效果相同，具有所见即所得的效果
阅读版式视图	该视图以图书的分栏样式显示Word文档，"文件"按钮、功能区等窗口元素被隐藏起来。它模拟书本阅读的方式，用户可以单击"工具"按钮选择各种阅读工具，使得阅读文档十分方便
Web版式视图	该视图使正文显示得更大，显示和阅读文章最佳。可看到背景和为适应窗口而换行显示的文本，且图形位置与在Web浏览器中的位置一致
大纲视图	该视图可显示文档结构，并可通过拖动标题来移动、复制或重新组织正文。也可以"折叠"文档的标题或子标题或通过工具栏上的"升级"或"降级"按钮可以升降标题级别
普通视图	该视图仅显示文本和段落格式，而不能分栏显示、首字下沉，页眉、页脚、脚注、页号、边距，以及用Word绘制的图形等不可见

⑥ 状态栏。

状态栏位于Word窗口的最下端，它用来显示当前的一些状态，如当前光标所在的页号、当前页/总页数、位置、行号和列号。在状态栏的右侧还提供了视图方式切换按钮和显示比例控件，从而使用户可以非常方便地在各种视图方式之间进行切换，以及调节页面的显示比例，如图3-7所示。

图 3-7　状态栏

3.1.2 Word 2007 的基本操作

1. 文档的创建

当启动Word 2007后，就会在Word窗口中自动打开一个名为“文档1”的新文档，如果在编辑文档的过程中还需另外创建一个或多个新文档时，可以用下列方法之一来创建。新建的文档以创建的顺序，依次命名为“文档2”、“文档3”等。

（1） 在 Word 2007 中，用户可以通过单击快速访问工具栏中的“新建”按钮。

（2） 单击 Office 按钮，在弹出的菜单中选择“新建”命令。

（3） 直接按快捷键 Ctrl+N。

使用方法（2）创建文档时，会出现如图 3-8 所示的“新建文档”对话框，其他两种方法则直接打开一个空白文档，不打开“新建文档”对话框。

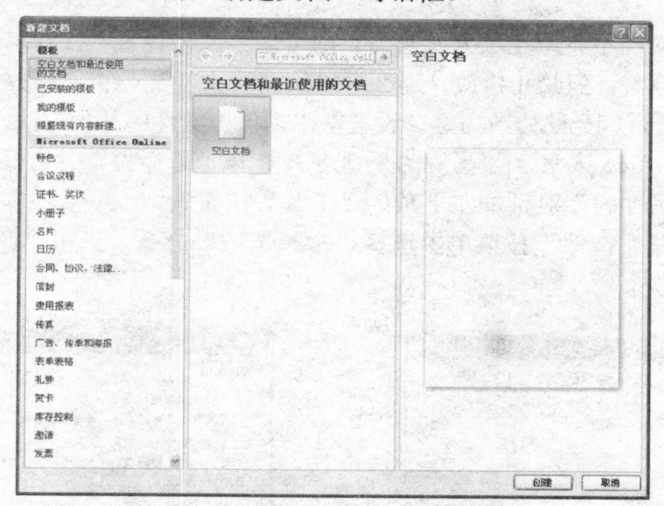

图 3-8　“新建文档”对话框

可以选择“新建文档”对话框中的“模板”列表框中的“空白文档”并单击“创建”按钮来创建一个新的空白文档。

2. 打开文档

如果当前没有启动Word 2007，可通过双击所要打开的文件名来启动Word并打开该文档。如果已启动了程序，则可通过以下几种方法来打开文档。

（1） 单击“Office按钮”|“打开”命令，在弹出的“打开”对话框中选择要打开的文档，然后单击“打开”按钮。

（2） 按Ctrl+O组合键，在弹出的“打开”对话框中选择要打开的文档，单击“打开”按钮。

（3） 单击Office按钮，从弹出的菜单中选择最近使用过的文档名称。

（4） 单击“快速访问工具栏”|“打开”按钮，在弹出的“打开”对话框中选择所需文档，然后单击“打开”按钮或者双击所选文档。

3. 保存文档

在编辑 Word 文档的过程中也要注意随时执行保存操作，以保存最新编辑数据，避免丢失文档信息。Word 2007 在保存文档时默认为 DOCX 格式，而不是传统的 DOC 格式。要使早期的 Word 版本能够打开使用 Word 2007 编辑的文档，还必须将其保存类型指定为“Word 97-2003 文档”，通常 Word 中保存文档的方法有如下几种：

（1） 单击“快速访问工具栏”|“保存”按钮。

（2） 单击“Office 按钮”|“保存”命令，即可保存当前文档。

（3） 直接按快捷键 Ctrl+S。

当对新建的文档第一次进行“保存”操作时，会出现如图3-9所示的“另存为”对话框。在出现的对话框中，用户可在其中指定保存位置、文件名称、保存类型，最后单击“保存”按钮，执行保存操作即可保存文档。文档保存后，该文档窗口并没有关闭，用户可以继续输入或编辑该文档。

4. 保护文档

如果所编辑的文档不希望无关人员查看，则可以给文档设置“打开权限密码”；如果所编辑的文档允许别人查看，但禁止修改，那么可以给这种文档加一个“修改权限密码”。使文档以“只读”方式查看，则无法修改内容。设置密码是保护文件的一种方法，则操作步骤如下：

（1） 单击“Office 按钮”|“另存为”命令，打开“另存为”对话框。

（2） 单击“另存为”对话框左下角的“工具”按钮。

（3） 在“工具”按钮下拉菜单中选择“常规选项”命令，弹出“常规选项”对话框，如图 3-10 所示。

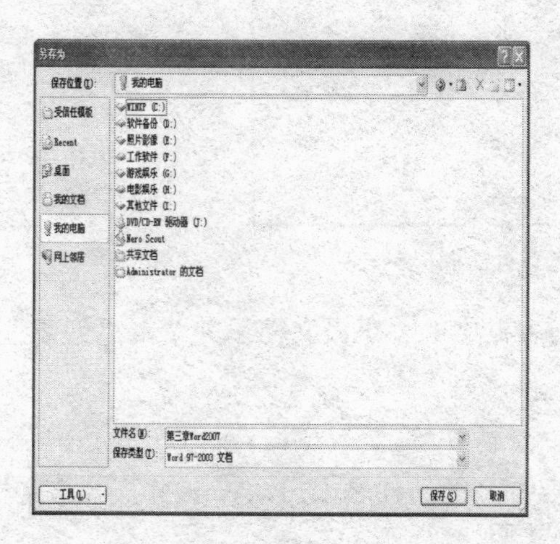

图 3-9 “另存为”对话框

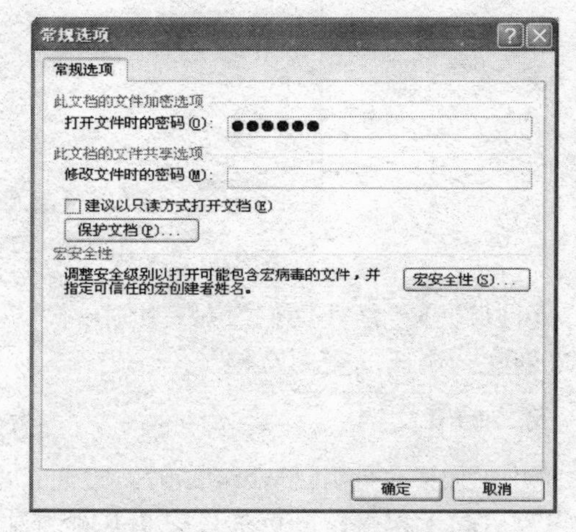

图 3-10 “常规选项”对话框

（4） 在“常规选项”对话框中进行密码的设置。

另外，如果想要取消已设置的密码，可以按 Delete 键删除“打开文件时的密码”文本框中的一排圆点，再单击“确定”按钮返回编辑状态。

当返回到编辑状态后，再对文档进行保存。这样就删除了密码，以后再打开此文件时就不需要密码了。

3.2 教学案例：一封信

【任务】新生军训结束后，文化传媒学院将在新生中举行“一封家书”活动，要求每个学生写封家信给父母，同时也希望家长们能给孩子回信。信件文本内容编辑版面效果参考如图 3-11 所示。

亲爱的爸爸妈妈：

你们好！

我来学校已经 1 个多月了，其实早就想给你们写信，只是每次提起笔来却不知道说些什么，再多的话也无法表达我的思想。我从你们的生活中走出，踏着你们的衰老成长，岁月给了我太多的感悟。我是一个平凡的人，也许一生都只会如此，可是我永远都不会忘记你们给予我的一切。

这些年来，你们为我做的每一件事都融在了我的生活之中。爸，是你引导我成为一个爱书的孩子，尽管我看的书籍不是很多，但我养成了爱书的习惯。我们之间的点点滴滴都会成为我最珍贵的回忆。上小学，你送我 6 年；中考，每天 5 点多钟就陪我一起训练；高考，你早早地就为了我研究报考动态……。妈，这些年来，你为我做的每一件事都融在了我的生活之中。洗衣、做饭，数十年如一日。你很干净，也许是潜移默化吧，我也总希望自己的小天地干干净净的，我从来没说过一个谢字，一句感激的话，但你却是我今生最爱的人！

如今，大学的生活及学习和过去完全不一样，……。我们开设了很多课程，有《新闻采访》《汉语言文学》《大学计算机基础》《音乐欣赏》（艺术选修课）……。

第一次独立走出家门，带着你们的热望和嘱托，却又怕记忆里塞满愧疚的酸楚。我无法承诺会做得“最好”，但我会努力做得更好！

在求学的路上，我坚信再晦暗的日子也会阳光灿烂，因为我的天空里，永远都是父爱如山，母爱如水！

最后，我诚挚地送上我的祝福，祝你们身体健康，笑口常开！

女儿：张思柳

2012 年 6 月 9 日星期六✍

联系电话：2863011
E-mail 地址：ZSL8158@126.com
通信地址：开源路 1 号（邮编：463000）

图 3-11 “一封家书”效果

3.2.1 学习目标

通过本案例的学习，使学生充分了解文档的基本操作，掌握合理的文本字符输入方法，学会插入日期及各种符号，为后期文档的编辑处理奠定基础。

3.2.2 相关知识

文档的建立与文本的输入是 Word 2007 的入门知识，也是对文档编辑的前提和基础，因此本案例的主要知识点如下：

（1） 文档的基本操作。

（2） 文档内容的输入。

（3） 插入日期与时间。

（4） 文字的格式设置。

（5） 字符间距设置。

（6） 段落间距设置。

（7） 行间距设置。

（8） 文档内容的基本编辑操作。

3.2.3 操作步骤

1. 一封信的创建与保存

当启动Word 2007以后，就会在Word窗口中自动打开一个新文档，并暂时为其命名为“文档1”，此时插入点位于编辑区左上角，表明现在可以输入文本了。选择“Office按钮”中的“保存”（或“另存为”）命令，打开“另存为”对话框，用户可在其“保存位置”列表中选择E:\盘、在“文件名”列表框中输入“一封信”、在“保存类型”列表框中选择“.docx”，最后单击“保存”按钮，执行保存操作即可保存文档。文档保存后，该文档窗口并没有关闭，用户可以继续输入或编辑该文档。

2. 输入信件内容

输入内容时，插入点自左向右移动。当输入到行末时，不必按 Enter 键换行，Word 会自动换行。只有完成一个段落的输入后想要另起一个新的段落时，才按 Enter 键换行。按 Enter 键，表示一个段落的结束，新段落的开始。

在中文 Word 中，既可以输入英文，又可以输入汉字。中/英文输入法的切换方法有：

（1） 单击“任务栏”右端的“语言指示器”按钮，在“输入法”列表中单击所需要的输入法。

（2） 按组合键 Ctrl+空格键可以在中/英文输入法之间切换。

（3） 按组合键 Ctrl+Shift 可以在各种输入法之间循环切换。

在中文输入法状态下，按组合键 Shift+空格键可以在半角和全角之间切换，但只有在小写字母状态时才能输入汉字，可用 CapsLock 键转换字母的大小写。

3. 在信件中插入日期和时间

在信件末尾插入日期可以直接键入，也可以使用“插入”|“日期和时间”按钮来插入日期和时间。直接输入日期和时间后，当日期与时间发生改变时需要手工修改。用“插入”选项卡中的“日期和时间”按钮插入日期和时间，则可使之随系统日期和时间自动更新，具体步骤如下：

（1） 把插入点移到要插入日期和时间的位置。

（2）单击“插入”|“日期和时间”按钮，打开如图 3-12 所示的“日期和时间”对话框。

（3） 在“可用格式”列表框中选择合适的日期和时间格式。如果选中“自动更新”复选框，则插入的日期和时间会自动更新，否则保持原来的插入值。

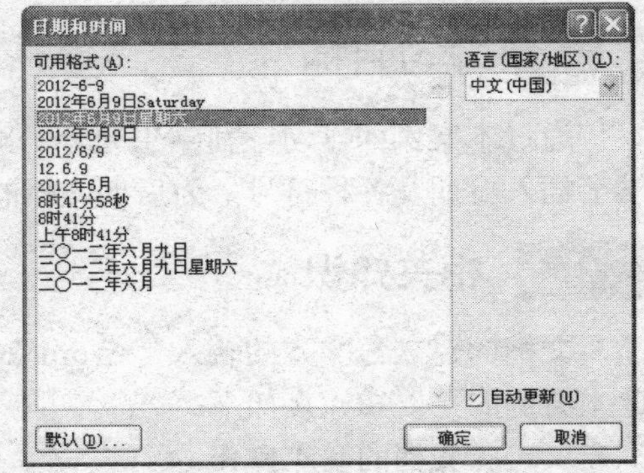

图 3-12 “日期和时间”对话框

（4）　单击“确定”按钮，即可在指定的插入点处插入当前的日期和时间。

如果按上述步骤插入了日期和时间，则在打印该文档时，Word 会自动将日期和时间改为系统当前日期和时间，这适合用于通知及信函等文档类型。在浏览编辑时，要对之进行更新，则只需将插入点移到日期和时间中并按 F9 键即可。

4.　信件格式设置

信件内容输入完毕后，可根据需要进行文字及段落的格式设置，字符的格式包括字体、字号、字形、颜色及特殊的阴影、空心字等修饰效果。

设置文字格式的方法有以下 3 种。

（1）　按钮设置。

单击“开始”|“字体”组中的“字体”、“字号”、“加粗”、“倾斜”、“下画线”、“字符边框”、“字符底纹”和“字体颜色”等按钮来设置文字的格式，如图 3-13 所示。

（2）　浮动格式工具栏。

Word 2007 还提供了一个相当智能的格式工具栏，当用户选中文档中的任意文字松开鼠标后，选中区域的右上角就会显示一个半透明的浮动工具栏，其中包含字体、字号、对齐方式、字体颜色等格式设置工具。用鼠标指向它即可使其正常显示，如图 3-14 所示。

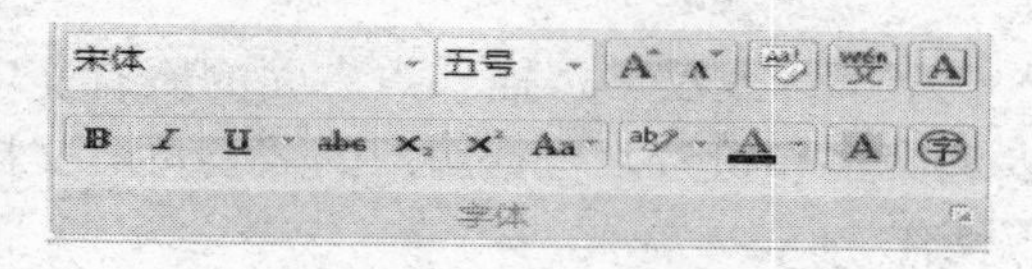

图 3-13　“字体”组按钮

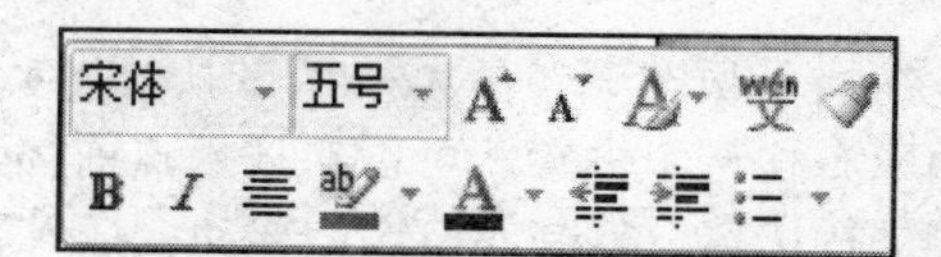

图 3-14　浮动格式工具栏

（3）　对话框设置。

单击“开始”|“字体”右下角的按钮，弹出“字体”对话框，如图 3-15 所示。选定“字体”标签设置字体格式，在预览框中查看所设置的字体效果，确认后单击“确定”按钮。

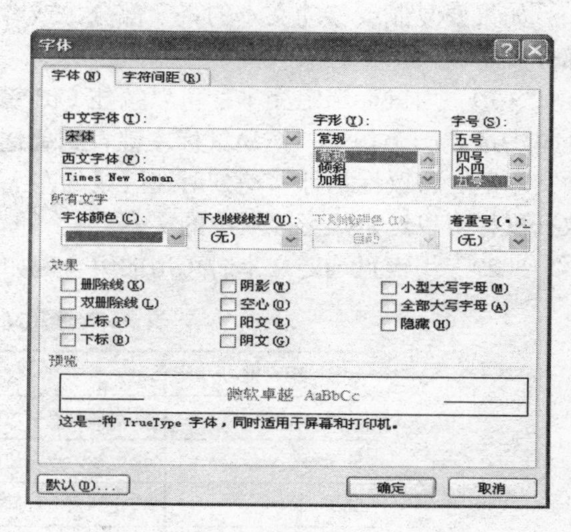

图 3-15　设置“字体”对话框

5.　字符间距设置

在信件中，需要将“联系电话”、“通讯地址”字符间距加宽 1.5 磅，Word 提供了 3 种方式：标准、加宽、紧缩。首先在“字体”对话框中选择“字符间距”选项卡，如图 3-16 所示。可在间距列表中选择“加宽”，在磅值项中设置“1.5 磅”，单击“确定”按钮即可。

6.　段间距、行间距设置

在信件中，需要调整各段落间距为 0.3 行、行间距为 22 磅。单击“开始”|“段落”右下角的按钮，打开“段落”对话框，如图 3-17 所示。选择“缩进和间距”选项卡，可精确设置信件内容的段落间距及行间距。

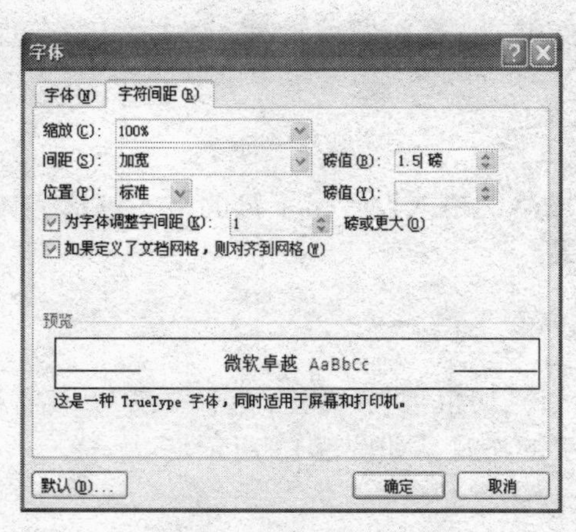

图 3-16 设置“字符间距”对话框

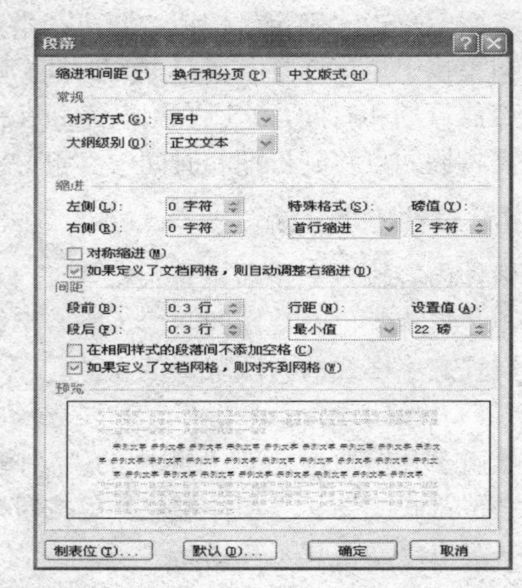

图 3-17 “段落”对话框

【知识链接】

在插入状态下（是Word的默认状态），每输入一个字符或汉字，插入点右面的所有文字都相应右移一个位置，可以在插入点前插入所需要的文字和符号。根据用户的需要可对文档内容进行选定、复制或剪切、移动、插入、删除等操作。

1. 选定文本

如果要复制或移动文本的某一部分，或者要对文本中某部分进行排版，则首先要选定这部分文本。

（1）用鼠标选定文本：可以按住 Ctrl 键，将鼠标光标移到所要选择的句子的任意位置处单击选定一个句子；拖动鼠标左键直到要选定文本区的最后一个文字并松开选定任意大小的文本区。将鼠标指针移动到所选区域的左上角，按住 Alt 键，拖动鼠标直到区域的右上角，放开鼠标可以选定矩形区域中的文本。

（2）用键盘选定文本时可用的组合键如表 3-2 所示。

表 3-2 选定文本常用的组合键

组合键	功　能
Shift+→	选定插入点右边的一个字符或汉字
Shift+←	选定插入点左边的一个字符或汉字
Shift+↑	选定到上一行同一位置之间的所有字符或汉字
Shift+↓	选定到下一行同一位置之间的所有字符或汉字
Shift+Home	从插入点选定到它所在行的开头
Shift+End	从插入点选定到它所在行的末尾
Shift+PageUp	选定上一屏
Shift+PageDown	选定下一屏
Ctrl+A	选定整个文档

（3） 利用 Word 的扩展功能键（F8 键）选定文本也是很方便的，例如：按→键选取插入点右边的一个字符或汉字，按↓键选取下一行。注意：用此方法时，首先将插入点移到选定区域的开始处。按 Esc 键可以关闭扩展选取方式，再按任意键取消选项区域。

2. 复制文本

在输入文本或编辑文档时，若重复输入一些已经输入过的内容或段落时，使用复制命令可以将内容复制到其他应用程序的文档中。方法有以下几种。

（1） 使用鼠标。

选定要复制的文本，按住 Ctrl 键拖动选定文本（此时指针变成箭头下带一个正方形内有加号的形状）到目标位置。

（2） 使用剪贴板。

选中要复制的文本，按 Ctrl+C 组合键将选定文本复制到剪贴板中。然后把插入点定位到复制的目标位置，按 Ctrl+V 组合键。

3. 移动文本

在编辑文档的时候，经常需要将某些文本从一个位置移动到另一个位置，以调整文档的结构。移动文本的方法有以下两种。

（1） 使用鼠标。

选定要移动的文本，拖动选定文本（此时指针变成箭头下带一个矩形的形状）到目标位置。

（2） 使用键盘。

选中要移动的文本，按 Ctrl+X 组合键将选定文本从原位置处剪切，并放入剪贴板中。然后把插入点定位到移动的目标位置，按下 Ctrl+V 组合键。

4. 删除文本

在输入文本或编辑文档时，可以利用 Backspace 键或 Delete 键删除。

5. 查找与替换

使用 Word 2007 的查找功能不仅可以查找文档中的某一指定文本，而且还可以查找特殊符号，如段落标记、制表符等。查找和替换功能主要用于在当前文档中搜索和替换指定的文本或特殊字符，例如：查找文中的 Word 2003 并替换为 Word 2007，如图 3-18 所示。

图 3-18 “查找和替换”对话框

6. 插入符号

在输入文本时，可能要输入或插入一些特殊的符号，如俄、日、希腊文字符、数学符号、图形符号等，这些可利用汉字输入法的软键盘，而对于像“🕮”一类的特殊符号或“☎”一类的图形符号却即使是使用软键盘也不能输入。对于这些特殊符号，Word 还提供“插入符号”

的功能，具体操作步骤如下：

（1） 把插入点移动到要插入符号的位置。

（2） 用户可切换到“插入”|“符号”|“符号”按钮 Ω，选择“其他符号”项，打开如图 3-19 所示的“符号”对话框。

（3） 在“符号”|“字体”列表框中选定适当的字体项，单击符号列表框中所需要的符号，该符号将以蓝底白字放大显示。

（4） 单击“插入”按钮就可将选择的符号插入到文档的插入点处。

（5） 单击“关闭”按钮，关闭“符号”对话框，返回文档。

另外，还可以使用“符号”对话框中的“特殊字符”选项卡来插入其他的特殊符号。例如：如果要插入版权符号©、注册符号®或商标符号™等不常见的特殊符号时，则可打开“符号”对话框中的“特殊字符”选项卡，选择后单击“插入”按钮即可。

为了方便起见，Word 还将单位符号、数字序号、拼音符号、标点符号、数学符号及其他一些常用的特殊符号单独组织到了一起。选择“插入”|“特殊符号”|“符号”按钮，选择“更多…”命令，可打开“插入特殊符号”对话框，如图 3-20 所示。在适当的选项卡中选择所需的符号，然后单击“确定”按钮将其插入到文档中。此外，常用的特殊符号会显示在“插入”|“特殊符号”|“符号”下拉菜单中，单击某一图标按钮即可插入相应的符号。

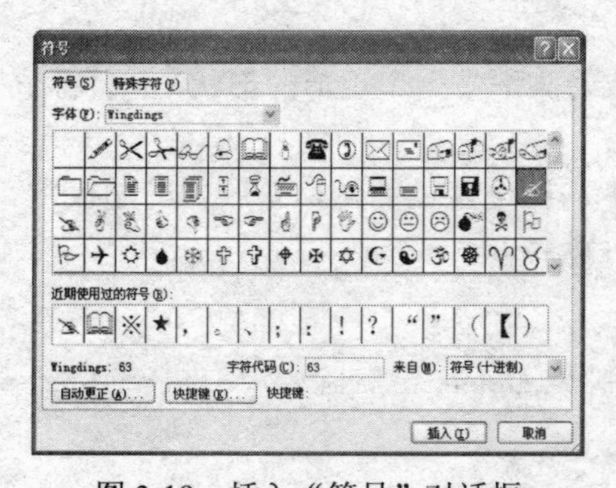

图 3-19　插入“符号”对话框

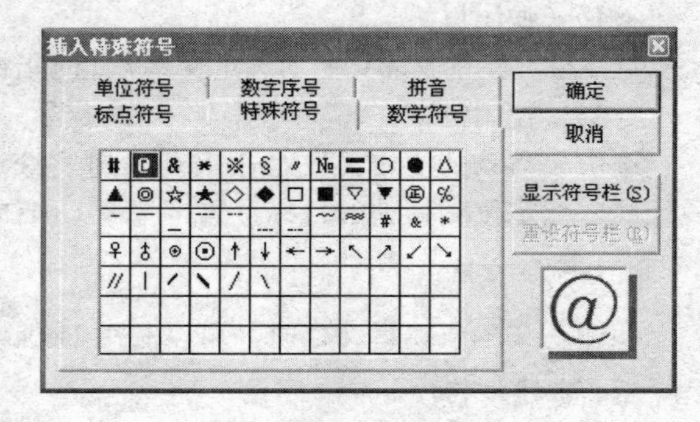

图 3-20　插入特殊符号

7. 撤销与恢复

在“快速访问工具栏”中有一组“撤销 XX”和“重复 XX”（或“恢复 XX”）命令，其中“XX”两字是随着不同的操作而改变的。例如：做了一次键入“你们好”三个字的操作后，那么这组命令就变为“撤销键入”和“重复键入”。如果此时单击“重复键入”命令，那么就在插入点处重复键入“你们好”三个字，此命令可以不断使用；如果单击了“撤销键入”命令，那么刚刚键入的“你们好”三个字就被清除了，同时“重复键入”的命令变成了“恢复清除”命令。单击“恢复清除”命令又可以把前面清除的“你们好”三个字再恢复到文档中。

在“快速访问工具栏”中有“撤销”和“恢复”两个按钮和列表框。对于编辑过程的误操作（例如：误删除了不应删除的文本），可用“快速访问工具栏”中的“撤销”按钮来挽回。单击“撤销”按钮右端的下拉箭头按钮可以打开记录各次编辑操作的列表框，最上面的一次操作是最近的一次操作，单击一次“撤销”按钮撤销一次操作，如果选定“撤销”列表框中某次操作，那么这次操作上面的所有操作也同时撤销。同样，所撤销的操作可以按“恢复”按钮重新执行。

3.3　教学案例：迎新欢迎词

【任务】新学期开学了，学校将要举行新生开学典礼，请你作为学生代表发言，向新生致欢迎词，具体内容案例效果如图 3-21 所示。

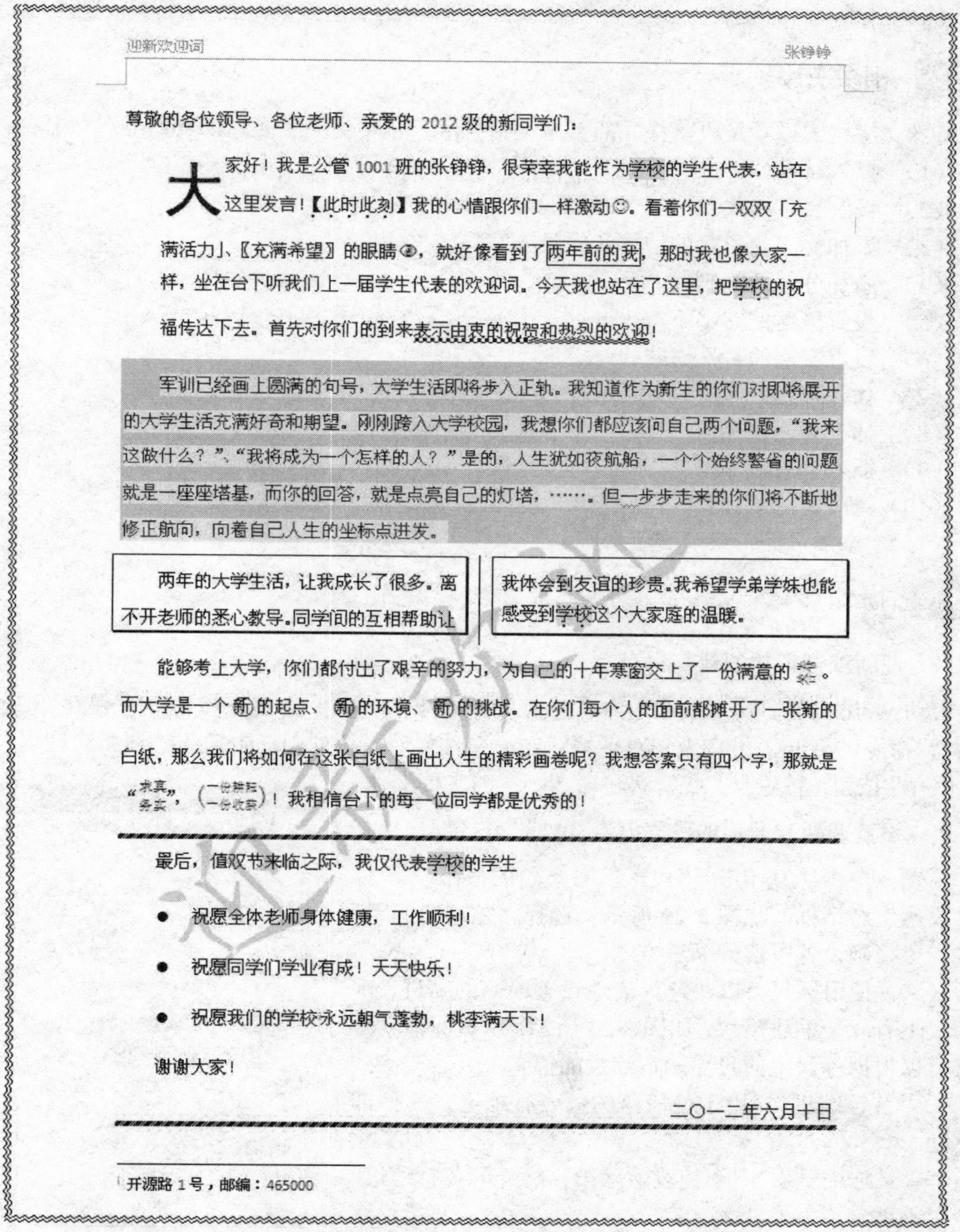

迎新欢迎词　　　　张铮铮

尊敬的各位领导、各位老师、亲爱的 2012 级的新同学们：

大家好！我是公管 1001 班的张铮铮，很荣幸我能作为学校的学生代表，站在这里发言！【此时此刻】我的心情跟你们一样激动☺。看着你们一双双「充满活力」、〖充满希望〗的眼睛👁，就好像看到了两年前的我，那时我也像大家一样，坐在台下听我们上一届学生代表的欢迎词。今天我也站在了这里，把学校的祝福传达下去。首先对你们的到来表示由衷的祝贺和热烈的欢迎！

军训已经画上圆满的句号，大学生活即将步入正轨。我知道作为新生的你们对即将展开的大学生活充满好奇和期望。刚刚跨入大学校园，我想你们都应该问自己两个问题，“我来这做什么？”、“我将成为一个怎样的人？”是的，人生犹如夜航船，一个个始终警省的问题就是一座座塔基，而你的回答，就是点亮自己的灯塔，……。但一步步走来的你们将不断地修正航向，向着自己人生的坐标点进发。

两年的大学生活，让我成长了很多。离不开老师的悉心教导。同学间的互相帮助让我体会到友谊的珍贵。我希望学弟学妹也能感受到学校这个大家庭的温暖。

能够考上大学，你们都付出了艰辛的努力，为自己的十年寒窗交上了一份满意的答卷。而大学是一个㊉新的起点、新的环境、新的挑战。在你们每个人的面前都摊开了一张新的白纸，那么我们将如何在这张白纸上画出人生的精彩画卷呢？我想答案只有四个字，那就是“求真务实”，（一份耕耘一份收获）！我相信台下的每一位同学都是优秀的！

最后，值双节来临之际，我仅代表学校的学生

- 祝愿全体老师身体健康，工作顺利！
- 祝愿同学们学业有成！天天快乐！
- 祝愿我们的学校永远朝气蓬勃，桃李满天下！

谢谢大家！

二〇一二年六月十日

[1] 开源路 1 号，邮编：465000

图 3-21　“迎新欢迎词”排版效果

3.3.1 学习目标

通过本案例的学习，使学生充分了解段落格式的设置，掌握合理的段落编辑排版方法，学会对段落设置对齐方式及分栏、添加边框和底纹、项目符号和编号、插入页眉\页脚、设置页码等操作，培养学生思考问题解决问题的能力，理论联系实际的能力，为后期的图文混排奠定基础。

3.3.2 相关知识

特殊文字格式设置及段落格式的基本编辑排版，本案例的主要知识点如下：

（1） 插入符号。

（2） 设置文字格式。

（3） 添加文字、段落的边框和底纹。

（4） 添加分栏及分割线。

（5） 设置段落的首字下沉。

（6） 设置文字的特殊格式。

（7） 插入编号。

（8） 插入脚注和尾注。

（9） 插入页眉\页脚。

（10） 插入文档页码。

（11） 添加页面背景及文字水印。

3.3.3 操作步骤

1. 迎新欢迎词的创建与保存

启动 Word 2007，输入欢迎词内容并插入特殊符号，选择“Office 按钮”|“保存”（或“另存为”）命令，打开“另存为”对话框，在“文件名”下拉列表框中输入“迎新欢迎词”，单击“保存”按钮，将建立“迎新欢迎词.docx”的文档文件。

2. 设置迎新欢迎词的段落缩进

（1） 单击“开始”|“段落”右下角的按钮，打开“段落”对话框，如图 3-22 所示。选择“缩进和间距”标签，可精确设置段落的缩进方式。

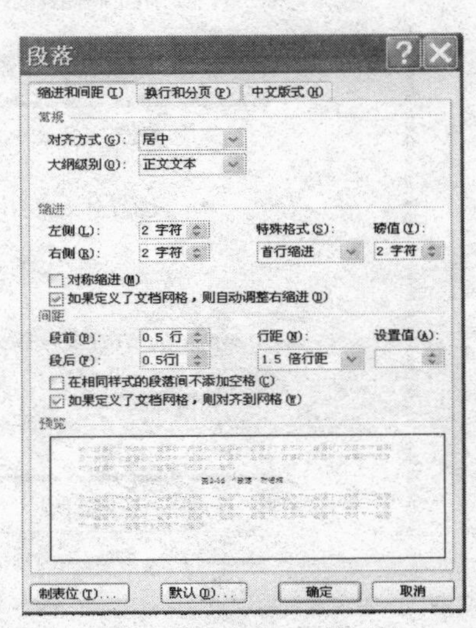

图 3-22 “段落”对话框

（2） 使用标尺可以快速灵活地设置段落的缩进，水平标尺上有 4 个缩进滑块，如图 3-23 所示。用鼠标拖动滑块时可以根据标尺上的尺寸确定缩进的位置。

①“首行缩进”：用于使段落的第一行缩进，其他部分不动。

②“悬挂缩进”：用于使段落除第一行外的各行缩进，第一行不动。

③“左缩进”：用于使整个段落的左部跟随滑块移动缩进。

图 3-23 标尺上的缩进滑块

④“右缩进”：用于使整个段落的右部跟随滑块移动缩进。

拖动相应标记块即可改变缩进方式；先按住 Alt 键再拖动相应标记块，可显示位置值。

3. 在迎新欢迎词中添加文字、段落的边框和底纹

边框是围在段落或文本四周的框（不一定是封闭的）；底纹是指用背景颜色填充一个段落或部分文本。例：两年前的我加文字边框，学校加文字底纹。具体操作步骤如下：

（1） 选择将要加边框和底纹的段落或文本内容。

（2） 单击“开始”|“段落”|“边框和底纹”按钮下拉菜单中的“边框和底纹”命令，打开如图 3-24 所示的“边框和底纹”对话框。

（3） 打开“边框”选项卡。在“边框”选项卡的“设置”、“样式”、“颜色”和“宽度”等列表框中选定合适的参数。在“应用于”列表中选定为“文字或段落”。即可针对所选择的文字或段落添加边框。

（4） 在预览框中查看结果，确认后单击“确定”按钮。

另外，如果要加“底纹”，那么单击“底纹”标签类似上述操作，如图 3-25 所示。在选项卡中选定底纹的颜色和图案；在“应用于”列表中选定为“文字或段落”；在预览框中查看结果，确认后单击“确定”按钮。底纹和边框可以同时或单独加在文本上。

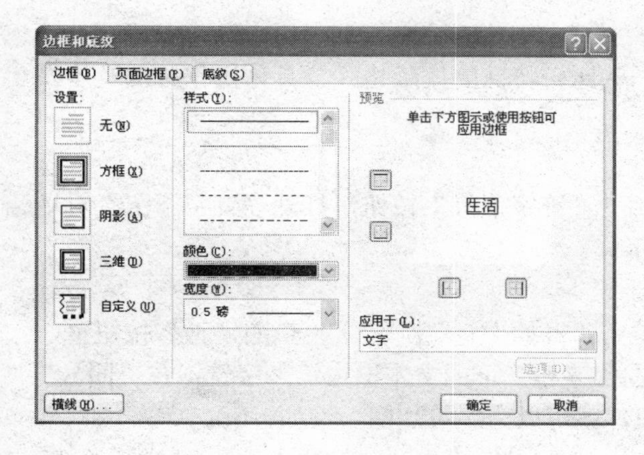

图 3-24 “边框和底纹”对话框

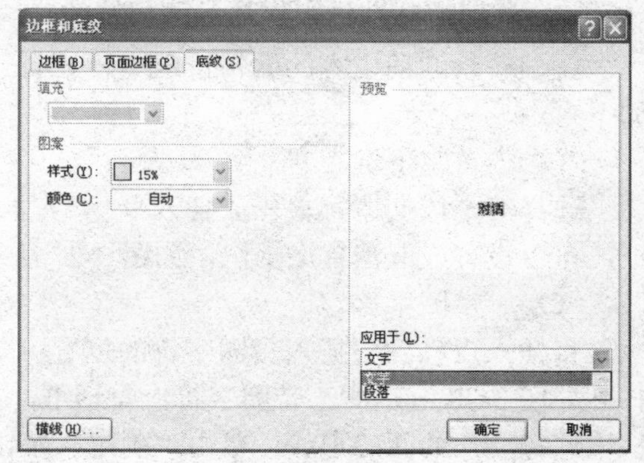

图 3-25 设置“底纹”对话框

4. 在迎新欢迎词中设置分栏

分栏可使文本按纵列顺序排列，使得版面显得更为生动活泼，增强可读性。可以通过“页面布局”选项卡中的“页面设置”组中的分栏按钮快速分栏，也可以通过“页面设置”组中的“更多分栏”命令对文档进行分栏，具体操作如下：

（1） 选定需要分栏的文本内容（例如：第三段）。

（2） 单击“页面布局”|“页面设置”|“分栏”按钮，选定“更多分栏”命令，打开“分栏”对话框，如图 3-26 所示。

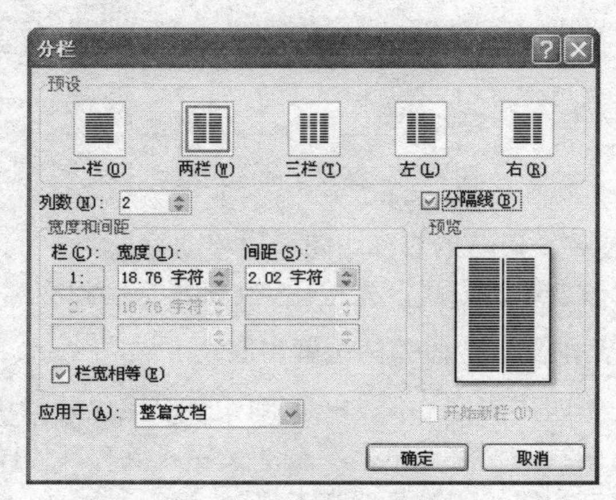

图 3-26 “分栏”对话框

（3） 选定“预设”框中的分栏格式，或在“列数”文本框中键入分栏数，在“宽度和间距”框中设置栏宽和间距。

（4） 单击“栏宽相等”复选框。则各栏的宽度相等，否则可以逐栏设置宽度。

（5） 单击“分隔线”复选框，可以在各栏之间加一分割线。

（6） “应用范围”框中有“整篇文档”、“插入点以后”、“所选文字”等，选定后单击“确定”按钮。

如果对整篇文档分栏时，显示结果未达到预想的效果，改进的办法是先在文档结束处插入分节符，然后再分栏。只有在页面视图或打印预览下才能显示分栏效果。

5. 在迎新欢迎词中设置文字特殊格式

在迎新欢迎词内容的编辑排版中，还有一些比较特殊的排版格式，具体操作方法及步骤如下：

（1） 首字下沉。

选择第一段文本，单击“插入”|“文本”|“首字下沉”按钮，打开“首字下沉”对话框，可以设置或取消首字下沉，如图 3-27 所示。

（2） 带圈字符。

将插入点移到要插入带圈字符的位置，单击“开始”|“字体”|“带圈字符”按钮，打开如图 3-28 所示的“带圈字符”对话框，在“字符”下的文本框内输入字符，在“圈号”框内选择要加的圈的形状，单击“确定”按钮，就可以为字符加圈，例如：新。

（3） 纵横混排。

首先选定要纵向显示的文本，然后单击“开始”|“段落”|“中文版式”按钮，选择“纵横混排”命令，打开如图 3-29 所示的“纵横混排”对话框，便可以使文字纵向与横向混合排版。例如：一份满意的答卷。如果要恢复原来的样子，就将光标定位在混排的文字中，打开“纵横混排”对话框，单击“删除”按钮，单击“确定”按钮。

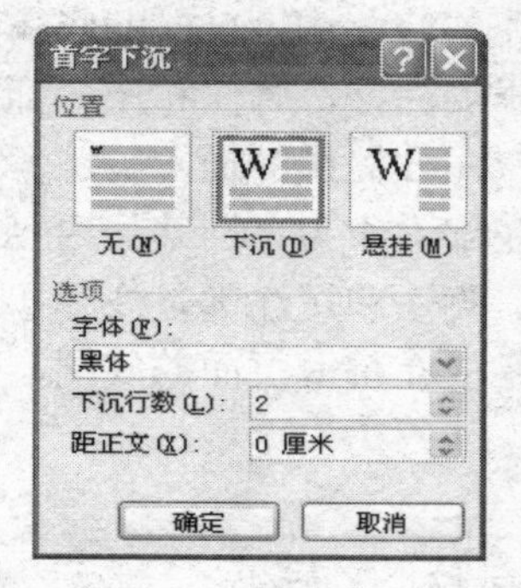

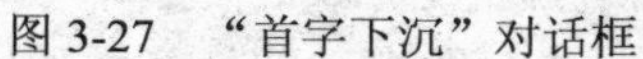
图 3-27　“首字下沉”对话框

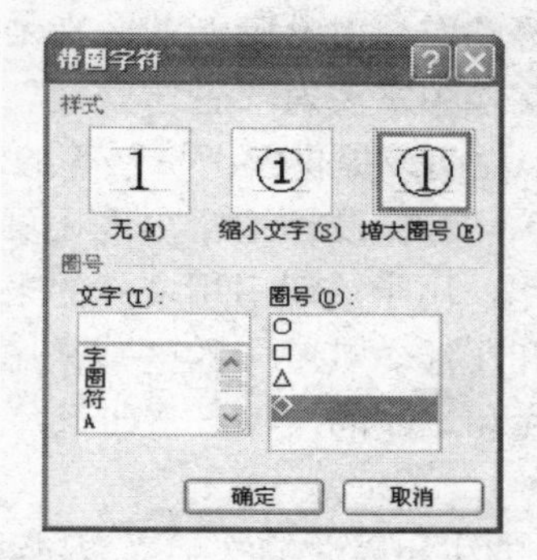

图 3-28　“带圈字符”对话框

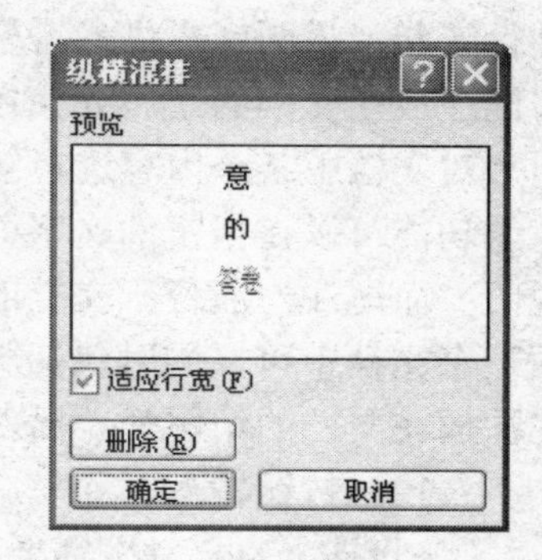

图 3-29　“纵横混排”对话框

（4）　合并字符。

选定要合并的字符，然后单击“开始”|“段落”|“中文版式”按钮，选择“合并字符”命令，打开如图 3-30 所示的“合并字符”对话框，可以将多个字符合并为一个字符。如：求真务实。如果想取消字符的合并，则可以把光标定位在被合并的字符中，打开“合并字符”对话框，单击“删除”按钮，文档中的合并字符效果就消失了。

（5）　双行合一。

选中要合并的文字，单击“开始”|“段落”|“中文版式”按钮，选择“双行合一”命令，打开如图 3-31 所示的“双行合一”对话框，选定的文字已经出现在“文字”输入框中，从“预览”窗中可以看到效果，如果想要“双行合一”后的文字带上括号，可以将“带括号”选项前的复选框选中。单击“确定”按钮，文档中的这些文字就变成了一行的高度中显示两行的样子。如：（一份耕耘一份收获）。

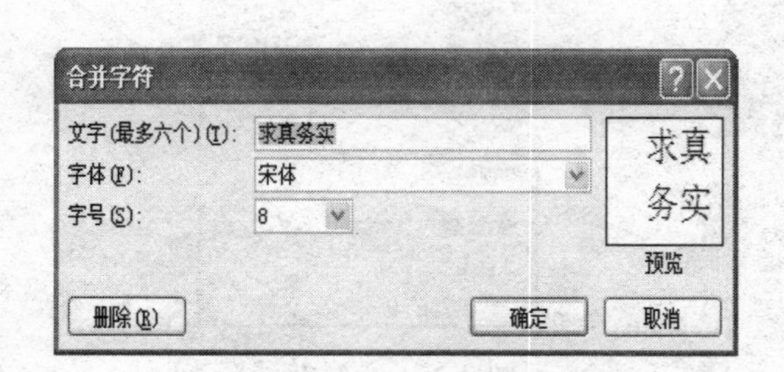

图 3-30　“合并字符”对话框

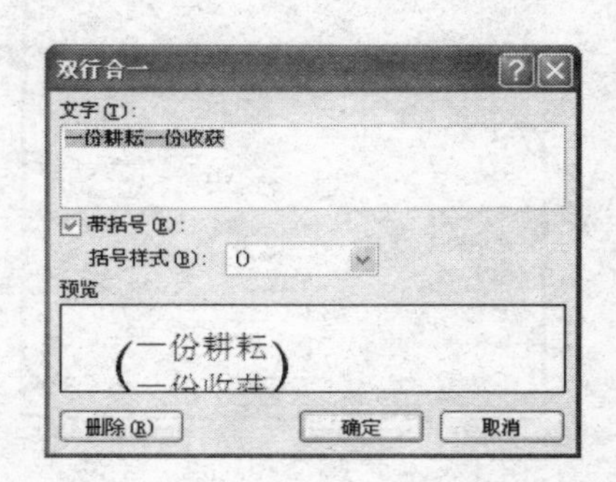

图 3-31　“双行合一”对话框

如果要取消双行合一，可以把光标定位到这个双行合一处，打开“双行合一”对话框，单击“删除”按钮就可以将两行上的文字合为一行。

“双行合一”同“合并字符”的作用有些相似，但不同的是：“合并字符”有 6 个字符的限制，而“双行合一”没有，“合并字符”时可以设置合并的字符的字体的大小，而“双行合一”却不行。

6.　插入脚注和尾注

在编写文章时，需要对一些名词或事件加注释，脚注和尾注都是用来对文档中某个内容进行解释、说明或提供参考资料等的对象。其唯一的区别是：脚注是放在每一页面的底端，而尾注放在文档的结尾处。在本文档中需要对“音乐欣赏”课程添加注释，脚注和尾注都是用来对文档中某个内容进行解释、说明或提供参考资料等的对象。Word 提供的插入脚注和尾注的功能可以在指定的文字处插入注释。脚注通常出现在页面的底部，作为文档某处内容的说明；而尾注一般位于文档的末尾，用于说明引用文献的来源等。脚注和尾注都是注释，在同一个文档中可以同时包括脚注和尾注。其唯一的区别是：脚注是放在每一页面的底端，而尾注放在文档的结尾处。插入脚注和尾注的操作步骤如下。

（1） 按钮输入。

① 将插入点移动到需要插入脚注和尾注的文字“祝愿我们的学校”之后。

② 单击“引用”|“脚注”|“插入脚注或“插入尾注”按钮，光标即自动切换到需要输入内容的目标地。

③ 如果要删除脚注或尾注，则选定脚注或尾注号，按 Delete 键。

（2） 对话框设置

① 将插入点移动到需要插入脚注和尾注的文字之后。

② 单击“引用”|“脚注”右下角按钮，弹出“脚注和尾注”对话框，如图 3-32 所示。

③ 在对话框中选定“脚注”或“尾注”单选项和编号格式，并单击“确定”按钮。

④ 输入注释文字“开源路 1 号，邮编：465000”后，鼠标指针在文档任意处单击一下退出注释的编辑，完成脚注或尾注的插入工作。

7. 添加项目符号

选择文档段落文本，单击“开始”|“段落”|“项目符号”按钮。也可使用快捷菜单中的“项目符号”命令打开如图 3-33 所示的提示框，为已输入的段落添加项目符号。

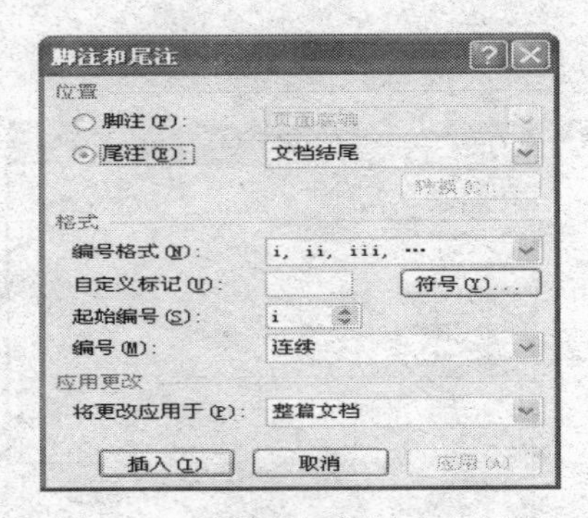

图 3-32 “脚注和尾注”对话框

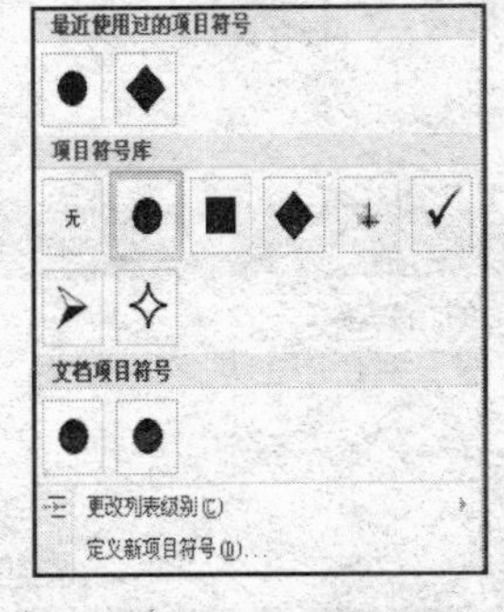

图 3-33 项目符号框

8. 添加页面背景、页面边框及文字水印

“页面布局”|“页面背景”组中的工具用于设置文档页面的背景效果，如图 3-34 所示。其中各选项的功能如下。

（1）“水印”：用于在页面内容后面插入虚影文字。通常表示要将文档特殊对待或提示。

① 单击“水印”按钮，弹出“水印”对话框，如图 3-35 所示。

② 选择“文字水印”项，在文字列表框中输入“迎新欢迎词”，并选择适合的文字格式，单击“确定”按钮即可为文本添加文字水印效果。

另外，也可通过“图片水印”项设置，为文档添加图片水印效果。

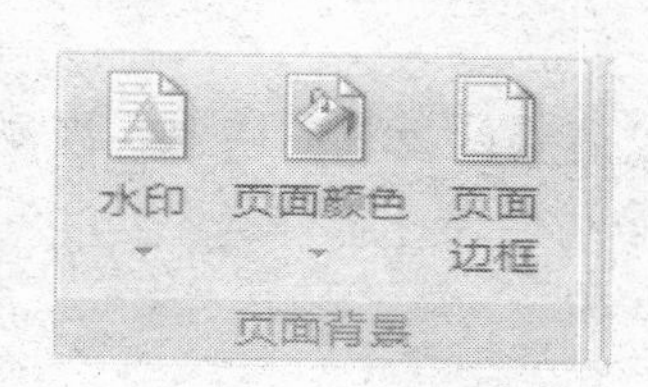

图 3-34　“页面背景”组

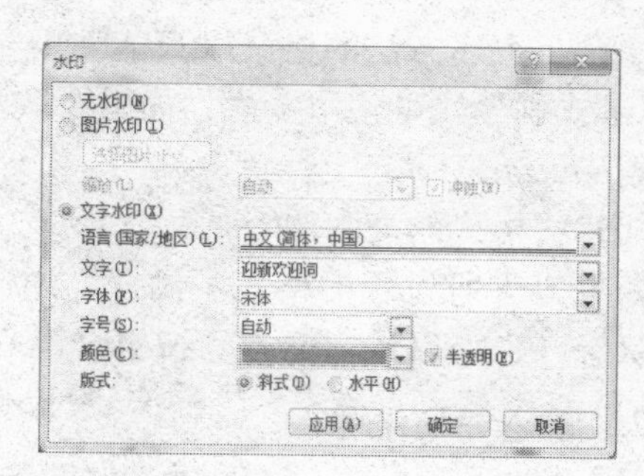

图 3-35　设置“水印”对话框

（2）“页面颜色”：用于选择页面的背景颜色或图案效果。

（3）“页面边框”：用于添加或更改页面周围的边框，例如为本文添加红色双曲线边框效果。

9. 插入页眉\页脚及页码

页眉和页脚通常用于打印文档，页眉出现在每页的顶端，打印在上页边距中；而页脚出现在每页的底端，打印在下页边距中。用户可以在页眉或页脚中插入文本或图形，如页码、日期、徽标、文档标题、文件名或作者名等，以美化文档。

（1）插入页眉和页脚。

① 单击“插入|页眉和页脚”组中的“页眉和页脚”按钮，在弹出的“页眉和页脚”菜单中选择“编辑页眉”。

② 在页眉区中输入文本和图形。

③ 要创建页脚，单击“页眉和页脚”组中的“页眉和页脚”按钮，在弹出“页眉和页脚”菜单中选择“编辑页脚”。然后输入文本或图形。

④ 单击“设计”|“关闭页眉和页脚”按钮。

（2）删除页眉或页脚。

删除一个页眉或页脚时，Word 2007 中自动删除整篇文档中相同的页眉或页脚。

① 单击“插入”选项卡中的“页眉和页脚”组中的“页眉和页脚”按钮，在弹出的“页眉和页脚”菜单中选择“删除页眉”或“删除页脚”。

② 在页眉或页脚区中选定要删除的文字或图形，然后按 Delete 键。

【知识链接】

1. 格式的复制和清除

对一部分文字设置的格式可以复制到另一部分文字上，使其具有同样的格式。设置好的格式如果觉得不满意，也可以清除它。使用“开始”|“剪贴板”|“格式刷”按钮可以实现格式的复制。

（1）格式的复制。

① 选定已设置格式的文本。

② 单击“开始”|“剪贴板”|“格式刷”按钮，此时鼠标指针变为刷子形。

③ 将鼠标指针移到要复制格式的文本的开始处。

④ 拖动鼠标直到要复制格式的文本的结束处，放开鼠标左键即可。

注意：上述方法的格式刷只能使用一次。如果想多次使用，应双击“格式刷”按钮，此时，“格式刷”就可使用多次；如果要取消“格式刷”功能，只要再单击“格式刷”按钮或按Esc键即可。

（2） 格式的清除。

如果对于所设置的格式不满意，逆向使用格式刷可以清除已设置的格式，恢复到Word默认状态。也可以选定文本，按组合键Ctrl+Shift+Z，清除其格式。

2. 插入特殊编号

在文档中我们需要输入特殊格式的数字，如⑴、①、㈠、或Ⅰ、ⅰ、甲、壹等，除了可以使用插入符号的方法以外，还可以使用“插入”|“编号”按钮，在打开的“编号”对话框中输入数字，如图3-36所示。同时选择数字的格式类型，单击“确定”按钮，则该种格式类型的数字便会出现在插入点位置处。

3. 编号设置

选择文档段落文本，在“开始”选项卡上单击“段落”|“编号”按钮。也可使用快捷菜单中的“编号”命令打开如图3-37所示的提示框，为已输入的段落添加编号。

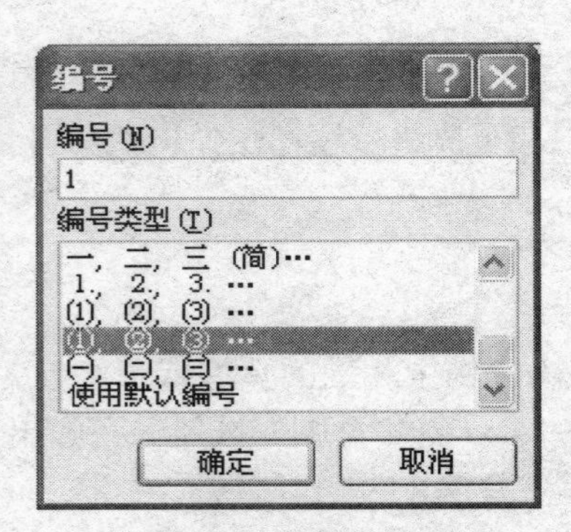

图3-36 “编号”对话框

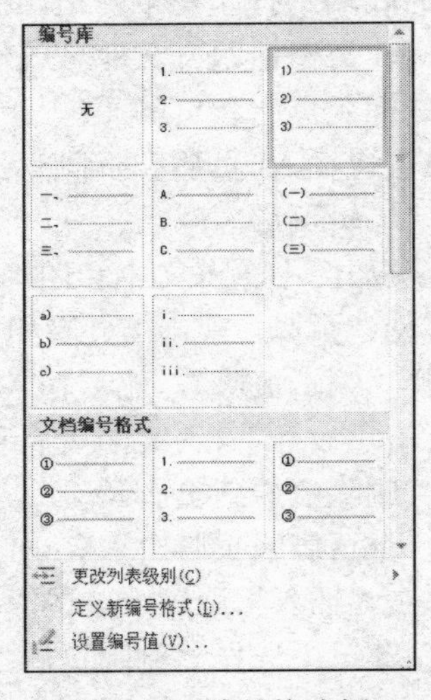

图3-37 编号格式框

4. 制表位的设定

Word 2007提供了灵活的制表功能，可以方便地用制表位产生制表信息。使用制表位能够向左、向右或居中对齐文本行，或将文本与小数点字符或竖线字符对齐。

设置制表位的方法如下：

（1） 利用标尺。

在水平标尺上单击要插入制表位的位置。

（2） 利用对话框。

将插入点置于要设置制表位的段落。

单击“开始”|“段落”组右下角的按钮，打开“段落”对话框。点击“段落”对话框左下角的“制表位”按钮，打开“制表位”对话框，如图3-38所示。

① 在“制表位位置”文本框中键入具体的位置。

② 在“对齐方式”组中单击某一对齐方式单选框。

③ 在“前导符”组中选择一种前导符。

④ 单击“设置”按钮。

⑤ 重复以上步骤，可以设置多个制表位。

如果要删除某个制表位，则可以在“制表位”文本框中选定要清除的制表位位置，并单击“清除”按钮即可。单击“全部清除”按钮可以一次清除所有设置的制表位。

设置制表位时，还可以设置带前导符的制表位，这一功能对目录排版很有用，如图 3-39 所示。

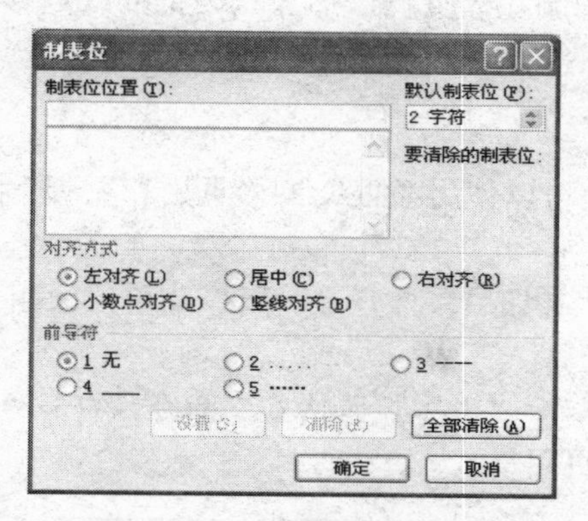

图 3-38　“制表位”对话框

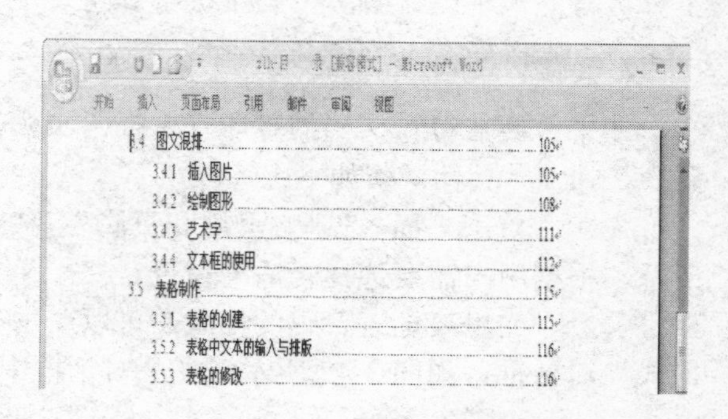

图 3-39　带前导符的制表位应用示例

5. 页面设置

页面设置包括设置纸张的大小、页边距、页眉和页脚的位置、每页容纳的行数和每行容纳的字数等。在新建一个文档时，其页面设置使用于大部分文档。用户也可以根据需要自行设置，通过“页面布局”|“页面设置”组中的按钮或在“页面设置”对话框中进行操作，如图 3-40 所示。

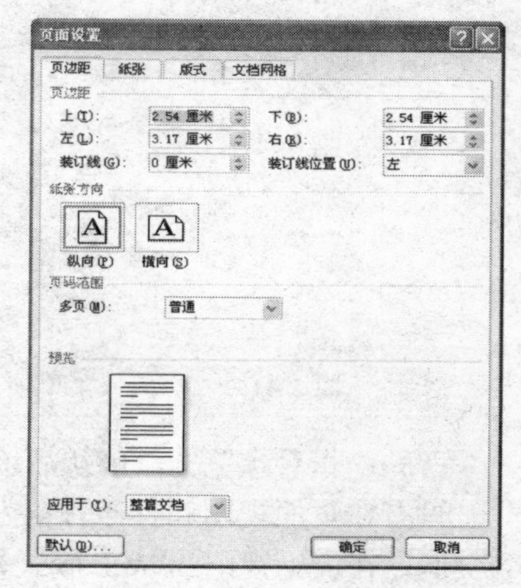

图 3-40　“页面设置”对话框

（1）“页边距”：用于设置文档内容和纸张四边的距离，通常正文显示在页边距以内，包括脚注和尾注，而页眉和页脚显示在页边距上。页边距包括“上边距”、“下边距”、“左边距”和“右边距”。在设置页边距的同时，还可以设置装订线的位置或选择打印方向等。

（2）“纸张”：用于选择打印纸的大小。一般默认值为 A4 纸。如果当前使用的纸张为特殊规格，可以选择“自定义大小”选项，并通过“高度”和“宽度”文本框定义纸张的大小。

（3）“版式”：用于设置页眉和页脚的特殊选项，如奇偶页不同、首页不同、距页边界的距离、垂直对齐方式等。

（4）“文档网络”：用于设置每页容纳的行数和每行容纳的字数，文字打印方向，行、列网格线是否要打印等。

通常，页面设置作用于整个文档，如果对部分文档进行页面设置，应在“应用于”下拉列表中选择范围。

6. 分页设置

Word 具有自动分页的功能，也就说，当键入的文本或插入的图形满一页时，Word 会自动分页，当编辑排版后，Word 会根据情况自动调整分页的位置。有时为了将文档的某一部分内容单独形成一页，那么可以插入分页符号进行强制人工分页。插入分页符的步骤：

① 将插入点移到新的一页的开始位置。

② 按组合键 Ctrl+Enter。

在普通视图下，人工分页符是水平虚线。如果想删除分页符，那么只要把插入点移到人工分页符的水平虚线中，按 Delete 键即可。

7. 设置页码

如果希望在每页文档的打印件中插入页码，那么可以使用“插入”|“页眉和页脚”|“页码”按钮。具体操作如下：

（1） 单击“插入”|“页眉和页脚”|“页码”按钮，打开“页码”菜单，如图 3-41 所示。根据用户需要选择合适的命令。

（2） 如果要更改页码的格式，可以单击“页码”|“设置页码格式”命令，打开“页码格式”对话框，如图 3-42 所示，在此对话框中设定页码格式。

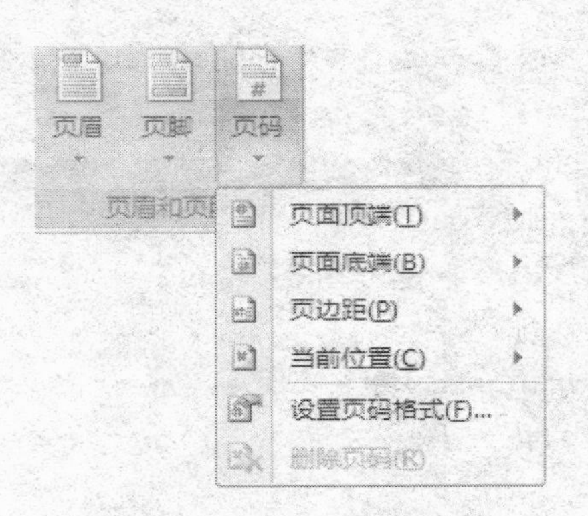

图 3-41 “页码”菜单项

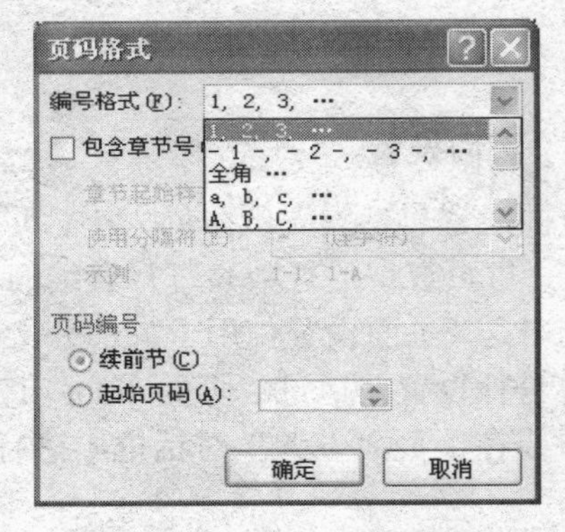

图 3-42 “页码格式”对话框

（3） 查看预览框，确认后单击“确定”按钮。

只有在页面视图和打印预览方式下才可以看到插入的页码，普通视图和大纲视图下看不到页码。在大纲视图或 Web 版式视图中，“页码”命令不可选。在普通视图中可以添加页码，但看不到页码。在页面视图中两者均可。

3.4 教学案例：学生成绩统计表

【任务】新学期开始后，需要对上学期的成绩做进一步统计，包括排序、总成绩、平均成绩、不及格等数据，请你帮辅导员制作一张学生成绩统计表，具体内容案例效果如图 3-43 所示。

学生成绩统计表

课程 成绩 姓名	公共基础		专业基础		总成绩	平均分
	大学英语	高等数学	计算机基础	C语言		
聂　伟	90	64	97	75	326	81.5
谢　君	52	72	84	66	274	81.5
张　丽	76	82	83	76	317	82.75
胡容华	88	85	76	58	307	79.25
最高分	90	85	97	82	331	
最低分	52	64	76	58	274	

图 3-43　“学生成绩统计表”效果

3.4.1 学习目标

通过本案例的学习，使学生充分了解Word中表格的创建及表格中文字的输入，掌握合理的表格制作方法，学会对表格的基本编辑方法，包括行或列的插入和删除、单元格的合并与拆分、行宽与列高的调整、单元格的线型与背景的设置、单元格文本的对齐、斜线表头的制作、表格内数据的计算与排序方法等操作。培养学生思考问题解决问题的能力，理论联系实际的能力，为后期的个人简历制作奠定基础。

3.4.2 相关知识

表格是一种简明、扼要的表达方式，在许多报告中常常采用表格的形式来表达某一事物，如班级的考试成绩、职工工资表等，不仅可以快速创建表格，而且还可以对表格进行编辑修改，表格与文本间的相互转换和表格的自动套用。使得表格的制作和排版变得比较容易、简单。本案例的主要知识点如下：

（1）　表格的创建与保存。

（2）　单元格内文本的输入及格式设置。

（3）　表格的修改方法，包括行或列的插入和删除、单元格的合并与拆分、行高与列宽的调整、单元格的线型与背景的设置、单元格文本的对齐等。

（4）　斜线表头的制作。

（5）　表格内数据的排序与计算方法。

3.4.3 操作步骤

1.　创建学生成绩统计表

Word 2007 提供了多种创建表格的方法，既可以直接插入规范表格或者手工绘制表格，然后向其中填充内容，也可以直接将文本转换为表格，还可以插入 Excel 电子表格，或者套用 Word 2007 内置的表格样式和内容，然后修改其中的内容。

将鼠标定位在要插入表格的位置后，单击“插入”｜“表格”｜“表格”按钮，在弹出菜单上半部的示例表格中拖动鼠标，示例表格顶部就会显示相应的行列数，如图3-44所示。当行列数达到所需数目时释放鼠标按键，即可插入一个具有相应行列数的表格。

如果要预先指定表格的格式，可在“表格”按钮弹出菜单中选择“插入表格…”命令，打开“插入表格”对话框，指定表格的列数和行数，并进行其他参数设置，如图3-45所示。

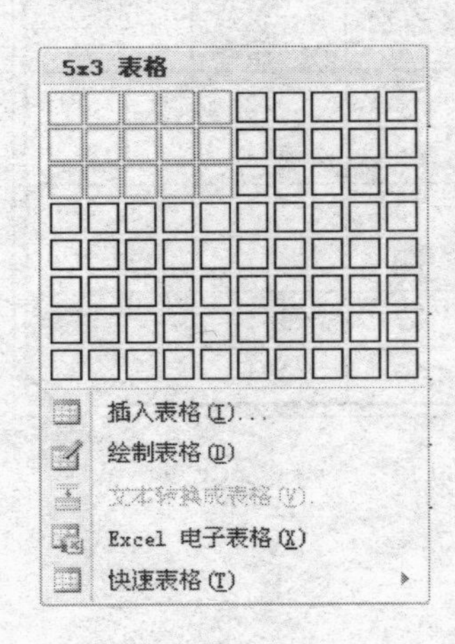

图 3-44　示例表格

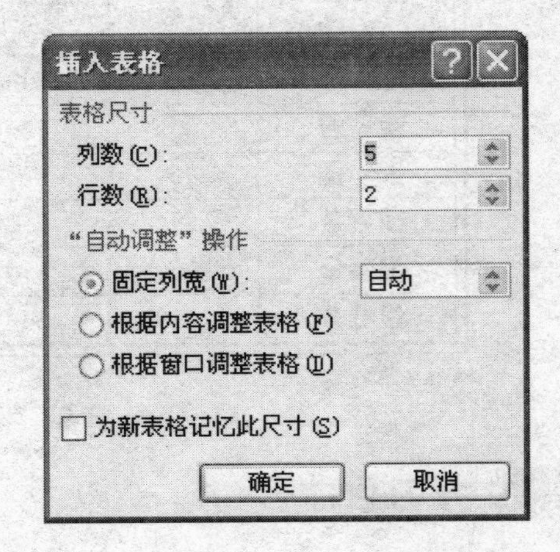

图 3-45　“插入表格”对话框

2. 学生成绩统计表的修改

在修改表格前需要先选定将要修改的部分，如：表格、单元格、行或列。选定的方法及步骤如下：

（1） 用鼠标选定。

把鼠标指针移到要选定的单元格的左下角，当指针变为右指箭头“↗”时，单击鼠标左键，就可以选定该单元格；如果拖动鼠标，就可以选定多个连续的单元格。被选定的单元格呈反相显示。若把鼠标指针移到表格的顶端的选定区中，当鼠标指针变成向下箭头“⬇”时，单击鼠标左键，就可以选定箭头所指的列。

另外，在“布局”选项卡中的 按钮中提供了选择单元格、列、行或整个表格的命令。其操作方法如下：

① 选定单元格：将插入点置于欲选行的某一单元格中，单击“选择” ”|““选择单元格”命令。

② 选定列：将插入点置于欲选列的某一单元格中，单击“选择”|“选择列”命令。

③ 选定行：将插入点置于欲选列的某一单元格中，单击“选择”|“选择行”命令。

④ 选定整个表格：将插入点置于表格的任一单元格中，单击“选择”|“选择表格”命令。

（2） 插入和删除行或列。

① 插入行、列或单元格。

在表格中如果缺少行或列，可以选择某行或某列，或者将插入点置于要插入行或列的位置，然后在表格工具的“布局”选项卡中单击“行和列”组中的“在上方插入”、“在下方插入”、“在左侧插入”或“在右侧插入”按钮，即可在相应位置插入行、列或单元格。

② 删除表格、行、列或单元格。

选择要删除的表格、行、列或单元格，然后单击表格工具的“布局”|“行和列”|“删除”按钮，即可删除表格、行、列或单元格。

（3）　合并单元格。

在规则表格的基础上，通过对单元格的合并或拆分可以制作比较复杂的表格。合并单元格的方法比较简单，选定要合并的单元格区域后，单击“布局”|“合并”|“合并单元格”按钮，即可将多个单元格合并为一个大单元格。

（4）　拆分单元格。

首先选定这些要拆分的单元格，单击“布局”|“合并”|“拆分单元格”按钮，打开如图 3-46 所示的“拆分单元格”对话框，在“列数”和“行数”数值框中分别输入要拆分的列数和行数，然后单击“确定”按钮。

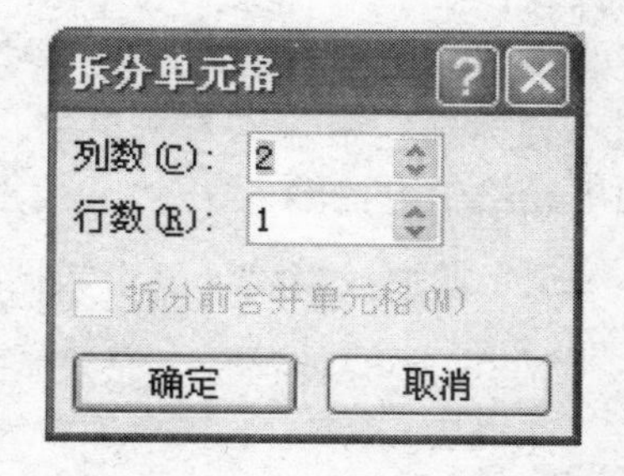

图 3-46　“拆分单元格”对话框

（5）　调整行高与列宽。

将鼠标指针移到要调整行高的行边框线上，当出现一个改变大小的行尺寸工具“÷”时按住鼠标左键拖动鼠标，此时出现一条水平的虚线，显示行改变后的大小。移到合适位置释放鼠标，行的高度即被改变。

如果要更改列宽，则可将鼠标指针移到要调整列宽的列边框线上，当出现一个改变大小的列尺寸工具“+||+”时，按住鼠标左键拖动鼠标，此时出现一条垂直的虚线，显示列改变后的大小。移到合适位置释放鼠标，列的大小被改变。

另外，使用“表格属性”对话框可以使行高和列宽调整至精确的尺寸，如图 3-47 所示。

3.　学生成绩统计表的修饰

表格的修饰主要指表格、行、列及单元格线型与背景的编辑设置，单击“布局|表格属性”按钮，弹出“表格属性”对话框，单击“边框和底纹”按钮，打开如图 3-48 所示的“边框和底纹”对话框，设置模板对象所对应边框线型及底纹格式。

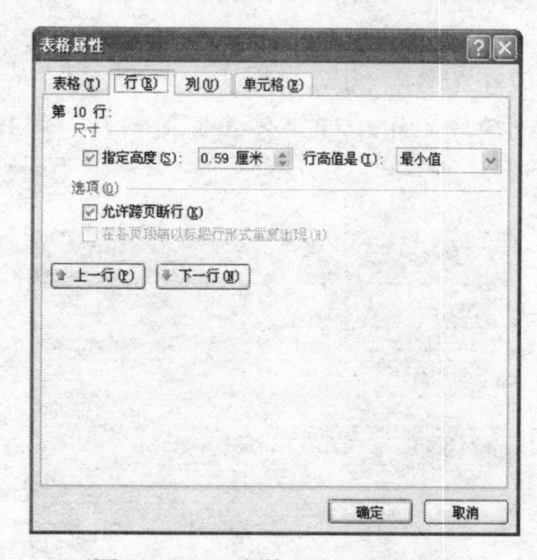

图 3-47　“表格属性”对话框

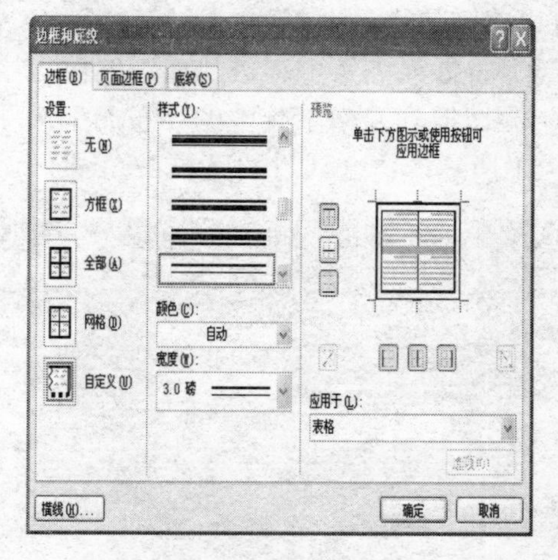

图 3-48　“边框和底纹”对话框

4.　在学生成绩统计表中绘制斜线表头

表头位于所选表格的第 1 个单元格中，绘制斜线表头的方法除了利用手工绘制表格的方法，可以在表格表头中绘制出斜线外，Word 还专门为此提供了“绘制斜线表头”的功能，操作步骤如下：

（1） 选定要绘制斜线表头的单元格。

（2） 单击“布局”|“绘制斜线表头”按钮，弹出“插入斜线表头”对话框，如图 3-49 所示的。

（3） 在“表头样式”下拉列表框中，选择斜线样式；在“字体大小”下拉列表框中选择表头文字的字号（应比表格内其他字号小）；在“行标题”和“列标题”中输入表头文字，或者不输入文字而到单元格中直接输入。

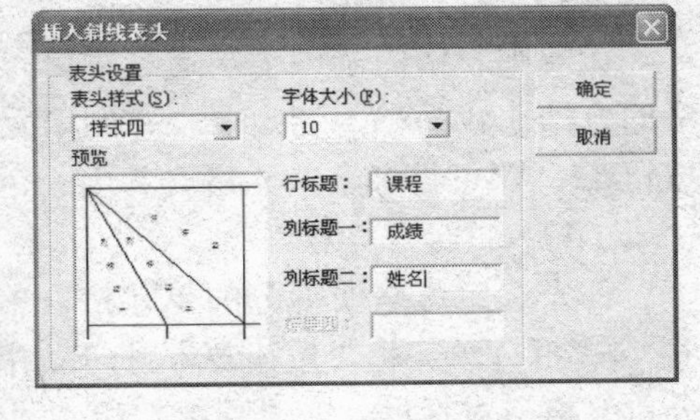

图 3-49　“插入斜线表头”对话框

5. 学生成绩统计表中数据的排序与公式计算

Word 还能对表格中的数据进行排序和计算。

（1） 排序。

① 将插入点置于要排序的表格中。

② 单击“布局|排序”按钮，打开如图 3-50 所示的“排序”对话框。

③ 在“主要关键字”列表框中选择“总成绩”项，在其右边的“类型”列表框中选择“数字”，再选择“降序”单选按钮。

④ 在“次要关键字”列表框中选定“计算机基础”项，在其右边的“类型 ”列表框中选择“数字”，再选择“降序”单选按钮。

⑤ 在“第三关键字”列表框中选定“大学英语”项，在其右边的“类型 ”列表框中选定“数字”，再选择“降序”单选按钮。

⑥ 在“列表”选项组中，选择“有标题行”单选按钮，单击“确定”按钮。

（2） 计算。

Word 提供了对表格数据的一些诸如求和、求平均值等常用的计算功能。利用这些计算功能可以对表格中的数据进行计算。具体步骤如下：

① 将插入点移到存放总成绩的单元格中（例如放在第 3 行的第 6 列）。

② 切换到表格工具中的“布局”选项卡，单击“数据”组中的“公式”按钮，打开如图 3-51 所示的“公式”对话框。

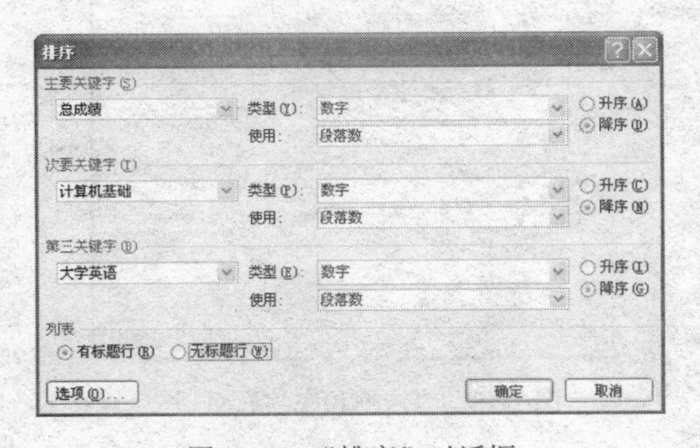

图 3-50　“排序”对话框

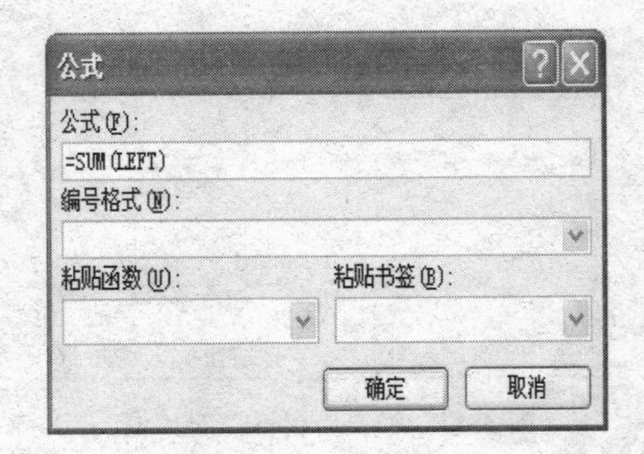

图 3-51　“公式”对话框

③ 在“公式”列表框中显示“=SUM(LEFT)”表明要计算左边各列数据的总和，单击“确

定”按钮。按同样的操作方法可以求得其余各行的总分。

④ 求平均分与求和步骤相同，只需输入求平均值函数“=Average()”，在括号内输入参数“B2:E2”，单击“确定”按钮。

通过以上步骤得到如图 3-52 所示的结果，按同样的操作方法可以输入求最高分函数“=Max()”和求最低分函数“=Min()”，并在括号内输入对应的参数，单击“确定”按钮。

课程 / 成绩 / 姓名	公共基础		专业基础		总成绩	平均分
	大学英语	高等数学	计算机基础	C语言		
聂　伟	90	64	97	75	326	81.5
谢　君	52	72	84	66	274	81.5
张　丽	76	82	83	76	317	82.75
胡容华	88	85	76	58	307	79.25
最高分						
最低分						

图 3-52　计算平均分后的结果

【知识链接】

1.　手工绘制表格

在实际应用中，不规则的表格，可以通过手绘的方法来得到。单击“插入”|“表格”|“表格”按钮，从弹出的菜单中选择“绘制表格”命令，此时鼠标指针将变成笔状，在页面中拖动可直接绘制表格外框，行列线及斜线（在线段的起点单击鼠标左键并拖动至终点释放），表格绘制完成后单击“绘制表格”按钮或按 Esc 键，取消选定状态。在绘制过程中，可以根据需要在“表格工具”中选择表格线的线型、宽度和颜色。对多余的线段可利用“擦除”按钮擦除，如图 3-53 所示。

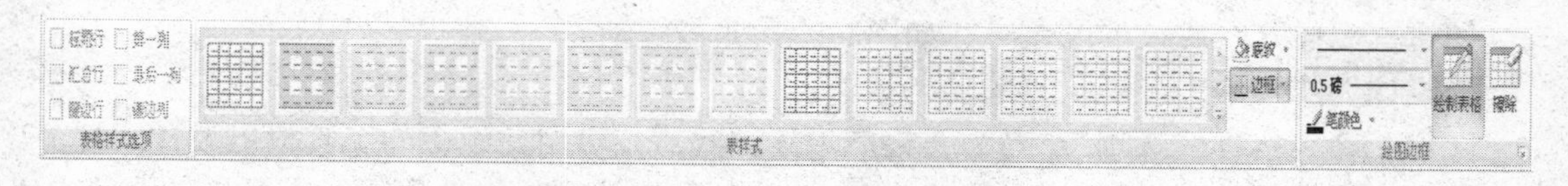

图 3-53　“表格”工具栏

2.　文本转换成表格

如果已经有了需要将来添加到表格中的数据，如图3-54所示，可以使用Word中的文本转换为表格功能直接将其转换成表格。

在转换之前，必须先确定已在文本中添加了分隔符，以便在转换时将文本放入不同的列中，然后单击“插入”|“表格”|“表格”按钮，从弹出的菜单中选择“文本转换为表格”命令，打开如图3-55所示的“将文字转换成表格”对话框。从中指定表格的行列数及正确的列分隔符，即可将选定文字转换为表格。完成转换后的表格，如表3-4所示。

姓名	语文	数学	英语	计算机
张三	86	78	90	92
李峰	90	66	76	71
王敏	73	56	86	87

图 3-54　要转换为表格的文本

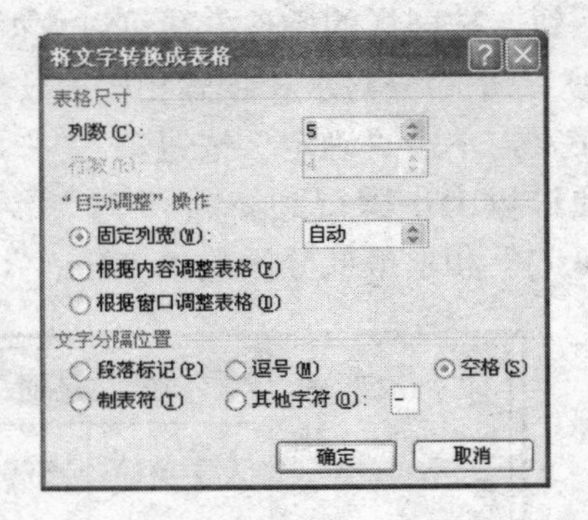

图 3-55　“将文字转换成表格”对话框

表 3-4　转换后的表格

姓　名	语　文	数　学	英　语	计算机
张　三	86	78	90	92
李　峰	90	66	76	71
王　敏	73	56	86	87

3. 表头的重复

当一张表格超过一页时，通常希望在第二页的续表中也包括第一页的表头。Word 提供了表头的重复功能，具体步骤如下：

（1） 选定第一页表格中由一行或多行组成的标题行。

（2） 单击“布局”|“重复标题行”按钮。

这样，Word 会在因分页而拆开的续表中重复表头标题，在页面视图方式下可以查看此重复的标题。用这种方法重复的标题，修改时也只要修改第一页表格的标题就可以了。

4. 设置表格自动套用样式

选择表格或表格元素后，可以使用表格工具的“设计”选项卡来设置表格的整体外观样式，如边框的样式、底纹的颜色等，如图3-56所示。

“设计”选项卡中各组工具的功能如下。

（1） “表格样式选项”：当为表格应用了样式后，可用此组中的工具栏更改样式细节。其中标题行指第一行；汇总行指最后一行；镶边行和镶边列是指使偶数行或列与奇数行或列的格式互不相同。

图 3-56　表格工具的“设计”选项卡

（2） “表样式”：用于选择表格的内置样式，并可使用“底纹”和“边框”两个按钮更改所选样式中的底纹颜色和边框样式。

（3）“绘图边框”：“笔样式”、“笔画粗细”和“笔颜色”3 种工具分别用于更改线条的样式、粗细、颜色；“擦除”按钮用于启用橡皮擦，拖动它可以擦除已绘制的表格边框线；“绘制表格”按钮用于开始或结束表格的绘制状态。

3.5 教学案例：电子简报

【任务】学校将在 12 月份举办一期以宣传“环保”为主题的简报，请你为学校报社设计制作本期简报的版面及内容，具体案例效果参考模版如图 3-57 所示。

图 3-57　“电子简报”效果

3.5.1 学习目标

通过本案例的学习，使学生充分了解Word中图片、图形、艺术字及文本框的插入，掌握合理的图片、图形插入方法，学会对图片的基本格式编辑方法，包括图片的大小、文字环绕等操作。培养学生思考问题解决问题的能力，理论联系实际的能力，为后期复杂的图文混排文档制作奠定基础。

3.5.2 相关知识

图文混排是 Word 的特色功能之一。可以在文档中插入由其他软件制作的图片（位图、扫描的图片和照片），也可以插入用 Word 提供的绘图工具绘制的图形。通过使用图片工具可以更改和增强图片的效果，使一篇文章更加美观漂亮，达到图文并茂的境界。本案例的主要知识点如下：

（1） 图片的插入及格式设置。

（2） 图形的绘制及格式设置。

（3） 艺术字的插入及格式设置。

（4） 文本框的插入及格式设置。

（5） 公式的插入。

3.5.3 操作步骤

1. 电子简报的创建与保存

启动 Word 2007，输入电子简报中的文字内容，选择“Office 按钮”|“保存”（或“另存为”）命令，打开“另存为”对话框，在“文件名”下拉列表框中输入“电子简报”，单击“保存”按钮，将建立“电子简报.docx”的文档文件。

2. 在电子简报中插入与编辑图片

（1） 单击“插入”|“插图”|“剪贴画”按钮，打开“剪贴画”对话框，在“搜索文字”文本框中输入所需剪贴画的主题，并指定搜索范围和媒体类型后，单击“搜索”按钮，即可搜索所需的剪贴画，并将搜索结果显示在列表框中，如图 3-58 所示。

另外，单击“插入”|“插图”|“图片”按钮，打开如图 3-59 所示的“插入图片”对话框。选择所需的图片后单击“插入”按钮，即可在文档中插入一幅外部图片。

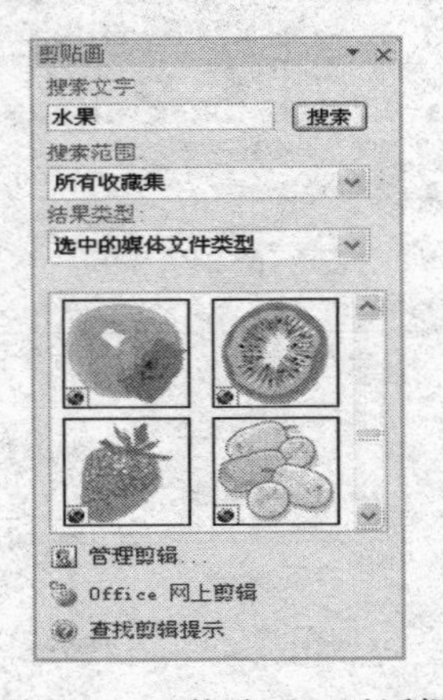

图 3-58 “剪贴画”对话框

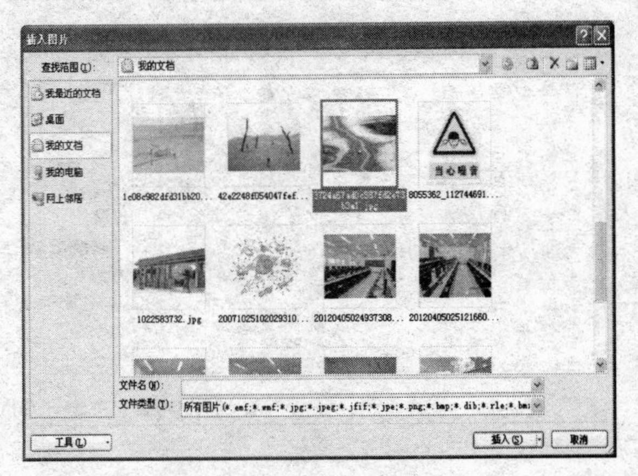

图 3-59 “插入图片”对话框

（2） 选择插入的剪贴画或图片后，Word 2007 会自动在功能区中的“格式”选项卡上方显示“图片工具”栏，用于对图片进行各种调整和编辑，如图 3-60 所示。

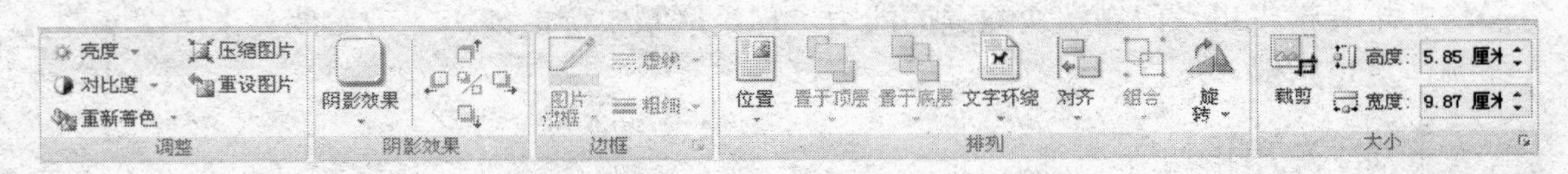

图 3-60 “格式”选项卡的图片工具

（3）调整图片的大小和位置。

可以通过以下两种方法缩放图形。

① 使用鼠标：单击图片，在图片的四周将出现 8 个尺寸控制点，拖动该控制点即可缩放图片。

② 使用“图片工具”栏：单击“格式”选项卡上方显示“图片工具”，调出“图片工具”栏，在“大小”组中输入适合的高度、宽度。

（4）图片的裁剪。

① 使用“图片工具”栏：单击“格式”选项卡上方显示“图片工具”，调出“图片工具”栏，单击“大小”组中的“剪裁”按钮，鼠标指针变成形状，表示裁剪工具已被激活。

② 将鼠标指针移到图片的小方块处，根据指针方向拖动鼠标，可裁去图片中不需要的部分。如果拖动鼠标的同时按住 Ctrl 键，那么可以对称裁去图片。

（5）调整图片的色调。

根据需要，可以为图片的颜色设置灰度和黑白等特殊效果。选定要改变颜色类型的图片，单击“格式”选项卡上方显示“图片工具”，调出“图片工具”栏，在“调整”组中设置。

（6）图片与文字环绕方式。

是指文本内容和图形之间的环绕方式，常用的有嵌入型（默认）、四周型（在其四周方形区域外可放其他内容）、紧密型（在其形状区域外即可放其他内容）、浮于文字上方（盖住其下面文字）、衬于文字下方（文字将出现在其上）等。文字环绕效果如图3-61所示。

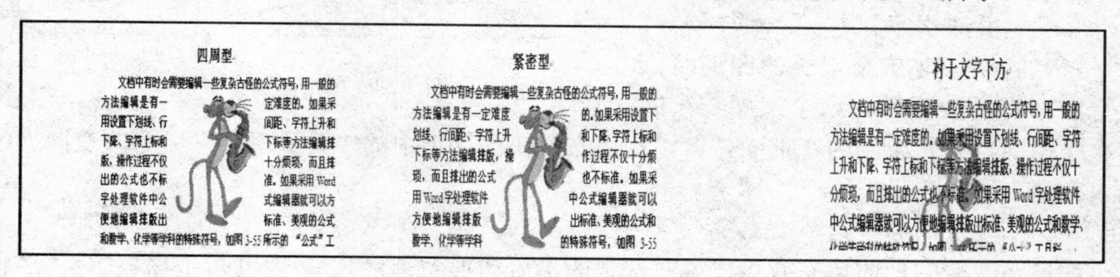

图 3-61　文字环绕效果

3. 在电子简报中绘制、编辑图形

（1）单击“插入”|“插图”|“形状”按钮，在弹出的菜单中单击与所需形状相对应的图标按钮，然后在页面中单击或者拖动鼠标，即可绘出所需的图形，如图 3-62 所示。

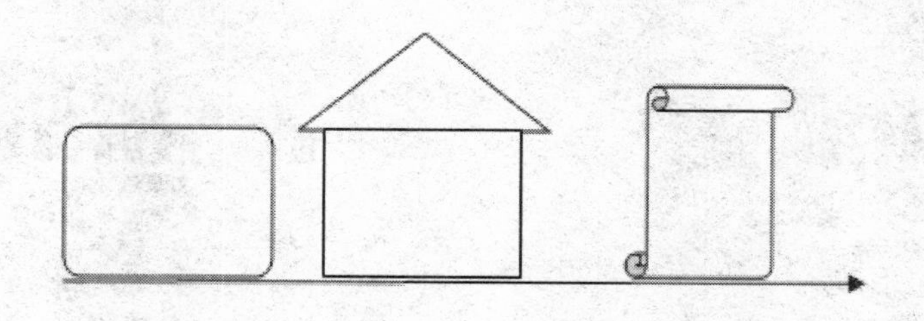

图 3-62　在绘图画布中绘制图形

（2）调整图形大小。

选中一个图形后，在图形四周会出现 8 个尺寸控制点，将指针移动到图形对象的某个控

制点上，然后拖动它即可改变图形大小。

此外，在“设置自选图形格式”对话框中可精确地设置图形的尺寸。

（3） 移动图形。

使用鼠标可以自由地移动图形的位置。将指针指向要移动的图形对象或组合对象，当指针变为 状时按下鼠标左键，此时鼠标变为 状，按住鼠标拖动对象到达目标位置后，松开鼠标键即可。如果需要图形对象沿直线横向或竖向移动，可在移动过程中按住 Shift 键。

此外，还可以按住 Ctrl 键+键盘上的方向键，即可对选定对象进行微移。

（4） 旋转和翻转图形。

可以将在文档中绘制的图形向左或向右旋转任何角度，旋转对象可以是一个图形、一组图形或组合对象。一般情况下，在选中图形后，图形上会出现一个绿色的圆点，鼠标拖动绿色的圆点可以将图形进行旋转。

（5） 添加文字。

在需要添加文字的图形上单击鼠标右键，在弹出的快捷菜单中选择“添加文字”命令。这时光标就出现在选定的图形上中，输入需要的文字内容。这些输入文字变成图形的一部分，会跟随图形一起移动，如图 3-63 所示。

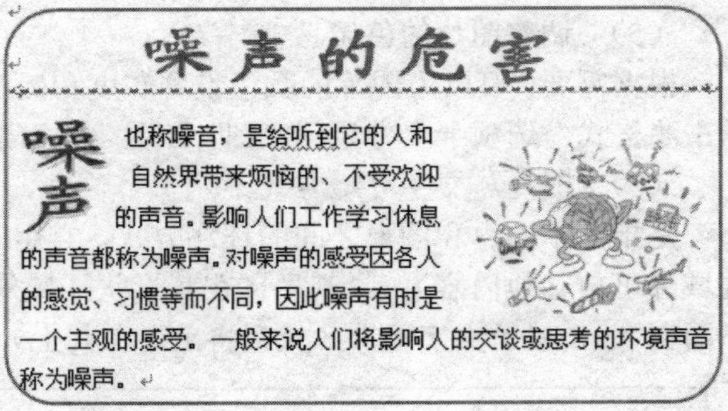

噪声的危害
噪声
也称噪音，是给听到它的人和
自然界带来烦恼的、不受欢迎
的声音。影响人们工作学习休息
的声音都称为噪声。对噪声的感受因各人
的感觉、习惯等而不同，因此噪声有时是
一个主观的感受。一般来说人们将影响人的交谈或思考的环境声音
称为噪声。

图 3-63 图形添加文字效果

（6） 叠放次序。

当文档中绘制多个重叠的图形时，每个图形有叠放次序，这个次序与绘制的次序相同，最先绘制的在下面。可以利用右键快捷菜单中的“叠放次序”命令改变图形的叠放次序。

（7） 设置图形格式。

如果要改变图形的填充效果，可在选定图形后切换到“格式”|“文本框样式”|“形状填充”按钮，从弹出的菜单中选择所需的颜色，或者选择所需的命令指定其他填充效果，如图 3-64 所示。

若要改变图形的轮廓效果，则可单击“形状轮廓”按钮，从弹出的菜单中选择所需的颜色，或者选择所需的命令指定其他线条效果，如图 3-65 所示。

形状填充
主题颜色
标准色
无填充颜色(N)
其他填充颜色(M)...
图片(P)...
渐变(G)
纹理(T)
图案(A)...

图 3-64 “形状填充”弹出菜单

形状轮廓
主题颜色
标准色
无轮廓(N)
其他轮廓颜色(M)...
粗细(W)
虚线(S)
箭头(R)
图案(A)...

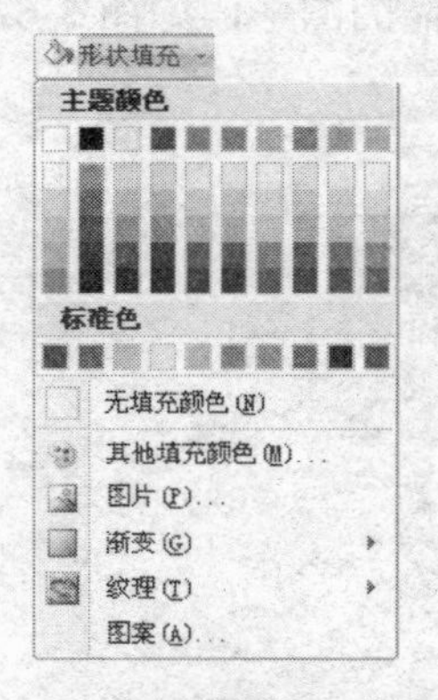

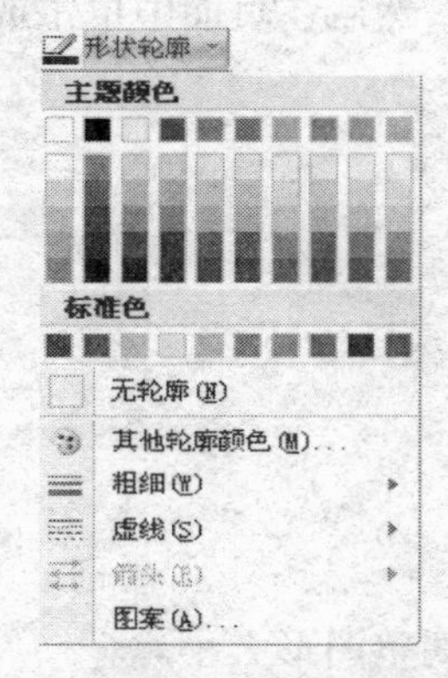

图 3-65 “形状轮廓”弹出菜单

（8） 图形组合。

选中多个图形后，选择“绘图工具”|“组合”|“组合”命令，即可将它们组合为一个整体。若要取消对图形的组合，选择“绘图工具”|“组合”|“取消组合”命令即可。

4. 在电子简报中插入艺术字标题

（1） 单击要插入艺术字的位置。

（2） 单击“插入”|“文本”|“艺术字”按钮，弹出如图 3-66 所示的“艺术字”库。

（3） 单击要应用的艺术字样式，弹出如图 3-67 所示的“编辑艺术字文字”对话框，在“文字”文本框中输入要应用艺术字的字符，在本例中输入“文字处理软件”。

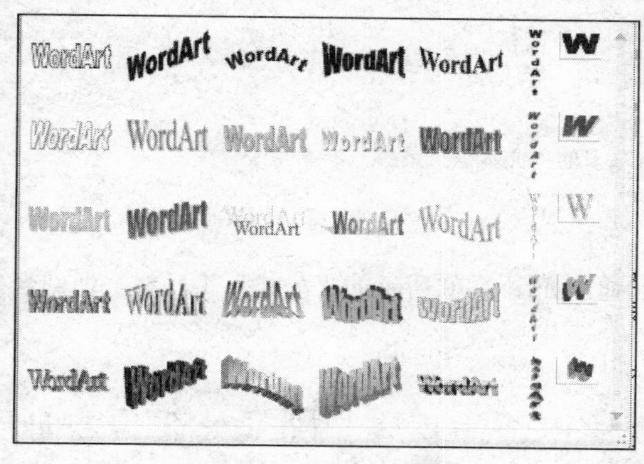

图 3-66　“艺术字”库

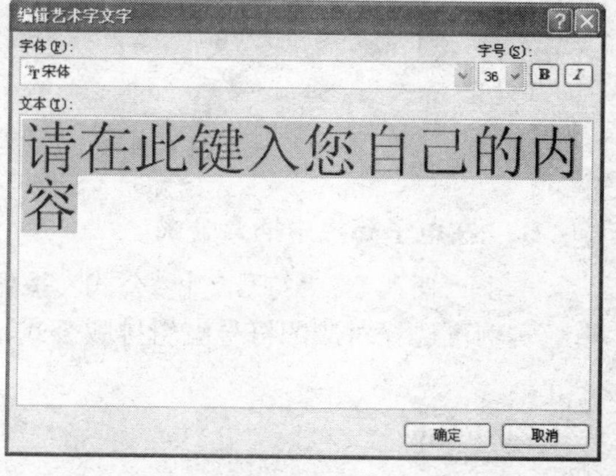

图 3-67　“编辑艺术字文字”对话框

（4） 在“字体”下拉列表框中选择“华文行楷”，在“字号”下拉列表框中选择“48”号。

（5） 单击“加粗”按钮，单击“确定”按钮。

（6） 新插入的艺术字默认处于选定状态，可在功能区中显示“艺术字工具”的“格式”选项卡，使用其中的工具可以对艺术字进行各种设置，如图 3-68 所示。

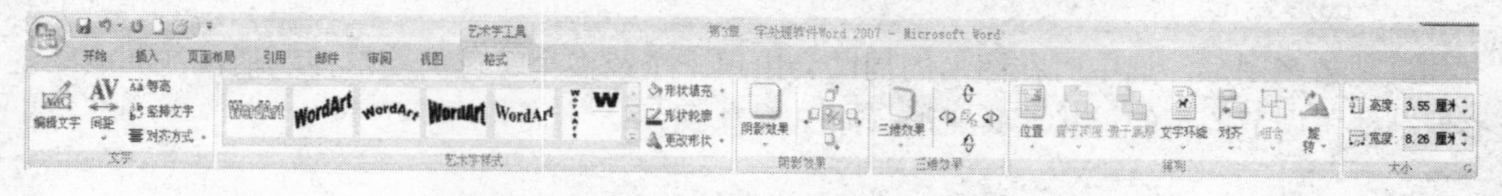

图 3-68　“格式”选项卡的“艺术字工具”

（7） 改变艺术字形状：单击“艺术字样式”组中的“更改形状”按钮，弹出“艺术字形状”选项板，在该选项板中可以选择一种应用到艺术字上的形状。

（8） 设置文字环绕：单击“排列”|“文字环绕”按钮，在弹出的下拉菜单中可以选择“浮于文字上方”或“四周型环绕”等方式。

5. 在电子简报的图形中添加文字

在电子简报的图形中输入文字内容可直接输入也可选择插入文本框。

（1） 直接输入。

选定所绘制的图形右击鼠标，在弹出的快捷菜单中选择“添加文字”命令，即可在图形上输入文字内容。

（2） 插入文本框。

文本框是一独立的对象，框中的文字和图片可随文本框移动，可以把文本框看作一个特殊的图形对象。单击“插入”选项卡“文本”组中的“文本框”按钮，从弹出的菜单中选择“绘制文本框”或“绘制竖排文本框”命令，然后在页面中的文档中拖动鼠标，即可绘制出一个横排或竖排的文本框。

（3） 设置文本框的格式。

对文本框的设置与图形对象相同。选择文本框，即可在功能区中显示文本框工具的“格式”选项卡，如图 3-69 所示，使用其中的工具可以对文本框进行各种设置。

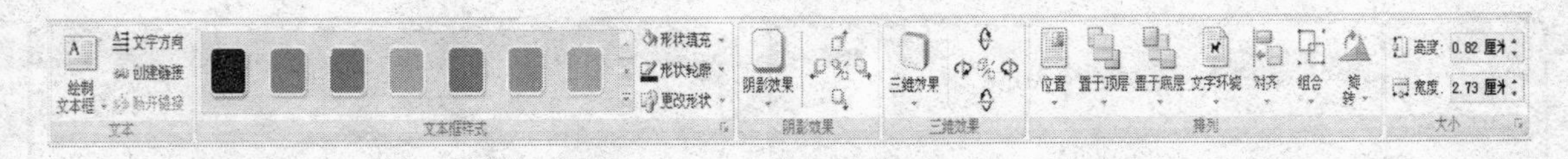

图 3-69 “格式”选项卡的“文本框工具”

6. 在电子简报中插入公式

单击“插入”|“符号”|“公式”按钮，弹出如图 3-70 所示的“公式”工具栏。现结合模版实例可选择对应的符号编辑排版公式。

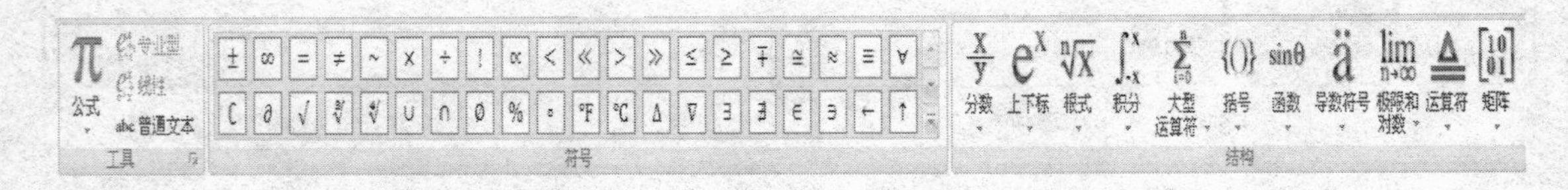

图 3-70 “公式”工具栏

【知识链接】

1. 图形变形

对于某些图形，选中时在图形的周围会出现一个或多个黄色的菱形控制柄，拖动这些菱形控制柄可调节图形的形状使其变形，如图 3-71 所示。

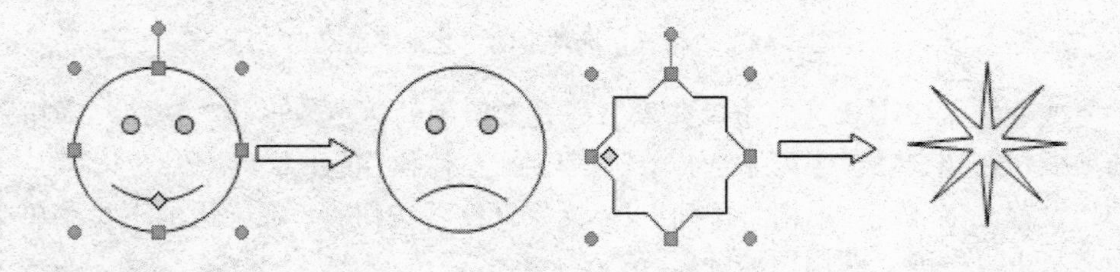

图 3-71 图形变形前后对比

2. 文本框链接

当一个文本框中的文本超出了该文本框的大小而不能在该文本框中显示时，则将自动转入与之相链接的下一个文本框中显示。若要建立文本框之间的链接，则首先选中要与其他文

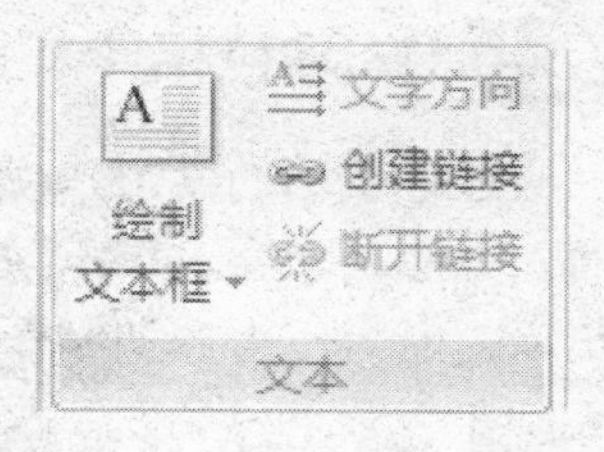

图 3-72　“文本”组

本框建立链接的文本框，然后单击“文本”|“创建链接”按钮，如图 3-72 所示。鼠标形状会发生变化，此时单击要与之建立链接的下一个空文本框，这样，两个文本框之间就建立了链接。

每个文本框只能有一个前向链接和一个后向链接，如果将一个文本框的链接断开，则文本便不再排至下一个文本框。若要断开文本框的链接，可以选定要断开链接的文本框，单击“断开链接”按钮。

3.6 教学案例：毕业论文

【任务】软件班的李明明在做毕业设计，他希望找一个同学帮助他一起完成毕业论文格式的编辑排版工作，案例效果参考模版如图 3-73 所示。

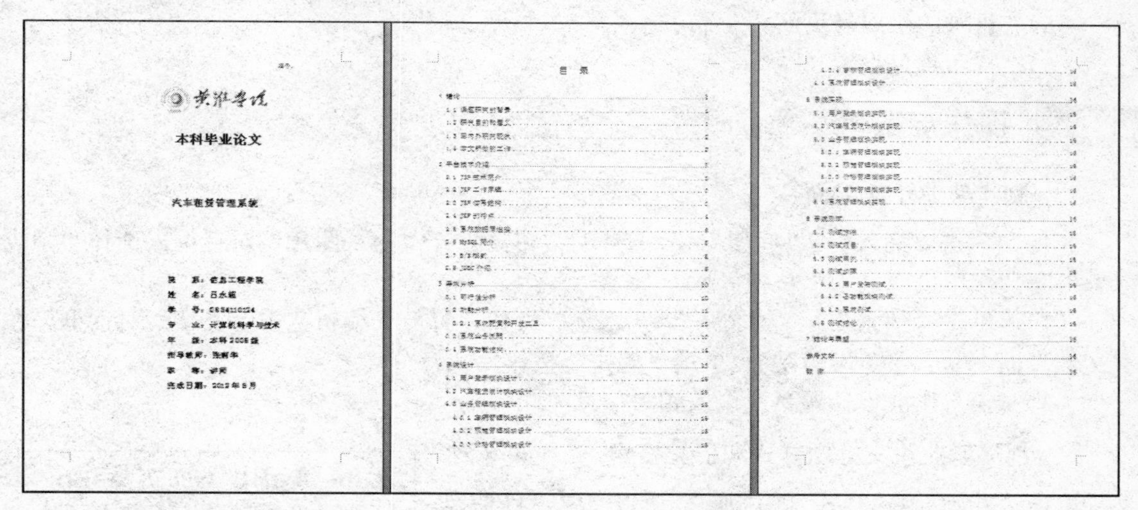
本科毕业论文

汽车租赁管理系统

目 录

1 绪论

2 平台技术介绍

图 3-73　“毕业论文”排版效果

3.6.1 学习目标

通过本案例的学习，使学生了解毕业论文格式的基本排版，掌握合理的目录、页眉\页脚等插入方法，学会对Word文档的综合编辑方法。培养学生思考问题解决问题的能力，理论联系实际的能力，为后期制作毕业设计论文等文档格式的综合编辑版面奠定基础。

3.6.2 相关知识

Word 2007 提供了一些高校排版功能，包括模板与样式、自动生成目录等。本案例的主要知识点如下：

（1） 图片、艺术字的插入及格式设置。

（2） 设置奇数页页眉。

（3） 分隔符的使用。

（4） 多级标题的设置与使用。

（5） 目录的生成与更新。

（6） 打印预览设置。

3.6.3 操作步骤

1. 制作毕业论文封面

（1） 单击“插入”|“插图”|“图片”按钮，打开“插入图片”对话框，选择“学校标志”图片，单击“插入”按钮。

（2） 单击“插入”|“文本”|“艺术字”按钮，打开“编辑艺术字文字”对话框，在“文本”框中输入“黄淮学院”，单击“确定”按钮。

（3） 输入毕业设计题目及个人相关信息。

2. 创建毕业论文标题样式和正文格式

单击“开始”|“样式”组中的按钮将文中“目录、第1章绪论”设置为“标题1”的样式，文中“1.1～1.5”设置为“标题 2”的样式，正文设置为“正文”样式，如图3-74所示。

图3-74 “样式”列表

3. 设置毕业论文标题级别

切换到大纲视图，对每章的标题通过“大纲工具”组中的按钮设置对应的级别，如图3-75所示。将“标题1”设置大纲级别为1级，“标题 2”设置大纲级别为 2级，正文设置大纲级别为正文文本。

4. 创建毕业论文目录

（1） 把插入点调至需要添加目录的页面位置。

（2） 单击“引用”|“目录”|“插入目录”命令，弹出“目录”对话框，如图 3-76所示。

（3） 选择是否显示页码、页码对齐方式、制表符的前导符和显示级别等选项。

（4） 单击“确定”按钮。

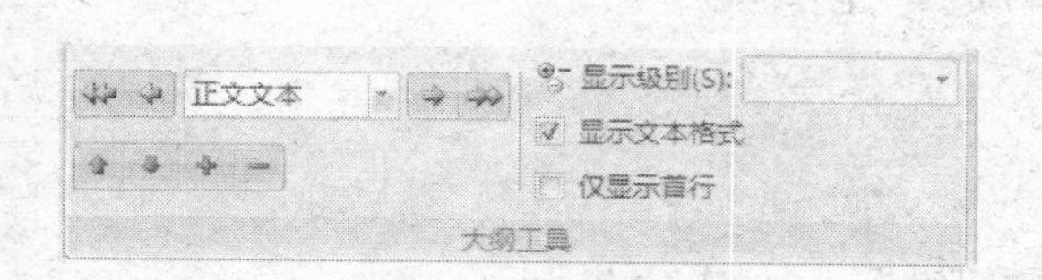

图 3-75 “大纲工具”组

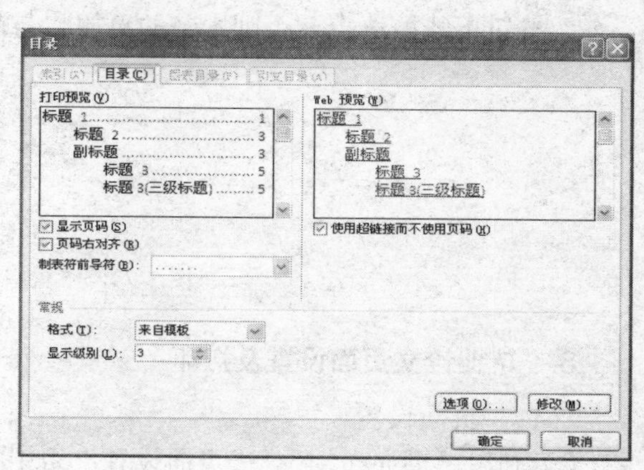

图 3-76 “目录”对话框

5. 更新毕业论文目录

如果文字内容在编制目录后发生了变化，可在目录上单击鼠标右键，从弹出的快捷菜单中选择“更新域”命令，打开“更新目录”对话框，如图 3-77 所示。根据情况选择“只更新页码”或“更新整个目录”选项，单击“确定”按钮完成对目录的更新工作。

6. 在毕业论文中插入不同形式的页码

在整个毕业论文中，封面不加页码、目录的页码用“Ⅰ、Ⅱ”格式，而正文中的页码用“1、2、3”格式。则需要将文中每个“标题 1”所包括的部分都要另起一页，加页码。单击“页面布局”|“页面设置”|“分隔符”命令，弹出如图 3-78 所示的下拉列表框，选择“分节符”组，可添加设置分节符，用于插入不同形式的页码。

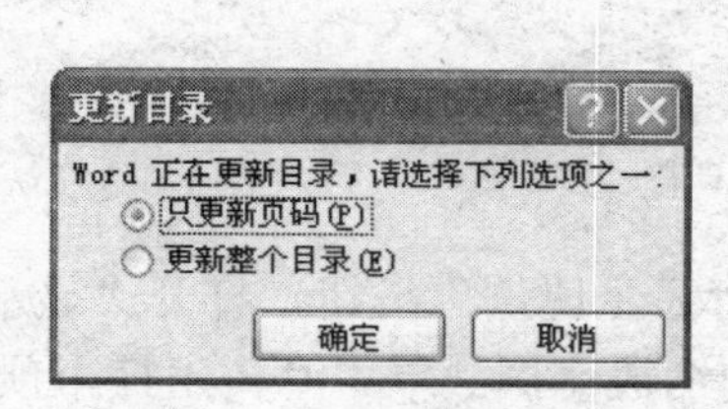

图 3-77 “更新目录”对话框

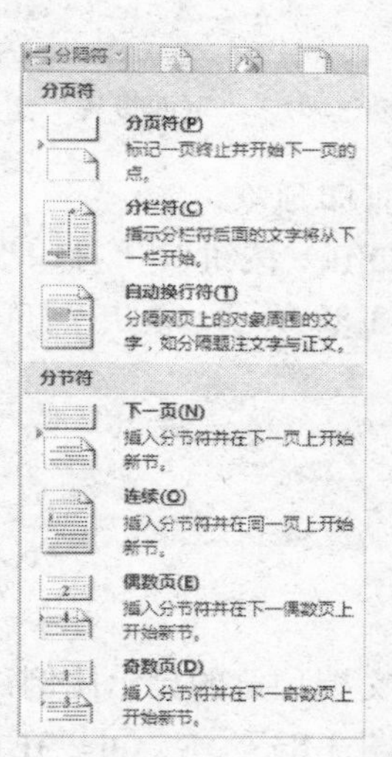

图 3-78 “页码格式”对话框

7. 在毕业论文中设置各章节页眉

先根据各章节的文本进行分多个节，设置每节的页眉不同，要求“目录”页上不设置页眉和页脚，其他页眉为各章节标题。可在设置页眉时，“页眉和页脚”工具栏中的“链接到前一个”按钮不能被选上，否则本节的页眉将与前一节的页眉相同，如图 3-79 所示。

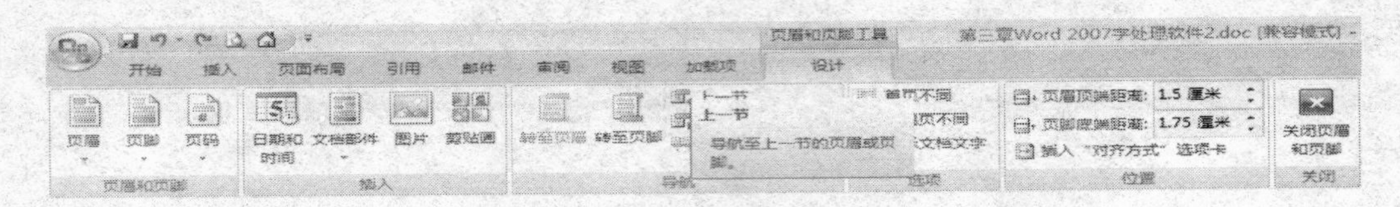

图 3-79 “页眉和页脚”工具栏

8. 毕业论文页面设置及打印

（1） 页面设置。

① 利用“页面布局”|“页面设置”组中按钮设置，如图 3-80 所示。

② 单击“页面布局”|“页面设置|”按钮，弹出“页面设置”对话框，如图 3-81 所示，选择“纸张”选项卡，可根据需要分别进行选择设置。

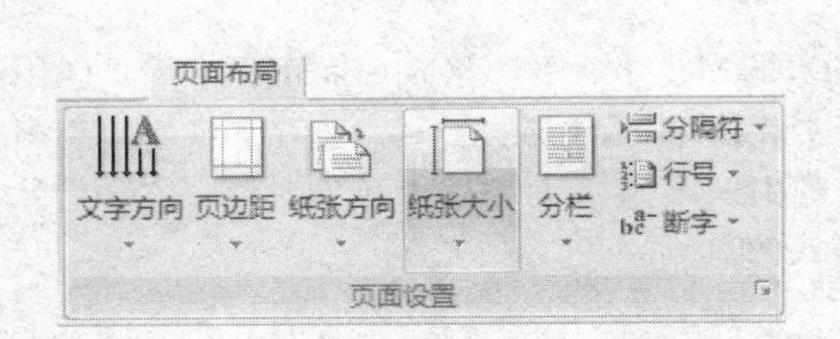

图 3-80 “页面设置”组

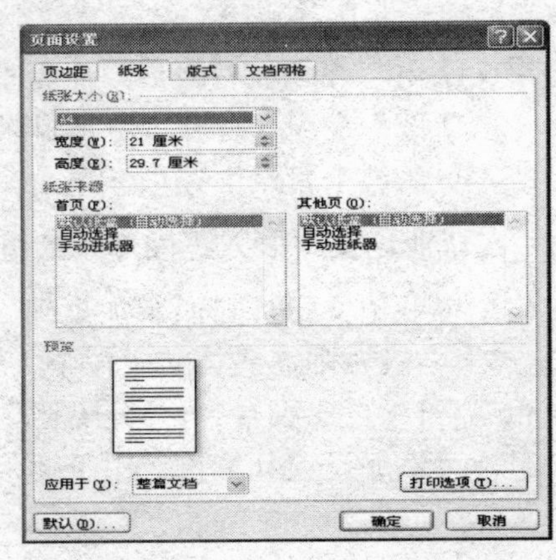

图 3-81 “页面设置”对话框

（2） 打印预览。

单击“Office 按钮”|“打印”|“打印预览”命令，可切换到打印预览状态，“打印预览”工具栏如图 3-82 所示。单击“打印预览”工具栏中的“双页显示”按钮，可以预览多个页面。

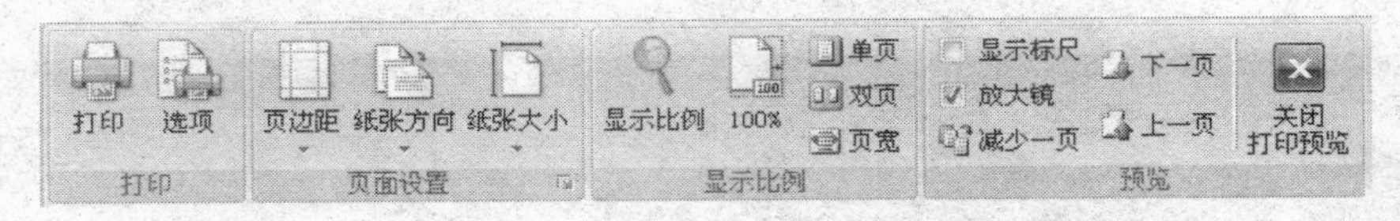

图 3-82 “打印预览”工具栏

要改变文档预览的显示比例，单击“打印预览”|“显示比例”按钮，打开“显示比例”对话框，如图 3-83 所示。可以在该对话框中输入指定的缩放比例。单击“关闭打印预览”按钮，退出打印预览，返回原来的视图。

（3） 设置打印机类型。

单击“单击 Office 按钮”|“打印”命令，或按组合键 Ctrl+P，弹出如图 3-84 所示的“打印”对话框，用户可以在其中设置打印文档选项。

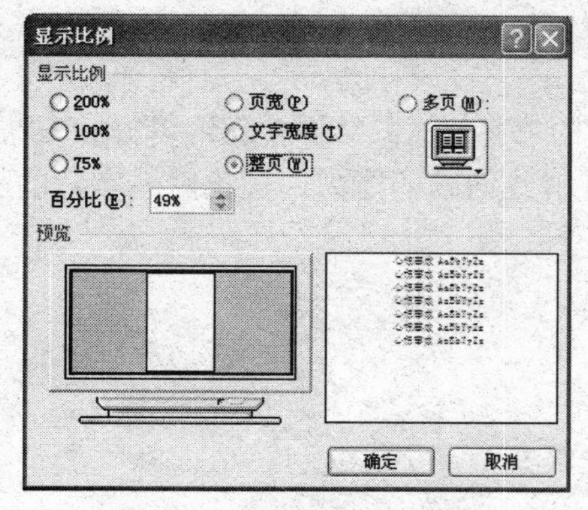

图 3-83　“显示比例”对话框

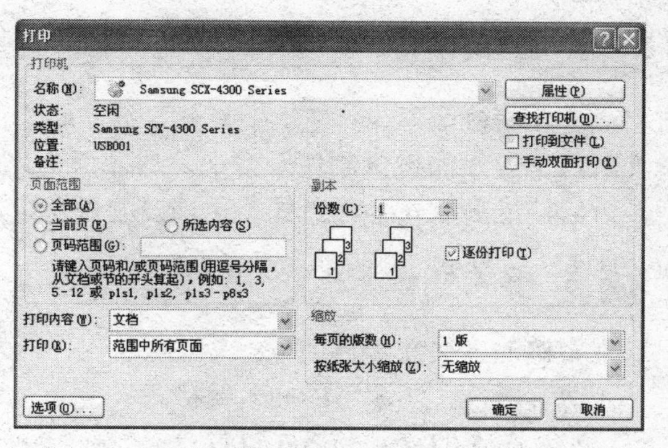

图 3-84　“打印”对话框

（4）　打印方式。

对文档的打印预览效果满意后，在“打印”对话框中设置后就可以打印文档。打印文档有许多方法，有打印整篇文档、打印几页文档和打印选定的文本等多种方法。

3.7　教学案例：入学通知书的批量制作

【任务】请你协助招办的张老师为学院批量制作一份新生“入学通知书”，并通过邮件合并发送给 2012 级的所有新生。具体案例效果参考模版如图 3-85 所示。

黄淮学院
Huanghuai University

录取通知书

学号：21120910112

____________同学：

我校决定录取你入________________学院（系）______________专业学习。请你准时于 二零一二 年 九 月 十六 日凭本通知书到校报到。

本校是教育部批准的具有高等学历教育招生资格的普通高等学校

黄淮学院

______年____月____日

图 3-85　“入学通知书”效果

3.7.1 学习目标

通过本案例的学习，使学生充分了解一些常用通知的书写格式，掌握合理编辑排版方法，学会对入学通知的批量制作及发送。培养学生思考问题解决问题的能力，理论联系实际的能力，为后期批量制作各种通知类文档及发送奠定基础。

3.7.2 相关知识

本案例的主要知识点如下：

（1） 图片、艺术字的插入及格式设置。

（2） 图形的绘制及格式设置。

（3） 通讯录制作及邮件合并。

3.7.3 操作步骤

1. 制作入学通知书

利用新建文档、文字录入、插入图片、艺术字及图形的绘制与编辑制作录取通知书，并以“入学通知书”为名保存至E:\个人文件夹中。

2. 创建录取名单

这里的通讯录，是指存放发送入学通知书对方的一些信息，如姓名、性别、学院名称、专业、籍贯等，便于在邮件合并时使用。创建录取名单方法及步骤：

（1） 光标定位表格要插入的位置，单击“插入”|“表格”|“表格”按钮，选择“插入表格…”命令，在弹出的“插入表格”对话框中设置表格所需的行和列。

（2） 在第一行输入字段名：姓名、性别、学院名称、专业、籍贯。

（3） 根据字段名称输入对应的学生信息，如表 3-5 所示。完成后以“录取名单”为文件名保存在指定位置。

表 3-5 录取名单

姓　名	性　别	学院名称	专　业	籍　贯
李明	男	信息工程学院	软件工程	河北
张蕾	女	文化传媒学院	汉语言文学	安阳
刘茹	女	社会科学系	法律文秘	湖南
王珊珊	女	化学化工系	化工	安徽
张斐	男	建筑工程系	工程管理	海南
杨洋	男	外国语言文学系	商务英语	北京

3. 邮件合并

邮件合并应用于要处理一批通知或信函时，而其内容中有相同的公共部分，但是又有变化的部分，具体操作步骤如下：

（1） 选择文档类型。在打开上述步骤创建的入学通知书文件中，单击“邮件”|“开始邮件合并”|“开始邮件合并”按钮。

（2）　选择“邮件合并分布向导”命令，在文档右边窗口会出现“邮件合并”任务窗格，如图 3-86 所示，选择“信函”文档类型，并单击“下一步：正在启动文档”文字链接。

（3）　选择开始文档。在邮件合并的第二步，即如图 3-87 所示的任务窗格中，选择“使用当前文档”来放置信函。也可根据需要，进行其他选择。

（4）　选择收件人。用户可以使用“现有的联系人表”，并单击“浏览…”文字链接，如图 3-88 所示。

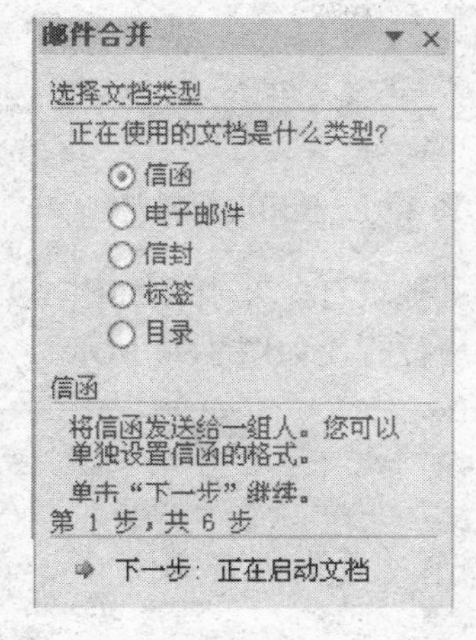

图 3-86　选择文档类型

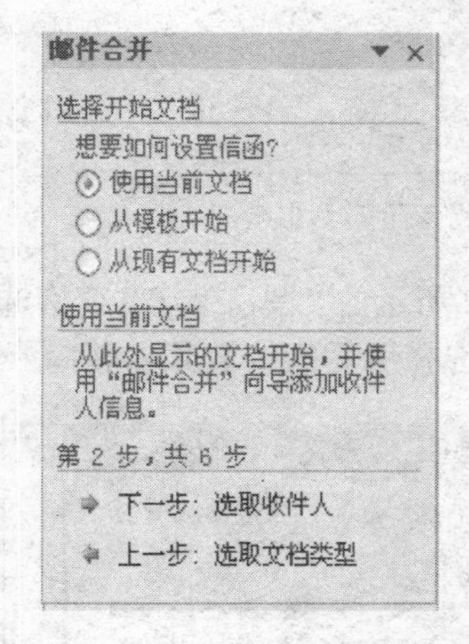

图 3-87　选择开始文档

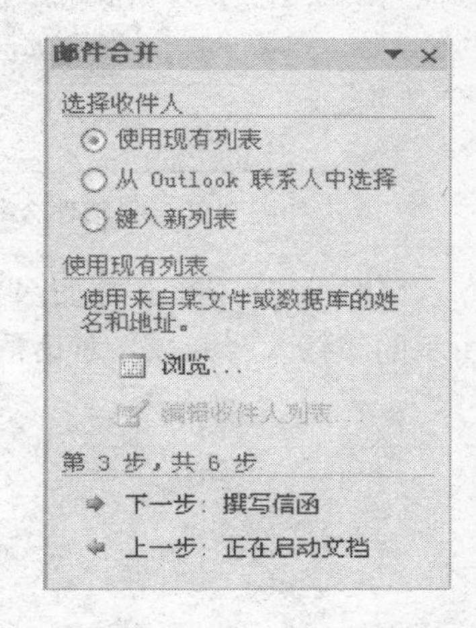

图 3-88　选择收件人

（5）　选取数据源。在弹出的“选取数据源”对话框中，用户可以使用已建好的 Word 表格“录取名单”，如图 3-89 所示。

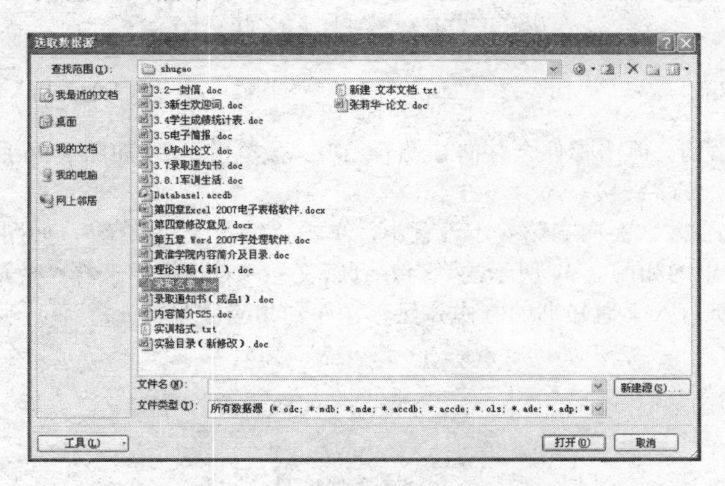

图 3-89　“选取数据源”对话框

（6）　选取收件人。在出现的“邮件合并收件人”对话框中，如图 3-90 所示，根据需要选取收件人。单击“全选”按钮，再单击“确定”按钮即可。

（7）　使用现有列表。返回“邮件合并”第三步任务窗格，单击“下一步：撰写信函”文字链接，如图 3-91 所示。

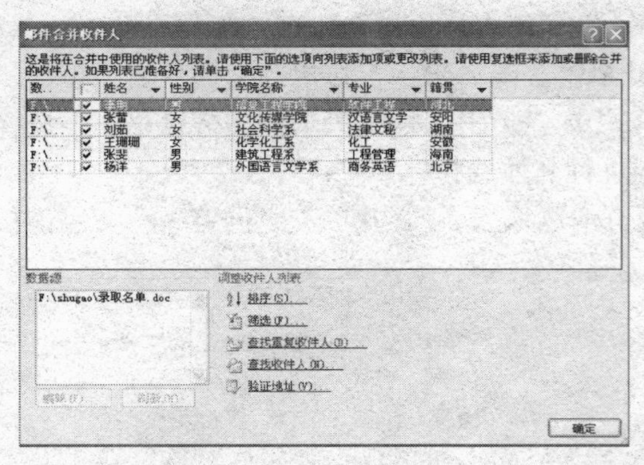

如图 3-90 “邮件合并收件人”对话框

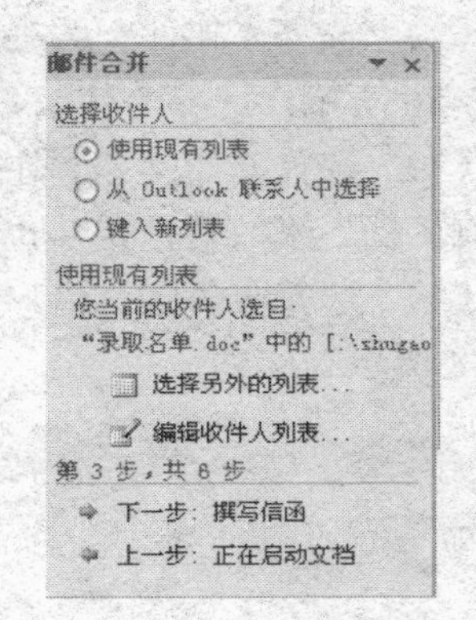

图 3-91 使用现有列表

（8） 撰写信函。在如图 3-92 所示的“撰写信函”窗格选择“其他项目…”，弹出如图 3-93 所示的“插入合并域”对话框。选择所需的域名并将其插入到对应位置，如图 3-94 所示。

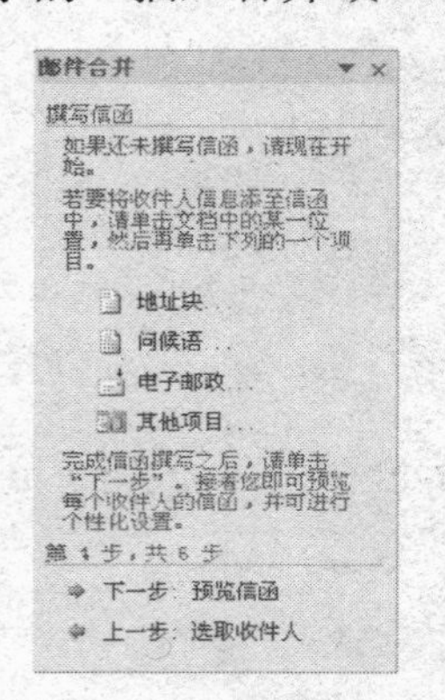

图 3-92 “撰写信函”窗格

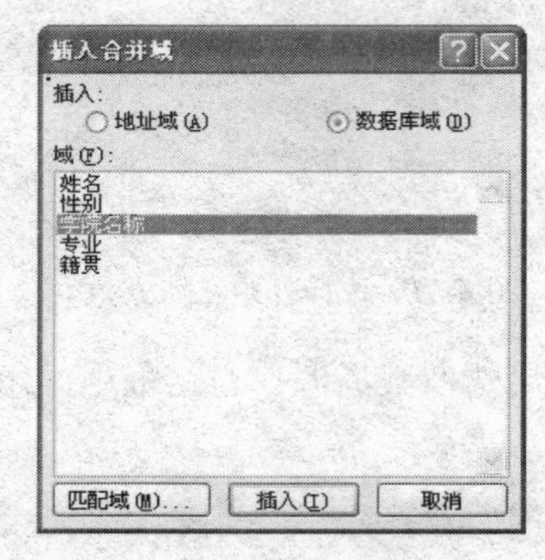

图 3-93 “插入合并域”对话框

图 3-94 插入合并域后的效果

（9） 预览信函。单击邮件合并向导“下一步：预览信函”，如图 3-96 所示。再单击“下一步：完成合并”文字链接。

（10） 完成合并。在向导第 6 步设置中，单击“编辑个人信函”，如图 3-95 所示。

（11） 在弹出的如图 3-97 所示的“合并到新文档”对话框中选择“全部”，单击“确定”按钮。即可完成所有入学通知书的制作并保存文件到相应位置。

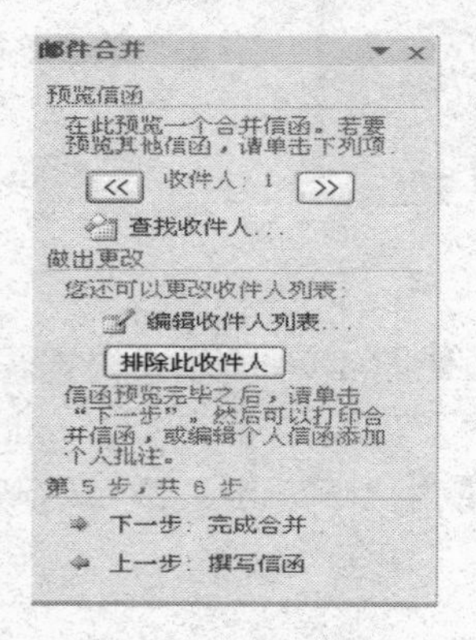

图 3-95 预览信函

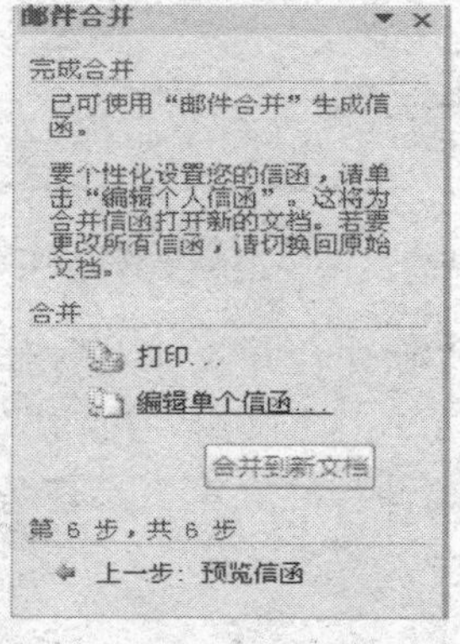

图 3-96 完成合并

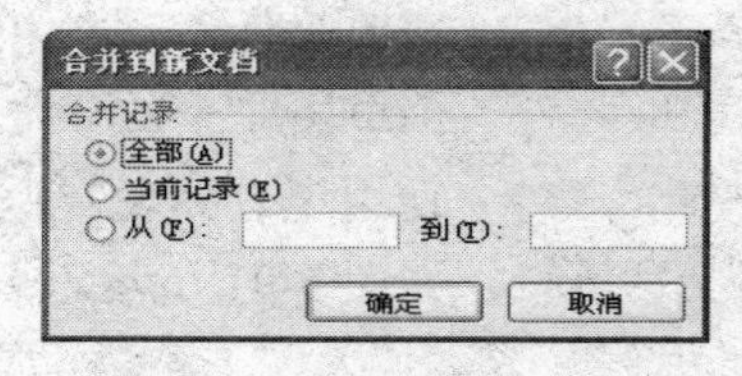

图 3-97 “合并到新文档”对话框

（12） 通过以上操作步骤，即可得出如图 3-98 所示的入学通知书的批量文本效果。

图 3-98　录取通知书

3.8　实训内容

3.8.1　军训生活

1. 实训目标

（1） 了解 Word 的窗体构成及各组成部分的功能。

（2） 掌握 Word 文档的基本操作。

（3） 掌握 Word 文档中文字的录入及格式设置。

（4） 掌握 Word 文档中段落格式的设置。

2. 实训要求

（1） 新建 Word 文档，以“军训生活”为主题，输入不少于 700 字的内容（分四段），并以“学号-姓名（军训生活）”命名保存在 E:\个人文件夹中。

（2） 设置纸张大小为 A4，上、下页边距为 2.1 厘米，左、右页边距为 2.1 厘米。

（3） 标题居中、加粗、楷体、小一号、字体效果使用阴影。

（4） 正文字体为五号宋体、行距为 23 磅；第二段分 2 栏，部分文字为蓝色。

（5） 第一段左右缩进 3 个字符，并设置首字下沉 2 行。

（6） 输入页眉“我的军训生活”，华文彩云、小五号字，居中对齐。

（7） 为第三段文字添加段落边框和文字底纹（颜色自定义）。

（8） 为正文第四段添加特殊符号、特殊字体格式设置。

（9） 为标题插入尾注，内容为：“※军训生活感想※”。

（10） 插入当前自动更新的日期和时间。

3. 相关知识点

（1） 文档的创建、输入、保存及打开。
（2） 文字格式、段落格式、页面设置和分栏等基本排版。
（3） 页眉\页脚、脚注及尾注的插入。
（4） 边框和底纹的设置。
（5） 特殊符号插入及特殊字符格式的设置。

4. 实训参考模版

实训参考模版如图 3-99 所示。

我的军训生活

军训生活[i]

带着所有的希望和憧憬，我迈进了大学的门槛，知道一切将会重新开始，我时刻准备着。9 月 18 日，我们开始了上大学的第一课——军训。从小我就对军人有着无比的敬佩之意，他们的飒爽英姿，刚毅顽强都深深地感染了我，但一想到高中时的军训生活，我仍有一丝后怕，因为军训实在是太苦太累了，我很想逃。

刚开始我会为教官的咳嗽而心烦，会为他的惩罚而怨恨，会为他的不尽人情而闹心，后来慢慢发现，教官所做的一切都是为了我们更好的训练，更好的磨练我们的意志，现在我们是大学生了，也长大了，我们明白：军人的感情是不言表的，他们以特有的方式来培养祖国未来的人才，他们嘶哑的嗓音，满脸的汗水，都令我们感动不已……。

现在，我们已经是很好的朋友了，我们相互学习，很开心，很快乐，军训生活不再是我们想的那样枯燥乏味，而我们知道，所有的快乐全部是因为有他——我可爱的教官。虽然我们相处的时间只有十余天，但我们的友情并不会因此而中断，我们会记得：有那么一位教官，年龄与我们相仿，身材与我们一样，却担负着保家为国的重大任务。所以，我们会更加努力的学习，用我们的头脑，我们的双手，同他们一起为国家的富强尽一份力。

军训是我迈入大学所学习的第一门课程🕮，相信也会是我今后人生旅途中影响最深的一课。军训开阔了我们的眼界，使我们的心胸更加的开阔。在军训期间，我们变得更加成熟，沉稳，自信……他会成为我们人生道路上的奠基石(dianjishi)，使我们〈稳步向前〉，冲向更美好的明天。

信息 1201 班　李 柳

2012 年 6 月 5 日 12 时 25 分 16 秒

[i] ※军训生活感想※

图 3-99　“军训生活”模版

3.8.2 产品宣传单

1. 实训目标

（1）掌握图片的插入、编辑和格式化。
（2）掌握用“绘图”工具绘制各种简单的图形。
（3）掌握艺术字的使用。
（4）掌握文本框的插入及格式设置。
（5）掌握图文混排、绘制画布的使用。

2. 实训要求

（1）新建 Word 文档，以“产品宣传”为主题，制作某产品的宣传单，并以“学号-姓名（产品宣传单）”命名保存在 E:\个人文件夹中。
（2）输入产品的文字介绍。
（3）插入产品对应的宣传图片。
（4）插入艺术字标题。
（5）文本框及图形的绘制和编辑。

3. 相关知识点

（1）图片或剪贴画的插入及格式设置。
（2）艺术字的插入及格式设置。
（3）文本框的插入及格式设置。
（4）页面背景及文字水印的添加。

4. 实训参考模版

本实训的参考模版如图 3-100 所示。

图 3-100　幼教“宣传单”

3.8.3 自荐书

1. 实训目标

（1） 掌握表格制作的方法及格式设置。
（2） 掌握表格中插入文字及图片的方法。
（3） 掌握表格中数据的公式计算方法。

2. 实训要求

（1） 新建 Word 文档，以“个人简历”为主题，制作自荐书，并以“学号-姓名（自荐书）”命名保存在 E:\个人文件夹中。
（2） 设计制作“自荐书”封面，内容包括：艺术字、图形、图片、文本框等。
（3） 制作个人简历，内容包括：文字、艺术字、图片、特殊符号、项目符号等。
（4） 利用公式计算平均成绩和总成绩。
（5） 添加页眉（可自定义内容）和页脚（插入页码）。

3. 相关知识点

（1） 表格的创建及修改。
（2） 在表格中输入文本内容、特殊符号、项目符号及编号。
（3） 在表格中插入图片、艺术字及格式设置。
（4） 在表格中添加对应的边框线及底纹。
（5） 在表格中利用公式计算对应项。

4. 实训参考模版

本实训的参考模版如图 3-101 所示和图 3-102 所示。

图 3-101 “自荐书”之封面

个人简历

姓 名		性别	男 ○ 女 ○	民 族		
出生年月	年 月		政治面貌			
籍 贯			英 语 能 力	四级	六级 ●	八级
所学专业	主修		计算机能力	一级 ☐	二级 ☑	
	选修			三级☐	四级 ☐	
身份证号						
毕业院校				学 历		
通讯地址				邮 编		
联系方式	：	电子邮件	Wenguan zlh@126.com			
	☎：	QQ 号码	1234567890			

自 我 评 价	➢ 诚实守信、待人真诚、乐于助人 ➢ 有耐力、能吃苦、处事理性 ➢ 知识面广、有创新精神、具有极强的自学能力
所 获 证 书	☑ 国家英语六级证书 ☑ 国家计算机二级证书 ☑ 普通话一级证书
	2011-2012 第一学期荣获“校级三好学生” 2012-2013 第二学期荣获“模范共青团员” 2013-2014 第一学期荣获“校级三好学生”
	兴趣爱好：音乐、旅游、文学、计算机
	社会实践：2013 年度暑假在河南移动公司实习
ⓘ	求职意向：文秘、教师、工程师、技术员

课程及成绩

专业课		公共基础课		选修课	
计算机基础	92	大学英语	78	课件制作	良好
数据结构	86	毛泽东概论	80	音乐欣赏	中等
专业英语	57	哲学原理	67	西方经济学	优秀
平均成绩		**总成绩**		**课程评价**	☑合格 ☐不合格

备注	本人在校期间自学内容： （1） 计算机的组装与维护 （2） 数据库的应用与维护 （3） 工具软件及多媒体制作 Thank you

微笑面对生活 真诚应对世界

图 3-102 “自荐书”之个人简历

3.8.4 邀请函的批量制作

1. 实训目标

（1） 了解邀请函的基本编排格式。

（2） 掌握邀请函的制作方法。

（3） 掌握邀请函的批量发送。

2. 实训要求

（1） 制作邀请函，并以“学号-姓名（邀请函）”命名保存在 E:\个人文件夹中。

（2） 制作通讯录，主要指存放发送邀请函对方的一些信息（包括：姓名、性别、单位、联系方式等），如表 3-6 所示。并以“学号-姓名（通讯录）”命名保存在 E:\个人文件夹中。

（3） 邮件合并，根据现有的通讯录文档，完成邀请函的批量发送制作。

表 3-6　邀请函名单

姓　名	性　别	职　称	单位名称	通讯地址	邮　编
张蕾	女	副教授	湖南大学	湖南省长沙市麓山南路 2 号	410083
刘康	男	讲师	中南大学	湖南省长沙市麓山南路 932 号	410083
王茹	女	教授	广州大学	广州市大学城外环西路 230 号	510006
张小莉	女	讲师	黄淮学院	河南省驻马店市开源路	463000
李柳迪	男	副教授	郑州大学	河南省郑州市大学路 40 号	450052
张铮铮	男	教授	同济大学	上海市四平路 1239 号	200092

3. 相关知识点

（1） 文字的录入及格式设置。

（2） 图片、图形和艺术字的插入及格式设置。

（3） 邀请函的批量制作。

（4） 邮件合并。

4. 实训参考模版

本实训的参考模版如图 3-103 所示。

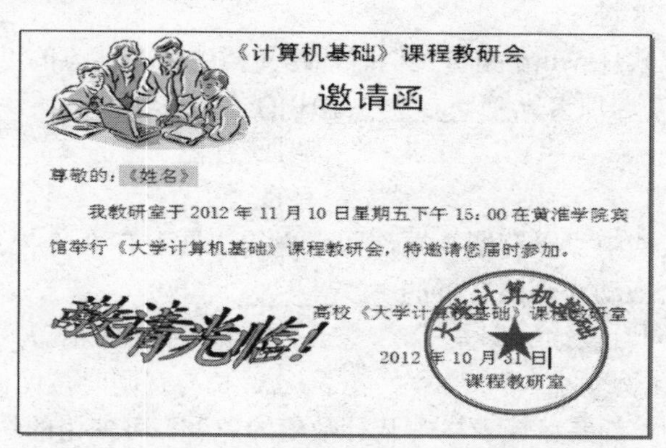

《计算机基础》课程教研会

邀请函

尊敬的：《姓名》

我教研室于 2012 年 11 月 10 日星期五下午 15：00 在黄淮学院宾馆举行《大学计算机基础》课程教研会，特邀请您届时参加。

邀请光临！

高校《大学计算机基础》课程教研室

2012 年 10 月 31 日

课程教研室

图 3-103　“邀请函”模版

习　题

1. 选择题

（1） Word 2007 文档的文件扩展名是__________。

A. XLS　　B. DOC

C. DOCX　　D. PPT

（2） 在 Word 中，只有在__________视图下可以显示水平标尺和垂直标尺。

A. 普通　　B. 大纲

C. 页面　　D. 阅读版式

（3） 在 Word 中，如果要使文档内容横向打印，在“页面设置”中应选择的标签是_____。

A. 纸张大小　　B. 纸张来源

C. 版面　　D. 页边距

（4） Word 的默认文字录入状态是“插入”，若要切换到“改写”状态，可按______键。

A. Insert　　B. Delete

C. PageUp　　D. PageDn

（5） 在 Word 中，给当前打开的文档加上页码，应使用“插入”选项卡__________组中的“页码”　　按钮。

A. 文本　　B. 符号

C. 页眉页脚　　D. 页面设置

（6） 在 Word 编辑状态下，如要调整段落的左右边界，用__________的方法最为直观、快捷。

A. 格式栏　　B. 页面布局

C. 常用工具栏　　D. 拖动标尺上的缩进标记

（7） 在 Word 编辑状态下查看排版效果，可以__________。

A. 选择“Office 按钮”菜单项中的“打印\打印预览”命令

B. 选择“视图”菜单项中的“全屏显示”命令

C. 选择“视图”菜单项中的“模拟显示”命令

D. 直接按 F8 键

（8） 使用字处理软件 Word 编辑文档时，将文档中所有地方的“E-mail”替换成“电子邮件”，应使用“开始”选项卡上__________组中的“替换”按钮。

A. 编辑　　B. 视图

C. 插入　　D. 格式

（9） 在 Word 文档中可以有图文框，图文框的边框上有 8 个控点，若用鼠标按下其右上角的控点，向左下角拖动，则图文框的__________。

A. 长与宽同时按比例变大　　B. 宽度按比例变大

C. 宽度按比例变小　　D. 长与宽同时按比例变小

（10） 在 word 中，若要计算表格中某行数值的总和，可使用的统计函数是__________。

A. count()　　B. total()

C. average()　　　　D. sum()

（11） 在 Word 中，如果当前光标在表格中某行的最后一个单元格的外框线上，按 Enter 键后__________。

A. 光标所在行加宽　　　　B. 在光标所在行下增加一行

C. 光标所在列加宽　　　　D. 对表格不起作用

（12） 在 Word 中，给当前打开文档的某一词加上尾注，应使用__________选项卡中的“插入尾注”按钮。

A. 插入　　B. 引用　　C. 审阅　　D. 视图

（13） 在 Word 编辑状态下绘制图形时，文档应处于__________。

A. 普通视图　　　　B. 大纲视图

C. 页面视图　　　　D. 全屏视图

（14） 在 Word 编辑时，文字下面有红色波浪下画线表示__________。

A. 已修改过的文档　　　　B. 对输入的确认

C. 可能是拼写错误　　　　D. 可能的语法错误

（15） 在 Word 编辑状态，可以使插入点快速移动到文档首部的组合键是__________。

A. Ctrl+Home　　　　B. Alt+Home

C. Home　　　　D. PageUp

2. 填空题

（1） 若要使用 Word 的替换功能将查找到的内容从文档中删除，应在“替换为”文本框内__________。

（2） 在 Word 中，可以使用快捷键__________快速调出打印对话框

（3） 当文字的大小以“号”为单位时，数值越小，字体越__________；以“磅”为单位时，数值越小，字体越__________。

（4） 在输入文本时按__________键可以删除插入点之前的字符，按__________键可以删除插入点之后的字符。

（5） 默认情况下，在新建的文档中输入中文时以__________的格式输入。

（6） 若要使在 Word 2007 中创建的文档能够在低版本的 Word 程序中打开使用，应将其保存为__________文档。

（7） 在 Word 表格中，第 1 行第 3 列的那个单元格用__________表示。

（8） 在 Word 文档中，若在正文中选择一个矩形区域，所需快捷键是__________。

（9） Word 允许用户选择不同的文档显示方式，如“普通”、“页面”、“大纲”、“Web 版式”等视图，处理图像对象应在__________视图中进行。

（10） Word 提供了__________、__________、__________、__________和__________五种对齐方式。

（11） 退出 Word 程序的快捷键是__________。

（12） 在 Word 中，用鼠标在文档选定区中连续快速击打三次，其作用是__________与快捷键________的作用等价。

（13） 在 Word 的编辑状态下，若要退出“全屏显示”视图方式，应当按的功能键是________。

（14） 在 Word 中，若对已经输入的文档进行分栏操作，需要使用________选项卡。

（15） 在 Word 中，新建一个 Word 文档，默认的文件名是“文档 1”，文档内容的第一行标题是“说明书”，对该文件保存时没有重新命名，则该 Word 文档的文件名是________。

3. **简答题**

（1） Word 2007 属于哪一类应用软件？它的运行环境要求是什么？

（2） 能否利用“格式刷”按钮来取消对文本格式的设置？若能，则如何操作？若不能，为什么？

（3） 在 Word 中，如何把稿件中所有的“编排”替换成“排版”？

（4） 要一次全部关闭所打开的文档应如何操作？

（5） 如何将普通文本转换为表格？

第 4 章　Excel 2007 电子表格软件

教学目标：

通过本章学习，熟悉 Excel 2007 的工作环境，理解工作簿、工作表与单元格等基本概念，掌握工作表的建立、编辑与格式化，正确使用公式与函数进行数据处理，掌握 Excel 图表创建与编辑、数据的管理与分析方法。能够使用 Excel 2007 顺利地制作电子表格并对电子表格中的数据进行编辑、管理与分析。

教学内容：

本章主要介绍了 Excel 2007 的一些基础知识和常见的操作方法，如 Excel 2007 窗口的构成、工作表的建立、工作表的编辑、公式与函数的运用、Excel 图表的运用、数据的管理和分析、工作表的打印等。主要包括：

1. 工作表的建立。
2. 工作表的编辑。
3. 工作表的格式化。
4. 公式与函数的使用。
5. Excel 图表的运用。
6. 数据的管理和分析。
7. 工作表的打印。

教学重点与难点：

1. 工作表的编辑。
2. 工作表的格式化。
3. 公式与函数的使用。
4. Excel 图表的运用。
5. 数据的管理和分析。

4.1　Excel 2007 基础

4.1.1　Excel 2007 概述

Excel 2007 是 Office 2007 的重要组件之一，是一款非常优秀的电子表格编辑制作软件，具有强大的数据计算与分析功能，可以把数据用统计图的形式直观地表示出来，被广泛应用于财务、金融、经济、审计和统计等众多领域。其主要功能如下：

（1） 制作表格，计算并表示表格中的数据，且自动维护数据之间的联系。

（2） 对表格中的全部或部分数据进行求和、求平均值、计数、汇总等统计处理。

（3） 按表格中某些区域的数据自动生成多种统计图表。

（4） 对表格中的数据进行查找、排序、筛选等简单的数据库操作。

它具有界面友好、易于掌握、使用灵活、功能强大等优点。和其他 Office 组件一样，Excel 2007 在风格上也有很大的改变，并且增加和完善了许多实用的功能，在很大程度上满足不同层次用户的需要。

1. Excel 2007 启动与退出

（1） 启动。

启动 Excel 2007 通常有以下几种方法。

①单击“开始”|“程序”|“Microsoft Office”|“Microsoft Office Excel 2007”命令。

② 若桌面上有 Excel 快捷方式图标，双击它，也可启动 Excel。另外，还可通过双击 Excel 文档启动 Excel 2007。

（2） 退出。

退出 Excel 2007 通常有以下方法。

① 单击“Office 按钮”|“退出 Excel”命令。

② 单击窗口右上角的“关闭”按钮。

③ 按 Alt+F4 组合键。

2. Excel 2007 的工作窗口

Excel 2007 启动后，会自动打开一个名为“Bookl”的 Excel 文件，其界面主要由 Office 按钮、标题栏、快速访问工具栏、功能区、编辑栏、状态栏和工作簿窗口等组成，如图 4-1 所示。

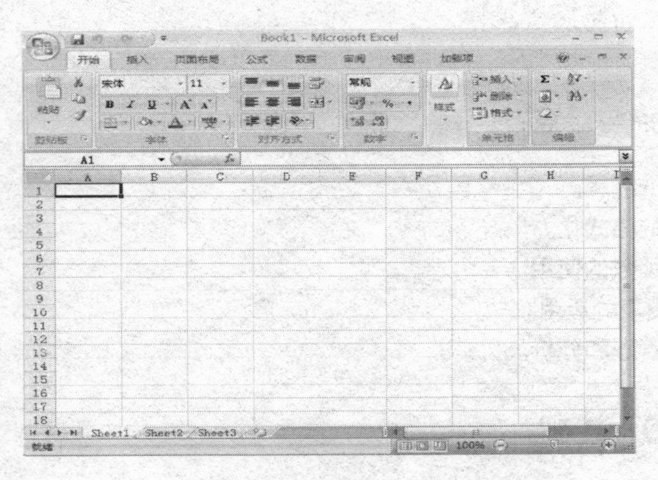

图 4-1　Excel 2007 工作窗口

（1） 标题栏。

标题栏位于窗口的顶部。主要用来表明所编辑的文件的文件名、最小化按钮、还原按钮以及关闭按钮等。如果是新建文件，则 Excel 2007 会自动以“Book1”和“Book2”等默认名称顺序为文件命名。

（2） Office 按钮。

Office 按钮位于工作窗口的左上角，当单击该按钮时可以弹出一个下拉菜单，该菜单的功能主要有：新建文件、打开文件、保存文件、打印文件和退出等常用功能。

（3） 快速访问工具栏。

快速访问工具栏位于 Office 按钮的右边，用户利用快速访问工具按钮可以更快速、更方便地工作。默认情况下有 3 个工具可用，分别是“撤销”、“恢复”和“保存”工具。用户可以单击工具栏右边的按钮来增加其他工具。快速访问工具栏避免了使用 Office 按钮，给用户提供了更为快捷的操作方式。

（4） 编辑栏。

编辑栏位于功能区的下方，它是 Excel 窗口特有的，用来显示和编辑数据、公式。从左向右依次是：名称框、“插入函数”按钮，单击它可打开“插入函数”对话框，同时它的左边会出现“取消”按钮和“输入”按钮、编辑区、展开/折叠和翻页按钮。其结构如图 4-2 所示。

图 4-2　编辑栏

编辑栏中各元素的功能如下。

① “名称框”：用于定义单元格或单元格区域的名字，或者根据名字查找单元格或单元格区域。如果单元格定义了名称，则在“名称框”中显示单元格的名字；如果没有定义名字，在名称框中显示活动单元格的地址名称。

② “取消”：单击该按钮可取消输入的内容。

③ “输入”：单击该按钮可对输入的内容进行确认。

④ “插入函数”：单击该按钮可执行插入函数的操作。

⑤ 编辑区：当在单元格中键入内容时，除了在单元格中显示内容外，还会在编辑栏右侧的编辑区中显示。

有时单元格的宽度不能显示单元格的全部内容，可在编辑栏的编辑区中编辑内容。当把鼠标指针移到编辑区中时，在需要编辑的地方单击鼠标定位插入点，即可插入新的内容或者删除插入点左右的字符。

⑥ “翻页按钮”：通常情况下编辑区中只显示一行内容，当单元格内容超出一行时，编辑区的右侧即会显示翻页按钮，

⑦ “展开/折叠按钮”：用于展开编辑区，并将整个表格下移。此按钮与翻页按钮都是 Excel 2007 新增的功能。

（5） 工作窗口。

工作簿是 Excel 2007 用来处理和存储工作数据的文件，其扩展名为 .xlsx。一个工作簿由多张工作表组成，默认情况下是 3 张。名称分别为 Sheet1、Sheet2 和 Sheet3，可改名。用户可以根据需要添加或删除工作表，最多 255 个工作表。工作簿窗口是 Excel 2007 窗口最重要的部分，它能管理多个不同类型的工作表，主要由以下几个部分组成。

① 工作表标签。

在工作簿窗口的底部是工作表标签，用来显示工作表的名称（默认情况下，工作表名称为 Sheet1、Sheet2 和 Sheet3）。其中，当前正在使用的工作表标签以白底显示。如果单击工作表标签，即可迅速切换到所单击的工作表；如果想使用键盘切换工作表标签，按 Ctrl+PageDown 组合键。

如果要添加一张新工作表，则单击工作表标签右边的“插入工作表”按钮即可。当用户创建了多个工作表时，可以利用工作表标签左侧的四个滚动按钮来显示当前不可见的工作表标签。一个工作簿文件内系统默认的有 255 个工作表，用户也可以通过更改工作簿中所包含的默认工作表的数量来指定新建工作簿中的工作表数。在 Office 菜单中单击“Excel 选项”按钮，打开“Excel 选项”对话框，在“常用”类别的“包含的工作表数”数值框中输入所需数值，即可更改工作簿中所包含的工作表数。

② 工作表。

工作表是一个由 1 048 576 行和 16 384 列组成的表格，行号自上而下为 1～1 048 576，列号从左到右为 A、B、C、…、Y、Z；AA、AB、AC、…、BA、…、XDF 等。作为单元格的集合，工作表是用来存储及处理数据的一张表格。工作表是通过工作表标签来标识的。

③ 单元格。

行和列交叉部分称为“单元格”，是存放数据的最小单元。又称为“存储单元”，是工作表中存储数据的基本单位。每个单元格都有其固定的地址，用列号和行号表示，例如，单元格 B7 表示其行号为 7，列标为 B。在一个单元格中输入并编辑数据之前，应选定该单元格为活动单元格（即当前正在操作的单元格，呈黑色外框显示）。

④ 单元格区域。

单元格区域是一组被选中的相邻或不相邻的单元格，被选中的单元格都会高亮显示，取消选中时又恢复原样。对一个单元格区域的操作就是对该区域内的所有单元格执行相同的操作。要取消单元格区域的选择，只需单击所选区域外任意一个单元格。

4.1.2 Excel 2007 基本操作

1. 建立、打开和保存工作簿文件

（1） 工作簿的建立。

启动 Excel 2007 系统时将自动打开一个新的空白的工作簿，也可以通过下面三种方法之一来创建新的工作簿。

① 在快速访问工具栏上单击“新建”按钮，创建一个空白工作簿。

② 单击 Office 按钮，从弹出的菜单中选择“新建”命令，打开“新建工作簿”对话框，在“模板”列表框中选择模板类型，然后选择模板。单击“创建”按钮，即可创建一个具体预定格式和内容的工作簿。

③ 按 Ctrl+N 组合键。

（2） 打开已有工作簿。

如果当前没有启动 Excel 2007，可通过双击所要打开的文件名来启动 Excel 并打开该工作簿。如果已启动了程序，则可用下面三种方法之一来打开工作簿。

① 单击 Office 按钮，从弹出的菜单中选择“打开”命令，从“打开”对话框中选择要打

开的工作簿，单击“打开”按钮。

② 按 Ctrl+O 组合键，打开“打开”对话框，从中选择要打开的工作簿，单击“打开”按钮。

③ 单击 Office 按钮，从弹出的菜单中选择最近使用过的工作簿名称。

（3） 保存工作簿。

在编辑过程中为防意外事故，也须经常保存工作簿。方法有以下几种。

① 单击快速访问工具栏中的“保存”按钮。

② 按 Ctrl+S 组合键。

③ 单击 Office 按钮，从弹出的菜单中选择“保存”命令。

如果想将当前文件保存到另一个文件中，则选择“Office 按钮”菜单的“另存为”命令。

2. 工作表基本操作

默认情况下，新工作簿是由 Sheet1、Sheet2、Sheet3 这 3 个工作表组成的，用户可以更改工作表中默认的工作表的个数，根据用户的需要可对工作表进行选取、删除、插入和重命名。

（1） 更改工作表中默认的工作表的个数。

执行“Office 按钮”｜“Excel 选项”｜“常用”命令，如图 4-3 所示。

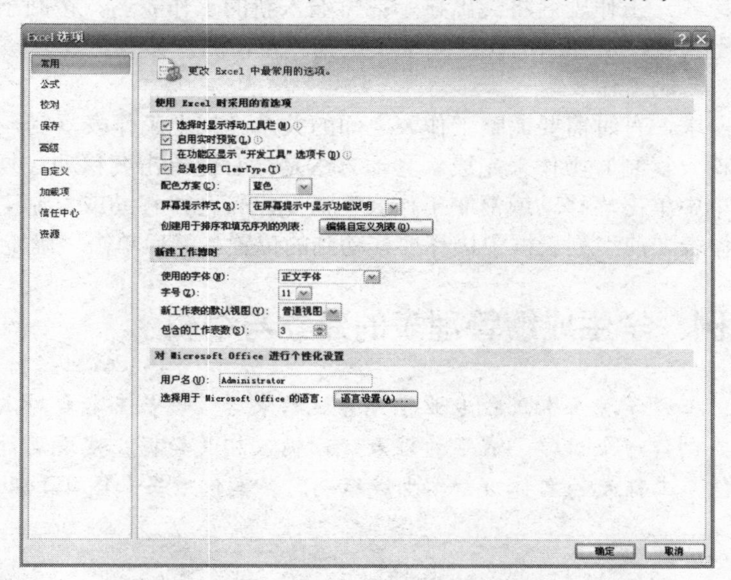

图 4-3　“Excel 选项”对话框的“常用”类别

（2） 选定工作表。

工作簿通常由多个工作表组成。想对单个或多个工作表操作则必须先选取工作表。工作表的选取通过鼠标单击工作表标签栏进行。

鼠标单击要操作的工作表标签，该工作表内容出现在工作簿窗口。当工作表标签过多而在标签栏显示不下时，可通过标签栏滚动按钮前后翻阅标签名。

若选取多个连续工作表，可先单击第一个工作表，然后按 Shift 键同时单击最后一个工作表。

若选取多个非连续工作表则通过按 Ctrl 键，再单击要选取的工作表。多个选中的工作表可以组成一个工作表组，在标题栏中出现“[工作组]”字样。选定工作组的好处是：在其中一个工作表的任意单元格中输入数据或设置格式，在工作组其他工作表的相同单元格中将出现相同数据或相同格式。显然如果想在工作簿多个工作表中输入相同数据或设置相同格式，设置工作组将可以节省很多时间。

工作组的取消可通过鼠标单击工作组外任意一个工作表标签来进行。

（3） 删除工作表。

如果想删除工作表，只要选中要删除工作表的标签，单击右键，从快捷菜单中选择“删除”命令，选中的工作表将被删除且相应标签也从标签栏中消失。

注意：删除工作表一定要慎重，工作表一旦删除将无法恢复。

（4） 插入工作表。

如果用户想在某个工作表前插入一个空白工作表，只须右单击该工作表（如 Sheet1），从弹出的快捷菜单中选择“插入”|“工作表”命令，就可在“Sheet1”之前插入一个空白的新工作表，且成为活动工作表。

（5） 重命名工作表。

工作表初始名字为 Sheet1，Sheet2，…，如果一个工作簿中建立了多个工作表时，显然希望工作表的名字最好能反映出工作表的内容，以便于识别。重命名方法是：先用鼠标双击要命名的工作表标签，工作表名将突出显示；再输入新的工作表名，按回车键确定；或者右键单击要命名的工作表，从弹出的快捷菜单中选择“重命名”命令。

（6） 移动、复制工作表。

根据用户的需求，有时需要调整工作表之间的关系（或把工作表复制一张到某个地方），此时可以通过移动（复制）操作来完成。具体方法是：右键单击要移动（复制）的工作表标签，在弹出的菜单中单击“移动或复制工作表”命令，打开“移动或复制工作表”对话框。在“下列选定工作表之前”列表框中选择要移动到的位置，然后单击“确定”按钮即可。

4.2 教学案例：学生成绩管理表的建立与编辑

【任务】建筑工程学院土木工程专业学期考试结束后，班长王雷要对本专业的成绩进行统计和分析，需要制作一个“学生成绩管理表”，输入相关数据，实现用计算机完成对成绩的管理和分析工作，工作表的名称为“学生成绩表”。案例效果如图 4-4 所示。

学生成绩管理表.xlsx

	A	B	C	D	E	F	G	H	I	J	K
1	学生成绩管理表										
2	学号	姓名	性别	班级	出生日期	年龄	英语	计算机	总分	平均分	名次
3	0903010001	杨永	男	土木11B	1995年8月9日		89	78			
4	0903010002	张丽	女	土木12B	1996年3月5日		78	89			
5	0903010003	朱传华	女	土木13B	1993年6月23日		67	56			
6	0903010004	张泳	男	土木12B	1993年9月29日		56	77			
7	0903010005	杨柳青	女	土木11B	1994年5月6日		90	99			
8	0903010006	李朝阳	男	土木12B	1994年7月8日		98	89			
9	0903010007	关广杰	男	土木13B	1996年7月6日		88	34			
10	0903010008	王昌福	男	土木12B	1997年5月6日		87	67			
11	0903010009	沈迪	女	土木12B	1998年11月8日		78	64			
12	0903010010	邹任发	男	土木11B	1996年9月6日		77	64			
13	0903010011	赵国辉	男	土木12B	1997年10月6日		45	87			
14	0903010012	王雷	男	土木12B	1998年11月8日		67	98			
15	0903010013	李彤彤	女	土木13B	1996年11月8日		92	90			
16											

学生成绩表 Sheet2 Sheet3

图 4-4 学生成绩管理表

4.2.1 学习目标

通过本案例的学习，使学生充分了解各种数据的特性，掌握合理的数据输入方法，学会用自动填充的方法实现大量数据的快速输入，表中各类数据的输入，培养学生思考问题解决问题的能力，理论联系实际的能力，为数据处理奠定基础。

4.2.2 相关知识

学生成绩管理表的建立是 Excel 2007 的入门知识，也是对数据进行分析和处理的前提和基础，因此本案例的主要知识点如下：

（1） 工作簿的建立及保存。

（2） 工作表的基本操作。

（3） 工作表中数据的输入。

（4） 工作表及工作表中基本数据的编辑操作。

4.2.3 操作步骤

1. 建立学生成绩管理表的基本框架

（1） 建立“学生成绩管理表”工作簿文件。

启动 Excel 2007 将同时打开一个名为 Book1 的空白工作簿文件，选择“Office 按钮”中的“保存”（或“另存为”）命令，打开“另存为”对话框，如图 4-5 所示（若是对文件第一次存盘，还可以通过“快速启动工具栏”中的“保存”按钮打开“另存为”对话框）。在对话框中的“保存位置”下拉列表框中选择 D:\，在“文件名”列表框中输入“学生成绩管理表”，单击“保存”按钮，将建立“学生成绩管理表.xlsx”的工作簿文件。

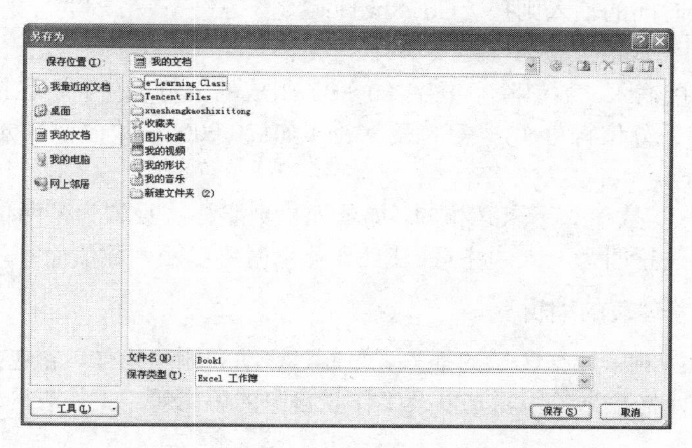

图 4-5　“另存为”对话框

（2） 工作表的重命名。

右键单击工作表标签 Sheet1，打开快捷菜单，选择“重命名”命令，Sheet1 呈文本编辑状态，将其修改为“学生成绩表”，然后单击工作表任意单元格，完成工作表的重命名。

2. 学生成绩管理工作表中数据的输入

在工作表中输入数据是一种基本操作，Excel 2007 的数据输入方法最常用的有两种：直接输入和自动填充输入，不同类型的数据输入不太一样。

（1） 第一行数据的输入（普通的文本类型）。

这是直接输入，首先选择 A1 单元格，当插入点出现在编辑栏中时直接输入“学号”两个汉字，数据会自动显示在 A1 单元格中，输入完毕按 Enter 键或单击编辑栏上的✓可结束输入。按 Esc 键或单击编辑栏上的✗可取消输入；B1～K1 单元格的输入方法同 A1 一样，文本输入时默认的左对齐。

（2） 其他各行的输入（以列为单位进行输入）。

① A 列（纯数字的文本类型）。

这是特殊的文本类型，采用自动填充方法。这种类型除可以表示的学号、工号之外，还有数字如电话号码、邮政编码等常常当作字符处理。此时只须在输入数字前加上一个单引号（英文状态下的标点符号），例如，要输入学号 09003010001，应输入：’0903010001，然后将光标定位到 A2 单元格的右下角（填充句柄，此时鼠标指针为实心的十字形状），按住鼠标左键向下拉至 A14 单元位置处，释放左键，则 A2～A14 单元格将按顺序自动正确的填充。

如输入的文字长度超出单元格宽度，若右边单元格无内容，则扩展到右边列，否则，截断显示。

② B 列（姓名列）、C 列（性别列）、D 列（班级列）的输入方法属于普通文本的输入，方法同本案例中的第一行的相同。

③ E 列（日期时间类型）。

这是直接输入，先定位光标到 E2 单元格内，输入时月日年之间用“/”或“—”分开，Excel 内置了一些日期时间的格式，当输入数据与这些格式相匹配时，Excel 将识别它们。

Excel 常见日期时间格式为“mm/dd/yy”、“dd-mm-yy”、“hh:mm(am/pm)”，其中 am/pm 与分钟之间应有空格，如 7:20 PM，缺少空格将当作字符数据处理。当天日期的输入按组合键“Ctrl+：”，当天时间的输入则按“Ctl+Shift+：组合键”。

④ G 列、H 列（数值类型）。

定位光标，直接输入，数值除了数字（0～9）组成的字符串外，还包括+、-、E、e、$、% 以及小数点（.）和千分位符号（,）等特殊字符（如$20 000）。数值型数据在单元格中默认靠右对齐。

Excel 数值输入与数值显示未必相同，如单元格数字格式设置为带两位小数，此时输入三位小数，则末位将进行四舍五入。注意，Excel 计算时将以输入数值而不是显示数值为准。

3. 学生成绩管理表的编辑

工作表的编辑指对单元格区域的插入、复制、移动和删除操作，它包括工作表内单元格、行、列的编辑，单元格数据的编辑，以及工作表自身的编辑等。工作表的编辑遵守“先选定、后编辑”的原则。

本案例中若在第一行的前面增加一行用于表示表的标题，标题名为“学生成绩表”增加后的效果如图 4-6 所示。具体的操作方法是：将光标定位到第一行的任意一个单元内单击右键，从弹出的快捷菜单中选择“插入……”，之后将弹出一个快捷菜单，如图 4-7 所示，从弹出的快捷菜单中选择“整行”，将在第一行前面增加一个空行。在该空行内输入“学生成绩表”。

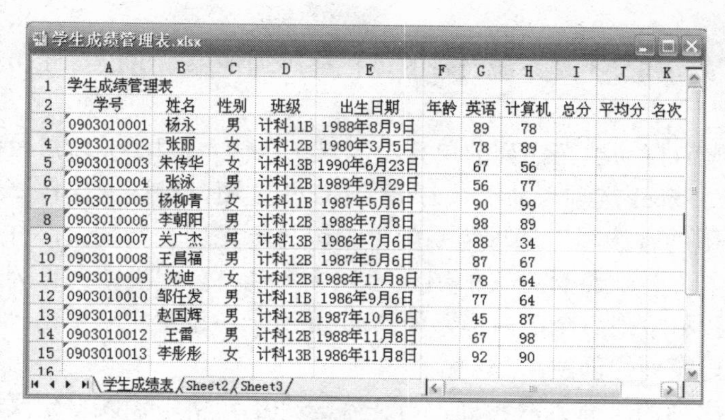

学号	姓名	性别	班级	出生日期	年龄	英语	计算机	总分	平均分	名次
0903010001	杨永	男	计科11B	1988年8月9日		89	78			
0903010002	张丽	女	计科12B	1980年3月5日		78	89			
0903010003	朱传华	女	计科13B	1990年6月23日		67	56			
0903010004	张泳	男	计科12B	1989年9月29日		56	77			
0903010005	杨柳青	女	计科11B	1987年5月6日		90	99			
0903010006	李朝阳	男	计科12B	1988年7月8日		98	89			
0903010007	关广杰	男	计科13B	1986年7月6日		88	34			
0903010008	王昌福	男	计科12B	1987年5月6日		87	67			
0903010009	沈迪	女	计科12B	1988年11月8日		78	64			
0903010010	邹任发	男	计科11B	1986年9月6日		77	64			
0903010011	赵国辉	男	计科12B	1987年10月6日		45	87			
0903010012	王雷	男	计科12B	1988年11月8日		67	98			
0903010013	李彤彤	女	计科13B	1986年11月8日		92	90			

图 4-6　插入标题行后的效果

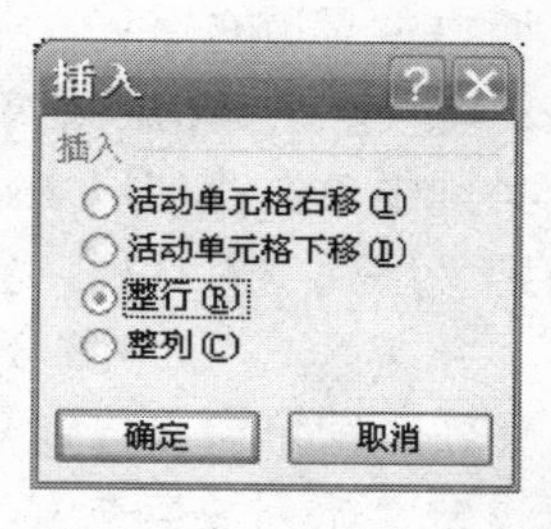

图 4-7　“插入”对话框

【知识链接】

1.　数据序列的填充与输入

在 Excel 2007 中提供了一些可扩展序列（包括数字、日期和时间），相邻单元格的数据将按序列递增或递减的方式进行填充。

如果要填充扩展序列，应先选择填充序列的起始值所在的单元格，输入起始值，然后将指针移至单元格右下角的填充句柄，当指针变为“+”形状时按住鼠标左键不放，在填充方向上拖动填充句柄至终止单元格，此时选中的单元格区域中会默认填充相同的数据，并在单元格区域右下角显示一个“自动填充”图标按钮，单击此按钮，从弹出的菜单中选择“填充序列”单选按钮，即可填充数据序列，如图 4-8 所示。

对于日期和时间数据，需按住 Ctrl 键拖动当前单元格的填充句柄，才能实现相同日期和时间数据的快速输入。

（1）　输入等差序列。

如果要填充的是一个等差序列，用户可先在区域的前两个单元格中输入等差数据，然后选择两个单元格，再拖出矩形区域，即可填充等差序列数据。

（2）　输入其他序列。

如果需要填充其他类型的序列，如等比序列或日期，可在“开始”选项卡上单击“编辑”组中的“填充”按钮，从弹出的菜单中选择“系列”命令，打开“序列”对话框，指定所需的序列填充方式，如图 4-9 所示。

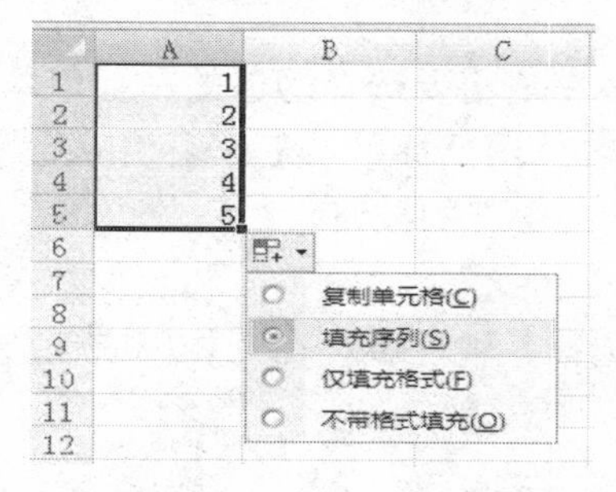

图 4-8　填充序列数据

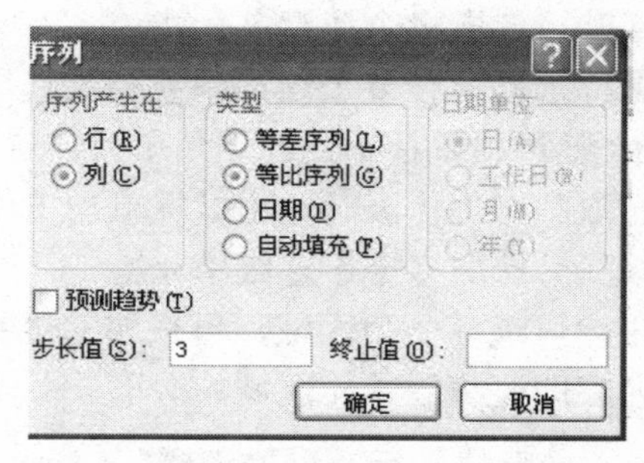

图 4-9　“序列”对话框

（3） 自定义自动填充序列。

如果经常要用到一个序列，而该序列又不是系统自带的可扩展序列，用户可以将此序列自定义为自动填充序列。

要自定义填充序列，应先选择作为自动填充序列的单元格区域（已输入数据），然后单击 Office 按钮，在弹出的菜单中单击“Excel 选项”命令，打开“Excel 选项”对话框，在“常用”类别中单击“使用 Excel 时采用的首选项”选项组中的“编辑自定义列表”按钮，打开“自定义序列”对话框，单击“导入”按钮将自定义的填充序列导入到“自定义序列”列表框中，并在“输入序列”列表框中显示序列的全部内容，如图 4-10 所示。设置完毕单击“确定”按钮，即可完成自定义自动填充序列的创建。

自定义序列的填充方法与默认序列的填充方法相同，首先在一个单元格中输入自定义序列的初始值，然后拖动填充手柄进行填充即可得到自定义的序列。

2. 选择单元格及单元格区域

（1） 选取单个单元格。

通常把被选择的单元格称为当前单元格。在某单元格中单击即可选中此单元格，被选中的单元格边框以黑色粗线条突出显示，且行、列号以高亮显示。

如果要选择不显示在当前屏幕中的单元格，可在“开始”选项卡中单击“编辑”组中的“查找和选择”按钮，从弹出的菜单中选择“转到”命令，打开“定位”对话框，在“引用位置”文本框中输入要选择的单元格，如图 4-11 所示。

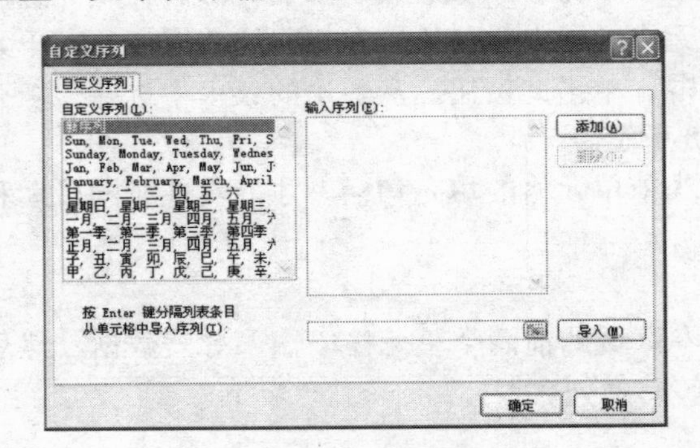

图 4-10 “自定义序列”对话框

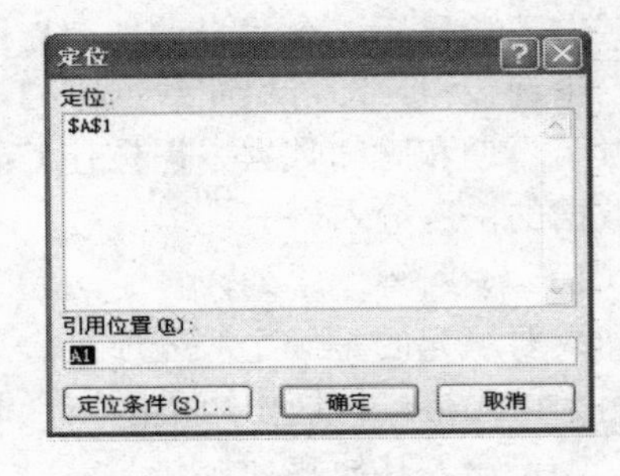

图 4-11 “定位”对话框

也可以单击“定位条件”按钮，在打开的对话框中设置定位条件。设置完毕，单击“确定”按钮即可选定特定的单元格。

（2） 选取多个连续单元格。

鼠标拖动可使多个连续单元格被选取。或者用鼠标单击将要选择区域的左上角单元，按住 Shift 键再用鼠标单击右下角单元；选取整行或整列时，用鼠标单击工作表相应的行（列）号；选取整个工作表时，用鼠标单击工作表左上角行、列交叉的按钮。

（3） 选取多个不连续单元格。

用户可选择一个区域，再按住 Ctrl 键不放，然后选择其他区域。在工作表中任意单击一个单元格即可清除单元区域的选取。

3. 单元格、行、列的编辑

数据输入时难免会出现遗漏，有时是漏掉一个数据，有时可能漏掉一行或一列，在编辑工作表时可方便地插入单元格以及行、列、单元格区域，插入后工作表中的其他单元格将自动调整位置。

（1） 插入单元格、行、列或工作表。

选定待插入的单元格或单元格区域，选择“开始”|“单元格”命令，执行“插入”按钮，如图 4-12 所示。选择相应的插入方式即可。

（2） 删除单元格、行、列和工作表。

选定要删除的行、列或单元格，选择“开始”|“单元格”命令，执行“删除”按钮，如图 4-13 所示。选择相应的删除方式即可。

图 4-12　“插入”对话框

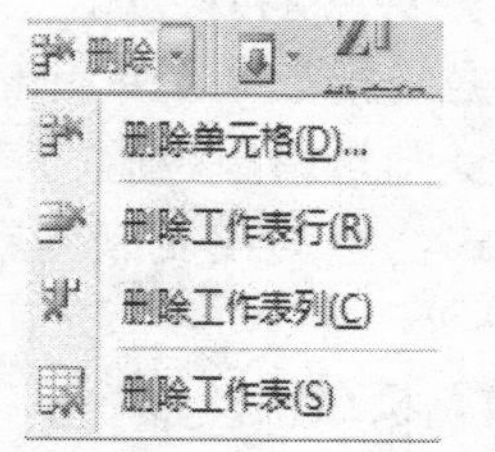

图 4-13　“删除”对话框

4. 单元格数据的编辑

单元格数据的编辑包括单元格数据的修改、清除、删除、移动和复制。

（1） 数据修改。

在 Excel 中，修改数据有两种方法：一是在编辑栏修改，只须先选中要修改的单元格，然后在编辑栏中进行相应修改，按✓按钮确认修改，按✕按钮或 Esc 键放弃修改，此种方法适合内容较多或公式的修改。二是直接在单元格修改，此时须双击单元格，然后进入单元格修改，此种方法适合内容较少的修改。

（2） 数据清除和删除。

Excel 中有数据清除和数据删除两个概念，它们是有区别的：

数据清除针对的对象是数据，单元格本身并不受影响。在选取单元格或一个区域后，选择“开始”|“编辑”|“清除”按钮，如图 4-14 所示。

① “清除”对话框中的菜单有：全部清除、清除格式、清除内容和清除批注，选择“清除格式”、“清除内容”或“清除批注”命令将分别只取消单元格的格式、内容或批注；选择“全部清除”命令将单元格的格式、内容、批注统统取消，数据清除后单元格本身仍留在原位置不变。

② 数据删除针对的对象是单元格，删除后选取的单元格连同里面的数据都从工作表中消失。

选取单元格或一个区域后，选择“开始”|“单元格”|“删除”|“删除单元格”命令，出现如图 4-15 所示的“删除”对话框。

用户可选择“右侧单元格左移”或“下方单元格上移”来填充被删除单元格后留下的空缺。选择“整行”或“整列”单选按钮将删除选取区域所在的行或列，其下方行或右侧列自动填充空缺。

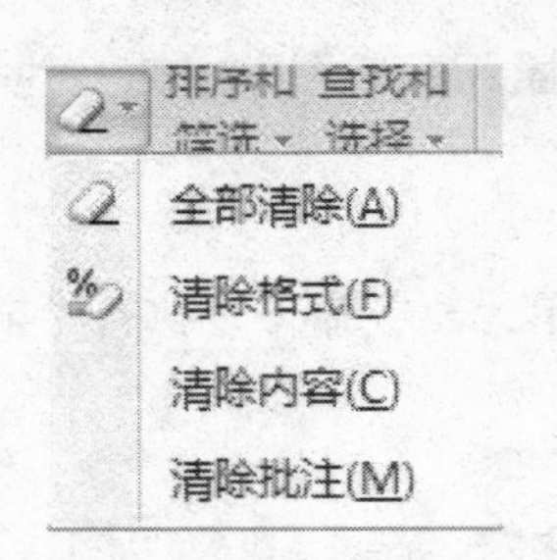

图 4-14 “清除”对话框

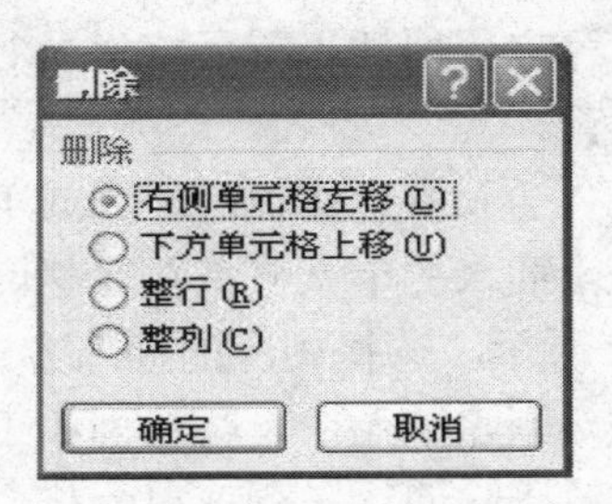

图 4-15 “删除”对话框

（3） 数据复制和移动。

移动数据是指把某个单元格或单元格区域中的内容从当前的位置删除并放置到另外一个位置；而复制是指原位置内容不变，并把该内容复制到另外一个位置。如果原来的单元格中含有公式，移动或复制到新位置后，公式会因为单元格区域的引用变化生成新的计算结果。

① 用剪贴板或快捷键。

使用“开始”|“剪贴板”组中的“复制”、“剪切”和“粘贴”按钮，可以方便地复制或移动单元格中的数据。也可以使用与之相对应的快捷键Ctrl+C（复制）、Ctrl+X（剪切）和Ctrl+V（粘贴）来达到目的。

② 使用鼠标拖放。

如果移动或者复制的源单元格和目标单元格相距较近，直接使用鼠标拖放的操作就可以更快地实现复制和移动数据。

具体操作是：首先选择要移动或复制的单元格或单元格区域，并将鼠标移动到所选单元格或单元格区域的边缘，当鼠标变成十字箭头状时，按住鼠标左键（移动）或按住鼠标左键的同时按住Ctrll（复制）键拖动鼠标，此时一个与源单元格或单元格区域一样大小的虚框会随着鼠标移动。到达目标位置后释放鼠标，此单元格或区域内的数据即被移动或复制到新的位置。

移动数据时，如果目标单元格内含有数据，则系统会打开一个警告对话框，询问用户是否要替换目标单元格内的内容，单击“确定”按钮，则目标区域单元格中的数据将被替换。

复制数据时，目标区域内所含有的数据将会被自动覆盖。

此外，用户也可以使用下列方法移动或复制数据：按住鼠标右键拖动单元格或单元格区域，当释放鼠标时，将会弹出一个如图4-16所示的快捷菜单，根据需要选择相应的命令即可。

③ 选择性粘贴。

一个单元格含有多种特性，如：内容、格式、批注等，另外它还可能是一个公式，含有有效规则等，数据复制时往往只须复制它的部分特性。此外复制数据的同时还可以进行算术运算、行列转置等。这些都可以通过选择性粘贴来实现。

选择性粘贴操作步骤为：先选择并复制所需数据，然后选择目标区域中的第一个单元格，在“开始”选项卡中单击“剪贴板”组中的“粘贴”按钮下方的下拉按钮，从弹出的菜单中选择“选择性粘贴”命令，打开“选择性粘贴”对话框，出现如图4-17所示的对话框。选择相应选项后，单击“确定”按钮完成选择性粘贴，“选择性粘贴”对话框中各选项含义如表4-1所示。

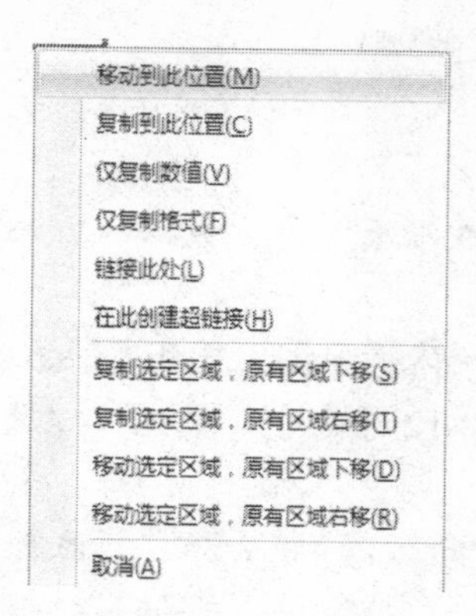

图 4-16　移动/复制数据的快捷菜单

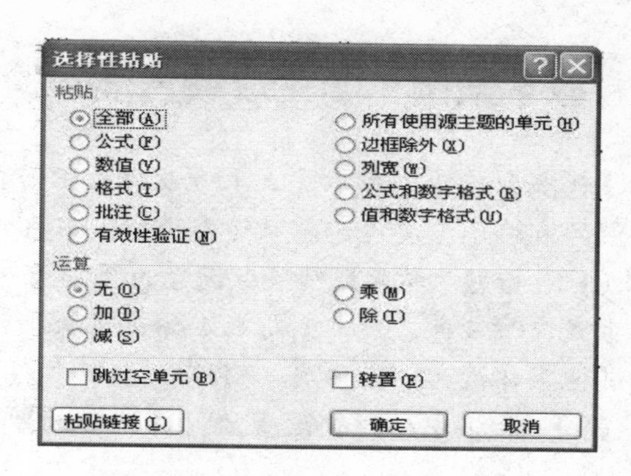

图 4-17　“选择性粘贴”对话框

表 4-1　“选择性粘贴”选项说明表

目　　的	选　　项	含　　义
粘贴	全部	默认设置，将源单元格所有属性都粘贴到目标区域中
	公式	只粘贴单元格公式而不粘贴格式、批注等
	数值	只粘贴单元格中显示的内容，而不粘贴其他属性
	格式	只粘贴单元格的格式，而不粘贴单元格内的实际内容
	批注	只粘贴单元格的批注而不粘贴单元格内的实际内容
	有效数据	只粘贴源区域中的有效数据规则
	边框除外	只粘贴单元格的值和格式等，但不粘贴边框
运算	无	默认设置，不进行运算，用源单元格数据完全取代目标区域中数据
	加	源单元格中数据加上目标单元格数据再存入目标单元格
	减	源单元格中数据减去目标单元格数据再存入目标单元格
	乘	源单元格中数据乘以目标单元格数据再存入目标单元格
	除	源单元格中数据除以目标单元格数据再存入目标单元格
复选框	跳过空单元	避免源区域的空白单元格取代目标区域的数值，即源区域中空白单元格不被粘贴
	转置	将源区域的数据行列交换后粘贴到目标区域

“选择性粘贴”对话框中各选项的功能如下。

- “粘贴”：用于指定要粘贴的复制数据的属性。
- “运算”：用于指定要应用到被复制数据的数学运算。
- “跳过空单元”：当复制区域中有空单元格时，用于避免替换粘贴区域中的值。
- “转置”：用于将被复制数据的列变成行，将行变成列。
- “粘贴链接”：将被粘贴数据链接到活动工作表。

5.　工作表的编辑

工作表的编辑是指对整个工作表进行插入、移动、复制、删除、重命名等操作。常用的方法是在工作表标签上按右键，在快捷菜单中选择相应的命令进行操作，如图 4-18 所示。

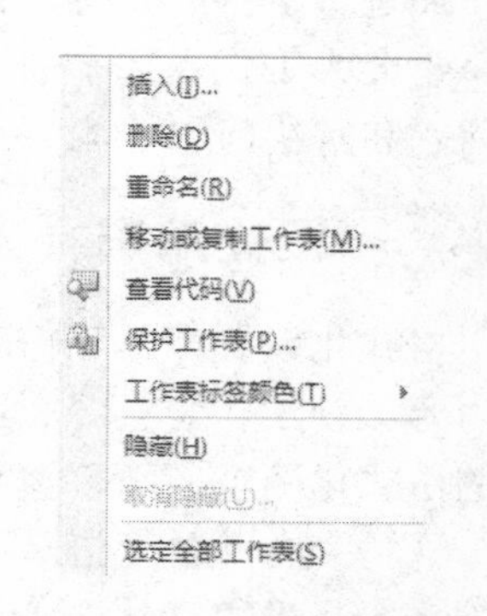

图 4-18　工作表的快捷菜单

4.3 教学案例：学生成绩管理表的格式设置

【任务】 建筑工程学院土木专业班长王雷在完成“学生成绩表”基本数据的输入后，感觉所做的表格不太美观，想对该表进行如下格式的设置：

（1） 标题“学生成绩表”设置为24号，使用“楷体”字体、加粗、采用“合并后居中”对齐方式，橘黄色底纹；列标题字体设置为“仿宋”、倾斜、12号，字体颜色为“黑色；表中的其他字体设为“宋体”、11号，上下左右均居中。

（2） 表格中的列宽设置为“最适合的列宽”，第一行的行高为32.25，其他行高自动调整。

（3） 表中的数值类型的数据除年龄和名次所有数字的格式设置为“保留一位小数”。

（4） 除第一行外，表的外边框设定为蓝色粗线，内部为红色虚线细线。

（5） 表格的底纹除第一行外其他各行设置为绿色。

（6） 利用条件格式将英语和计算机不及格的学生的成绩设置为红色加粗倾斜。

设置后的效果如图4-19所示。

学生成绩管理表.xlsx

	A	B	C	D	E	F	G	H	I	J	K	L
1	学生成绩表											
2	学号	姓名	性别	班级	出生日期	年龄	英语	计算机	总分	平均分	名次	备注
3	0903010001	杨永	男	土木11B	1995年8月9日	17	89.0	78.0	167.0	83.5	4	
4	0903010002	张丽	女	土木12B	1996年3月5日	16	78.0	89.0	167.0	83.5	4	
5	0903010003	朱传华	女	土木13B	1993年6月23日	19	67.0	*56.0*	123.0	61.5	12	
6	0903010004	张泳	男	土木12B	1993年9月29日	19	*56.0*	77.0	133.0	66.5	10	
7	0903010005	杨柳青	女	土木11B	1994年5月27日	18	90.0	99.0	189.0	94.5	1	
8	0903010006	李朝阳	男	土木12B	1994年7月8日	18	98.0	89.0	187.0	93.5	2	
9	0903010007	关广杰	男	土木13B	1996年7月6日	16	88.0	*34.0*	122.0	61.0	13	
10	0903010008	王昌福	男	土木12B	1997年5月6日	15	87.0	67.0	154.0	77.0	7	
11	0903010009	沈迪	女	土木12B	1998年11月8日	14	78.0	64.0	142.0	71.0	8	
12	0903010010	邹任发	男	土木11B	1996年9月6日	16	77.0	64.0	141.0	70.5	9	
13	0903010011	赵国辉	男	土木12B	1997年10月6日	15	*45.0*	87.0	132.0	66.0	11	
14	0903010012	王雷	男	土木12B	1998年11月8日	14	67.0	98.0	165.0	82.5	6	
15	0903010013	李彤彤	女	土木13B	1996年5月27日	16	92.0	90.0	182.0	91.0	3	
16												

学生成绩表 Sheet2 Sheet3

图4-19 工作表格式化样张

4.3.1 学习目标

通过本案例的学习，使学生充分了解工作表格式化操作，掌握工作表单元格中字体的设置，学会为工作表加不同类型的边框和底纹，学会使用条件格式进行设置，培养学生独立思考问题和解决问题的能力，提高学生的美感，为数据处理奠定基础。

4.3.2 相关知识

格式化设置即是工作表格式化，通过对工作表的格式化操作，可以更好地体现工作表中的内容，使工作表整齐、鲜明和美观。工作表的格式化主要包括工作表中单元格和工作表自身的格式化两个方面。本案例具体涉及到的相关知识内容如下：

（1） 合并单元格。

（2） 设置字体格式。

（3） 设置对齐方式。

（4） 设置行高和列宽。
（5） 设置边框。
（6） 设置填充背景。
（7） 设置条件格式。

4.3.3 操作步骤

土木专业班长王雷通过 4.2 教学案例已经完成了基本数据的输入和编辑操作，下面是对表格进行格式化的操作过程。

1. 学生成绩管理表标题的单元格的合并

选中 A1 到 K1 区域中的单元格，单击“开始”选项卡“对齐方式”工具组中的 按钮的下三角符号，从中选择“合并后居中（C）”，如图 4-20 所示，则 A1 到 K1 区域中的单元格将被合并。

2. 学生成绩管理表中字体的设置

本案例中涉及到的字体设置较多，此步骤就以标题“学生成绩表”字体的设置为例进行设置，其他字体的设置同此方法。

选中“学生成绩表”，利用“开始”选项卡“字体”工具组将字体设置为 24 号，“楷体”、加粗；或用单击“字体”工具组右下角的 按钮，将弹出“字体”选项卡，如图 4-21 所示，通过此对话框将字体进行相应的设置。

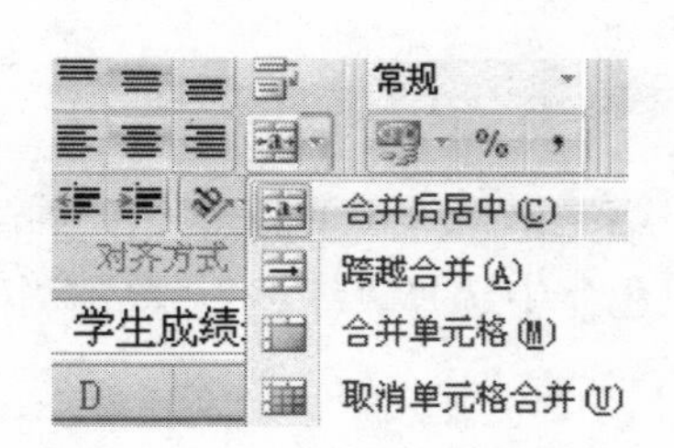

图 4-20　合并单元格按钮

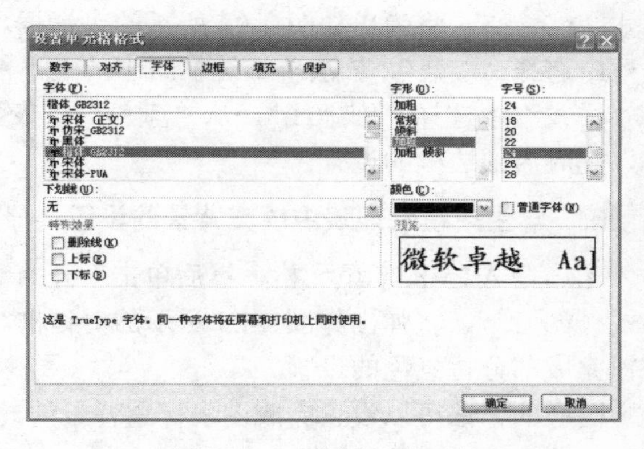

图 4-21　“字体”选项卡

3. 学生成绩管理表中对齐方式的设置

选中 A1～K15 单元格，单击“开始”选项卡“对齐”工具组中右下角的 按钮，打开如图 4-22 所示的“对齐”选项卡。在“水平对齐”和“垂直对齐”中的下拉列表框中均选择“居中”，“文字方向”选择“根据内容”，然后单击“确定”按钮。

4. 学生成绩管理表中行高和列宽的设置

（1） 设置行高。

选择第一行，然后单击“开始”选项卡“单元格”格式工具组 格式 按钮右边的下三角符号，从弹出的选项中选择“行高”，如图 4-23 所示，在“行高（R）”后的文本框中输入 32.25，单击“确定”按钮完成第一行行高的设置。

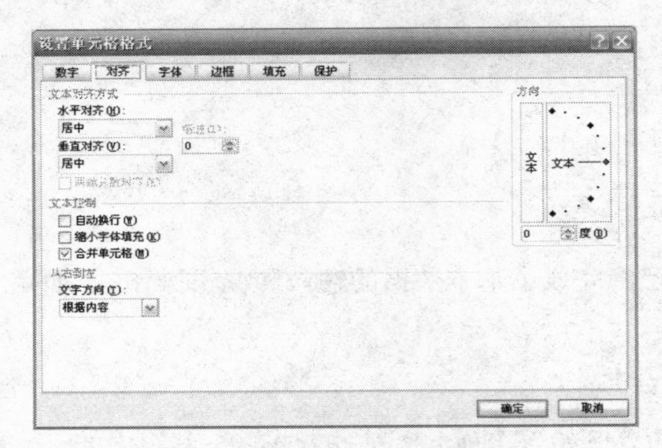

图 4-22　“对齐”设置对话框

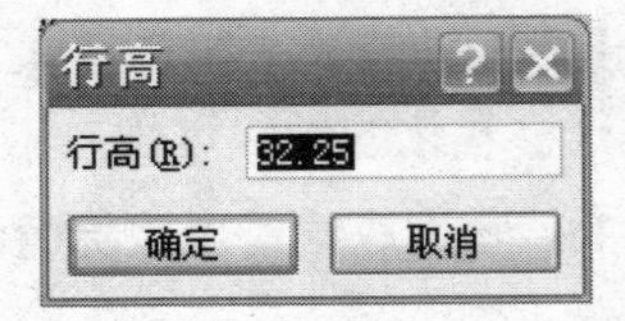

图 4-23　设置行高

选中表中除第一行之外的其他各行，然后单击“开始”选项卡“单元格”格式工具组中的按钮右边的下三角符号，从弹出的选项中选择“自动调整行高”。

（2）　设置列宽。

选中表中 A～K 列，然后单击“开始”选项卡“单元格”格式工具组按钮右边的下三角符号，从弹出的选项中选择“自动调整列宽”。

5.　学生成绩管理表内外边框的设置

先选择 A2～K15 单元格，然后单击“开始”选项卡“单元格”格式工具组“设置单元格格式（E）…”，将弹出如图 4-24 所示的对话框。从“线条”样式中选择“粗线”，“颜色”列表框中选择“淡蓝”，依次单击边框组中的上下左右四条边，完成表格四周边框架的设置；再从“样式”中选择“细虚线”，从“颜色”列表框中选择“红色”，然后单击边框组中的中心点，完成内部边框的设置。

6.　学生成绩管理表中填充背景的设置

先选择 A2～K15 单元格，然后单击“开始”选项卡“单元格”格式工具组“设置单元格格式（E）…”，将弹出如图 4-25 所示的对话框。从“背景色”中选择“绿色”，单击“确定”按钮完成部分背景色的设置。

同样的方法可以设置完成图表标题背景的设置。

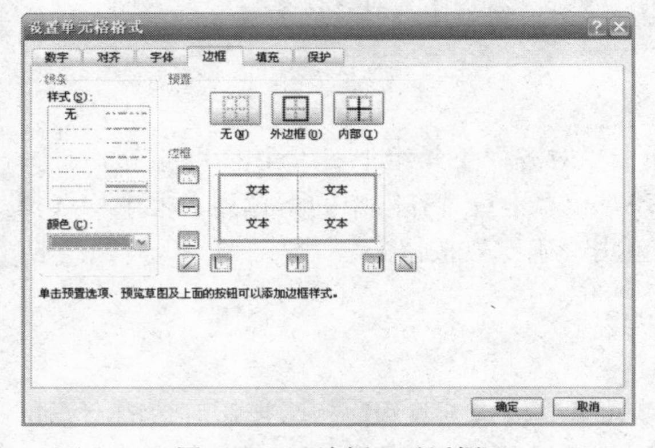

图 4-24　“边框”对话框

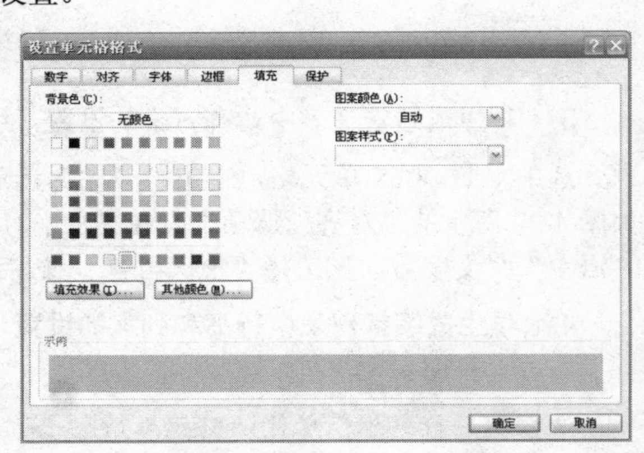

图 4-25　“填充”对话框

7. 英语和计算机成绩不及格的设为红色、加粗、倾斜

先选择 G3-H15 单元格，然后单击“开始”选项卡“样式”工具组“条件格式”按钮旁的下三角符号按钮，如图 4-26 所示，单击“小于（L）...”，弹出“格式设置”之“小于”对话框，如图 4-27 所示，在第一个列表框中输入 60，第二个列表框中选择自定义格式，根据题目要求利用自定义格式将不及格的设置为红色、加粗、倾斜。

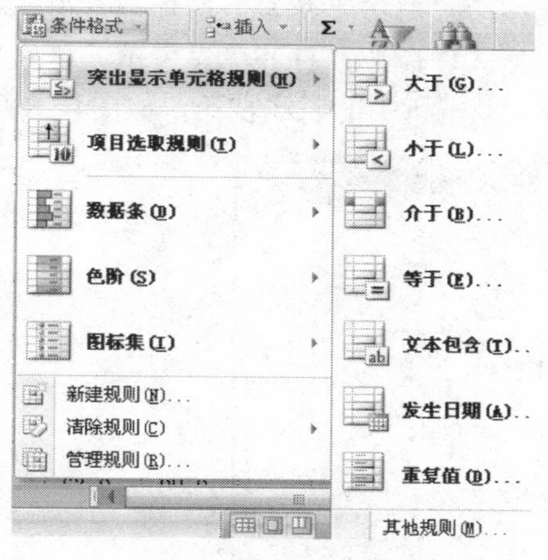

图 4-26　“条件格式”对话框

图 4-27　“格式设置”之“小于”对话框

【知识链接】

1. 调整列宽和行高

行高和列宽的调整除了用上述例子中涉及到的方法调整外，还可以利用鼠标向上或向下拖动行号之间的交界处可调整，向左或向右拖动列号之间的交界处可调整列宽。若双击列号的右边框，则该列会自动调整宽度，以容纳该列最宽的值。

2. 隐藏列和行

有时集中显示需要修改的行或列，而隐藏不需要修改的行或列，以节省屏幕空间，方便修改操作。

以隐藏行为例，操作步骤如下：

（1）选定要隐藏的行。

（2）单击“开始”选项卡“单元格”中的“格式”中“隐藏和取消隐藏”，选择“隐藏行”。

如果需要显示被隐藏的行，则选定跨越隐藏行的单元格，然后单击“开始”选项卡“单元格”中的“格式”中“隐藏和取消隐藏”，选择“取消隐藏”命令即可。

3. 自动套用格式

Excel 2007 提供了适合多种情况使用的表格格式供用户根据需要选择，用其可以简化对表格的格式设置，提高工作效率。

操作步骤如下。

（1）选定需要套用格式的表格区域。

（2）选择“开始”选项卡“样式”“套用表格格式”命令，在其中选择合适的格式。

4. 绘制斜线表头

斜线表头通常用在表格标题行的第1个单元格中，用于分隔数据的行与列的标题类型。例如，在一个表格中，行标题将指示数据的类型，列标题将指示数据的名称，则可在表格的第1个单元格中同时输入“类型”和“名称”，并用斜线分隔，以分别指示行标题和列标题。这样便于浏览者了解表格数据的类别。

要在某个单元格中绘制斜线表头，在选中此单元格后，单击“开始”选项卡“单元格”组“格式”按钮，在弹出的菜单中选择“设置单元格格式”命令，打开“设置单元格格式”对话框。切换到“边框”选项卡，在“边框”选项组中单击所需的斜线按钮，如图4-28所示。

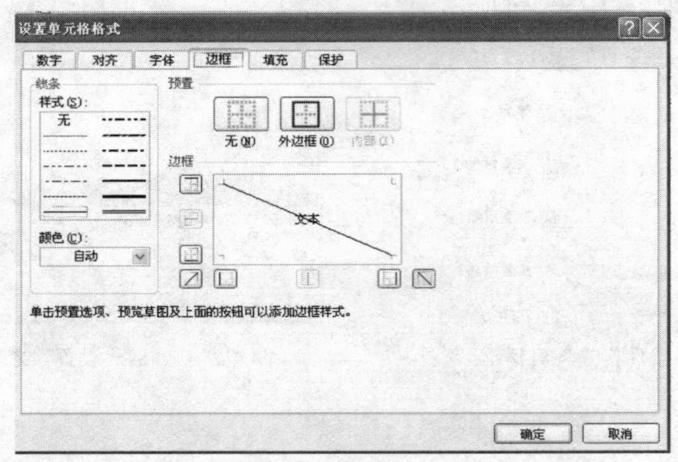

图 4-28 “设置单元格格式”对话框之“边框”选项卡中斜线表头

4.4. 教学案例：学生成绩管理表的数据处理

【任务】建筑工程学院土木专业班长王雷在完成“学生成绩表”格式化设置后想利用公式和函数对“学生成绩表”进行如下的数据处理：

（1） 求“学生成绩管理表”中每个人的年龄、总分、平均分、名次。

（2） 利用函数判定每位同学今天是否过生日，若是，在备注列中显示“生日快乐”。计算后的效果如图 4-29 所示。

学生成绩表

学号	姓名	性别	班级	出生日期	年龄	英语	计算机	总分	平均分	名次	备注
0903010001	杨永	男	土木11B	1995年8月9日	17	89.0	78.0	167.0	83.5	4	
0903010002	张丽	女	土木12B	1996年3月5日	16	78.0	89.0	167.0	83.5	4	
0903010003	朱传华	女	土木13B	1993年6月16日	19	67.0	56.0	123.0	61.5	12	生日快乐
0903010004	张泳	男	土木12B	1993年9月29日	19	56.0	77.0	133.0	66.5	10	
0903010005	杨柳青	女	土木11B	1994年5月27日	18	90.0	99.0	189.0	94.5	1	
0903010006	李朝阳	男	土木12B	1994年7月8日	18	98.0	89.0	187.0	93.5	2	
0903010007	关广杰	男	土木13B	1996年7月6日	16	88.0	34.0	122.0	61.0	13	
0903010008	王昌福	男	土木12B	1997年5月6日	15	87.0	67.0	154.0	77.0	7	
0903010009	沈迪	女	土木12B	1998年11月8日	14	78.0	64.0	142.0	71.0	8	
0903010010	邹任发	男	土木11B	1996年9月6日	16	77.0	64.0	141.0	70.5	9	
0903010011	赵国辉	男	土木12B	1997年6月16日	15	45.0	87.0	132.0	66.0	11	生日快乐
0903010012	王雷	男	土木12B	1998年11月8日	14	67.0	98.0	165.0	82.5	6	
0903010013	李彤彤	女	土木13B	1996年5月27日	16	92.0	90.0	182.0	91.0	3	

学生成绩表 Sheet2 Sheet3

图 4-29 利用“公式和函数”计算后的效果

（3） 在“学生成绩表”的 N1～S22 单元格中建立一个“成绩分析总表”。分析总表的效果如图 4-30 所示。

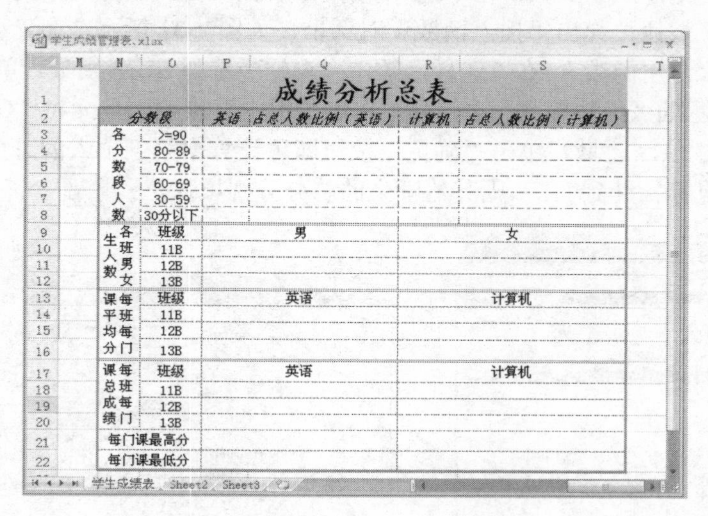

图 4-30　成绩分析总表

4.4.1　学习目标

通过本案例的学习，使学生充分了解公式和函数的特征，掌握公式和函数的正确使用，学会利用公式和函数求解生活中的实际问题，培养学生独立思考问题和解决实际问题的能力，提高学生的动手能力，为后续内容奠定基础。

4.4.2　相关知识

在 Excel 2007 工作表中使用公式函数能有效避免手工计算中工作繁杂和容易出错的现象，而且当公式中引用的数据被修改后，公式的计算结果还能进行自动更新。本节的知识点就是能够掌握各个函数的正确使用，故本案例涉及到的相关知识点有：

（1） 数学函数 SUM、AVERAGE、MAX、MIN、SUMIF、AVERAGEIF、SUMIFS、AVERAGEIFS。

（2） 日期函数 DAY、MONTH、YEAR、NOW。

（3） 计数函数 COUNT、COUNTIF、COUNTIFS。

（4） 条件函数 IF。

（5） 排名函数 RANK。

4.4.3　操作步骤

建筑工程学院土木专业班长王雷通过前两个教学案例已经完成了基本数据的输入和格式化操作，下面是对表格中的数据进行处理的操作过程。

1. 计算学生成绩表中的总分、平均分、年龄、名次、备注

（1） 计算总分（四种求和方法）。

① 在 I3 单元格中输入公式“=SUM(G3:H3)”，按 Enter 键确认。

② 在I3单元格中输入公式“=G3+H3”，按Enter键确认。

③ 选中I3单元格，单击编辑栏中的 f_x 按钮，或在“公式”选项卡的“函数库”组中，单击“插入函数”按钮，弹出“插入函数”对话框，如图4-31所示，在“选择类别”列表框中选择函数类别“常用函数”，在“选择函数”列表框中选择SUM函数，单击“确定”按钮，弹出如图4-32所示的“函数参数”对话框，在参数框中直接输入单元格“G3:H3”，或用鼠标在工作表中选择G3:H3区域，单击“确定”按钮即可计算出第一个人的总分，然后使用单元格填充句柄拖动鼠标指针到I15，则其他学生的总分分别填入。

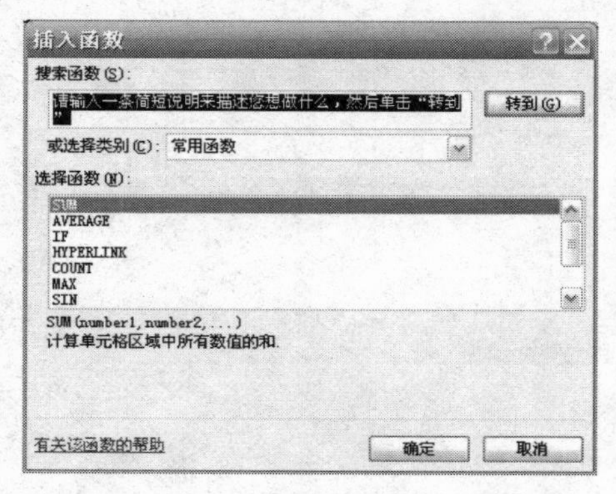

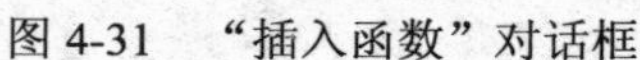
图4-31 “插入函数”对话框

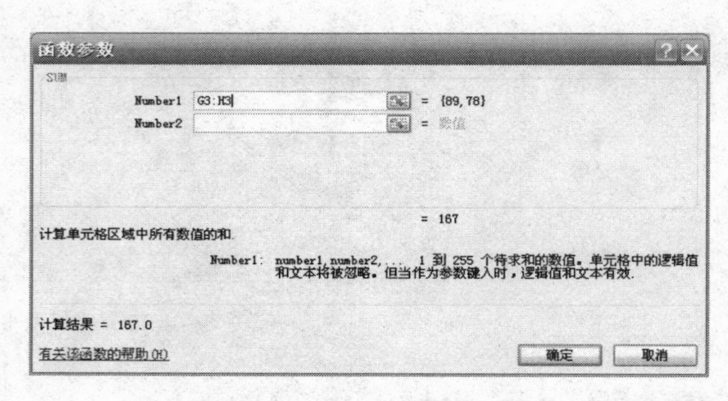

图4-32 “函数参数”对话框

也可以单击“开始”选项卡“编辑”组的“自动求和”按钮Σ。选中I3单元格，单击“开始”选项卡“编辑”组的“自动求和”按钮Σ，会出现求和函数SUM以及求和数据区域，观察数据区域是否正确，如不正确重新输入区域或修改公式，然后单击编辑栏上的✓按钮或按Enter键即可。

（2） 计算平均分。

选中J3单元格，单击编辑栏中的 f_x 按钮，在“插入函数”对话框中选择函数“AVERAGE”，在函数参数框中输入“G3:H3”，单击“确定”按钮即可计算出第一个学生的平均分，然后使用单元格填充句柄拖动鼠标到J15，则其他学生的平均分分别填入。

计算平均分还有其他方法，具体方法参照求总分的过程。

（3） 求年龄。

生活中求一个人年龄的方法是用当前年份减去出生日期对应的年份，而Excel中求年龄的方法就是从生活中得到的。所以求年龄的具体步骤是：

① 求当前日期（也就是系统日期）：“=NOW（）”函数。

② 利用当前日期求出当前年份：“=YEAR（NOW（））”。

③ 求出第一个人的出生日期对应的年份：“=YEAR（E3）”，其中E3为第一个学生的出生日期对应的单元格的地址。

④ 第二步的结果减去第三步的结果：“=YEAR（NOW（））-YEAR（E3）”，即得出第一个同学的年龄，若年龄结果以日期形式显示，则需要进行单元格格式的设置，将日期型改为数值型且小数位数为0。

⑤ 使用单元格填充句柄拖动鼠标到J15，则其他学生的年龄分别填入。

（4） 求名次。

求名次用到的函数为RANK（），将光标定位到K3单元格内。输入公式“=RANK

(J3,$J$3:$J$15,0)”，其中 J3 为第一个学生平均分所在的单元格的地址，$J$3:$J$15 为所有学生平均分所在单元区域，是绝对地址的引用方法（地址的引用请参照本案例后的“知识链接”），0 表示降序排名，若第三个参数为 1，表示升序排名次。

使用单元格填充句柄拖动鼠标到 K15，则其他学生的名次分别填入。

（5） 判定备注列是否填写“生日快乐”。

本步所用的函数有：IF（）、MONTH（）、DAY（）；

MONTH（）求当前月份，DAY（）求本月中的第几天，IF（）是条件判断函数（具体用法请参照本案例后的“知识链接”）。

本案例求的依据就是判定是否是当前月，在这个大的前提条件下再判定是否是当前天，若是则显示“生日快乐”，否则什么也不显示。因此将光标定位到 L3 单元格内，输入“=IF(MONTH(NOW( ))=MONTH(E3),IF(DAY(NOW( ))=DAY(E3),"生日快乐",""),"")”，按“Enter”键即可计算出第一个学生是否显示“生日快乐”，然后使用单元格填充句柄拖动鼠标到 L15，则其他学生分别填入。

计算后的结果如图 4-29 所示。

2. 设计成绩分析总表的框架

设计过程和方法请参照 4. 2 中的教学案例：学生成绩管理表的建立与编辑方法。

3. 计算成绩分析总表中各空白单元格的值（本过程用到的函数的具体用法见知识链接）

（1） 每门课最高分。

用到函数 MAX（），先定位光标，将光标定位到 P21 单元格内，输入公式“=MAX(G3:G15)”即可求出英语成绩的最高分，同样的方法可以求出计算机成绩的最高分。

（2） 每门课最低分。

用到函数 MIN（），先定位光标，将光标定位到 P22 单元格内，输入公式“=MIN(G3:G15)”即可求出英语成绩的最低分，同样的方法可以求出计算机成绩的最低分。

（3） 各个分数段的人数。

① 英语成绩在 90 分以上（包括 90）的人的个数。

用到函数 COUNTIF（），光标定位到 P3 单元格，接着输入“=COUNTIF(G3:G15,">=90")”即可求出结果。

计算机成绩在 90 分（包括 90 分）以上的人的个数求法同英语的一样。

② 英语成绩在 80～89 分之间的人的个数。

可以用 COUNTIF（），也可以用 COUNTIFS（）。

用 COUNTIF 函数：光标定位到 P4 单元格，接着输入：

“=COUNTIF(G3:G15,">=80")-COUNTIF(G3:G15,">=90")”即可求出结果。

用 COUNTIFS（）函数：光标定位到 P4 单元格，接着输入：

“=COUNTIFS(G3:G15,">=80",G3:G15,"<90")”即可求出结果。

计算机成绩在 80～89 以上的之间的人的个数求法同英语的一样。

同理可以得到 70～79，60～69，30～59 之间的英语和计算机成绩的人的个数。

③ 英语成绩在 30 分以下的人的个数。

用到函数 COUNTIF（），光标定位到 P8 单元格，接着输入：

“=COUNTIF(G3:G15,"<30")”即可求出结果。

计算机成绩在 30 分以下的人的个数求法与英语的一样。

④ 英语成绩在 90 分以上的人所占的比例在求的过程中除用到 COUNTIF（）函数外，还要用到计数函数 COUNT（），具体做法是光标定位到 Q4 单元格，接着输入“=COUNTIF(G3:G15,">=90")/COUNT(G3:G15)*100”即可求出结果。其他分数段的人所占比例求法与此相同。注意：求 80～89 之间的人所占的比例，分子要用小括号（）括起来。

（4） 各班男女生的人数。

以计科 11 班男生人数为例求解，用到的函数为 COUNTIFS（）。

光标定位到 P10 单元格，接着输入“=COUNTIFS(D3:D15,"土木 11B",C3:C15,"男")”即可求出结果。

（5） 每班每门课的平均分。

以计科 11 班英语成绩为例求解，用到的函数为 AVERAGEIFS（）。

光标定位到 P14 单元格，接着输入“=AVERAGEIFS(G3:G15,D3:D15,"土木 11B")”即可求出结果。

（6） 每班每门课总成绩。

以计科 11 班英语成绩为例求解，用到的函数为 SUMIFS（）。

光标定位到 P14 单元格，接着输入“=SUMIFS(G3:G15,D3:D15,"土木 11B")”即可求出结果。

设置后的效果如图 4-33 所示。

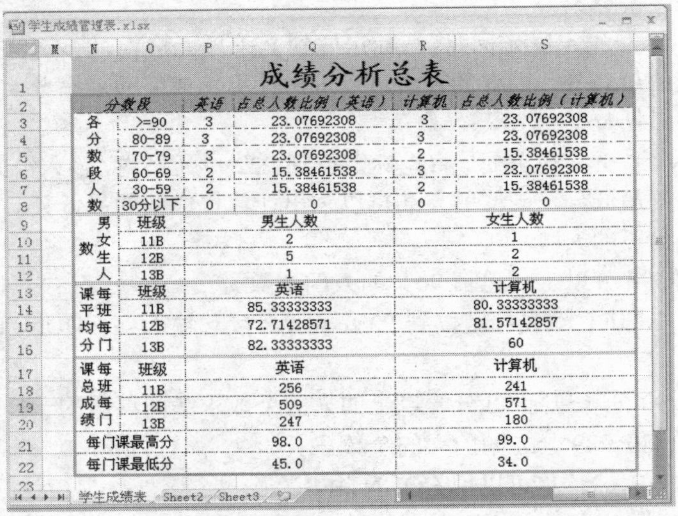

学生成绩管理表.xlsx

	N	O	P	Q	R	S
1	成绩分析总表					
2	分数段		英语	占总人数比例（英语）	计算机	占总人数比例（计算机）
3	各	>=90	3	23.07692308	3	23.07692308
4	分	80-89	3	23.07692308	3	23.07692308
5	数	70-79	3	23.07692308	2	15.38461538
6	段	60-69	2	15.38461538	3	23.07692308
7	人	30-59	2	15.38461538	2	15.38461538
8	数	30分以下	0	0	0	0
9	男	班级	男生人数		女生人数	
10	数女	11B	2		1	
11	生	12B	5		2	
12	人	13B	1		2	
13	课每	班级	英语		计算机	
14	平班	11B	85.33333333		80.33333333	
15	均每	12B	72.71428571		81.57142857	
16	分门	13B	82.33333333		60	
17	课每	班级	英语		计算机	
18	总班	11B	256		241	
19	成每	12B	509		571	
20	绩门	13B	247		180	
21	每门课最高分		98.0		99.0	
22	每门课最低分		45.0		34.0	

学生成绩表 Sheet2 Sheet3

图 4-33 成绩分析总表求后效果

【知识链接】

1. 单元格引用和公式复制

公式复制可以避免大量重复输入公式的工作，当复制公式时，若在公式中使用单元格或区域，则在复制的过程中根据不同的情况使用不同的单元格引用。单元格引用分相对地址引用、绝对地址引用和混合引用。

（1）相对地址引用。

指某一单元格与当前单元格的相对位置。它是 Excel 中默认的单元格引用方式，如 Al、A2 等。相对引用是指当公式在复制或移动时会根据移动的位置自动调节公式中引用单元格的地址。

例如单元格 Al 为 2，Bl 为 4，A2 为 15，B2 为 3，在 Cl 中输入公式“=A1+B1”。下面将公式复制到 C2。

鼠标单击单元格 C1，选择“开始”剪切板中的“复制”命令（或按 Ctrl+C 组合键）。

然后鼠标单击单元格 C2，选择“开始”|剪切板中的“粘贴”命令（或按 Ctrl+V 组合键），将公式粘贴过来。

用户会发现 C2 中值变为 18，编辑栏中显示公式为“=A2+B2”，究其原因就是相对地址在起作用，公式从 Cl 复制到 C2，列未变，行数增加 1。所以公式中引用的单元格也增加行数，由 A1、Bl 变为 A2、B2。如果将公式由 Cl 复制到 D2，则行列各增加了 1 个单位，此时公式将变为：“=B2+C2”。

（2）绝对地址引用。

指某一单元格在工作表中的绝对位置。绝对地址引用要在行号和列号前均加上“$”符号。公式复制时，绝对引用单元格地址将不随公式位置变化而改变。如 Cl 公式改为“=$A$1+$B$1”，再将公式复制到 C2，你会发现 C2 的值仍为 6，公式也仍为“=$A$1+$B$1”。

（3）混合引用。

指单元格地址的行号或列号前加上“$”符号，如$Al 或 A$1。当公式所在的单元格因为复制或插入而引起行列变化时，公式中相对地址部分也会随位置变化而变化，而绝对地址不变化。

（4）跨工作表的单元格地址引用。

公式中可能用到另一工作表的单元格中的数据，如 E4 中的公式为：“=A4+B4+C4+Sheet2！B1”，其中“Sheet2！B1”表示工作表 Sheet2 中的 B1 单元格地址。这个公式表示计算当前工作表中的 A4、B4 和 C4 单元格数据之和与 Sheet2 工作表的 B1 单元格数据的和，结果存入当前工作表中的 E4 单元格。

单元格地址的一般形式为：[工作表名！]单元格地址，当前工作表的单元格的地址可以省略“工作表名!”。

2. 公式

公式在单元格或编辑栏中输入，输入时，必须以等号（=）作为开始。在一个公式中可以包含有各种运算符、常量、变量、函数以及单元格引用等。

运算符用于对公式中的元素进行特定类型的运算，分为算术运算符、文本运算符、比较运算符和引用运算符几种。

（1）文本运算符。

文本运算符是将两个文本值连接或串联起来产生一个连续的文本值，如“大学计算机基础”&“成绩表”的结果是“大学计算机基础成绩表”。

（2）算术运算符和比较运算符。

算术运算符是最基本的运算，如加、减、乘、除等。比较运算符可以比较两个数值并产生逻辑值，逻辑值只有两个 FALSE 和 TURE，即错误和正确。Excel 中常用的算术与比较运算符如表 4-2 所示。

表 4-2　算术运算符和比较运算符

类　型	表示形式	优 先 级
算术运算符	+（加）、-（减）、*（乘）、/（除）、%（百分比）^（乘方）	从高到低分为 3 个级别：百分比和乘方、乘和除、加和减
关系运算符	=（等于）、>（大于）、<（小于）、>=（大于等于）、<=（小于等于）、<>（不等于）	优先级相同

（3） 引用运算符。

引用运算符用于将单元格区域合并计算，引用运算符有 3 种，如表 4-3 所示。

表 4-3　引用运算符

引用运算符	含　义
：（冒号）	区域运算符，包括两个单元格在内的所有单元格的引用
，（逗号）	联合运算符，对多个引用合并为一个引用
空格	交叉运算符，产生同时隶属两个区域的单元格区域的引用

4类运算符的优先级从高到低依次为："引用运算符"、"算术运算符"、"文本运算符"和"关系运算符"。每类运算符根据优先级计算，当优先级相同时，从左向右计算。

3. 函数

对于一些复杂的运算如开方，如果由用户自己设计公式来完成将会很困难，Excel 2007 为用户提供了大量的功能完备易于使用的函数，涉及财务、日期与时间、数学与三角、统计、查找与引用、数据库、逻辑及信息等多方面。

（1） 函数的形式。

函数的形式：函数名（[参数 1][，参数 2，…]）

函数名后紧跟括号，可以有一个或多个参数，参数间用逗号分隔。函数也可以没有参数，但函数名后的圆括号是必需的。

在函数的形式中，各项的意义如下。

① 函数名称：指出函数的含义，如求和函数SUM，求平均值函数AVERAGE。

② 括号：用于括住参数，即括号中包含所有的参数。

③ 参数：指所执行的目标单元格或数值，可以是数字、文本、逻辑值（例如TRUE或FALSE）、数组、错误值（例如#N/A）或单元格引用。其各参数之间必须用逗号隔开。

例如：SUM（A1：A3，C3：D4）有2个参数，表示求2个区域中（共7个数据）的和。

（2） 函数的使用。

在工作表中，简单的公式计算可以通过使用"开始"选项卡"编辑"组中的"求和"按钮Σ及其菜单来进行计算。单击"求和"按钮右侧的下拉按钮，在弹出的菜单中可选择"平均值"、"计数"、"最大值"、"最小值"等函数。若要通过在单元格中输入函数的方法来进行计算，则有以下两种方法：第一，直接在单元格中输入函数内容；第二，利用"公式"选项卡"函数库"组中的工具。

要直接在工作表单元格中输入函数的名称及语法结构，用户必须熟悉所使用的函数，并且了解此函数包括多少个参数及参数的类型。可以像输入公式一样来输入函数，即先选择要输入函数公式的单元格，输入“=”号，然后按照函数的语法直接输入函数名称及各参数，完成输入后按Enter键或单击“编辑栏”中的“输入”按钮即可得出要求的结果。

由于Excel中的函数数量巨大，不便记忆，而且很多函数的名称仅仅只相差一两个字符，因此，为了防止出错，可利用Excel 2007提供的函数跟随功能来进行输入。当在单元格或编辑栏中输入公式前的“=”以及函数名称前面的部分字符时，Excel 2007会自动弹出包含这些字符的函数列表及提示信息，如图4-34所示。

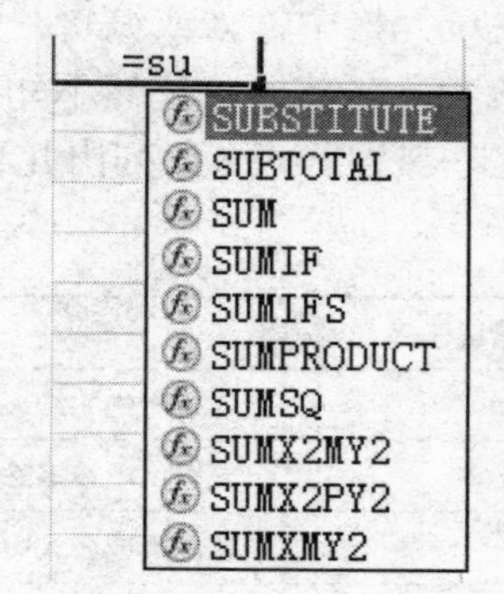

图 4-34　自动跟随的函数列表

如果用户对函数的类型和名称均不熟悉，则可以使用“公式”选项卡“函数库”组中的工具来插入函数。当用户用鼠标指针指向某个函数时，Excel 2007会自动弹出相应的提示信息框，显示有关该函数的信息。

（3） 常用函数。

① SUM(A1，A2，…)。

功能：求各参数的和。A1，A2 等参数可以是数值或含有数值的单元格的引用。至多 30 个参数。

② AVERAGE(A1，A2，…)。

功能：求各参数的平均值。A1，A2 等参数可以是数值或含有数值的单元格的引用。

③ MAX(A1，A2，…)。

功能：求各参数中的最大值。

④ MIN(A1，A2，…)。

功能：求各参数中的最小值。

⑤ COUNT(A1，A2，…)。

功能：求各参数中数值型参数和包含数值的单元格个数。参数的类型不限。

如“=COUNT(12，D1: D5，"CHINA")”若 D1: D5 中存放的是数值，则函数的结果是 6。若 D1: D5 中只有一个单元格存放的是数值，则结果为 2。

⑥ IF(P，T，F)。

其中 P 是能产生逻辑值(TRUE 或 FALSE)的表达式，T 和 F 是表达式。

功能：若 P 为真(TRUE)，则取 T 表达式的值，否则，取 F 表达式的值。

如：IF(3>2，10，-10)→10。

IF 函数可以嵌套使用，最多可嵌套 7 层。例如：E2 存放某学生的考试平均成绩，则其成绩的等级可表示为：

IF(E2>89，"A"，IF(E2>79，"B"，IF(E2>69，"C"，IF(E2>59，"D"，"F"))))

⑦ COUNTIF(range，criteria)。

功能：计算某个区域中满足给定条件的单元格数目。

⑧ SUMIF（range，criteria，sum_range）。

功能：对满足条件的单元格求和。

⑨ YEAR(serial_number)。

功能：返回日期的年份值，一个 1900～9999 之间的数字。

⑩ NOW()。

功能：返回日期时间格式的当前日期和时间。

4. 关于错误信息

在单元格中输入或编辑公式后，有时会出现诸如“#####!”或“#VALUE!”的错误信息，令初学者莫名其妙，茫然不知所措。其实，出错是难免的，关键是要弄清出错的原因和如何纠正这些错误。表 4-4 列出几种常见的错误信息。

表 4-4 错误信息及出错原因

错误信息	原　因
#####	公式所产生的结果太长，该单元格容纳不下
#DIV/0!	公式中出现被零除的现象
#N/A	当在函数或公式中没有可用数值时，将产生错误值#N/A
#NAME?	在公式中使用 Microsoft Excel 不能识别的文本时将产生错误值#NAME?
#NULL!	当试图为两个并不相交的区域指定交叉点时将产生错误值#NULL!
#NUM!	当公式或函数中某个数字有问题时将产生错误值#NUM!
#REF!	当单元格引用无效时将产生错误值#REF!
#VALUE!	当使用错误的参数或运算对象类型时，或者当自动更正公式功能不能更正公式时，将产生错误值#VALUE!

下面分别对各错误信息可能产生的原因与纠正方法作一具体说明。

（1） #####!。

若单元格中出现“#####!”，可能的原因及解决方法：

① 单元格中公式所产生的结果太长，该单元格容纳不下。

如某单元格的计算结果为 123 450 000.00，由于单元格宽度小，容纳不下该结果，故出现该错误信息。可以通过调整单元格的宽度来消除该错误。

② 日期或时间格式的单元格中出现负值。

对日期和时间格式的单元格进行计算时，要确认计算后的结果日期或时间必须为正值。如果产生了负值，将在整个单元格中显示“#####”。

（2） #DIV/0!。

很可能该单元格的公式中出现零除问题。即输入的公式中包含除数 0，也可能在公式中的除数引用了零值单元格或空白单元格，而空白单元格的值将解释为零值。

解决办法是修改公式中的零除数或零值单元格或空白单元格引用，或者在用作除数的单元格中输入不为零的值。

当做除数的单元格为空或为零时，如果希望不显示错误，可以使用 IF 函数。例如，如果单元格 B5 包含除数而 A5 包含被除数，可以使用“=IF(B5=0，""，A5/B5)”（两个连续引号代表空字符串），表示 B5 值为 0 时，什么也不显示，否则显示 A5/B5 的商。

（3） #N/A。

在函数或公式中没有可用数值时，会产生这种错误信息。

（4） #NAME?。

在公式中使用了 Excel 所不能识别的文本时将产生错误信息“#NAME?”。

（5） #NUM!。

这是在公式或函数中某个数值有问题时产生的错误信息。例如，公式产生的结果太大或太小，即超出范围：-10 307～10 307。如某单元格中的公式为“=1.2E+100*1.2E+290”，其结果大于 10 307，就出现错误信息“#NUM!”。

（6） #NULL!

在单元格中出现此错误信息的原因可能是试图为两个并不相交的区域指定交叉点。例如，使用了不正确的区域运算符或不正确的单元格引用等。

如果要引用两个不相交的区域，则两个区域之间应使用“，”，例如公式要对两个区域求和，在引用这两个区域时，区域之间要使用“，”即 SUM(A1：A10，C1：C10)。如果没有使用“，”Excel 将试图对同时属于两个区域的单元格求和，但是由于 A1：A10 和 C1：C10 并不相交，它们没有共同的单元格，所以出现该错误信息。

（7） #REF!。

该单元格引用无效的结果。设单元格 A9 中有数值 5，单元格 A10 中有公式"=A9+1"，单元格 A10 显示结果为 6。若删除单元格 A9，则单元格 A10 中的公式"=A9+1"对单元格 A9 的引用无效，就会出现该错误信息。

（8） #VALUE!。

当公式中使用不正确的参数或运算符时，将产生错误信息“#VALUE!”。这时应确认公式或函数所需的运算符或参数类型是否正确，公式引用的单元格中是否包含有效的数值。如果需要数字或逻辑值时却输入了文本，就会出现这样的错误信息。

4.5　教学案例：用图表显示学生成绩管理表

【任务】建筑工程学院土木专业班长王雷在完成“学生成绩表”输入、格式化和管理之后，想以图形化的方式更直观地反映出每个人每门课的成绩，于是对该表中的数据进行如下处理：

（1） 以姓名为 X 分类轴，英语和计算机成绩为数据系列生成簇状柱形图。

（2） 图表区域格式：图表区域的边框设置为“渐变线”，颜色“孔雀开屏”、宽度 2.5 磅，复合类型由细到粗、圆角；图表区域内部填充为“蓝色面巾纸”。

（3） 绘图区格式：边框采用默认方式；区域填充“麦浪滚滚”。

（4） 图表标题：学生成绩图。

（5） 坐标轴格式：最小值 0，最大值 100，主要刻度值 10。

具体效果如图 4-35 所示。

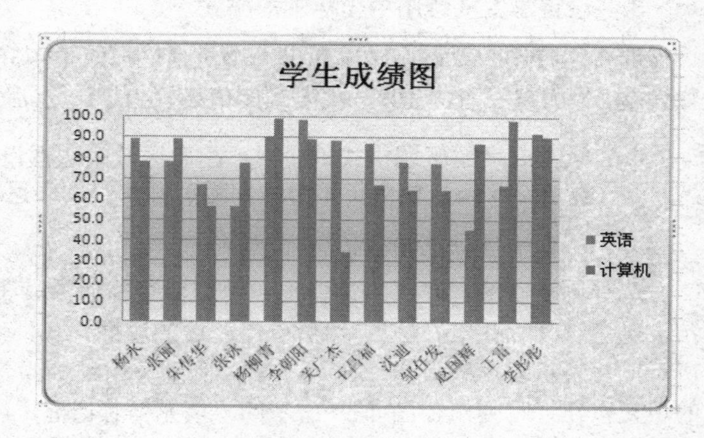

图 4-35　图表的创建及格式化后的效果

4.5.1　学习目标

通过本案例的学习，使学生充分了解图表的功能和作用，掌握图表的创建过程，学会设置图表的布局和样式，学会设置图表元素的布局与样式，培养学生审美观点和审美能力，提高学生的动手能力。

4.5.2 相关知识

Excel 图表能将工作表中数据或统计结果以各种统计图表的形式显示，从而更形象、更直观地揭示数据之间的关系，反映数据的变化规律和发展趋势。当工作表上的数据发生变化时，图形会相应的改变，不需要重新绘制。本节的知识点有：

（1） 创建图表。

（2） 选择图表元素并移动和调整图表的方法。

（3） 设置图表的布局和样式。

（4） 设置图表元素的布局和样式。

4.5.3 操作步骤

建筑工程学院土木专业班长王雷通过前三个教学案例已经完成了基本数据的输入、格式化及数据处理操作，下面是对表格中的数据图形显示的操作过程。

1. 以姓名为 X 分类轴，英语和计算机成绩为数据系列生成簇状柱形图

（1） 选择数据源：选择 B2:B15 单元格，按住 Ctrl 不动，再选择 G2:G12 和 H2:H15。

（2） 在“插入”选项卡上单击“图表”组中的“柱形图”按钮，从弹出的菜单中选择“簇状柱形图”。

2. 将图表移动到学生成绩表的下方，并加上图表标题：学生成绩图

（1） 选择图表，用鼠标指针指向图表按住左键拖动到合适的位置，释放左键。

（2） 选择图表，执行“布局”选项卡“标签”工具组中“图表标题”按钮下的下三角符号，选择“图表上方”，则在图的上方将填加一个文本框，将文本框内默认的“图表标题”改为“学生成绩图”。

3. 设置学生成绩图中坐标轴的格式

选择坐标轴，单击右键，弹出一个对话框，如图 4-36 所示：在坐标轴选项中，最小值设置为 0，最大值设置为 100，主要刻度值设置为 10，然后单击“关闭”按钮即可。

4. 学生成绩图区域格式的设置：图表区域的边框设置为“渐变线”，颜色“孔雀开屏”、宽度 2.5 磅，复合类型由细到粗、圆角；图表区域内部填充为“蓝色面巾纸”

（1） 图表区域的边框设置。

选择图表区域，单击右键弹出一个快捷菜单如图 4-37 所示，边框颜色选择“渐变色”，预设颜色选择“孔雀开屏”；然后单击左边的边框样式，弹出“边框样式”对话框，如图 4-38 所示，将边框宽度设置为 2.5 磅，复合类型：由细到粗，圆角复选框前打勾；再次单击左边的填充按钮，将弹出如图 4-39 所示的“填充”对话框，在该对话框内，填充一栏选择“图片或纹理填充”，“纹理（U）：”选择“蓝色面巾纸”，将“图片平铺为纹理”前的复选框前打勾；然后单击“关闭”按钮即可。

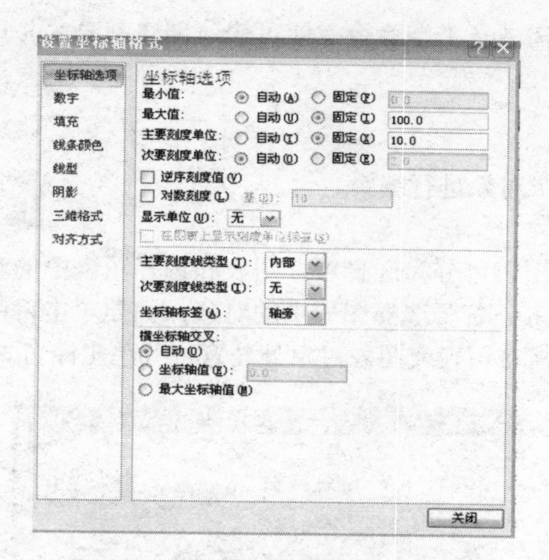

图 4-36　设置“坐标轴格式”对话框

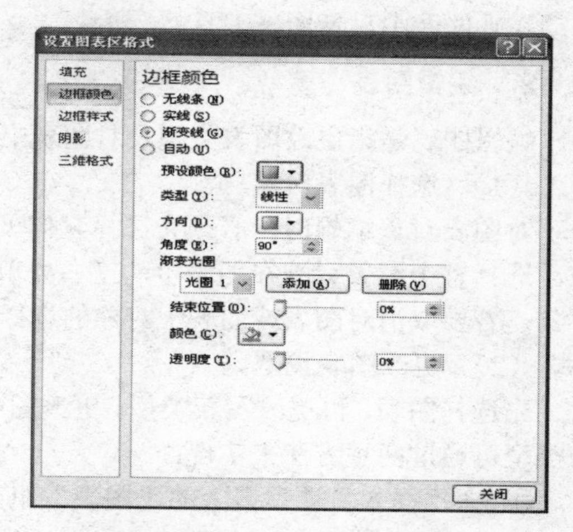

图 4-37　“边框颜色”对话框

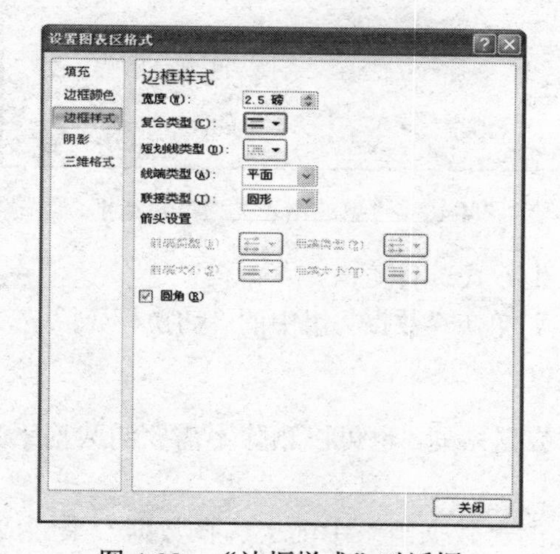

图 4-38　“边框样式”对话框

图 4-39　“填充”对话框

5. 学生成绩图绘图区格式的设置：边框采用默认方式；区域填充“麦浪滚滚”

选择绘图区，再单击右键将弹出绘图区的格式对话框，或单击“布局”选项卡“背景”工具组“绘图区”按钮中的下三角符号，从中选择“其他绘图区域选项……”，也可以弹出绘图区的对话框，该对话框的设置方法同图表区域一样。

如果想更改图表类型，或对图表进行其他格式化操作，请参照本案例后的知识链接。

【知识链接】

1. 创建图表

创建图表有两种方法：一是对选定的数据源直接按F11键快速创建图表，用此方法创建的图表是作为一个新的工作表插入；二是使用“插入”选项卡“图表”组中的工具来创建各种类型的个性化图表。

选择要在图表中使用的数据的单元格，然后在“插入”选项卡上单击“图表”组中的所需类型相对应的图表按钮，在下拉菜单中选择所需的子类型命令，即可快速创建图表，并且自动在功能区中显示图表工具。

2. 编辑图表

编辑图表是指更改图表类型及对图表中的各个对象进行编辑。

（1） 选择图表对象。

对图表对象编辑时，必须先选择它们。选择图表可分为选择整个图表和选择图表中的对象，选择整个图表只须在图表中的空白处单击即可。若要选择图表中的对象，则要单击目标对象；若要取消对图表或图表中对象的选择，只需在图表或图表对象外任意位置单击即可。

（2） 更改图表类型。

先选择图表，再更改图表类型。更改图表类型可通过两种方法来实现：

① 在“插入”选项卡上的“图表”组中选择其他图表类型。

② “设计”选项卡，单击“类型”组中的“更改图表类型”按钮，打开如图 4-40 所示的“更改图表类型”对话框，从中选择所需的图表类型。

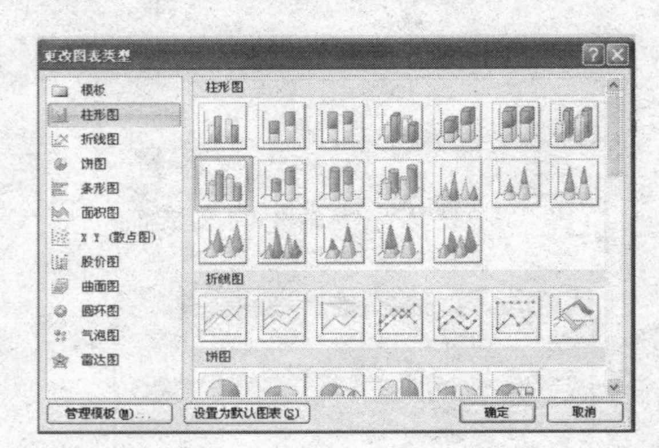

图 4-40 “更改图表类型”对话框

（3） 更改数据系列产生的方式。

图表中的数据系列既可以以行产生，也可以以列产生，有时还可根据需要对图表系列的产生方式进行更改。

具体方法是：先选择图表，再在“设计”选项卡，单击“数据”组中的“切换行/列”按钮。

3. 添加或删除数据系列

图表建立后，可以根据需要向图表中添加新的数据系列，也可以删除不需要的数据系列。

（1） 添加数据系列。

若是独立的图表，通过选择“设计”选项卡上的“数据组”中的“选择数据”来完成；对于嵌入图表先单击图表使其处于选择状态，并将鼠标指针移到表格选择区域右下角的方形控制柄上，当指针变为双向箭头状时，按下鼠标左键拖动指针，直至包含要添加的数据系列后释放鼠标键。

（2） 若要删除图表中的数据系列，可按以下两种情况进行不同操作。

① 只删除图表中的数据系列不删除工作表中的数据，单击图表使其处于选择状态，将鼠标指针移到表格选择区域右下角的方形控制柄上，当指针变为双向箭头状时，按下鼠标左键拖动指针，取消包含要在图表中删除的数据系列所对应的数据区域。

② 若要删除图表中某个数据系列并同时删除工作表中的相应数据，可直接选择工作表中要删除的数据区域将其删除，其对应的图表数据系列也将同时被删除。

4. 向图表中添加文本

对于创建好的图表，用户还可以向图表中添加一些说明性的文字，以使图表含有更多的信息。添加文字的主要方法是使用文本框。

选择图表，然后切换到“插入”选项卡，单击“文本”组中的“文本框”按钮，从弹出的菜单中根据需要选择“横排文本框”或“竖排文本框”命令，然后在图表中要添加文字的位置拖动鼠标指针绘出文本框并输入文字。

5.　移动图表

移动图表可以将图表作为一个对象移入到另一个工作表中，也可以作为一个新的工作表插入，具体方法是：先选择图表，单击“设计”选项卡上的“位置”组中“移动图表”后，将弹出一个对话框，如图 4-41 所示。

6.　格式化图表

图表建立后，可以对图表的各个对象进行格式化。最常用的方法是，先选择图表中要格式化的对象，单击右键将弹出一个快捷菜单，如图 4-42 所示，通过该菜单项进行设置。常用的格式设置有字体、坐标轴格式、主要网格线、次要网格线等操作。

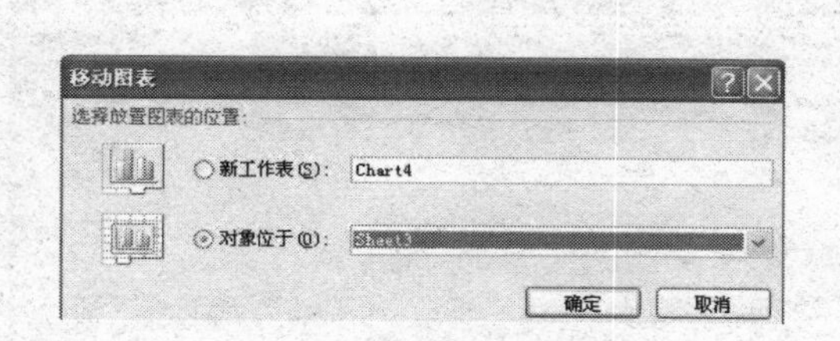

图 4-41　“移动图表”对话框

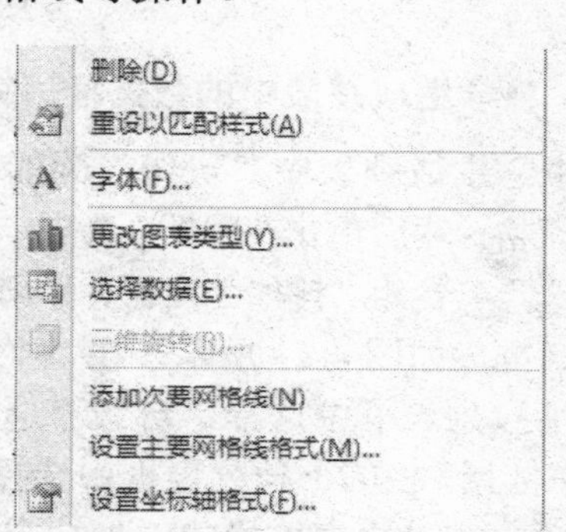

图 4-42　“格式化图表”对话框

4.6　教学案例：学生成绩管理表的排序与统计

【任务】建筑工程学院土木专业班长王雷在完成“学生成绩表”输入和处理之后，想按平均分对三个班学生进行排序，以及筛选出满足给定条件的数据等，于是对该表中的数据进行如下处理。

（1）将学生成绩表中的数据按班级升序排序，如果是同一个班的学生则按平均分的降序排列。

（2）筛选出英语和计算机成绩都在 80 分以上的人的信息。

（3）按班统计出英语和计算机成绩的平均值。

（4）以班为单位分别统计出男女生的个数。

4.6.1　学习目标

通过本案例的学习，使学生充分了解数据的管理与分析，掌握几种不同的排序方法，学会对数据进行筛选和分类汇总，培养学生从不同的角度观察和分析数据，管理好自己的工作簿，提高学生的动手能力。

4.6.2　相关知识

Excel 具有数据库管理的一些功能，它为用户提供了强大的数据筛选、排序和分类汇总等功能，利用这些功能用户可以方便地从数据清单中获取有用的数据，重新整理数据。从而根据需要从不同的角度观察和分析数据，管理好自己的工作簿，本节的知识点有：

（1） 数据排序。

（2） 数据筛选。

（3） 数据的分类汇总。

（4） 数据透视表。

4.6.3 操作步骤

建筑工程学院土木专业班长王雷通过前四个教学案例已经完成了基本数据的输入、格式化及数据处理操作，下面是对表格中的数据进行排序、筛选、分类汇总和数据透析的操作过程。

1. 将学生成绩表中的数据按班级升序排序，同一个班的学生按平均分降序排列

选中学生成绩表中“班级”列的任意一个单元格，然后单击“数据”选项卡“排序和筛选”工具组“排序”按钮，弹出“排序”对话框，如图 4-43 所示。在“主要关键字”下拉列表框中选择“班级”选项，在“排序依据”栏的下拉列表框中选择“数值”选项，在“次序”栏的下拉列表框中选择“升序”选项；单击对话框左上方的“添加条件”按钮，再在“次要关键字”下拉列表框中选择“平均分”选项，在“排序依据”栏的下拉列表框中选择“数值”，在“次序”栏的下拉列表框中选择“降序”选项，单击“确定”按钮，结果如图 4-44 所示。

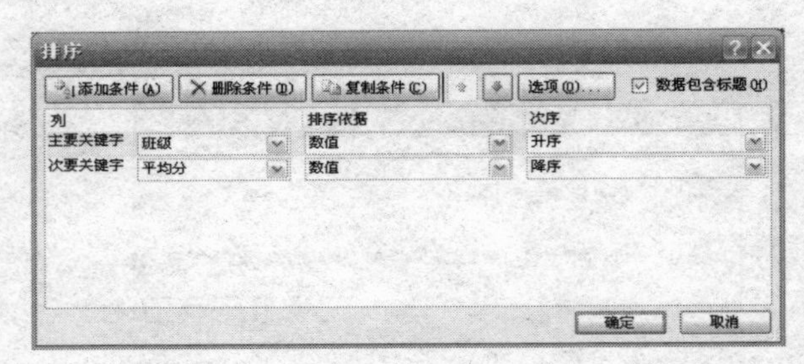

图 4-43 “排序”对话框

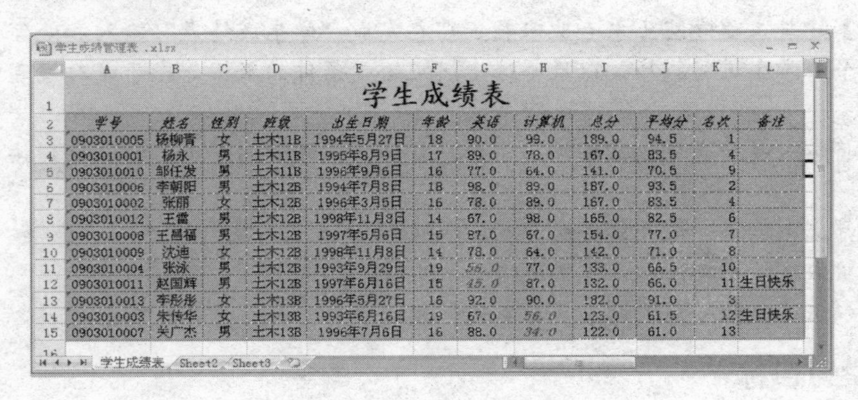

学生成绩表

学号	姓名	性别	班级	出生日期	年龄	英语	计算机	总分	平均分	名次	备注
0903010005	杨柳青	女	土木11B	1994年5月27日	18	90.0	99.0	189.0	94.5	1	
0903010001	杨永	男	土木11B	1995年8月9日	17	89.0	78.0	167.0	83.5	4	
0903010010	邹任发	男	土木11B	1996年9月6日	16	77.0	64.0	141.0	70.5	9	
0903010006	李朝阳	男	土木12B	1994年7月8日	18	98.0	89.0	187.0	93.5	2	
0903010002	张丽	女	土木12B	1996年3月5日	16	78.0	89.0	167.0	83.5	4	
0903010012	王雷	男	土木12B	1998年11月3日	14	67.0	98.0	165.0	82.5	6	
0903010008	王昌福	男	土木12B	1997年5月6日	15	87.0	67.0	154.0	77.0	7	
0903010009	沈迪	女	土木12B	1998年11月8日	14	78.0	64.0	142.0	71.0	8	
0903010004	张泳	男	土木12B	1993年9月29日	19	56.0	77.0	133.0	66.5	10	
0903010011	赵国辉	男	土木12B	1997年6月16日	15	45.0	87.0	132.0	66.0	11	生日快乐
0903010013	李彤彤	女	土木13B	1996年5月27日	16	92.0	90.0	182.0	91.0	3	
0903010003	朱传华	女	土木13B	1993年6月16日	19	67.0	56.0	123.0	61.5	12	生日快乐
0903010007	关广杰	男	土木13B	1996年7月6日	16	88.0	34.0	122.0	61.0	13	

图 4-44 “排序”样张

2. 筛选出英语和计算机成绩都在 80 分以上的人的信息

（1） 选中工作表中的任一单元格，在“数据”选项卡“排序和筛选”工具组中单击“筛选”按钮，每一个列标题右侧均出现一个下拉箭头。单击“英语”列标题右侧的下拉箭头，选择“数字筛选 ”|“大于或等于 80”，再单击“计算机”列标题右侧的下拉箭头，选择“数

字筛选 ”|“大于或等于 80”，单击“确定”按钮完成英语和计算机都在 80 分以上的记录的筛选。

（2） 还可以使用高级筛选方式：首先在 A17:B18 单元格内输入筛选条件，如图 4-45 所示，然后选中“筛选”工作表中任一单元格，单击“数据”选项卡“排序和筛选”工具组中的“高级”按钮，弹出“高级筛选”对话框，如图 4-45 所示。选择“将筛选结果复制到其他位置”，在“列表区域”用鼠标选择 A2:L15 单元格区域（在选择筛选条件时，一定要将列标题一起选取），“条件区域”用鼠标选择 A17:B18 单元格区域，“复制到”用鼠标选择 A20 单元格，单击“确定”按钮，返回工作簿窗口，即可以筛选出英语和计算机均在 80 分以上的学生的记录，结果如图 4-46 所示。

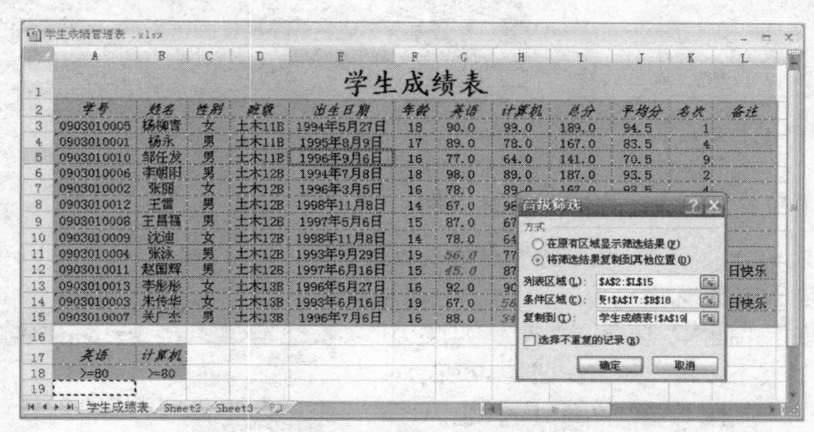

图 4-45　设置高级筛选的列表和条件区域

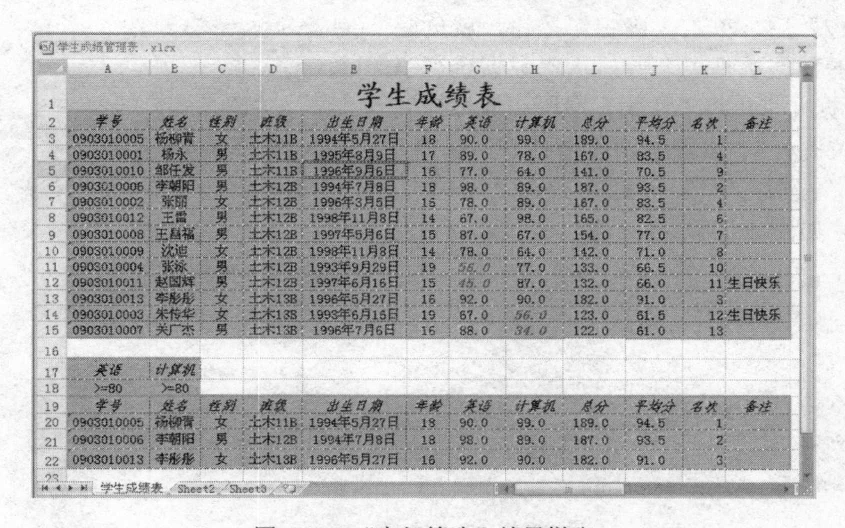

图 4-46　“高级筛选”结果样张

3. 按班统计出英语和计算机成绩的平均值

将“学生成绩表”复制到“Sheet2”表中，对数据清单按班级进行排序，然后选中“分类汇总”工作表中的任一单元格，在“数据”选项卡“分级显示”工具组中，单击“分类汇总”对话框，如图 4-47 所示。

“分类字段”选择“班级”、“汇总方式”选择“平均值”，在“选定汇总项”的“英语”、

“计算机”复选框前打勾，单击“确定”按钮完成分类汇总，结果如图 4-48 所示（提示：分类汇总前一定要对分类字段排序）。

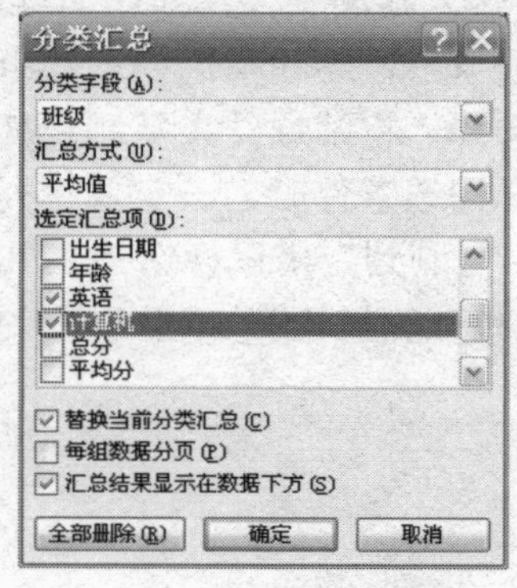

图 4-47　“分类汇总”对话框

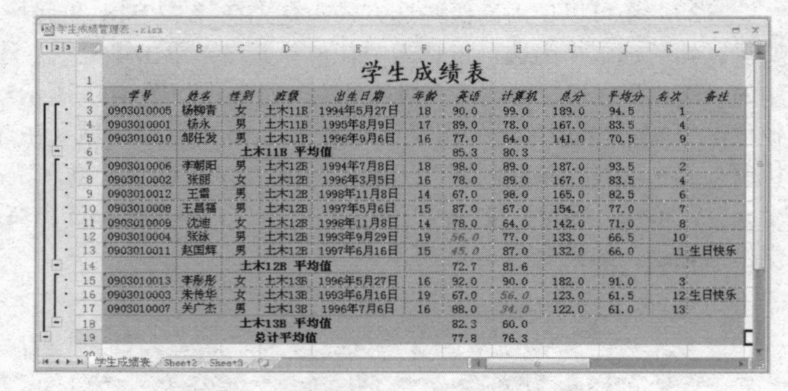

学生成绩表

学号	姓名	性别	班级	出生日期	年龄	英语	计算机	总分	平均分	名次	备注
0903010005	杨柳青	女	土木11B	1994年5月27日	18	90.0	99.0	189.0	94.5	1	
0903010001	杨永	男	土木11B	1995年8月9日	17	89.0	78.0	167.0	83.5	4	
0903010010	邹任发	男	土木11B	1996年9月6日	16	77.0	64.0	141.0	70.5	9	
			土木11B 平均值			85.3	80.3				
0903010006	李朝阳	男	土木12B	1994年7月8日	18	98.0	89.0	187.0	93.5	2	
0903010002	张丽	女	土木12B	1996年3月5日	16	78.0	89.0	167.0	83.5	4	
0903010012	王雷	男	土木12B	1998年11月8日	14	67.0	98.0	165.0	82.5	6	
0903010008	王昌福	男	土木12B	1997年5月6日	15	87.0	67.0	154.0	77.0	7	
0903010009	沈迪	女	土木12B	1998年11月8日	14	78.0	64.0	142.0	71.0	8	
0903010004	张泳	男	土木12B	1993年9月29日	19	56.0	77.0	133.0	66.5	10	
0903010011	赵国辉	男	土木12B	1997年6月16日	15	45.0	87.0	132.0	66.0	11	生日快乐
			土木12B 平均值			72.7	81.6				
0903010013	李彤彤	女	土木13B	1996年5月27日	16	92.0	90.0	182.0	91.0	3	
0903010003	朱传华	女	土木13B	1993年6月16日	19	67.0	56.0	123.0	61.5	12	生日快乐
0903010007	关广杰	男	土木13B	1996年7月6日	16	88.0	34.0	122.0	61.0	13	
			土木13B 平均值			82.3	60.0				
			总计平均值			77.8	76.3				

图 4-48　“分类汇总”样张

4. 以班为单位分别统计出男女生的个数

这是多字段的分类汇总，也称为数据透视表。

（1） 创建数据透视表。

在 Excel 表中“插入”选项卡“表”工具组中单击“数据透视表”按钮，弹出如图 4-49 所示对话框在对话中选择数据来源“学生成绩表!$A$2:$L$15”和指定透视表的显示位置“学生成绩表!$A$17”后，单击“确定”按钮，就创建了一个空白的数据透视表，并显示“数据透视字段列表”。根据要求，将“性别”字段用鼠标拖到“行标签”位置处，“班级”字段拖到“列标签”位置处，将“性别”字段用鼠标拖到“Σ数值”位置处即可，如图 4-50 所示。

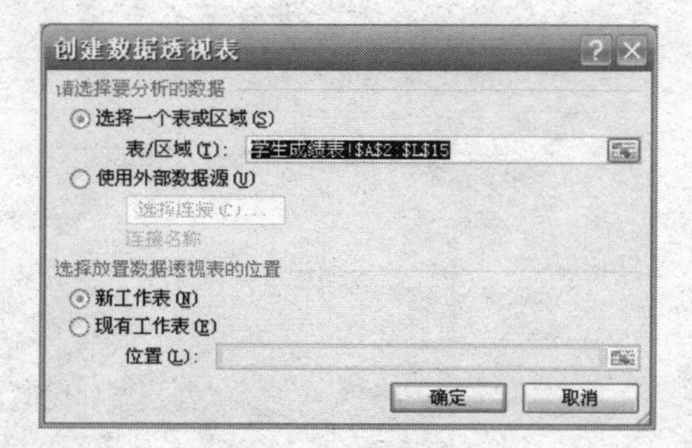

图 4-49　“创建数据透视表”对话框

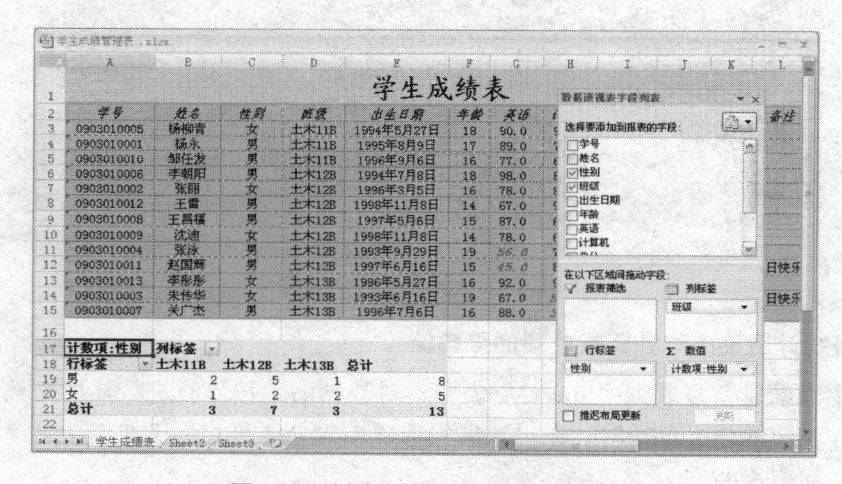

学生成绩表

学号	姓名	性别	班级	出生日期	年龄	英语
0903010005	杨柳青	女	土木11B	1994年5月27日	18	90.0
0903010001	杨永	男	土木11B	1995年8月9日	17	89.0
0903010010	邹任发	男	土木11B	1996年9月6日	16	77.0
0903010006	李朝阳	男	土木12B	1994年7月8日	18	98.0
0903010002	张丽	女	土木12B	1996年3月5日	16	78.0
0903010012	王雷	男	土木12B	1998年11月8日	14	67.0
0903010008	王昌福	男	土木12B	1997年5月6日	15	87.0
0903010009	沈迪	女	土木12B	1998年11月8日	14	78.0
0903010004	张泳	男	土木12B	1993年9月29日	19	56.0
0903010011	赵国辉	男	土木12B	1997年6月16日	15	45.0
0903010013	李彤彤	女	土木13B	1996年5月27日	16	92.0
0903010003	朱传华	女	土木13B	1993年6月16日	19	67.0
0903010007	关广杰	男	土木13B	1996年7月6日	16	88.0

计数项:性别	列标签			
行标签	土木11B	土木12B	土木13B	总计
男	2	5	1	8
女	1	2	2	5
总计	3	7	3	13

图 4-50　创建完成的“数据透视表”

（2） 格式化数据透视表。

数据透视表创建完成之后，还可以对该表进行格式化，先选择数据透视表，然后单击“开始”选项卡“字体”工具组中“边框”按钮，从中选择“所有边框”，即可以为数据透视表加内外边框。

【知识链接】

1. 建立数据清单

数据清单，也称为数据列表，是一张二维表。数据由若干列组成，每列有一个列标题，相当于数据库的字段名称，列也就相当于“字段”；数据列表中行相当于数据库的“记录”，数据记录应紧接在字段名行的下面；在数据清单中可以有少量的空白单元格，但不能有空行或空列。

2. 数据排序

实际运用中，用户往往有按一定次序对数据重新排列的要求，比如用户想按总分从高到低的顺序排列数据。排序实质是指按照一定的顺序重新排列数据清单中的数据，通过排序，可以根据某特定列的内容来重新排列数据清单中的行。不改变行的内容。当两行中有完全相同的数据或内容时，Excel 2007会保持它们的原始顺序。

在排序时数值型数据按大小排序，英文字母按字母顺序排序，汉字按拼音首字母或笔画排序。用来排序的字段称为关键字。排序方式分为升序（递增）和降序（递减），数据排序方法有2种：简单排序和复杂排序。排序可以按行也可以按列，一般是按列进行排序。

（1） 简单排序。

简单排序是按一个关键字（也就是单一字段）进行排序。简单排序的方法有两种：

① 在“开始”选项卡上单击“编辑”组中的“排序和筛选”按钮，从弹出的菜单中选择与排序相关的命令来进行排序。

② 在“数据”选项卡“排序和筛选”组中的“升序” 或“降序” 按钮来为单列数据进行排序。

（2） 复杂排序。

复杂排序是对2个或2个以上关键字进行排序。当排序关键字的字段出现相同值时，可以按另一个关键字继续排序。

在“数据”选项卡，单击“排序和筛选”组中的“排序”按钮，打开如图4-51所示的“排序”对话框。

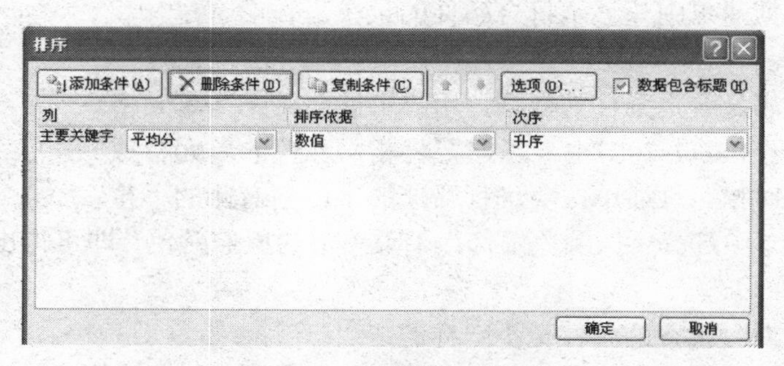

图 4-51　“排序”对话框

在该对话框中：

①“主要关键字”是参与排序的第一个关键字，从下拉列表框可以选择字段名称，并在“排序依据”下拉列表框中选择排序的依据（数据、单元格颜色、字体颜色、单元格图标），“次序”下拉列表框中选择“升序”或“降序”。

②“添加条件”命令按钮作用是在“主要关键字”的下方增加一个次要条件项，以设置次要关键字、次要排序依据及次要排序次序。当排序的主要关键字相同时，就按次要关键字进行排序。

③“删除条件”命令按钮，当某个字段不再作为排序关键字的字段时，可通过该按钮删除该排序字段。

④“数据包含标题”复选框一般被选中，表示字段名不参加排序，否则字段名将作为排序内容参与排序。

全部设置完毕，单击“确定”按钮，Excel 2007即会按照用户指定的方式来进行排序。

3. 数据筛选

数据筛选是指只显示数据清单中用户需要的、满足一定条件的数据，其他数据暂时隐藏起来，但没有被删除。当筛选条件被删除后，隐藏的数据又会恢复显示。

使用自动筛选可以创建3种筛选类型：按列表值、按格式或按条件。对于每个单元格区域或列表来说，这3种筛选类型是互斥的。例如，不能既按单元格颜色又按数字列表进行筛选，只能在两者中任选其一；不能既按图标又按自定义筛选进行筛选，只能在两者中任选其一。

数据筛选有关2种：自动筛选和高级筛选。

（1） 自动筛选。

自动筛选可以实现单个字段的筛选，以及多个字段的“逻辑与”的关系的筛选，自动筛选可以从不同的方面对数据进行筛选，如按列表值、按颜色、指定条件等。

① 按列表值筛选。

指按数据清单中的特定数据值来进行筛选的方法。在“数据”选项卡，单击“排序和筛选”组中的“筛选”按钮，在每个字段的右边都将出现一个下拉按钮▾。单击该按钮，将弹出一个下拉菜单，其中除了筛选命令外，还有一个列表框，列出该字段中的数据项，如图4-52所示。

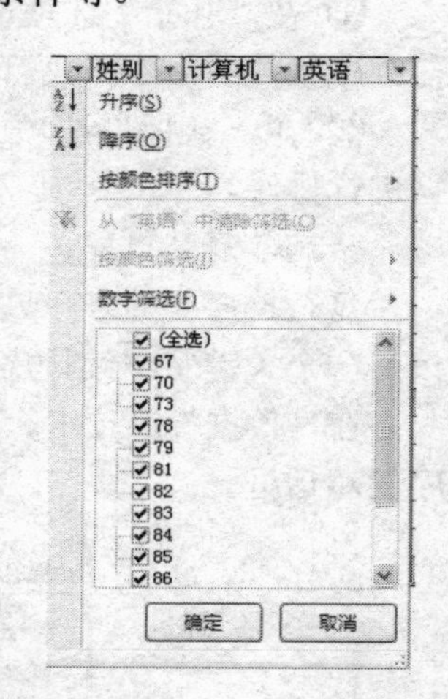

图 4-52　自动筛选菜单

数据项列表框中最多可以列出10 000条数据，单击并拖动右下角的尺寸控制句柄可以放大自动筛选菜单。在列表框中选择符合条件的项，即可在数据清单中只显示符合条件的记录。

② 按颜色筛选。

有时，为突出满足一定条件的数据，用户可能会给某些单元格或数据设置颜色。在Excel 2007中，当需要将相同颜色的单元格或者数据筛选出来的时候，只须单击要进行筛选的字段名右侧的下拉按钮，从弹出的菜单中选择“按颜色筛选”子菜单中的所需颜色，即可得出相应的筛选结果。

③ 按指定条件筛选。

不同类型的数据可设置的条件是不一样的：

文本数据，指定的条件是“等于”、“不等于”、“开头是”、“结尾是”、“包含”、“不包含”

等条件。

数字数据，指定的条件是“等于”、“不等于”、“大于”、“大于或等于”、“小于”、“小于或等于”、“介于”、“10 个最大的值”、“高于平均值”、“低于平均值”等条件。

时间和日期数据，指定的条件是“等于”、“之前”、“之后”、“介于”、“明天”、“今天”、“昨天”、“下周”、“本周”、“上周”、“下月”、“本月”、“上月”、“下季度”、“本季度”、“上季度”、“明年”、“今年”、“去年”、“本年度截止到现在”以及某一段时间期间所有日期等条件。

此外，每种类型的数据都可以自定义筛选条件。

（2） 高级筛选。

当筛选的条件比较复杂、或出现多字段的“逻辑或”关系时，用高级筛选更为方便。

在进行高级筛选时，必须先建立一个条件区域，并在此区域中输入筛选数据要满足的条件。建立条件区域时要注意以下几点：

① 在条件区域中不一定要包含工作表中的所有字段，但条件所用的字段必须是工作表中的字段。

② 输入在同一行上的条件关系为逻辑与，输入在不同行上的条件关系为逻辑或。

4. 分类汇总

分类汇总是分析数据表的常用方法，例如，在学生成绩表中要按性别分类统计男女生学生的平均成绩，使用系统提供的分类汇总功能，很容易得到这样的统计表，为分析数据表提供了极大的方便。

Excel 具有分类汇总功能，但并不局限于求和，也可以进行计数、求平均值等其他运算。注意，在分类汇总前，必须对分类字段进行排序，否则将得不到正确的分类汇总结果；在分类汇总时要清楚哪个字段是分类字段，哪些字段是汇总字段以及每一个汇总字段的汇总方式，例如按性别统计学生成绩表中的计算机、英语、高数的平均分，在这个例子中，分类字段为性别，汇总字段为计算机、英语和高数，汇总方式均为求平均值。

分类汇总有简单汇总和嵌套汇总两种。

（1） 简单汇总。

简单汇总是指对数据清单的一个或多个字段仅做一种方式的汇总。

分类汇总后，默认情况下，数据会分 3 个级别显示，可以单击分级显示区上方的“1”、“2”和“3”这 3 个按钮控制，单击“1”，只显示清单中的列标题和总计结果；单击“2“按钮显示各个分类汇总结果和总计结果；单击“3”按钮显示全部详细数据。

（2） 嵌套汇总。

嵌套汇总是指对同一字段进行多种不同方式的汇总。注意：不能选中“替换当前分类汇总”前的复选框。

4.7 实训

4.7.1 奖学金评比统计表

1. 实训目标

（1） 掌握新建及保存工作簿和工作表的方法。

（2） 掌握数据表中各类数据的输入及快速填充的方法。

（3） 掌握工作表中数据格式和单元格格式设置的方法。

（4） 掌握工作表中公式和函数的用法。

（5） 掌握排序、筛选、分类汇总的方法。

2. 实训要求

（1） 新建一个“奖学金评比统计表”工作簿，在该工作簿的第一张工作表 Sheet1 中输入如图 4-53 所示的数据。

	A	B	C	D	E	F	G
1	2011-2012年奖学金评比统计表						
2	姓名	专业	数学	语文	计算机	总分	平均分
3	张宇	土木	92	92	90		
4	杨光	机电	83	89	78		
5	张平光	土木	90	67	98		
6	徐飞	工管	77	87	67		
7	罗劲松	建筑学	96	77	64		
8	张明	建筑学	94	56	77		
9	赵国辉	机电	95	45	87		
10	王伟	动科	91	88	34		
11	万霞	动科	88	90	99		
12	钱梅宝	工管	92	98	89		
13	张丽	工管	85	78	89		
14	沈迪	机电	83	78	64		
15	朱红	机电	67	67	56		

Sheet1 Sheet2 Sheet3

图 4-53 “奖学金评比统计表”数据

（2） 计算所有学生的总分和平均分，并且平均分保留一位小数。

（3） 对“奖学金评比统计表”按照总分由高到低进行排序。

（4） 平均分后面追加一列，标题为“奖学金等级”。

（5） 计算每个人的“奖学金等级”，计算方法是：总分在 90 分以上的（包括 90）设为“一等”，80～89 之间的为“二等”，70～79 之间的为“三等”、其他分数段“无奖学金”。

（6） 将 A1: H1 区域合并，标题居中显示，并设为 26 磅楷体字体。

（7） 将表格内的所有字体居中。

（8） 给表格设置边框。设置后的效果如图 4-54 所示。

	A	B	C	D	E	F	G	H
1	2011-2012年奖学金评比统计表							
2	姓名	专业	数学	语文	计算机	总分	平均分	奖学金等级
3	张宇	土木	92	92	90	274	91.3	一等奖
4	杨光	机电	83	89	78	250	83.3	二等奖
5	张平光	土木	90	67	98	255	85.0	二等奖
6	徐飞	工管	77	87	67	231	77.0	三等奖
7	罗劲松	建筑学	96	77	64	237	79.0	三等奖
8	张明	建筑学	94	56	77	227	75.7	三等奖
9	赵国辉	机电	95	45	87	227	75.7	三等奖
10	王伟	动科	91	88	34	213	71.0	三等奖
11	万霞	动科	88	90	99	277	92.3	一等奖
12	钱梅宝	工管	92	98	89	279	93.0	一等奖
13	张丽	工管	85	78	89	252	84.0	二等奖
14	沈迪	机电	83	78	64	225	75.0	三等奖
15	朱红	机电	67	67	56	190	63.3	无奖学金
16								

Sheet1 Sheet2 Sheet3

图 4-54 工作表数据效果

（9） 将表内平均分在 80 分（包括 80）以上的成绩加红色粗倾斜显示。

（10） 把 Sheet1 工作表中的数据复制到 Sheet2、Sheet3 工作表中。

（11）　在 Sheet2 工作表中，筛选出“奖学金评比统计表”中获一等奖学金的学生。

（12）　在 Sheet3 工作表中，对“奖学金评比统计表”中“专业”进行分类汇总，并求“总分字段的平均值。

（13）　将该工作表保存到本机的最后一张盘上，工作簿文件名为“奖学金评比表”。

3. 相关知识点

（1）　不同类型数据的输入。

（2）　利用公式求和与平均值。

（3）　数据排序。

（4）　条件函数的使用。

（5）　表中单元格的设置。

（6）　条件格式的设置。

（7）　筛选和分类汇总的用法。

4.7.2 员工工资报表

1. 实训目标

（1）　掌握新建及保存工作簿和工作表的方法。

（2）　掌握数据表中不同类型的数据的输入方法。

（3）　掌握工作表中数据格式和单元格格式设置的方法。

（4）　掌握工作表中公式和函数的用法。

（5）　掌握图表的制作方法。

（6）　掌握图表格式化的方法。

（7）　掌握数据排序、筛选、分类汇总的方法。

2. 实训要求

（1）　新建一个“员工工资报表”工作簿，在该工作簿的第一张工作表 Sheet1 中输入如图 4-55 所示的数据。

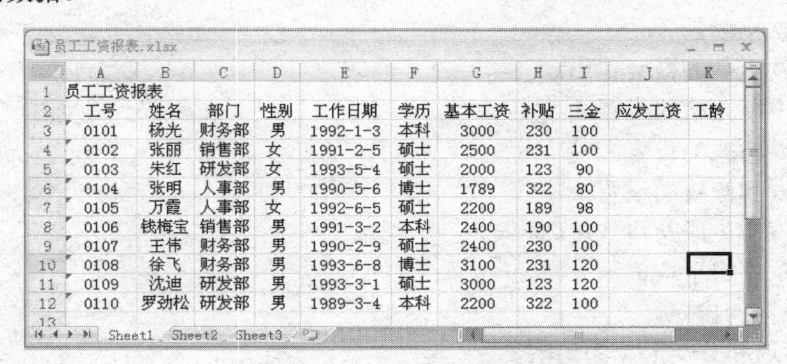

员工工资报表.xlsx

	A	B	C	D	E	F	G	H	I	J	K
1	员工工资报表										
2	工号	姓名	部门	性别	工作日期	学历	基本工资	补贴	三金	应发工资	工龄
3	0101	杨光	财务部	男	1992-1-3	本科	3000	230	100		
4	0102	张丽	销售部	女	1991-2-5	硕士	2500	231	100		
5	0103	朱红	研发部	女	1993-5-4	硕士	2000	123	90		
6	0104	张明	人事部	男	1990-5-6	博士	1789	322	80		
7	0105	万霞	人事部	女	1992-6-5	硕士	2200	189	98		
8	0106	钱梅宝	销售部	男	1991-3-2	本科	2400	190	100		
9	0107	王伟	财务部	男	1990-2-9	硕士	2400	230	100		
10	0108	徐飞	财务部	男	1993-6-8	博士	3100	231	120		
11	0109	沈迪	研发部	男	1993-3-1	硕士	3000	123	120		
12	0110	罗劲松	研发部	男	1989-3-4	本科	2200	322	100		
13											

Sheet1　Sheet2　Sheet3

图 4-55　员工工资报表

（2）　计算出图中的空白单元格。

（3）　在各科平均分下面（从第 12 行开始）增加若干行用于表示基本工资中各个工资段的人数（工资段的划分标准为：>=2500、[2000，2500]、[1500，2000]、2000 以下）（界面自行设计)。

(4) 在工龄列后面增加“名次”列,“备注”列。

(5) 根据应发工资排名。

(6) 将 Sheet1 更名为“工资报表”。

(7) 本月本日出生的人在备注列输出“祝你生日快乐”。

(8) 根据“姓名”、“基本工资”列生成三维柱形图,嵌入到当前工作表中。

(9) 将应发工资这一列数据添加到图表中。

(10) 将该图表移动到一个新的工作表中,新工作表的名字为“员工工资统计图”。

(11) 格式化图表,常用的格式设置有字体、对齐、刻度、数据系列格式等,将这些设置成你喜欢的类型和格式。

(12) 按部门统计应发工资的平均值。

(13) 将图表标题所占有的列合并为一个单元格,并且将其设置为:其字号为 26 号,红色楷体、加粗倾斜。

(14) 其他字体设为绿色宋体,16 号,水平居中,黄色底纹。

(15) 将整个表格加红色双线外框,蓝色单线内框。

(16) 将基本工资(>=2500)显示为红色加粗倾斜且加有双下画线。

(17) 将该表复制到 Sheet3 中并对该表进行以下操作。

① 按照“应发工资”降序排序,如果应发工资相同,按基本工资的降序排序。

② 筛选出应发工资在 2500 以上的人的信息;结果放在表的下方。

③ 筛选出所有女的或应发工资在 2500 以上的人的信息;结果放在上题筛选结果的下面。

④ 筛选出所有女生的应发工资在 2500 以上的人的信息;结果放在上题筛选结果的下面。

⑤ 按部门汇总出基本工资、应发工资的平均值。

⑥ 统计出各部门男女生的人数。

3. 相关知识点

(1) 不同类型数据的输入。

(2) 利用公式按条件计数。

(3) 数据排名。

(4) 条件函数的嵌套使用。

(5) 表中单元格的设置。

(6) 条件格式的设置。

(7) 边框和底纹的设置。

(8) 图表的生成及格式化。

(9) 按条件求平均值。

(10) 数据的排序。

(11) 筛选和分类汇总的用法。

4.7.3 销售统计表

1. 实训目标

(1) 掌握新建及保存工作簿和工作表的方法。

（2） 掌握数据表中纯数字文本类型的快速输入方法。

（3） 掌握工作表中数据格式和单元格格式设置的方法。

（4） 掌握工作表中公式和函数的用法。

（5） 掌握图表的制作方法。

（6） 掌握图表格式化的方法。

（7） 掌握数据筛选的方法。

2. 实训要求

（1） 新建一个“销售统计表”工作簿，在该工作簿的第一张工作表 Sheet1 中输入如图 4-56 所示的数据。

	A	B	C	D	E	F	G	H
1	职工销售额表					职工销售额统计表		
2	工号	姓名	销售额	名次		销售额分组	分组人数	占总人数的比例
3	0101	李敏	2100			[1000, 1500)		
4	0102	杨玉	2170			[1500, 1700)		
5	0103	黄莺	1540			[1700, 1900)		
6	0104	陈傅	1400			[1900, 2100)		
7	0105	杨鞠花	1289			[2100, 2300)		
8	0106	薛飞关	2890			[2300, ∞)		
9	0107	孙倩	1879			最高销售额		
10	0108	朱小燕	1900			最低销售额		
11	0109	李小庆	2700			销售总额		
12	0110	张宇	2060			平均销售额		

Sheet1 Sheet2 Sheet3

图 4-56　职工销售统计表

（2） 用 RANK()函数计算出“职工销售额表”中名次。

（3） 计算“职工销售额统计表”中各分组相应的“分组人数”、“占总人数的比例”。

（4） “职工销售额表”中标题合并单元格 A1：D1 居中，“字体”为“华文楷体”，“字号”为 16，“字体颜色”为“红色”，A2：D2 加 12.5%的灰色图案，表格外边框为双线，内部为实线。

（5） “职工销售额统计表”的标题合并单元格 F1∶H1 居中，“字体”为“华文楷体”，“字号”为 16，“字体颜色”为“蓝色”，表格外边框为双线，内部为实线，H3∶H8 的数据格式为“百分比”，1 位小数。

（6） 根据“姓名”、“销售额”两列生成三维柱形图，图表标题为“职工销售图”，X 轴标题为“职工姓名”，Y 轴标题为“销售额”，嵌入到当前工作表中。

（7） 将该图表的类型改为其他的任意类型（一定要与当前的类型不同）。

（8） 将该图表移动到一个新的工作表中，新工作表的名字为“销售额统计图”。

（9） 格式化图表，常用的格式设置有字体、对齐、刻度、数据系列格式等，将这些设置成你喜欢的类型和格式。

（10） 筛选出销售额有 2000（包括 2000）以上的职工的信息。结果放在 A14 单元格内。

3. 相关知识点

（1） 不同类型数据的输入。

（2） 利用公式按条件计数。

（3） 数据排名。

（4） 条件函数的嵌套使用。

（5） 表中单元格的设置。

（6） 边框和底纹的设置。

（7） 图表的生成及格式化。

（8） 筛选的用法。

习　题

1. 选择题

（1） Excel 2007 文档的文件扩展名是________。

A. XLS　　B. DOC　　C. XLSX　　D. PPT

（2） 若要删除表格中的 B1 单元格，而使原 C1 单元格变为 B1 单元格，应在“删除”对话框中选择________选项。

A. 活动单元格右移　　B. 活动单元格下移

C. 右侧单元格左移　　D. 下方单元格上移

（3） 在 Excel 工作表中，同时选择多个不相邻的工作表，可以在按住________的同时依次单击各个工作表的标签。

A. Ctrl 键　　B. Alt 键　　C. Tab 键　　D. Shift 键

（4） Excel 中用电子表格存储数据的最小单位是________。

A. 单元格　　B. 工作表　　C. 工作区域　　D. 工作簿

（5） 要在数据清单中筛选介于某个特定值段的数据，可使用____筛选方式。

A. 按列表值　　B. 按颜色　　C. 按指定条件　　D. 高级

（6） Excel 图表中的数据点来自某个工作表的________。

A. 某个记录　　B. 某 N 个记录的计算结果

C. 某几列单元格　　D. 某几个单元组合

2. 填空题

（1） Excel 中正在处理的单元格称为________单元格。

（2） Excel 中________引用的含义是：把一个含有单元格地址引用的公式复制到一个新的位置或用一个公式填入一个选定范围时，公式中的单元格地址会根据情况而改变。

（3） Excel 中________引用的含义是：把一个含有单元格地址引用的公式复制到一个新的位置或用一个公式填入一个选定范围时，公式中的单元格地址保持不变。

（4） 在 Excel，A 列存放着可计算的数据，公式“=SUM（A1:A5,A7,A9:A12）”将对________个元素求和。

（5） Excel 中，若要对 A3 至 B7、D3 至 E7 两个矩形区域中的数据求平均数，并把所得结果置于 A1 中，则应在 A1 中输入公式________。

3. 简答题

（1） 工作簿和工作表有何区别？

（2） 公式中的运算符分为哪几种类型，它们各自有什么作用？

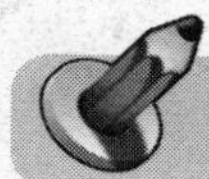

第 5 章　PowerPoint 2007 电子演示文稿软件

教学目标：

通过本章的学习，了解演示文稿中一些基本的概念和术语，掌握制作演示文稿的一般方法，学会演示文稿的操作过程和操作步骤，这些操作包括演示文稿的建立、演示文稿设置、动画和声音等多媒体效果的添加和应用等。

教学内容：

本章主要以 Microsoft Office 2007 中的 PowerPoint 2007 为例，介绍演示文稿制作的基本功能和使用方法，主要包括：

1. PowerPoint 2007 工作窗口。
2. 建立演示文稿。
3. 幻灯片的视图操作。
4. 美化演示文稿。
5. 放映演示文稿。

教学重点与难点：

1. 建立演示文稿。
2. 幻灯片的视图操作。
3. 美化演示文稿。
4. 放映演示文稿。

5.1　PowerPoint 2007 基础

5.1.1　PowerPoint 2007 概述

PowerPoint 2007 是 Office 2007 重要组件之一，是专门为制作演示文稿（电子幻灯片）设计的软件。利用 PowerPoint 2007 可以把各种信息如文字、图片、动画、声音、影片、图表等合理地组织起来，制作出集多种元素于一体的演示文稿。其主要功能如下：

（1）　建立演示文稿。
（2）　编辑演示文稿。
（3）　美化演示文稿。

（4） 放映演示文稿。

它能合理有效地将图形、图像、文字、声音及视频剪辑等多媒体元素集于一体，并且可以生成网页，在 Internet 上展示。

1. PowerPoint 2007 启动和退出

（1） 启动。

启动 PowerPoint 2007 通常有以下几种方法。

① 单击“开始”|“程序”|“Microsoft Office”|“Microsoft Office PowerPoint 2007”命令。

② 若桌面上有 PowerPoint 2007 快捷方式图标，双击它，也可以启动 PowerPoint 2007。另外，还可通过双击 PowerPoint 2007 的文档来启动 PowerPoint 2007。

（2） 退出。

退出 PowerPoint 2007 通常有以下方法。

① 单击“Office 按钮|退出 PowerPoint ”命令。

② 单击窗口右上角的“关闭”按钮。

③ 按 Alt+F4 组合键。

2. PowerPoint 2007 的工作窗口

PowerPoint 2007的工作窗口中除包括Office按钮、标题栏、快速访问工具栏、功能区和状态栏外，还包括幻灯片窗格、备注窗格和大纲/幻灯片窗格，如图5-1所示。其中Office按钮、标题栏、快速访问工具栏、功能区和状态栏与其他Office 2007软件操作基本相同，这里主要介绍幻灯片的各个窗格及其功能。

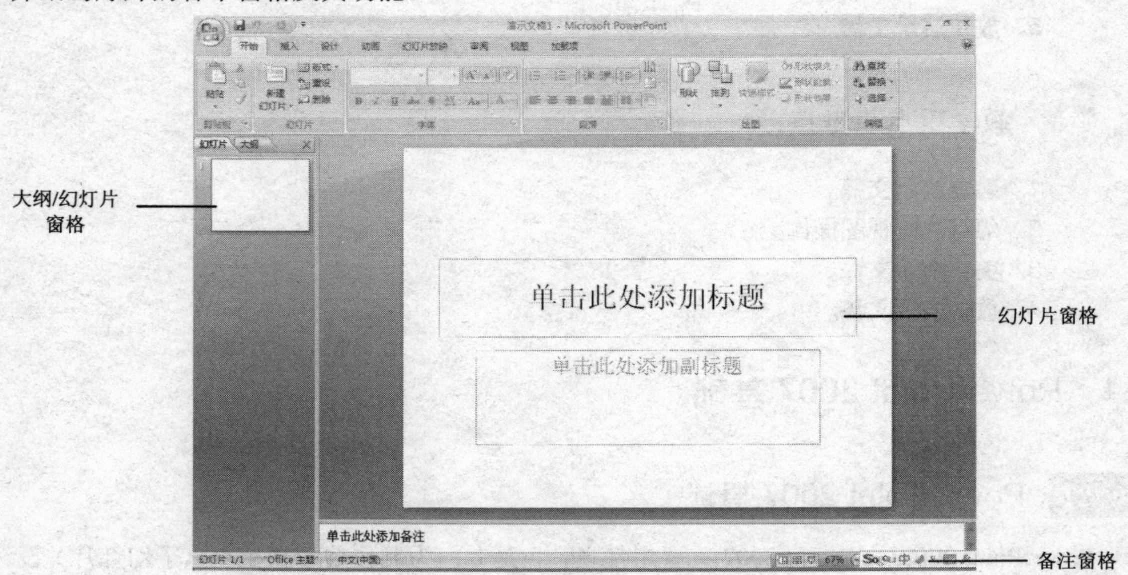

图 5-1 PowerPoint 2007 的工作窗口

（1） 幻灯片窗格。

幻灯片窗格位于PowerPoint 2007工作窗口的中心位置，它是编辑、修改幻灯片内容的地方。在该窗格中可以为幻灯片添加文本、插入图片、表格、图表、电影、声音、超链接和动画等内容。

在幻灯片窗格中选中某一幻灯片的方法是。

① 直接拖动幻灯片窗格右侧的垂直滚动条上的滚动块。

② 在幻灯片窗格右侧的垂直滚动条中单击按钮▲和▼，可分别切换到当前幻灯片的前一张和后一张幻灯片中。

③ 按键盘上的PageUp键切换到上一张幻灯片；PageDown键切换到下一张幻灯片；Home键切换到第一张幻灯片；End键切换到最后一张幻灯片。

（2） 备注窗格。

备注窗格位于工作区域的下方，通过备注窗格可以添加与观众共享的演说者备注或信息。如果将演示文稿保存为Web页，那么可以显示出现在每张幻灯片屏幕上的备注。备注可以在现场演示文稿时向观众提供背景和详细信息。他是演讲者对每一张幻灯片的注释，用于添加与每个幻灯片的内容相关的内容，所以只能添加文字，不能添加其他对象。该内容仅供演讲者使用，不能在幻灯片上显示。

（3） 大纲/幻灯片窗格。

大纲/幻灯片窗格位于幻灯片窗口的最左侧，单击“大纲”或“幻灯片”标签可在两个选项卡之间相互切换。

① 大纲窗格。

在大纲窗格内，可以键入演示文稿的所有文本，大纲窗格也可以显示演示文稿的文本内容（大纲），包括幻灯片的标题和主要的文本信息，适合组织和创建演示文稿的内容。按序号从小到大的顺序和幻灯片内容层次关系，显示文稿中全部幻灯片的编号、标题和主体中的文本。

② “幻灯片”窗格。

幻灯片窗格可以从整体上查看和浏览幻灯片的外观；为单张幻灯片添加图形和声音、建立超链接和添加动画；按幻灯片的编号顺序显示全部幻灯片的图像等。

当大纲/幻灯片窗格变窄时，“大纲”和“幻灯片”标签变为显示图标。

3. PowerPoint 2007 的视图方式

在 PowerPoint 中，同一个演示文稿根据不同需求，可在不同的视图模式下来编辑、修改。PowerPoint 2007 提供了普通视图、幻灯片浏览视图、幻灯片放映视图、备注视图和黑白视图 5 种视图模式，其中最常用的是普通视图、幻灯片放映视图和幻灯片浏览视图。下面分别介绍这些视图及其应用。

（1） 普通视图。

这是 PowerPoint 2007 默认的视图方式，也是使用最多的一种视图，用来添加单个的演示文稿和对单个的演示文稿进行编辑操作。这种方式能够全面掌握演示文稿中各幻灯片的名称、标题和排列顺序。要修改某个幻灯片时，从大纲/幻灯片窗格中选定该幻灯片就可实现迅速切换。普通视图中的“大纲/幻灯片”窗格中默认显示的是“幻灯片”选项卡，目的是使用户能够快速浏览幻灯片的外观。拖动两个窗格之间的边框可以调整各区域的大小。普通视图模式如图 5-2 所示。

（2） 幻灯片浏览视图。

在幻灯片浏览视图下，按幻灯片序号顺序显示演示文稿中全部幻灯片的缩略图，从而可以看到全部幻灯片连续变化的过程。在此视图下，可以复制、删除幻灯片，调整幻灯片的顺序，但不能对个别幻灯片的内容进行编辑修改。双击某一选定的幻灯片视图可以切换到显示此幻灯片的幻灯片视图模式。幻灯片浏览视图模式如图 5-3 所示。

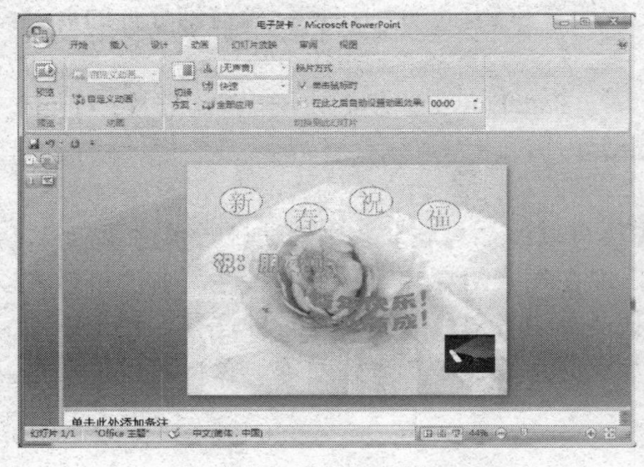

图 5-2　普通视图

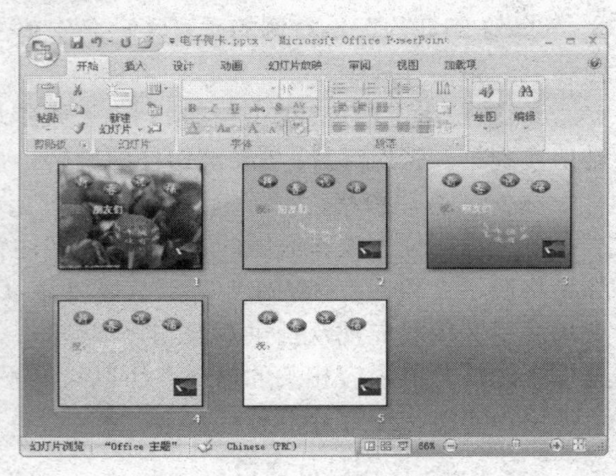

图 5-3　幻灯片浏览视图

（3） 幻灯片放映视图。

幻灯片放映视图用来像幻灯机那样动态地播放演示文稿的全部幻灯片。在此视图下，可以审视每一幻灯片的播放效果。同时，它也是实际播放演示文稿的视图。

（4） 备注页视图。

演示文稿的每张幻灯片中都有一个称为“备注页”的特殊类型的页面，用来记录演示文稿设计者的提示信息和注解。备注页视图用来显示和编排备注页的内容，在该视图下，备注页分为上下两个部分，上面一部分用来显示幻灯片内容，下面一部分用来显示备注内容。备注的信息可以是文字，也可以是图形、图像或表格等，一般文字备注可以在普通视图中通过备注窗格添加，而要添加图形、图像和表格等对象，则必须在备注页视图中完成。

在默认情况下，PowerPoint 2007以整页方式显示备注页，这样在输入或编辑演讲备注内容时可能会比较困难，所以可以使用状态栏上的“显示比例”工具来适当增大显示比例。

（5） 黑白视图。

演示文稿除了在计算机上演示外，还可以将其打印出来。通常演示文稿都被设计成彩色，如果要打印到纸上，都会采用灰度或黑白模式。为使用户在打印之前先预览打印的效果，PowerPoint 2007提供了灰度视图和黑白视图两种功能。在灰度视图中，所有色彩以不同深浅度的灰色显示；而在黑白视图中，则只显示黑白两色。

视图之间的切换可通过单击状态栏上的视图切换按钮，或者使用“视图”选项卡上的“演示文稿视图”工具组中的相应工具来实现切换。

5.1.2 PowerPoint 2007 基本操作

在 PowerPoint 2007 中，演示文稿和幻灯片这两个概念是有些差别的，利用 PowerPoint 创建的扩展名为.pptx 文件叫演示文稿。而演示文稿中的每一张内容都称为幻灯片，所以演示文稿是幻灯片的组合，每张幻灯片都是演示文稿中的一部分，两者是相互依存的关系。

1. 演示文稿的基本操作

（1） 建立演示文稿。

建立演示文稿的方法有多种。常用的有以下 3 种。

① 按 Ctrl+N 组合键。

② 如果在快速访问工具栏上添加了“新建”按钮，单击“新建”按钮。

③ 基于模板创建演示文稿。

所谓“模板”就是一个系统预先精心设计好的包括幻灯片的背景图案、色彩的搭配、文本格式、标题层次及演播动画等的待用模板文档（.POT）。使用模板创建演示文稿的最大好处就是方便、快捷。用户只需要再选择模板，并根据需要选定具体幻灯片的版式及内容即可。

具体操作方法是：单击 Office 按钮，从弹出的菜单中选择“新建”命令，打开“新建演示文稿”对话框，选择一种模板，然后单击“创建”按钮，这是一种基于模板创建的演示文稿。

（2） 打开演示文稿。

要打开一个已有的演示文稿，操作方法可以是下列方法中的任一种：

① 在 Office 按钮中选择“打开”命令。

② 按 Ctrl+O 组合键，打开“打开”对话框，在“查找范围”下拉列表框中找出要打开的指定文件所在的位置，然后在列表框中选择要打开的演示文稿，对话框右侧即会显示演示文稿中的首张幻灯片。单击“打开”按钮即可打开所选演示文稿。

③ 从用户“最近使用的文档”栏中打开，最近使用过的演示文稿显示在 Office 菜单的“最近使用的文档”栏中，从这里选择所需演示文稿的名称也可以打开此演示文稿。

④ 若打开一个低版本的演示文稿，在标题栏上的文档名称后会显示“[兼容模式]”字样，并且在 Office 菜单中会出现一个“转换”命令，选择此命令可将原 PowerPoint 演示文稿转换为 PowerPoint 2007 的新文档格式。

（3） 保存演示文稿。

新建演示文稿创建完成，或创建一部分需要下次继续创建时，都应保存起来。保存演示文稿的方法与 Word 文档的保存方法一样，单击快速工具栏上的“保存”按钮，或者在 Office 菜单中选择“保存”命令，都可以保存当前演示文稿。如果演示文稿是第一次被保存，将会打开“另存为”对话框，在其中指定保存位置和文件名，然后单击“保存”按钮，即可保存新演示文稿。此后，每一次保存操作都将保存对演示文稿的最新的更改。PowerPoint 2007 演示文稿的默认保存格式为.pptx。

如果想要将一个已有演示文稿的以备份文件保存为其他格式或其他位置，可在Office菜单中选择“另存为”命令。例如，选择“另存为”|“PowerPoint放映格式”命令，则可以将当前正在编辑的文稿以放映格式保存在另一个位置上，而且被重新保存的文件可以始终在PowerPoint放映中打开。

2. 幻灯片的基本操作

（1） 选择多张幻灯片。

在“幻灯片浏览视图”和“普通视图”的大纲区中，可以选择一个或多个幻灯片，方法如下：

① 单击要选择的第一张幻灯片，按住Shift键不放，再单击要选择的最后一张幻灯片，可以选择多张连续的幻灯片。

② 按住Ctrl键不放，可以选择不相邻的多张幻灯片。

③ 在“幻灯片浏览视图”和大纲区的“大纲”选项卡中直接拖动鼠标也可以选择多张连续的幻灯片。

（2） 插入新的幻灯片。

单击“开始”|“幻灯片”|“新建幻灯片”按钮，即可插入一张“标题和内容”版式的新幻灯片。

（3） 删除幻灯片。

首先选中当前幻灯片，然后在“开始”|“幻灯片”|“删除”按钮 删除 或直接按键盘上的Del键可删除当前选中的幻灯片。

（4） 幻灯片的移动和复制。

操作步骤如下：

① 在“幻灯片浏览视图”和“普通视图”的大纲区中，选择一个或多个要移动或复制的幻灯片。

② 在“开始”|“剪贴板”工具组中单击“移动”或“复制”按钮。

③ 将光标移动到目标位置。

④ 单击“开始”|“剪贴板”|“粘贴”按钮。

5.2 教学案例：电子贺卡

【任务】新年快要到了，动画学院动画二班的王丽想给高中同学送上新春祝福，需要制作一个有关新年的“电子贺卡”，用以将自已的心愿通过电子邮件送给高中同学，她所制作的电子贺卡如图 5-4 所示。

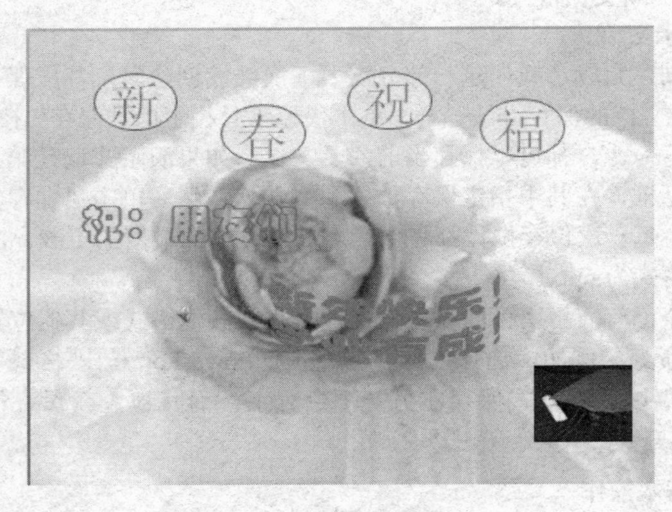

图 5-4 电子贺卡效果

5.2.1 学习目标

通过本案例的学习，使学生掌握演示文稿中图形和文本框的使用，掌握背景（包括图片和声音）的设置、自定义动画等的设置，培养学生的审美情趣和审美通力，提高学生的动手能力，为后续课程的学习奠定基础。

5.2.2　相关知识

本案例的主要知识点如下：

（1）　演示文稿的建立。

（2）　演示文稿中自选图形的使用方法。

（3）　演示文稿中文本框的使用方法。

（4）　演示文稿中艺术字的使用方法。

（5）　演示文稿中背景的设置。

（6）　演示文稿中声音的设置。

（7）　演示文稿中自定义动画的设置。

5.2.3　操作步骤

1．创建新年贺卡的演示文稿

（1）　启动PowerPoint 2007后，会自动新建一张“标题”幻灯片。

（2）　选择“开始”|“幻灯片”|“版式”按钮，此时将打开所有的“幻灯片版式”，本案例选择“空白”样式。

2．“新”、“春”、“祝”、“福”四个个性化自选图形的创建

（1）　单击“插入”|“插图”|“形状”按钮下的下三角符号，从弹出的列表中选择喜欢的自选图形，本案例选择了“椭圆”，并画在幻灯片左上角。

（2）　选中刚才画出的“椭圆”，单击“格式”|“形状样式”|“形状填充”旁的下三角符号，从中选择“图片（P）……”，将弹出一个如图 5-5 所示的对话框。从中选择自已喜欢的图片，本案例选择的是“St.jpg”。

图 5-5　“插入图片”对话框

（3）　右击“椭圆”自选图形，在其快捷菜单中选择“添加文本”命令，添加文字“新”，字体格式为“楷体 GB2312”、60 号、蓝色。

（4） 另外的“春”、“祝”、“福”三个个性化的图形可以通过复制“新”图形来完成，只需将文字修改后将它们定位在贺卡合适的位置上。

3. 文本框实现“祝：朋友们”的设置

（1） 选择“插入”|“文本”|“文本框”按钮，插入一个横排的文本框，并输入文字“祝：朋友们”。

（2） 设置字体为华文彩云、48 号、加粗，其中“祝”为绿色，“朋友们”为蓝色。

4. 艺术字实现“新年快乐！学业有成！”

在幻灯片中央位置插入艺术字“新年快乐！学业有成！”。

（1） 单击选择“插入”|“文本”|“艺术字”按钮。

（2） 在“艺术字”样式列表中选择所需的艺术字的样式类型，本案例选择了第一行第一列的样式。

（3） 输入文字“新年快乐！学业有成！”。

（4） 选中艺术字，选项卡中将会出现一个“格式”选项卡，选择“格式”|“艺术字样式”|“文字效果”按钮，出现一个“样式”选择区域，如图 5-6 所示，从中选择“两端远”。

（5） 将字体改为“华文琥珀”、颜色“蓝色”、加粗、48 号。

5. 插入图片“学士帽”

单击“插入”|“插图”|“图片”按钮，将弹出如图 5-5 所示的“插入图片”对话框，从中选择“学士帽.jpg”，然后将图片拖动到一个合适的位置。

6. 设置贺卡的背景

（1） 单击“设计”|“背景”|“背景样式”按钮，将弹出一个“设置背景格式”对话框，如图 5-7 所示。

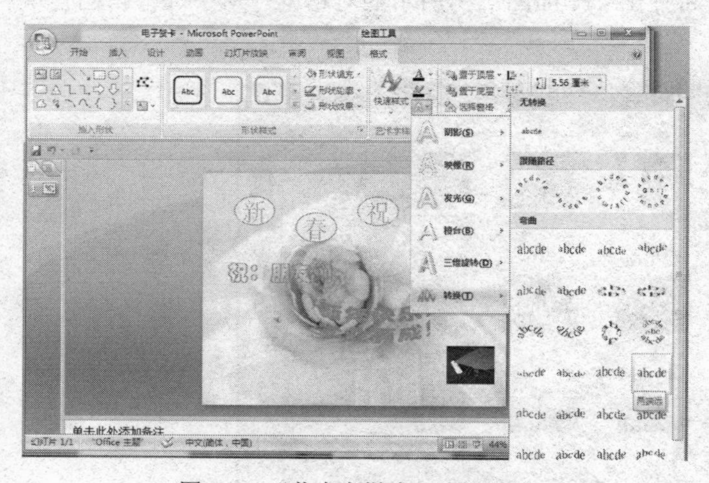

图 5-6 “艺术字样式”选择区域

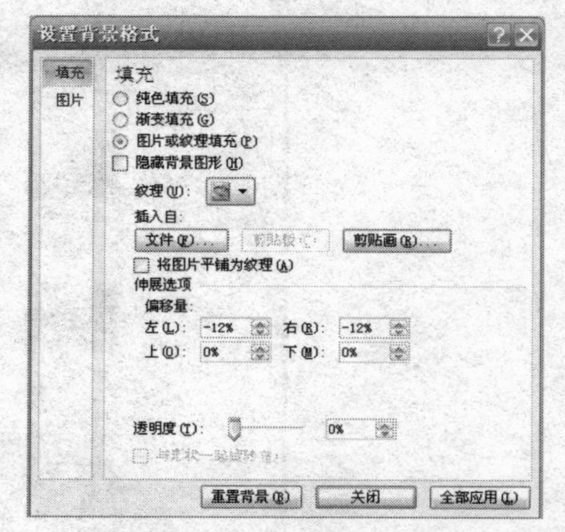

图 5-7 “设置背景格式”对话框

（2） 选择“填充”选项卡，再在右边的填充列表中选择“图片或纹理填充”单选按钮，在“插入自…..”下面选择“文件（F）…”，将弹出图 5-5 所示的“插入图片”对话框，在该对话框中选择一种图片即可，本案例选择的是“小花.jpg”。

7. 为贺卡加声音

单击“插入”|“媒体剪辑”|“声音”按钮旁的下三角符号，将弹出一个下拉列表，从中选择“文件中的声音...”之后，将弹出如图 5-8 所示的“插入声音”对话框，在该对话框中选择一首歌曲，本案例选择的是“同桌的你.mp3”，然后弹出“播放声音”设置对话框，如图 5-9 所示，单击“在单击时”按钮，则在播放幻灯片时只有单击才开始播放音乐。

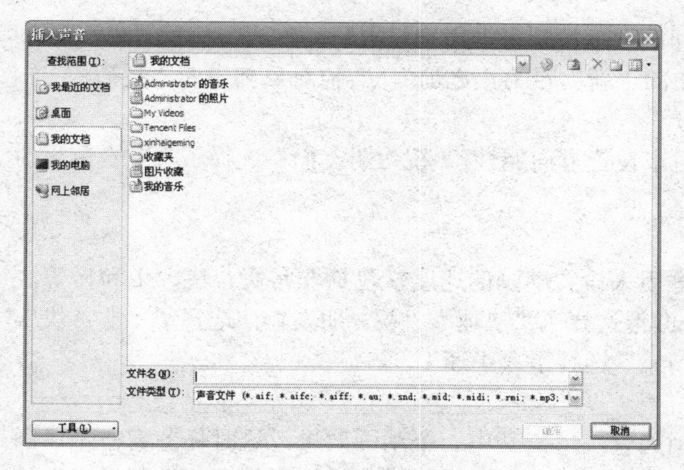

图 5-8　“插入声音”对话框

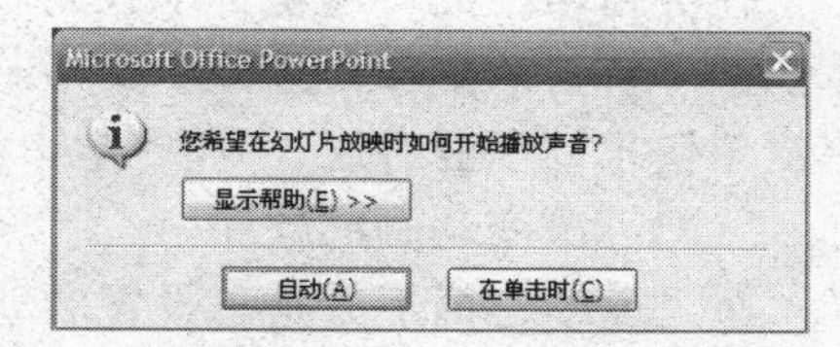

图 5-9　“播放声音”对话框

8. 设置幻灯片的动画效果

为幻灯片中的对象设置动画效果可以采用“自定义动画”和“动画”两种方式，本案例只介绍“自定义动画”方式，另一种方式可参阅知识链接内容。

（1） 同时选择“新”、“春”、“祝”、“福”四个自选图形。

（2） 选择“动画”|“动画”|“自定义动画”按钮，打开“自定义动画”窗格，如图 5-10 所示。

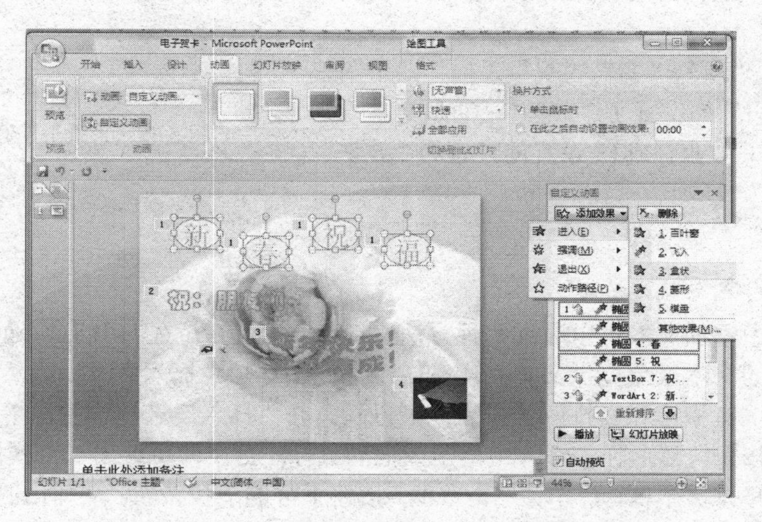

图 5-10　“自定义动画”任务窗格中“添加效果”选项

（3） 单击“添加效果”右侧的下拉按钮，在随后出现的下拉列表中提供了四种动画效果，即进入、强调、退出和动作路径，用户可以根据需要选择。如果对列表中的动画不满意，可以选择“其他效果”选项。这里“新”、“春”、“祝”、“福”四个自选图形选择了“进入”中的“空翻”方式，“祝：朋友们”选择了“进入”中的“飞入”方式，“新年快乐！学业有成！”选择了“进入”中的“淡出式缩放”方式，“学士帽.jpg”选择了“进入”中的“圆形展开”方式。

（4） 设置动画的启动方式。

“自定义动画”任务窗格中的“开始”下拉列表框用来设置启动方式，包括“单击时”、“之前”、“之后”三个选项，本案例中的“新”设为“之前”，其他对象都设为“之后”。

（5） 设置动画的方向属性。

任务窗格的“方向”下拉列表框用来设置方向属性，“祝：朋友们”选择了“自右侧”的方向。

（6） 设置动画的速度。

任务窗格中的“速度”下拉列表框用来设置动画的速度，包括非常快、快、中和慢等。本例中“新”、“春”、“祝”、“福”四个图形选择了“快速”，“祝：朋友们”选择了“非常快”，“新年快乐！学业有成！”和“学士帽.jpg”选择了“中速”。

（7） 改变动画的顺序。

在“速度”框下方是已设置的动画列表，单击其中一个动画效果，这时任务窗格上“添加效果”按钮变成“更改”按钮，可对选中的动画效果重新进行设置。使用“重新排序”按钮，可改变列表中的动画顺序。

（8） 声音的设置。

大多数动画效果包括可供选择的相关项，如演示动画时播放声音，在文本动画中可按字母、字或段落设置应用效果，操作时，单击动画列表中的某一动画，再单击其右边出现的下拉箭头，选择“效果选项”命令，在打开的相应对话框中进行设置，如图5-11所示。

本案例中，“新”、“春”、“祝”、“福”四个图形和“祝：朋友们”都设置了“风玲”，动画文本无延迟，“新年快乐！学业有成！”设置的声音为“鼓掌”。

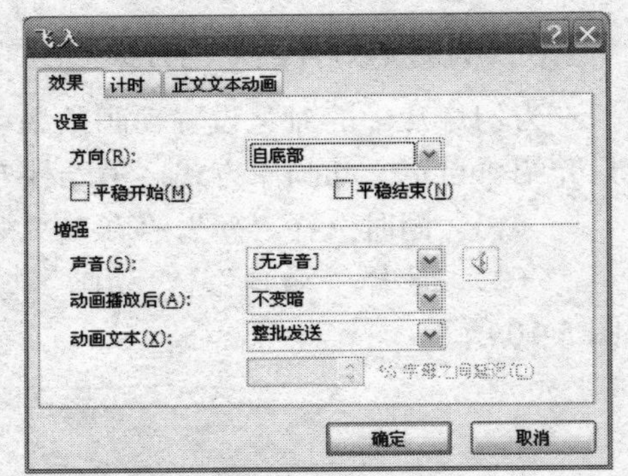

图 5-11 “效果”选项卡对话框

【知识链接】

1. 添加文本

向幻灯片中添加文本可以通过两种方法实现：一是在建立幻灯片时，通过选择“幻灯片版式”为添加的文本对象提供文本占位符；二是在幻灯片中插入文本框，然后在文本框中输入文字。文本框有横排和竖排两种文字排列方式。在“插入”选项卡中，单击“文本”组中的“文本框”按钮，然后在幻灯片中单击或拖动鼠标左键，即可绘出一个横排的文本框。

若要插入竖排文本框，可单击“文本框”按钮下方的下拉按钮，从弹出的菜单中选择“竖排文本框”命令，然后根据需要单击幻灯片中所需位置插入单行文本框，或者拖动鼠标左键也可插入可换行的文本框。

2. 设置文本格式

PowerPoint 2007中用户可以对每一张幻灯片中的文本进行各种格式的设置，如字体格式、段落格式等。

（1） 设置字体格式。

设置字体包括设置字体大小、字体样式、字体颜色及字体的粗体、斜体、下画线等内容。设置字体格式比较简单，先选中文本框中要设置的字体，然后利用“开始”选项卡上“字体”组中的工具进行设置，如果要设置复杂的字体格式，则可以单击“字体”工具组右下角的对话框启动器，打开“字体”对话框进行相应的设置。

（2） 设置段落格式。

文本段落格式包括项目符号和编号样式、段落列表级别、行距、水平和垂直对齐方式、分栏、文字方向等。此外，还可以将文本转换为SmartArt图形。用“开始”|“段落”组中的工具即可对段落格式进行设置。这里重点介绍项目符号和编号。

默认情况下，在内容占位符中输入的正文文本前会自动显示项目符号，不同级别的文本除采用不同的缩进量和文字大小外，还可以用不同的项目符号来表示。也可以自己定义项目符号。

若要将项目符号改为编号，可先选择所需的段落，然后在“开始”选项卡上单击“段落”组中的“编号”按钮即可。默认的编号样式为“1.”、“2.”、“3.”、…。

若要更改编号样式，单击“编号”按钮右边的下拉按钮，从弹出的菜单中选择所需的编号样式。如果在弹出菜单底部选择“项目符号和编号”命令，可打开“项目符号和编号”对话框的“编号”选项卡，设置编号的大小、颜色及起始编号，如图5-12所示。

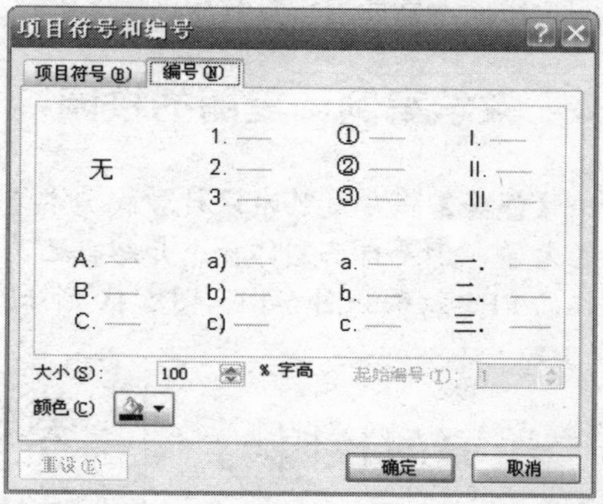

图 5-12 “项目符号和编号”中的“编号”选项卡

3. 文本转换为 SmartArt 图形

SmartArt图形包括图形列表、流程图以及更为复杂的图形，例如维恩图和组织结构图。将文本转换为SmartArt图形可以以直观的方式交流信息。具体方法是：先选定所需文本，再在“开始”选项卡上单击“段落”组中的“转换为SmartArt图形”按钮，从弹出的菜单中选择所需的图形样式即可。

也可以直接插入SmartArt图形，方法是：在“插入”选项卡中，单击“插图”组中的“SmartArt”按钮，可以打开“选择SmartArt图形”对话框，从中选择所要的SmartArt图形，单击“确定”按钮，即可插入图形，然后在图形中添加所需要添加的文本内容。

4. 将文本转换为艺术字

在 PowerPoint 2007 中可以直接将普通文字转换为艺术字，这是 PowerPoint 2007 区别于 PowerPoint 2003 的一点。将文本转换为艺术字的具体做法是：在幻灯片中选择所需要转换的文字后，功能区中会自动出现一个用于进行绘图的“格式”选项卡，在“格式”选项卡的“艺术字样式”组中可以选择快速样式，或者根据自己需要设置所选文字的艺术效果，即可将所选文字转换为艺术字。

5. **绘制及插入表格**

在 PowerPoint 2007 中，我们可以直接将 Word 或 Excel 创建的一些数据文件插入到演示文稿中，也可以利用 PowerPoint 提供给我们的工具来创建新的表格。

利用 PowerPoint 2007 向幻灯片中制作新表格的步骤如下：

在“插入”选项卡中的“表格”组中单击“表格”命令按钮上的下三角符号，将弹出如图 5-13 所示的对话框。

通过该对话框的上半部分，可以在幻灯片中直接插入一个指定行和列的规则表格，在图 5-13 中插入 5 行 6 列的一个空表格；也可以利用图中的插入表格命令将 Word 中已做好的表格插入到当前幻灯片中；利用绘制表格命令将手动作出一个规则或不规则的表格，这种方法不太常用；利用 Excel 电子表格命令可将 Excel 中已做好的表格插入到当前幻灯片中。

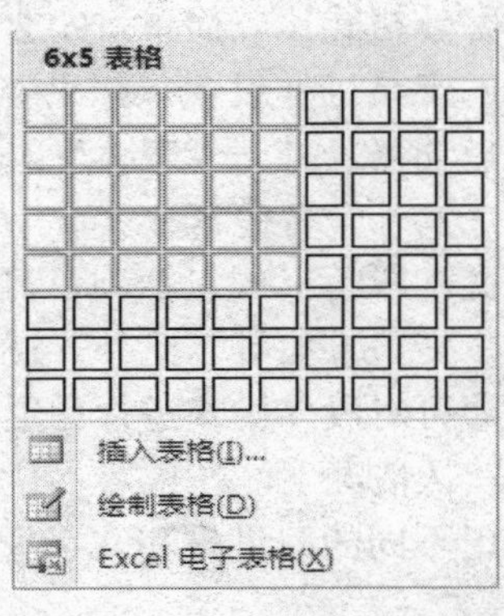

图 5-13 “表格”对话框

5.3 教学案例：美丽的校园

【任务】张华是艺术设计学院美术专业的一名新生，他想让自己高中同学了解并喜欢自己的大学，于是自己制作一个介绍自己美丽校园的 PPT，通过电子邮件送给他的同学，他所制作的 PPT 效果如图 5-14～图 5-19 所示。

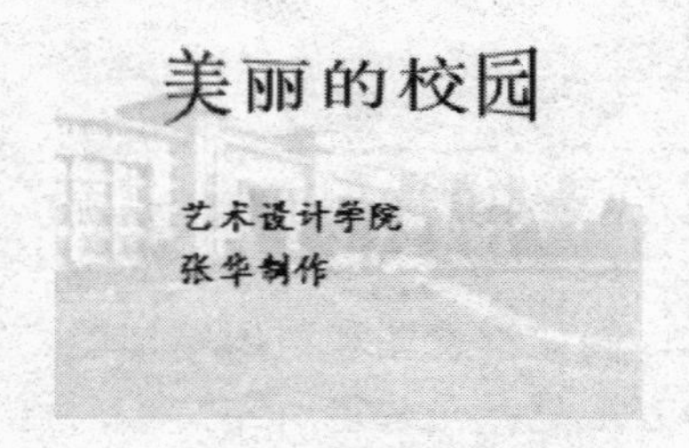

图 5-14 第 1 张幻灯片

图 5-15 第 2 张幻灯片

图 5-16 第 3 张幻灯片

图 5-17 第 4 张幻灯片

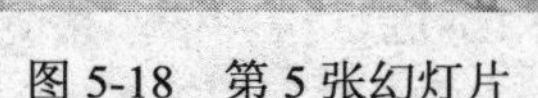

图 5-18 第 5 张幻灯片

图 5-19 第 6 张幻灯片

5.3.1 学习目标

通过本案例的学习，使学生掌握幻灯片间的切换方式及效果，掌握母版在演示文稿中的作用和使用方法，掌握动作按钮和超链接的使用，学会设置幻灯片的放映方式，培养学生整体的审美能力，提高学生的动手能力和团结协作能力。

5.3.2 相关知识

演示文稿创建后，应根据文稿的内容对演示文稿整体的演示顺序、文字排版的选定作全局性考虑，对个别幻灯片的背景、配色方案和布局作局部修饰，也可以利用母版或模板对整个文稿中的幻灯片（或部分幻灯片）进行统一的调整。

（1） 母版的使用。

（2） 幻灯片背景。

（3） 动作按钮和超链接。

（4） 页面的切换效果。

5.3.3 操作步骤

1. 为美丽的校园创建新文件

（1） 启动PowerPoint 2007后，会自动新建一张“标题”幻灯片。

（2） 在标题占位符中输入“美丽的校园”，并将“美丽的校园”改为艺术字，艺术字的外观如图片中所示，在副标题占位符中输入“艺术设计学院　张华制作”，字体为华文楷体，44号，加粗。

（3） 选择“开始”|“幻灯片”|“新建幻类片”按钮，选择其中的空白幻灯片。

（4） 重复第三次的过程，连续四次添加新幻灯片。

2. 每一张幻灯片上输入相应的文字

将第一张幻灯片中的标题复制一份粘贴到第二张幻灯片中作为第二张幻灯片的标题，然后再根据每张幻灯片需要，通过单击“插入”|“文本”|“文本框”按钮，往第三张到第六张幻灯片中添加文本框及输入对应的文字内容。

3. 添加校园背景及图片

选择第一张幻灯片（第一张幻灯片作为当前幻灯片），单击“插入”|“插图”|“图片”按钮，从中选择出一张准备好的图片作为当前背景，然后将图片拉到与幻灯片的大小相同并衬于文字下方、加水印。

通过“设计”|“主题”工具组中选择“龙腾四海”主题，将其应用于第二张～第五张幻灯片，作为第二张～第五张幻灯片的背景。

为第三张～第五张幻灯片添加图片：选择“插入”|“插图”|“图片”按钮，从中选择出一张准备好的图片，然后将图片拖动到合适的位置即可。

要添加图片背景时，若所有的幻灯片具有同一个图片背景或主题，可以通过“设计”选项卡“主题”工具组中对应的按钮完成，也可以通过母版统一设置。

4. 第二张幻灯片设置对应的文字超链接

（1） 选择第二张幻灯片（第二张幻灯片作为当前幻灯片），选中其中的文字“我的校园”，然后选择“插入”|“链接”|“超链接”按钮，打开“编辑超链接”对话框，如图 5-20 所示。

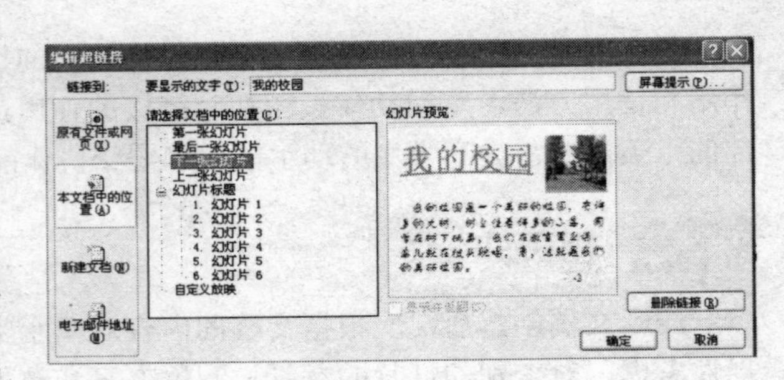

图 5-20 “编辑超链接”对话框

（2） 在左侧“链接到”列表框中选择“本文档中的位置”，在“选择文档中的位置”列表框中选择“下一张幻灯片”，则在播放幻灯片的时候，单击“我的校园”将从当前位置转到指定的幻灯片（下一张幻灯片）。

（3） 同样的方法，将“我的班级”链接到“第四张幻灯片”，“我们的图书馆”链接到“第五张幻灯片”。

（4） 选择第三张幻灯片（第三张幻灯片作为当前幻灯片），将“我的校园”链接到“第二张幻灯片”，同样将“第四张幻灯片”中“我的班级”链接到“第二张幻灯片”“第五张幻灯片”中“我们的图书管”链接到“第二张幻灯片”。

5. 为第二张幻灯片设置动作按钮

选择第二张幻灯片（第二张幻灯片作为当前幻灯片），选择“插入”|“插图”|“形状”按钮，从列表框中选择“动作按钮”组中的第四个按钮“结束”，则在当前幻灯片中添加一个“结束”单选按钮，同时弹出一个如图5-21所示的对话框，在“单击鼠标时的动作”中选择“超链接到”单选按钮，单击“确定”按钮即可。

6. 利用母版为美丽的校园添加幻灯片编号

（1） 选择“视图”|“演示文稿视图”|“幻灯片母版”按钮，打开“幻灯片母版”编辑窗口，如图5-22所示。

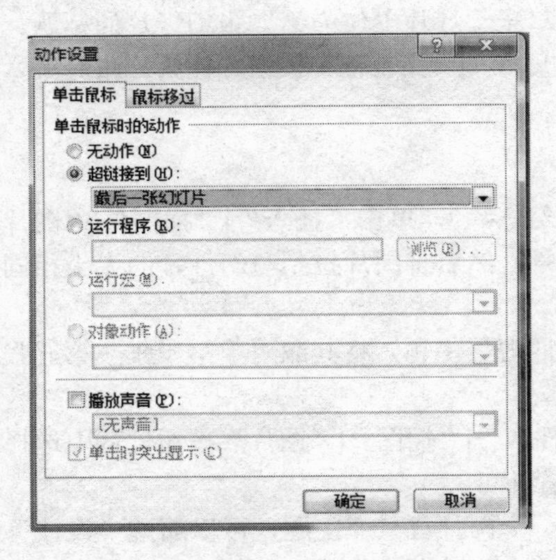

图 5-21 “动作设置”对话框

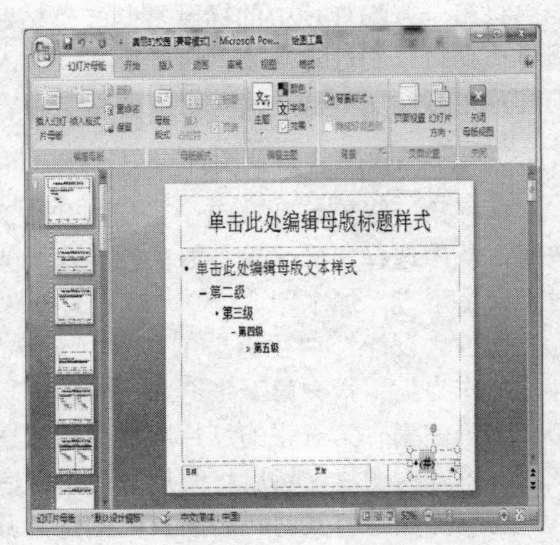

图 5-22 “幻灯片母版”编辑窗口

（2） 从左侧的列表中选择第一张母版，然后通过“插入”|“文本”|“文本框”按钮，在母版的编辑窗口右下角添加一个横排的文本框。

（3） 在文本框内插入幻灯片编号，通过“插入”|“文本”|“幻灯片编号”按钮来完成。

7. 设置美丽的校园中每一张幻灯片的切换方式

（1） 返回到第一张幻灯片，选择“动画”|“切换到此幻灯片”|“向右擦除”切换效果，在“切换声音”中选择“风铃”，“切换速度”中选择“中速”。

（2） 对第二张幻灯片选择“向左擦除”切换效果，在“切换声音”中选择“风铃”，“切换速度”中选择“中速”。

（3） 对第三张幻灯片选择“条纹右上展开”切换效果，在“切换声音”中选择“风铃”，“切换速度”中选择“慢速”。

（4） 对第四张幻灯片选择“条纹左上展开”切换效果，在“切换声音”中选择“风铃”，“切换速度”中选择“中速”。

（5） 对第五张幻灯片选择“条纹右上展开”切换效果，在“切换声音”中选择“风铃”，“切换速度”中选择“中速”。

（6） 对第六张幻灯片选择“条纹左上展开”切换效果，在“切换声音”中选择“风铃”，“切换速度”中选择“慢速”。

所有的换片方式均为“单击鼠标时”。

8. 设置每一张幻灯片内部各对象的动画效果

这一步骤可参照贺卡制作时的动画设置方法，大家可根据自己的喜好自由设置。

【知识链接】

1. 设置放映方式

在幻灯片使用前可以根据使用者的不同需要设置不同的放映方式，通过“幻灯片放映”选项卡，单击“设置”工具组中的“设置幻灯片放映”按钮来实现，如图5-23所示。

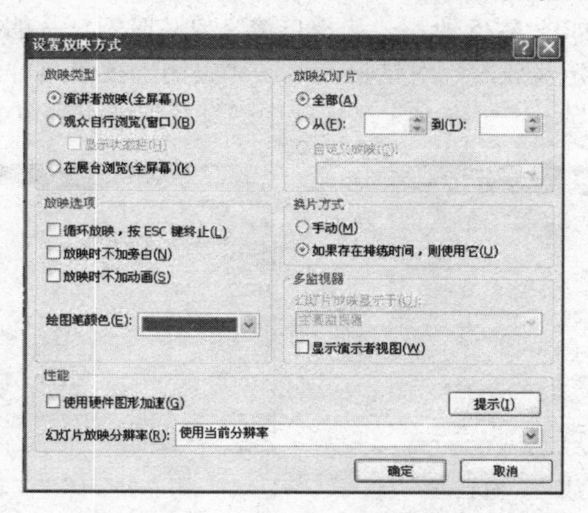

图 5-23 设置演示文稿放映方式

在对话框中可设置放映类型、放映范围和换片方式等选项。

“设置放映方式”对话框中各选项的功能如下。

（1） “放映类型”：指定幻灯片的播放类型。

① 演讲者放映（全屏幕）：以全屏幕形式显示，演讲者可以控制放映的进程中，可用绘图笔勾画，适用于大屏幕投影的会议、讲课等。

② 观众自行浏览（窗口）：以窗口形式显示，可以编辑浏览幻灯片，适用于人数少的地方。

③ 在展台放映（全屏）：以全屏形式在展台上做演示，按事先预定的或通过选择“排练计时”命令设置的时间和次序放映，不允许现场控制放映的进程。

（2） “放映幻灯片”：选择需要放映的幻灯片的范围。

（3） “放映选项”：用于设置放映选项。

① “循环放映，按 Esc 键终止”：使幻灯片不停地循环播放，直到按 Esc 键时才停止。

② “放映时不加旁白”：放映时不播放旁白。

③ “放映时不加动画”：放映时不使用动画方案。

（4） “绘图笔颜色”：用于选择绘图笔的颜色。

（5） “换片方式”：用于指定幻灯片的切换方式。“如果存在排练时间，则使用它”单选按钮可使幻灯片按照事先设置好的切换顺序自动切换；“手动”单选按钮，则需要单击鼠标或按键盘上的按钮才能切换到下一个幻灯片。

（6） “多监视器”：只有当使用多个监视器运行演示文稿时此选项组才被激活，用于指定在哪台监视器上放映幻灯片，以及是否显示演示者视图。

（7） “性能”：用于指定演示文稿的视觉清晰度级别。

2. 自定义播放顺序

在默认情况下幻灯片是按演示文稿中的先后顺序播放的，如果需要给特定的观众放映特定的部分，可以自己定义幻灯片的播放顺序和播放范围，具体操作方法如下。

在“幻灯片放映”选项卡中单击“开始放映幻灯片”组中的“自定义幻灯片放映”按钮。从弹出的菜单中选择“自定义放映”命令，如图 5-24 所示，单击“新建”按钮，弹出“定义自定义放映”对话框，如图 5-25 所示，选择自定义放映时幻灯片的播放顺序，然后单击“确定”按钮，返回到“自定义放映”对话框，单击“关闭”按钮即可。自定义了播放顺序后，该自定义放映的名称将显示在“在自定义放映中幻灯片”弹出菜单中。

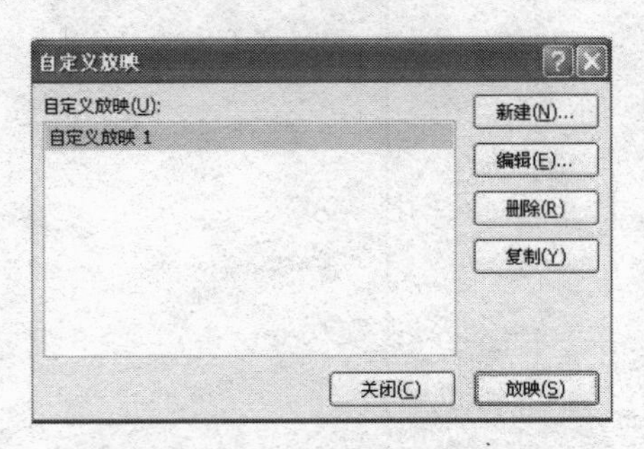

图 5-24 “自定义放映”对话框

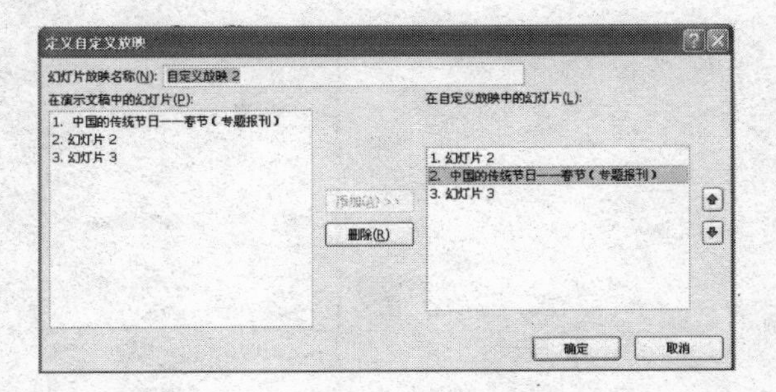

图 5-25 “定义自定义放映”对话框

3. 演示文稿的网上发布和打印

为便于演示文稿的共享，可以将它发布到 Web 服务器上。具体方法是：单击“Office 按钮”中“另存为”中的“其他格式”，在弹出的对话框的“保存类型”中选择“网页（*.htm;*.html）”，也就是将演示文稿保存为 HTML 格式，这样就可以在 Web 上观看了。

演示文稿还可以被打印出来，通过单击“Office 按钮”中的“打印”命令来实现。具体操作步骤如下：

（1） 打开拟打印的演示文稿。

（2） 单击“Office 按钮”中的“打印”命令，打开如图 5-26 所示的“打印”对话框。

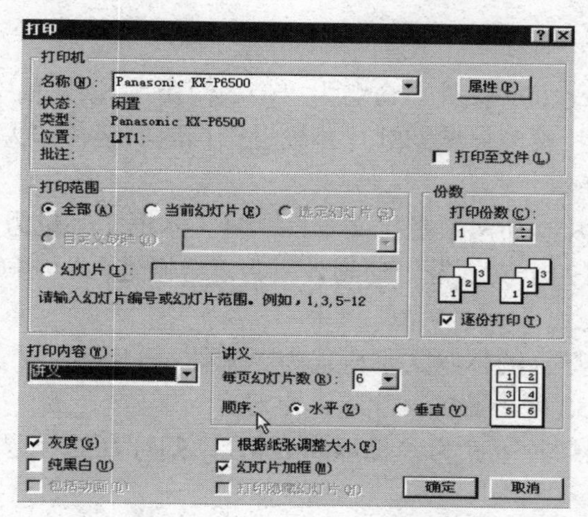

图 5-26　“打印”对话框

（3） 在“名称”下拉列表中选定与计算机相配的打印机。

（4） 在“打印范围”区域中，从“全部”、“当前幻灯片”、“幻灯片”等单选项中选定一项，如选择“幻灯片”，则还应在右边框中填入幻灯片的编号。

（5） 在“打印内容”区域的下拉列表的“幻灯片”、“讲义”、“备注页”和“大纲视图”选项中选定一种。通常情况下，选择“讲义（每页 6 张幻灯片）”，这样比较节约纸张。

（6） 在“份数”区域中确定打印份数，如选中“逐份打印”复选框，则打印完第一份幻灯片后，再打印第二份；否则先打印第一页幻灯片的所有份数，然后打印第二页的全部份数，直到打印最后一页的全部份数。这种打印方式在打印结束后还需人工进行配页整理操作。

（7） 选定各项后，单击“确定”按钮，开始打印；若单击“取消”按钮可取消本次的操作，不打印。

注意：打印演示文稿前应打开打印机电源，安装好打印纸。若没有打印机的计算机可选定“打印到文件”复选框，先将演示文稿“打印”到文件中，然后到有相同类型打印机上将文件打印出来。

5.4　实训内容

5.4.1　个人简历

1. 实训目标

（1） 掌握新建及保存演示文稿的方法。

（2） 日期和时间的插入。

（3） 文本框的使用。

（4） 组织结构图的使用。

（5） 表格的使用。

（6） 主题的设置。

（7） 演示文稿中自定义动画的设置。

2. 实训要求

（1） 新建一个 PowerPoint 文件，命名为“个人简历”，该文稿中包括 5 张幻灯片。

（2） 将第一张幻灯片设为标题幻灯片，设置正标题的字体和大小为“黑体”，60 磅，副标题为日期。

（3） 为第一张幻灯片添加两个竖排文本框，将文本框文字设为“华文行楷，32 磅，紫灰色，加粗，阴影”，设置两个文本框的动画效果为“缓慢进入”，开始时间为“之前”，方向为“自顶部”，速度为“中速”。

（4） 设置第二张幻灯片的标题文字格式为“宋体，54 磅，绿色，加粗，左对齐”，幻灯片文本格式为“宋体，32 磅，蓝色，加粗，左对齐”。

（5） 设置第三张幻灯片版式为“标题和表格”，幻灯片的标题文字格式为“宋体，54 磅，蓝色，加粗，左对齐”。

（6） 为第三张幻灯片插入表格，设置表格字体格式为“宋体，24 磅，蓝色，居中”，表格的外观为“中度样式 2-强调样式 1”。

（7） 设置第四张幻灯片的版式为“标题和图示或组织结构图”，幻灯片的标题文字格式为“宋体，54 磅，蓝色，加粗，左对齐”。

（8） 为第四张幻灯片添加一个组织结构图，设置组织结构图样式为“三维颜色”，通过添加下属将组织结构图设为两层图框。

（9） 设置第一层图框字体格式为“宋体，32 磅，红色，加粗，阴影，居中对齐”。

（10） 在组织结构图中第二层的每一个图框插入一张对应的图片，共插入 7 张图片，分别设置 7 张图片的动画效果（动画效果自定）。

（11） 设置第五张幻灯片的标题文字格式为“宋体，54 磅，蓝色，加粗，左对齐”，幻灯片文本格式为“宋体，30 磅，蓝色，左对齐”。

（12） 设置演示文稿的动画方案为“向内溶解”。最终效果如图 5-27～图 5-31 所示。

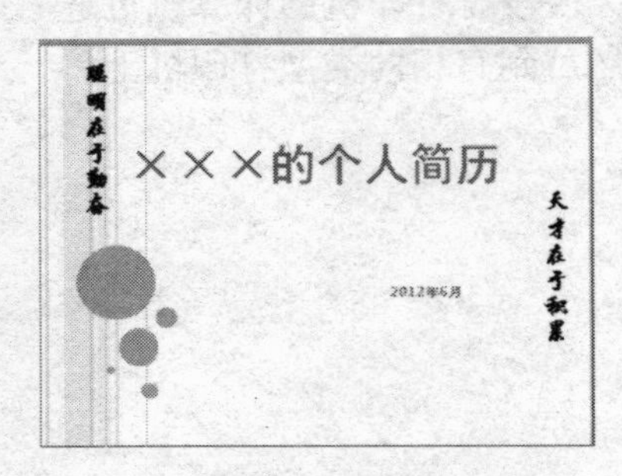

图 5-27　第 1 张幻灯片

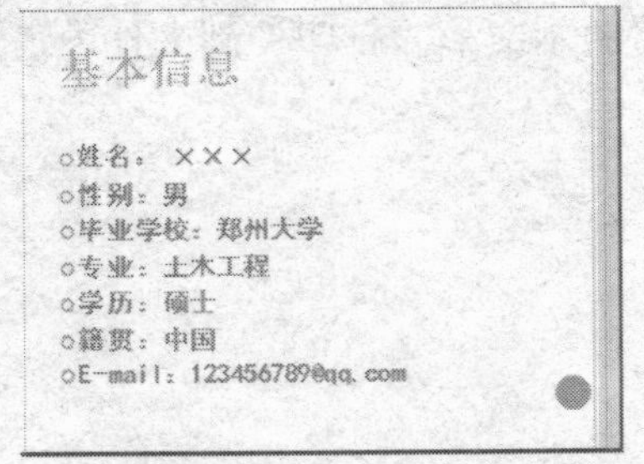

图 5-28　第 2 张幻灯片

图 5-29　第 3 张幻灯片

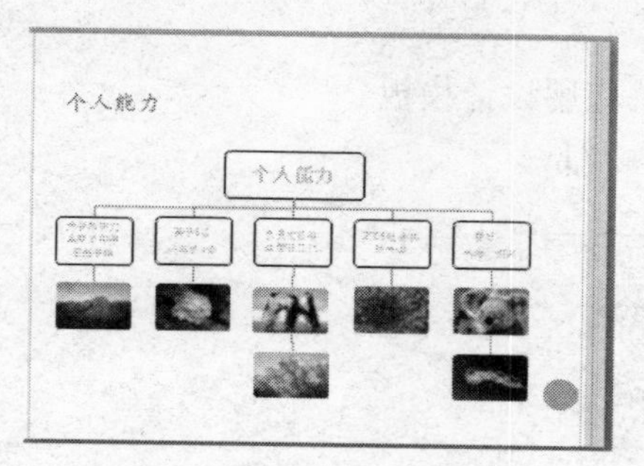

图 5-30　第 4 张幻灯片

自我评价

- 有较强的专业理论知识，基础扎实，实践能力强，能在专业领域提出自己的见解；
- 为人诚信开朗，勤奋务实，有较强的适应能力和团体协作能力
- 富有责任心和正义感，热爱集体，热心公益事业，能恪守以大局为重的原则，愿意服从集体利益的需要，具备奉献精神。

图 5-31　第 5 张幻灯片

3.　相关知识点

（1）　日期和时间的使用。

（2）　文本框的使用。

（3）　组织结构图的使用。

（4）　表格的使用。

（5）　主题的设置。

（6）　自定义动画的设置。

5.4.2　我的家乡

1.　实训目标

（1）　建立演示文稿。

（2）　编辑演示文稿。

（3）　美化演示文稿。

（4）　放映演示文稿。

2.　实训要求

（1）　新建一个以“我的家乡”为主题的演示文稿。

（2）　幻灯片的个数不少于 5 张。

（3）　从家乡的地理位置、交通旅游、历史文化、家乡特产等几个方面进行介绍。

（4）　每张幻灯片上的图片和文字要相互柔和。

（5）　版式设置、版面布局、动画设置、幻灯片的切换等自由创意。

习　　题

1.　选择题

（1）　在演示 PowerPoint 2007 幻灯片的过程中欲终止其演示，可以随时按下的终止键是________。

A. Ctrl + E　　　　B. Delete

C. Esc　　　　D. Shift + C

（2）　在 PowerPonit 2007 演示文稿中，将一张“标题和文本”幻灯片改为“标题和竖排

文本”幻灯片，应更改的是________。

A. 对象
B. 应用设计模板
C. 幻灯片版式
D. 背景

（3） PowerPoint07 是电子讲稿制作软件，它________。

A. 在 Windows 环境下运行
B. 在 DOS 环境下运行
C. 在 DOS 和 Windows 环境下都可以运行
D. 可以不要任何环境，独立地运行

（4） PowerPoint 2007 默认的视图模式是下列选项中哪项________。

A. 大纲视图
B. 幻灯片视图
C. 幻灯片浏览视图
D. 普通视图

（5） PowerPoint07 中，哪种视图模式主要显示主要的文本信息________。

A. 大纲视图
B. 幻灯片视图
C. 幻灯片浏览视图
D. 幻灯片放映视图

（6） PowerPoint 中，采用哪种视图模式下，用户可以看到整个演示文稿的内容，整体效果可以浏览某个幻灯片及其相应位置________。

A. 大纲视图
B. 幻灯片视图
C. 幻灯片浏览视图
D. 幻灯片放映视图

（7） PowerPoint 2007 中，哪种视图模式可以实现在其他视图中可实现的一切编辑功能________。

A. 普通视图
B. 大纲视图
C. 幻灯片浏览视图
D. 幻灯片放映视图

（8） 要在演示文稿的每张幻灯片中都使用某个图案，可通过________来实现。

A. 应用主题
B. 修改母版
C. 设置背景
D. 修改每张幻灯片

2. **填空题**

（1） 在 PowerPoint 2007 中，可以对幻灯片进行移动、删除、复制、设置动画效果，但不能对单独的幻灯片的内容进行编辑的视图是________。

（2） 在 PowerPoint 2007 中，为对幻灯片设置动画效果，可以单击________选项卡中的________组中的________或________命令。

（3） 如果要在幻灯片浏览视图中选定若干张幻灯片，那么应先按住________键，再分别单击各幻灯片。

（4） 在幻灯片上如果需要一个按钮，当放映幻灯片时单击此按钮能跳转到另一张幻灯片，则必须为此按钮设置________。

（5） PowerPoint 2007 的状态栏除显示当前演示文稿的总页数及当前幻灯片的编号外，还显示________。

第 6 章　Access 2007 数据库管理软件

教学目标：

通过本章学习，理解 Access 的基本概念，熟练掌握数据库 Access 2007 的创建与使用，掌握表的创建与编辑，熟练掌握各种查询的创建与使用。

教学内容：

本章主要介绍 Access 2007 的基本功能和使用方法，主要包括：

1. Access 数据库的创建与使用。
2. Access 表的创建与编辑。
3. Access 数据查询的创建与使用。

教学重点与难点：

1. Access 2007 启动与退出。
2. 数据库的创建操作。
3. 表的创建与编辑操作。
4. 数据表的查询操作。

6.1　Access 2007 基础

6.1.1　Access 2007 概述

1. Access 2007 的功能

Access 2007 是 Microsoft Office 2007 办公套件中的一个重要组件，它是一种功能强大且使用方便的关系型数据库管理系统，其主要功能是进行中小型数据库的开发和操作，它功能强大，操作简单，且可以与其他的 Office 组件实现数据共享和协同工作，现已成为最流行的桌面数据库管理系统之一。其主要功能：

（1） 能够简单实现 Excel 无法实现或很难实现的数据统计和报表功能。

（2） Access 可非常方便地开发简单的数据库应用软件，比如进销存管理系统、计件工资管理系统、人员管理系统、超市管理系统等。

2. Access 2007 的工作窗口

Access 具有与其他 Office 组件类似的界面，如图 6-1 所示。

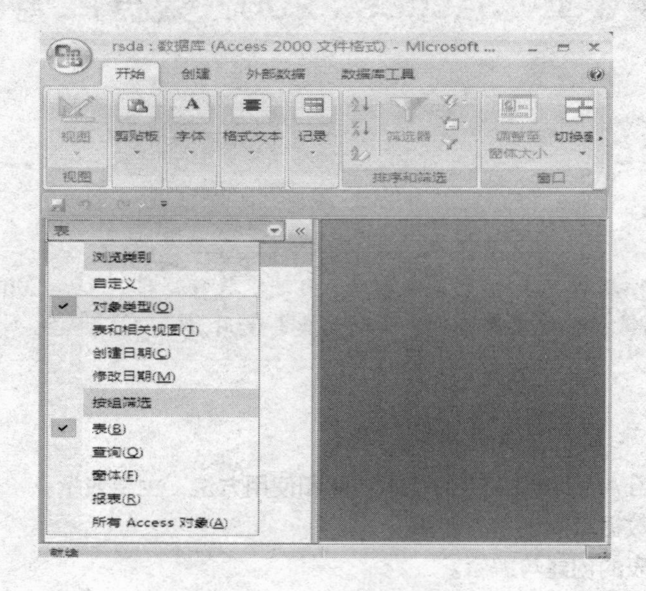

图 6-1 Access 2007 的窗口

Access 2007 的对象主要包括表、查询、窗体、报表、页、宏和模块，共 7 个对象。通过这些对象可以快速组织和管理数据库中的数据。

6.1.2 Access 2007 基本操作

1. Access 2007 启动与退出

（1） 启动。

启动 Access 2007 通常有以下方法：

① 单击“开始”|“程序”|“Microsoft Office”|“Microsoft Office Access 2007”命令。

② 若桌面上有 Access 快捷方式图标，双击它，也可启动 Access。另外，还可通过双击 Access 数据库启动 Access 2007。

（2） 退出。

退出 Access 2007 通常有以下方法：

① 单击“Office 按钮”|“退出 Access”命令。

② 单击窗口右上角的“关闭”按钮。

③ 按 Alt+F4 组合键。

2. 创建数据库

（1） 创建数据库。

在 Access 中可以创建空白的数据库，还可以根据模板来创建数据库，用户只须更改其中的内容即可得到一份内容丰富、外观精美的数据库文件。

要创建一个空白数据库，在 Access 2007 程序窗口中单击“新建空白数据库”栏中的“空白数据库”图标，然后在窗口右侧窗格中输入文件名，如图 6-2 所示。单击“创建”按钮，即可创建一个空白数据库，如图 6-3 所示。

图 6-2　创建空白数据库

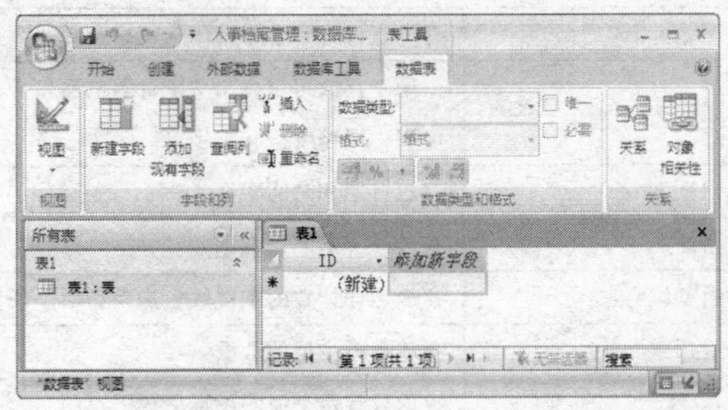

图 6-3　空白数据库

3. 打开数据库

打开数据库可用以下方法。

（1） 单击 Office 按钮，从弹出的菜单中选择“打开”命令，从打开的“打开”对话框中选择要打开的数据库，然后单击“打开”按钮。

（2） 按 Ctrl+O 组合键，打开“打开”对话框，从中选择要打开的数据库，单击“打开”按钮。

（3） 双击数据库文件名。

4. Access 中表的要素

在 Access 数据库的 7 个对象中，表的作用是存储和管理数据，它是其他数据库对象的基础，没有表的数据库是没有意义的。所以，数据库的工作一般从表的创建开始。下面我们先了解一下表的基本构成。

（1） 表的组成。

在 Access 中，表将数据组织成列（称为字段）和行（称为记录）的形式。每一列的字段名是唯一的，有相同的属性和数据类型，每一行中的信息称为记录，如表 6-1 所示。

表 6-1　部门信息表

部 门 号	部门名称
1001	财务处
1002	人事处
1003	后勤处
1004	总务处

（2） 数据类型。

在创建表之前，先要对表结构进行设计，确定每个字段的名称和数据类型。字段数据类型的设置则定义了用户可以输入到字段中的值的类型。例如，如果要使字段存储数字值以便在计算中使用，那么就要将其数据类型设为“数字”或“货币”。如表 6-2 列出的是 Access 的 10 种数据类型及用法。

表 6-2　Access 数据类型及用法

数据类型	用　法	字段大小
文本	存放任何可显示或打印的文字和数字字符，该类型的数据一般不用于数学计算	≤255 B
数字	用于存放可以作为数学计算的数值数据，具体又分字节、整型、长整型、单精度型、双精度型和同步 ID	1B～8B
日期/时间	存放日期和时间数据	8B
备注	存放长文本字符数据	≤64KB
自动编号	存放当作计数的主键数值，当新增一条记录时，其值自动加 1	4B
货币	存放货币类型的数据	8B
是/否	存放只有两个值的逻辑型数据	1B
OLE 对象	存放图片、声音及文档等多种数据	≤1GB
超链接	存放用来链接到另一个数据库、Internet 地址等信息	6KB
查阅向导	创建为某个字段输入时提供的从该字段的列表选择的值	4B

（3） 字段属性。

每个字段都有自己的属性，字段属性是一组特征，使用它可以附加控制数据在字段中的存储、输入或显示方式。属性是否可用，取决于字段的数据类型。系统提供了如表 6-3 所示的属性及功能。

表 6-3　Access 的字段属性及功能

属性选项	功　能
字段大小	使用这个属性可以设置文本、数字、货币和自动编号字段数据的范围，可设置的最大字符数为 255
格式	控制怎样显示和打印数据，可选择预定义格式或输入自定义格式
小数位数	指定数字、货币字段数据的小数位数，默认值是“自动”，范围是 0～15
输入法模式	确定光标移至该字段时，准备设置哪种输入法模式，有三个选项，即随意、开启和关闭
输入掩码	使用户在输入数据时可以看到这个掩码，从而知道应该如何输入数据，对文本、数字、日期/时间和货币类型字段有效
标题	在各种视图中，可以通过对象的标题向用户提供帮助信息
默认值	指定数据的默认值，自动编号和 OLE 数据类型没有此项属性
有效性规则	是一个表达式，用户输入的数据必须满足此表达式，当光标离开此字段时，系统会自动检测数据是否满足有效性规则
有效性文本	当输入的数据不符合有效性规则时显示的提示信息
必填字段	该属性决定字段中是否允许出现 Null 值
允许空字符串	指定该字段是否允许零长度字符串
索引	决定是否建立索引的属性，有三个选项，即“没有”、“有，允许重复”、“有，不允许重复”
Unicode	指示是否允许对该字段进行 Unicode 压缩

（4） 主关键字。

主关键字又称为主键，是表中用于唯一标识每条记录的字段名。主键不是必需的，能将表与其他表中的外键相关联，所以，只有定义了主键，才能建立表与表之间的关系，同时也方便对表进行排序或索引操作。主键不允许为 Null（空值），并且必须始终具有唯一索引。如果表中某个字段没有重复的内容，就可用作该表的主键。如在表 6-1 中，姓名有可能出现相同的情况，而职工号则不会出现重复，所以可设置“职工号”为主键。

（5） 视图。

视图是按特定方式处理数据的窗口。Access 为表提供了 4 种视图方式。视图切换可使用“视图”菜单中的相应选项，也可以使用工具栏最左边的视图切换按钮（如图 6-5 所示）快速地切换视图。最常用的是设计视图和数据表视图。图 6-6 所示为设计视图，用于定义和修改表的结构，它只显示表中的各个字段名称、类型及相关的属性，而不显示具体的数据内容，在添加、删除、编辑、搜索表中的数据时，则要切换为如图 6-7 所示的数据表视图。在查询、窗体和报表等其他对象下，Access 也有相应的视图适合不同的用途。

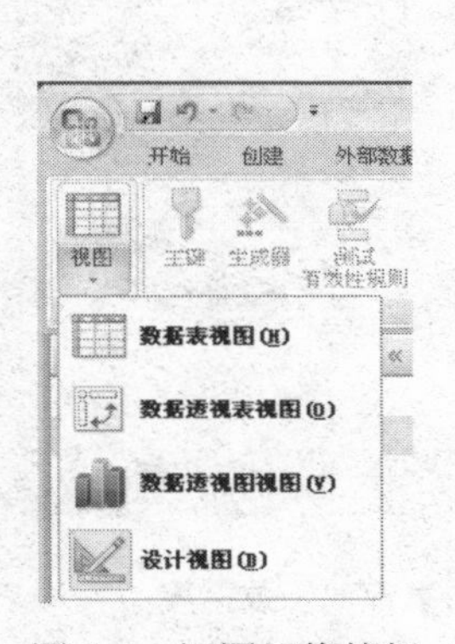

图 6-5　视图切换按钮

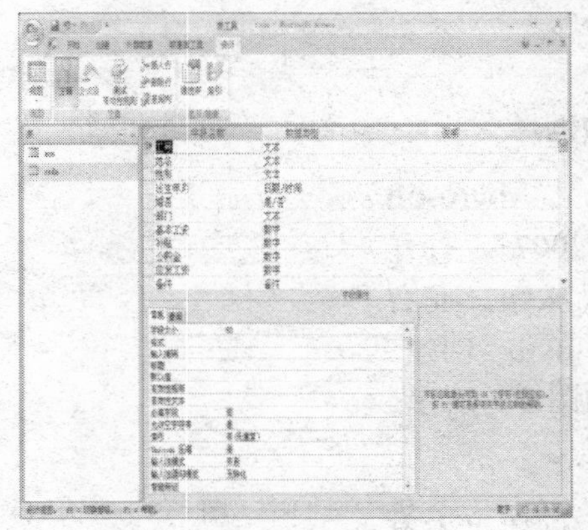

图 6-6　设计视图

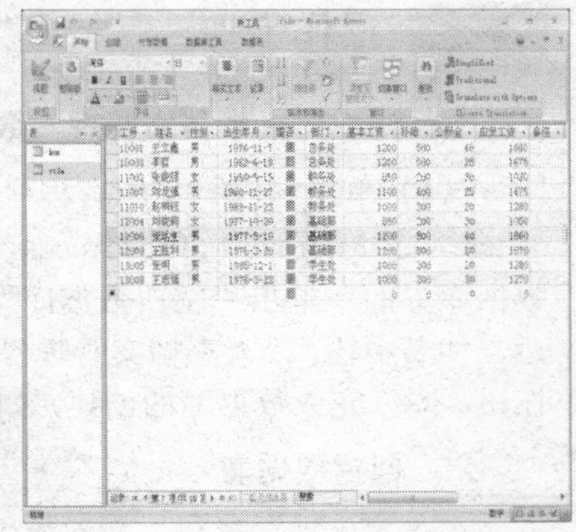

图 6-7　数据表视图

6.2　教学案例：建立“人事档案管理”数据库

【任务】经济管理系要对教师的基本情况进行数字化管理，需要建立“人事档案管理”库，其中包括职工号、姓名、性别、工作日期、党员与否、年龄、教研室编号、照片等信息的职工基本信息表，如表 6-4 所示。

表 6-4　职工信息表

职工号	姓　名	性　别	工作日期	职称	党员否	年　龄	教研室编号	照　片
1001	王立鑫	男	1995-11-7	教授	是		01	
1102	张晓丽	女	1997-5-15	副教授	是		01	
1003	李哲	男	1999-6-13	讲师	否		01	
1204	刘晓莉	女	1988-1-20	教授	是		02	
1305	张明	男	1985-12-1	教授	是		03	
1206	张运生	男	1990-5-10	副教授	否		03	
1107	刘龙强	男	2005-9-27	副教授	否		04	
1308	王志强	男	2008-3-23	讲师	否		02	
1209	王胜利	男	2000-3-20	讲师	是		04	
1110	赵明钰	女	1998-1-23	讲师	否		03	

6.2.1 学习目标

通过本案例的学习，使学生掌握数据库的建立方法，熟练使用表设计视图完成表的编辑，设置表的主键，为数据查询处理奠定基础。

6.2.2 相关知识

（1） 数据库的建立及保存。

（2） 数据表的基本操作。

（3） 数据的输入与编辑方法。

（4） 设置主键。

6.2.3 操作步骤

1. 建立“人事档案管理”数据库

（1）单击“开始”|“所有程序”|“Microsoft office” | “Microsoft office Access 2007”，打开数据库界面，单击“空白数据库”按钮，在右边文件名中输入“人事档案管理”，单击“创建”按钮，即可完成数据库的创建，如图 6-8 所示。

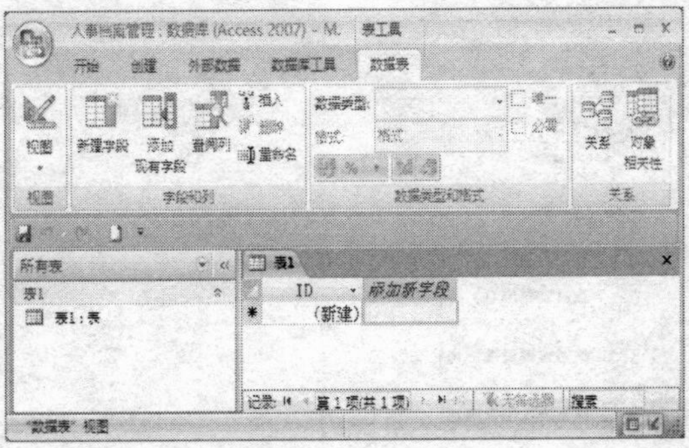

图 6-8 “人事档案管理”数据库

2. 创建数据表

在“人事档案管理”数据库中创建“人事档案表”。数据表由结构和记录两部分组成，创建表的过程就是设计表的结构和输入数据记录的过程。表结构由若干个字段及其属性构成，在设计表结构时，应分别输入各字段的名称、类型、属性等信息。

（1） 创建表结构。

表结构的创建一般是在“表设计视图”中完成的。“职工信息表”结构如表 6-5 所示。创建职工信息表如图 6-9 所示。

表 6-5 “职工信息表”结构

字 段 名	类 型	大 小
职工号	文本型	5
姓名	文本型	10
性别	文本型	4
工作日期	日期型	10
职称	文本型	10
党员与否	逻辑型	4
年龄	整型	4
教研室	文本型	20
照片	附件	默认

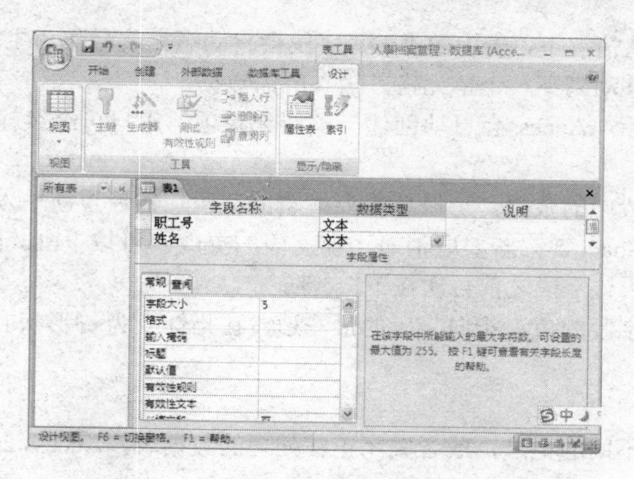

图 6-9　表的创建窗口

（2）　修改表结构。

如果所创建的表结构不符合需求，可对表结构进行修改。例如修改“年龄”字段属性。

① 在设计视图中打开“职工信息表”，并选择“年龄”字段。

② 设置“年龄”字段的“索引”属性为“有（有重复）”，“必填字段”属性为“是”，默认值为“20”。

③ 设置有效性规则为“大于 18 并且小于 60”，当数据输入违反有效规则时，提示信息为“年龄必须在 18～60 之间”，如图 6-10 所示。

（3）　保存表结构。

修改表结构后，要重新保存表结构。如果用户未保存就关闭表或切换到数据表视图，系统会提示用户必须先保存表，如图 6-11 所示。

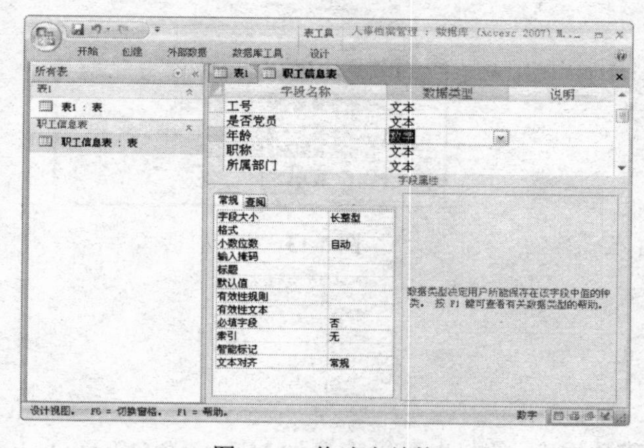

图 6-10　修改表结构

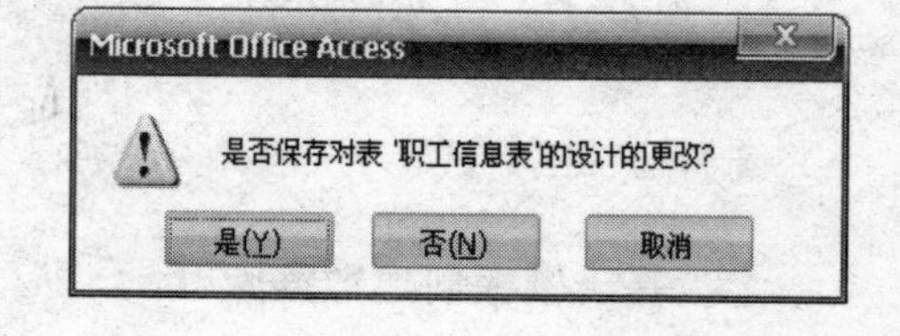

图 6-11　保存表提示

（4）　输入数据记录。

切换到“数据表视图”，在该视图下输入如图 6-12 所示的记录。

（5）　编辑记录。

如果所输入的表的记录不符合需求，可按如下方法进行编辑。

① 添加与修改数据。

在数据库窗口的导航窗格中双击要添加数据的新表将其打开，插入点会自动放置在可插入记录的位置。默认情况下，表中的“ID”字段会自动填充编号作为主键，用户可通过按Tab键或者用鼠标单击移动到下一个单元格，输入所需数据。

输入一条记录后，Access会自动创建一条新记录项，用户可继续输入所需记录，直至完成所有记录的输入。

若要编辑某字段中的数据，可以单击要编辑的字段，然后重新输入数据；若要纠正输入的错误，可按BackSpace键；若要取消对当前字段的更改，可按下Esc键；若要取消对整个记录的更改，可在移出该字段之前再次按下Esc键。

若要替换整个字段的值，指向字段的最左边，在指针变为✚形状时单击该字段，然后输入数据。

② 保存数据。

将插入点移到不同的记录，或者关闭正在处理的数据表，Access 2007都会自动保存所添加或编辑的记录。

若要手动保存正在编辑或已编辑完成后的数据表，可单击快速保存工具栏上的“保存”按钮。

③ 删除记录。

单击要删除的记录左侧的行选定器（一个小方框）选择整行记录，然后右击所选记录，从弹出的快捷菜单中选择“删除记录”命令，或者直接按Delete键，打开如图6-13所示的提示对话框，单击“是”按钮，即可删除所选记录。

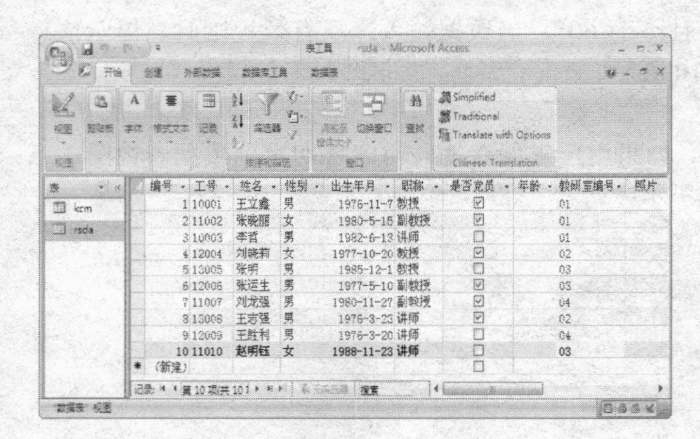

图 6-12 “人事档案管理”数据库窗口

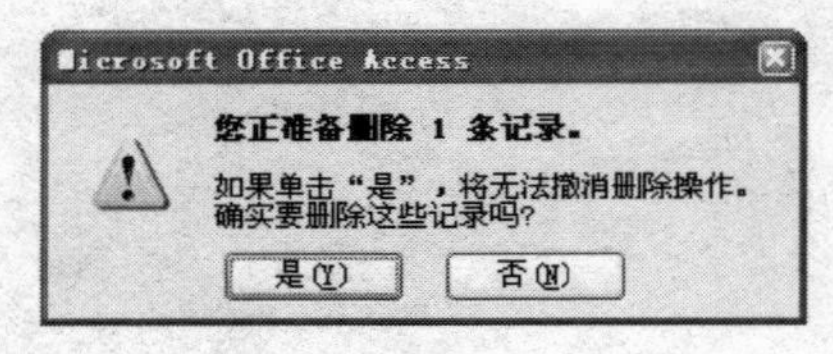

图 6-13 提示对话框

【知识链接】

1. 基于模板创建数据库

可以使用 Access 2007 自带的模板创建数据库文件，也可以连接到 Microsoft Office Online 网站，从网上下载数据库模板并创建相应的数据库文件。

若要基于 Access 2007 自带的模板创建一个数据库，可以在程序窗口左侧的“模板类别”列表框中选择“本地模板”选项，然后在“本地模板”列表框中选择所需模板的图标，再输入文件名，单击“创建”按钮，如图 6-14 所示。

除了使用设计器创建表、还可以通过输入数据创建表、使用向导创建表、导入表和链接表。下面我们主要介绍使用设计器创建表和通过输入数据创建表的方法。

2. 通过输入数据创建表

通过在数据表视图中直接输入数据也可以创建表，以表 6-4 所示的“工资表”为例，具体步骤如下。

（1） 打开“人事档案管理”数据库，选择“表”对象，单击“创建|表”，出现如图 6-15 所示的数据表视图。

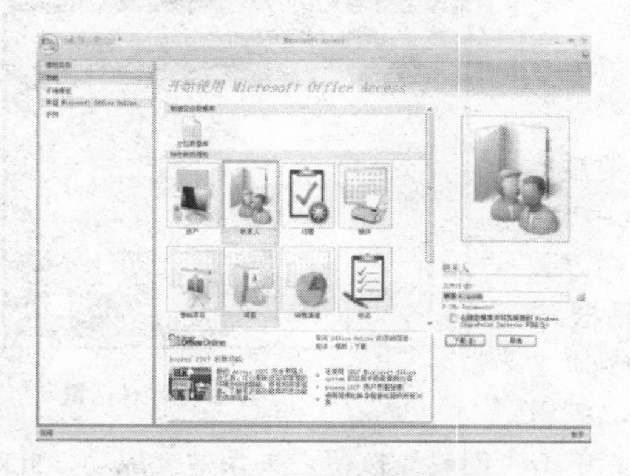

图 6-14　基于模板创建数据库

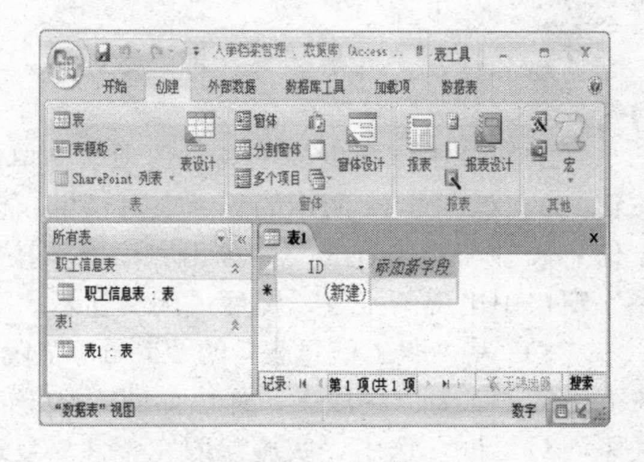

图 6-15　通过输入数据创建表

（2） 直接在表中输入数据，如图 6-16 所示。

（3） 修改字段名：双击“字段 1”，输入“工号”；双击“字段 2”，输入“基本工资”；双击“字段 3”，输入“补贴”；双击“字段 4”，输入“公积金”；双击“字段 5”，输入“应发工资”。

（4） 保存此表为“工资表”。

（5） 切换到设计视图，选中 ID 字段，单击右键选择删除 ID 字段，选择“工号”字段设置字段大小为 6，“其他字段”设置为数字型，保存所进行的操作。

3. 定义主键

选中“工号”字段，单击工具栏上的按钮或在右键快捷菜单中选择“主键”命令，在“工号”字段的左边就会出现一个钥匙标志，表明这个字段已被设为“主键”。

提示：保存表结构时，如果未设定主键，系统会出现一个警告对话框，如图 6-17 所示。此时若单击“是”按钮，则系统会自动创建一个自动编号字段，并定义为主键；若单击“否”按钮，则按无主健保存；若单击“取消”按钮，则返回设计视图，由用户自行选择一个主键。

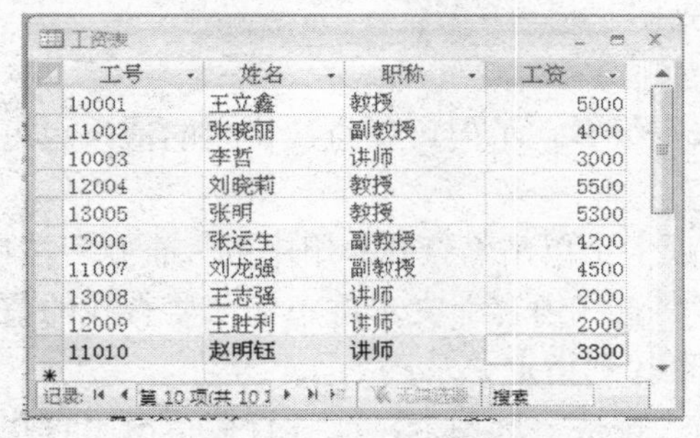

工号	姓名	职称	工资
10001	王立鑫	教授	5000
11002	张晓丽	副教授	4000
10003	李哲	讲师	3000
12004	刘晓莉	教授	5500
13005	张明	教授	5300
12006	张运生	副教授	4200
11007	刘龙强	副教授	4500
13008	王志强	讲师	2000
12009	王胜利	讲师	2000
11010	赵明钰	讲师	3300

图 6-16　直接输入数据

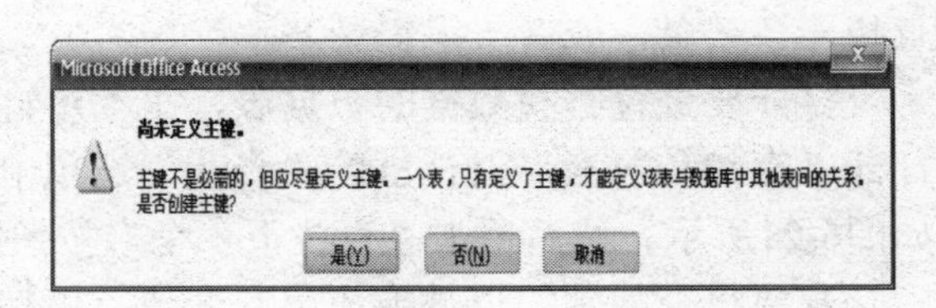

图 6-17　警告对话框

4. 建立各个表之间的关系

在关系数据库中，为减少数据冗余，把数据分别存储在相互有关系的多张表中，每一张表都是单独建立的，若想建立表之间的关联，就必须要建立表间关系，能使这些表紧密联系，相互链接。表间关系可分为一对一、一对多、多对多三种类型。在“人事档案管理”数据库中，“职工信息表”和“工资表”可通过“工号”字段建立关系。具体步骤如下：

（1） 打开“人事档案管理”数据库，选择“表”对象。

（2） 单击“数据库工具”选项卡，单击“关系”按钮，弹出如图 6-18 所示的显示表对话框，然后选中“职工信息表”和“工资表”并单击“添加”按钮，在“关系”窗口中出现两张表，然后关闭“显示表”对话框。

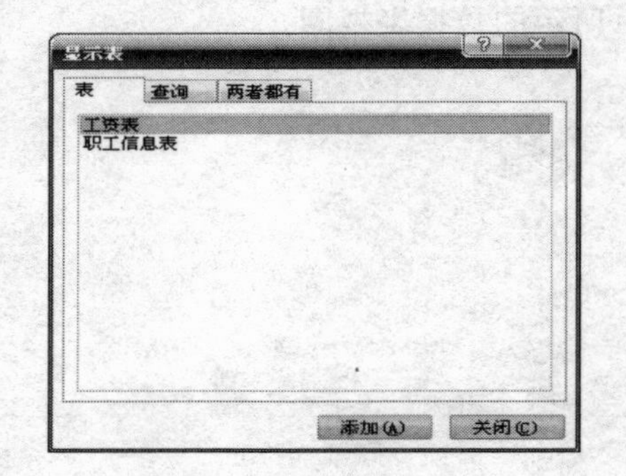

图 6-18 “显示表”对话框

（3） 将“职工信息表”的“工号”字段拖动到“工资表”的“工号”字段上，弹出如图 6-19 所示的“编辑关系”对话框，选中“实施参照完整性”复选框，单击“创建”按钮，关系建立成功，此时的“关系”窗口如图 6-20 所示。

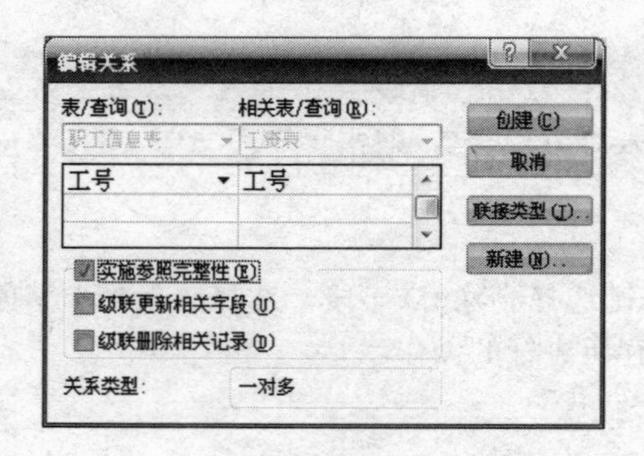

图 6-19 “编辑关系”对话框

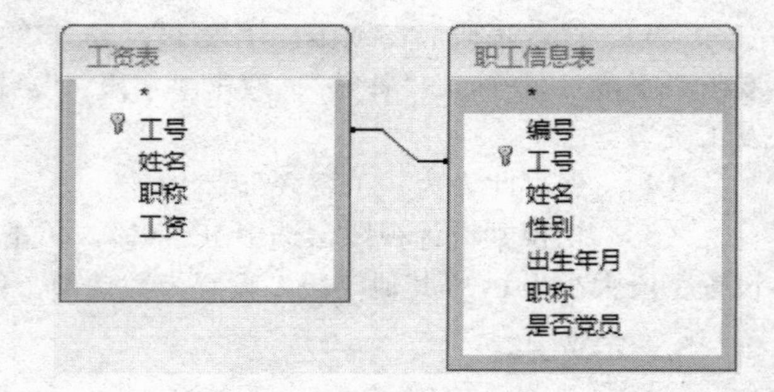

图 6-20 建好的表间关系

5. 查找和排序

当输入多条记录后，如果要对某条记录进行编辑可能会在查找方面有些困难，这时用户可以通过使用Access 2007的查找功能来快速查找特定的记录，并可以对其进行修改。此外，还可以对数据记录进行排序。

（1） 查找数据。

在Access 2007中，查找或替换所需数据的方法有很多，不但可以查找特定的值，也可以查找一条记录，或者一组记录。

打开要进行查找数据的数据表，在“开始”选项卡上单击“查找”组中的“查找”按钮，打开“查找和替换”对话框的“查找”选项卡，在“查找内容”文本框中输入要查找的值，如图6-21所示。然后单击“查找下一个”按钮即可查找到指定记录。

若要将查找到的值替换为另一个值，可切换到“替换”选项卡，或者直接单击“查找”组中的“替换”按钮，打开“查找和替换”对话框的“替换”选项卡，在“查找内容”文本框中输入要查找的值，在“替换为”文本框中输入要替换为的新值，如图6-22所示。然后单击“替换”按钮即可替换当前查找到的值，若单击“全部替换”按钮，则可替换数据库中所有与查找条件相同的值。如果不替换当前值而要查看下一个符合查找条件的值，可单击“查找下一个”按钮，以忽略当前查找到的值，不对其进行替换。

图 6-21　“查找”选项卡

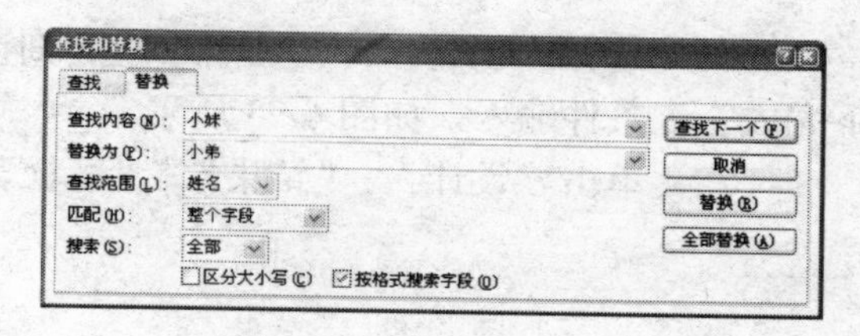

图 6-22　“替换”选项卡

（2）　排序数据。

为了方便在表中查看数据，用户可以对表中的记录进行升序或降序排列。在数据表中选择要作为排序依据的字段，然后单击“降序”按钮，即可按降序顺序排列各项记录，单击“升序”按钮则可按升序顺序排列各项记录。

6.3　教学案例：查询“人事档案管理”数据库

【任务】经管系创建完成“人事档案管理”数据库后，需要对这些表中的数据进行管理，实现以下的查询操作：

（1）　列出男性职工的所有信息。

（2）　列出所有女性党员的职工信息：姓名、性别、党员和工资。

（3）　要求计算并替换每一条记录中的“年龄”字段。

（4）　要求统计男教授的年龄字段平均值，并将结果赋给变量 A54（或者新字段 A54）。

（5）　要求按照“职称”升序生成一个名为“人事表 1”的新表，其中包含 4 个字段：姓名，性别、职称和党员。

（6）　要求将所有女性职工的记录追加到名为“追加表”的表中，其中包含 4 个字段：姓名、性别、基本工资和补贴。

（7）　要求物理删除职称为教授且性别为“男”的职工记录。

6.3.1　学习目标

通过本案例的学习，理解查询的意义和类别，学会查询的建立方法和应用，熟练掌握使用查询设计器对表中的数据进行查询。

6.3.2　相关知识

（1）　选择查询。

（2）　更新查询。

（3）　生成表查询。

（4）　追加表查询。

（5）　删除查询。

6.3.3 操作步骤

1. 列出男性职工的所有信息

（1） 选择“创建”标签，单击“查询设计”按钮，弹出“查询设计”窗口，在该视图下完成查询条件输入，如图 6-23 所示。

（2） 单击“设计”|“结果”|“运行”按钮，得出如图 6-24 所示结果。

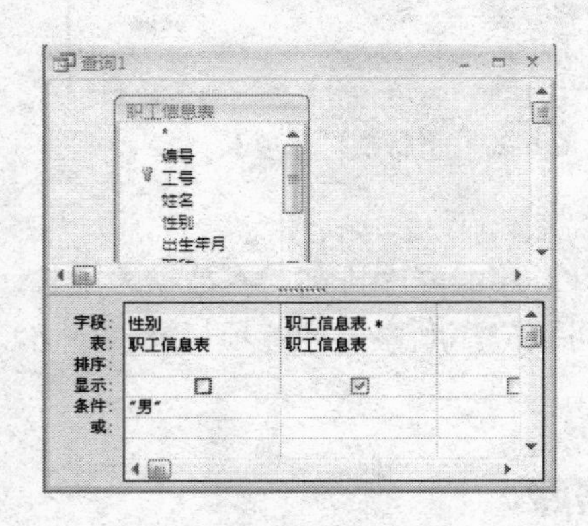

图 6-23 设置查询条件窗口

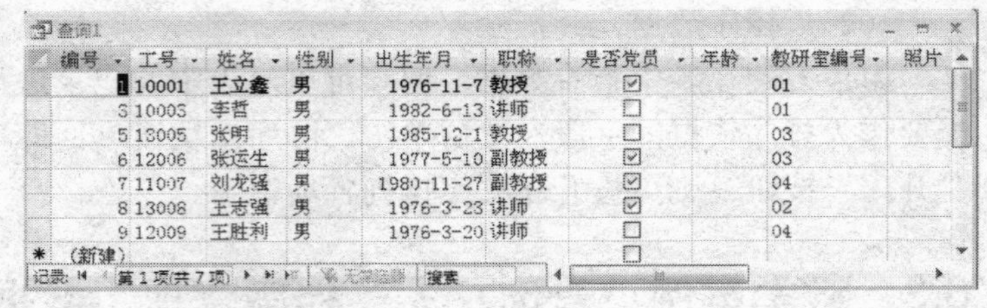

图 6-24 查询结果显示窗口

（3） 单击“保存”按钮，保存查询结果。

2. 列出所有女性党员的职工信息：姓名、性别、党员和工资

（1） 选择“创建”标签，单击“查询设计”按钮，弹出“查询设计”窗口，在该视图下完成查询条件输入，如图 6-25 所示。

（2） 单击“设计”|“结果”|“运行”按钮，得出如图 6-26 所示结果。

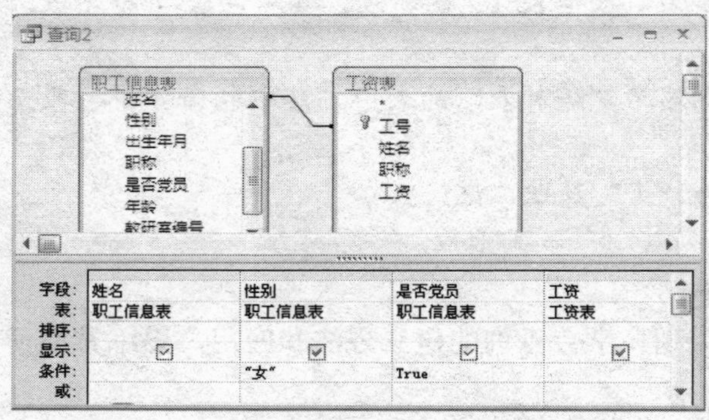

图 6-25 设置查询条件窗口

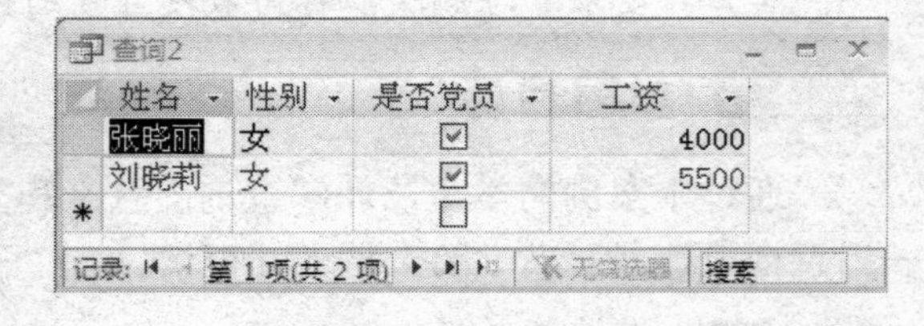

图 6-26 查询结果显示窗口

（3） 单击“保存”按钮，保存查询结果。

3. 要求计算并替换每一条记录中的“年龄”字段

（1） 选择“创建”标签，单击“查询设计”按钮，弹出“查询设计”窗口，在该视图下完成查询条件输入，如图 6-27 所示。

（2） 单击“设计”|“查询类型”|“更新”按钮，设置查询类型为更新，单击“设计”

|“结果”|“运行”按钮，得出如图 6-28 所示结果。

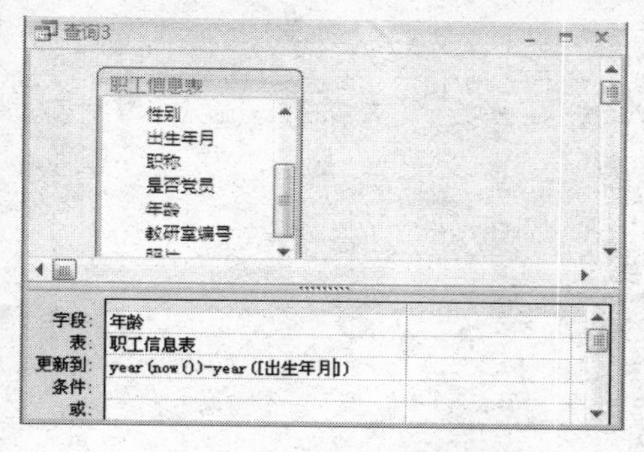

图 6-27　设置查询条件窗口

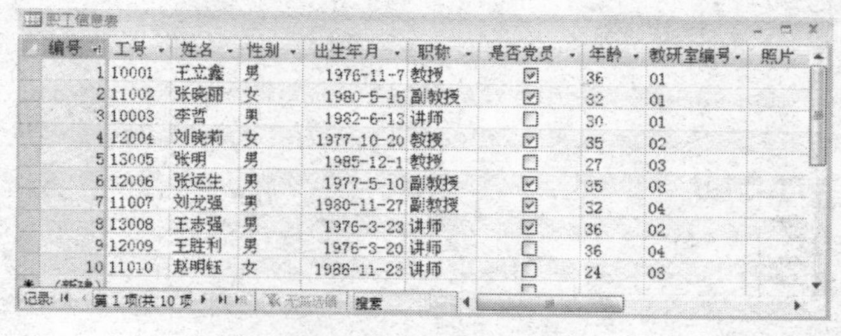

图 6-28　查询结果显示窗口

（3）单击“保存”按钮，保存查询结果。

4. 要求统计男性教授的年龄字段平均值，并将结果赋给变量 A54（或者新字段 A54）

（1）选择“创建”标签，单击“查询设计”按钮，弹出“查询设计”窗口，在该视图下完成查询条件输入，如图 6-29 所示。

（2）单击“设计”|“结果”|“运行”按钮，得出如图 6-30 所示结果。

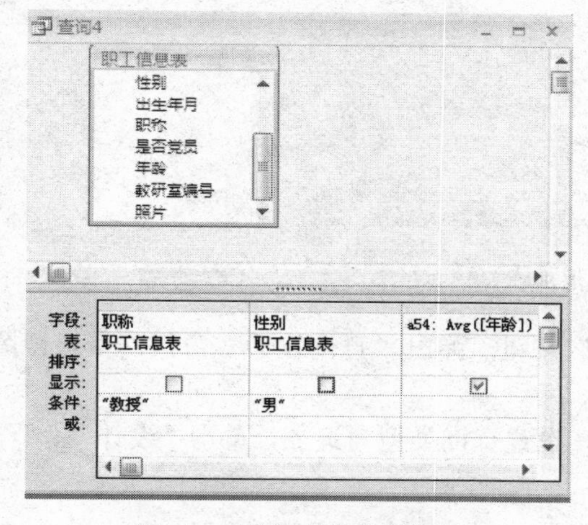

图 6-29　设置查询条件窗口

图 6-30　查询结果显示窗口

（3）单击“保存”按钮，保存查询结果。

5. 要求按照“职称”升序生成一个名为“人事表 1”的新表，其中包含 4 个字段：姓名，性别、职称和党员

（1）选择“创建”标签，单击“查询设计”按钮，弹出“查询设计”窗口，在该视图下完成查询条件输入，如图 6-31 所示。

（2）单击“设计”|“查询类型”|“生成表”按钮，设置查询类型为生成表，单击“设计”|“结果”|“运行”按钮，得出如图 6-32 所示结果。

（3）单击“保存”按钮，保存查询结果，其中-1 代表是，0 代表否。

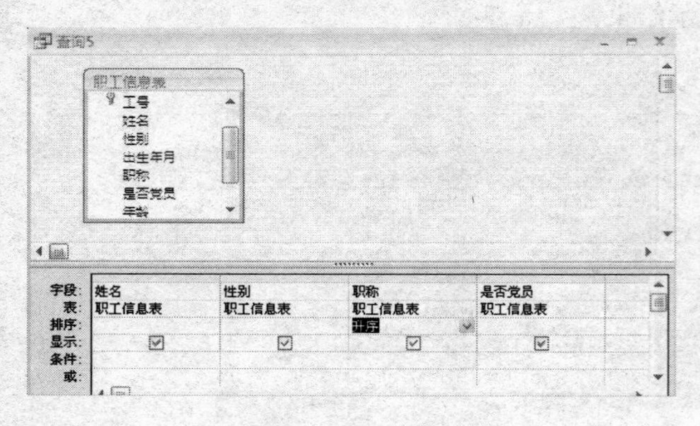

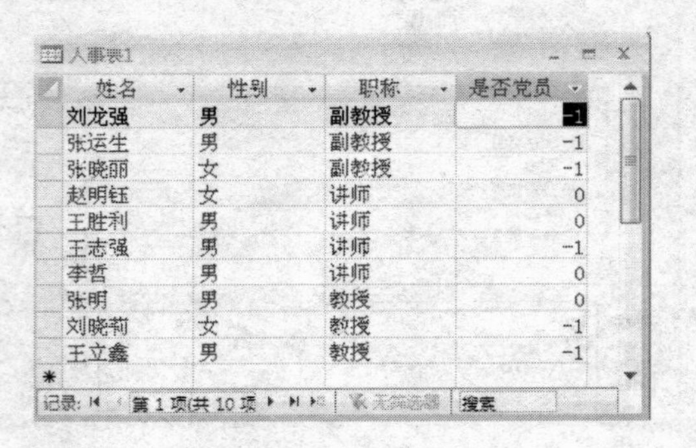

图 6-31 设置查询条件窗口

图 6-32 查询结果显示窗口

6. 要求将所有女性职工的记录追加到名为“追加表”的表中，只需要其中的 3 个字段：姓名、性别、工资

（1） 创建“追加表”，包含题目所要求的 3 个字段，如图 6-33 所示。

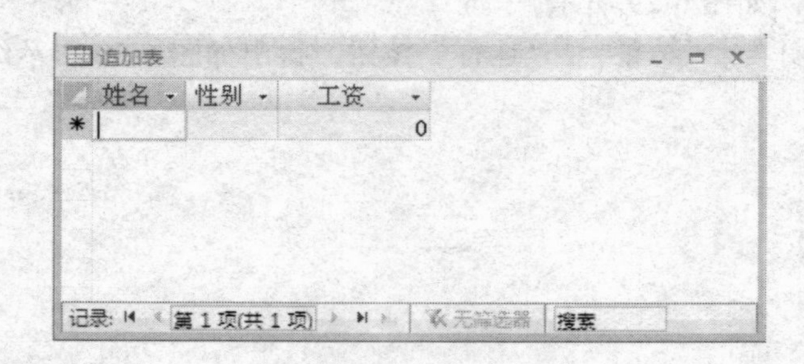

图 6-33 创建追加表

（2） 选择“创建”标签，单击“查询设计”按钮，弹出“查询设计”窗口，在该视图下完成查询条件输入，如图 6-34 所示。

（3） 单击“设计”|“查询类型”|“追加”，设置查询类型为追加，单击“设计”|“结果”|“运行”按钮，得出如图 6-35 所示结果。

（4） 单击“保存”按钮，保存查询结果。

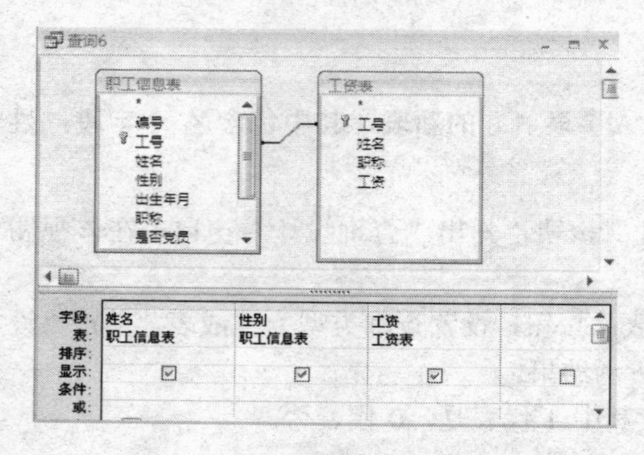

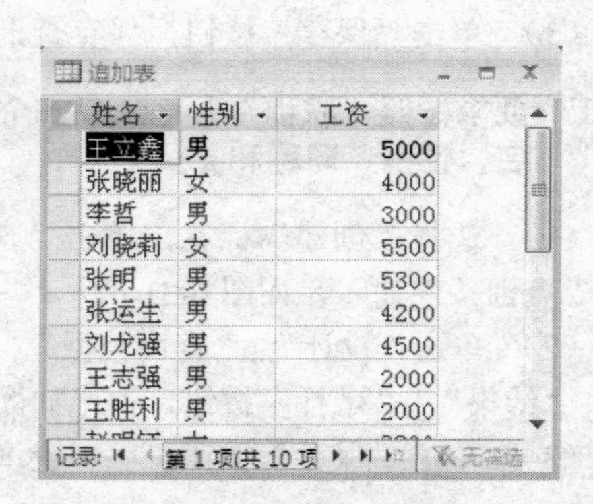

图 6-34 设置查询条件窗口

图 6-35 查询条件显示窗口

7. 要求物理删除职称为教授且性别为“男”的职工记录

（1） 选择“创建”标签，单击“查询设计”按钮，弹出“查询设计”窗口，在该视图下完成查询条件输入，如图 6-36 所示。

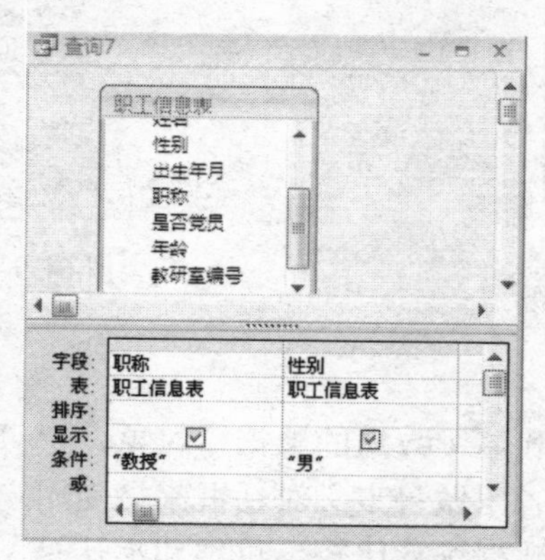

图 6-36　设置查询条件窗口

（2） 单击“设计”|“查询类型”|“删除”按钮，设置查询类型为删除，单击“设计”|“结果”|“运行”按钮，得出如图 6-37 所示结果。

职工信息表

编号	工号	姓名	性别	出生年月	职称	是否党员	年龄	教研室编号
2	11002	张晓丽	女	1980-5-15	副教授	☑	32	01
3	10003	李哲	男	1982-6-13	讲师	☐	30	01
4	12004	刘晓莉	女	1977-10-20	教授	☑	35	02
6	12006	张运生	男	1977-5-10	副教授	☑	35	03
7	11007	刘龙强	男	1980-11-27	副教授	☑	32	04
8	13008	王志强	男	1976-3-23	讲师	☑	36	02
9	12009	王胜利	男	1976-3-20	讲师	☐	36	04
10	11010	赵明钰	女	1988-11-23	讲师	☐	24	03
（新建）						☐		

记录: 第 1 项(共 8 项)　无筛选器　搜索

图 6-37　查询显示窗口

（3） 单击“保存”按钮，保存查询结果。

【知识链接】

1. 参数查询

在生活中经常遇到要求按输入一定的参数进行查询。比如，根据“工资表”为数据源，创建一个按“工号”查询工资信息，当运行该查询时，提示框中应显示“请输入工号:”。具体操作步骤如下：

（1） 打开“人事档案管理”数据库，选择“创建”标签，单击“查询设计”按钮，弹出如图 6-17 所示的“显示表”对话框，选中“工资表”并单击“添加”按钮，然后关闭“显示”表对话框。

（2） 将 “工号”、“基本工资”、“补贴”、“公积金”和“应发工资”字段分别添加字段行中。

（3） 将光标移到“工号”字段的“条件”栏中，输入“[请输入工号：]”。

将查询保存为“工资信息”，切换到数据视图，弹出如图 6-38 所示的对话框，在对话框中，输入工号，比如“1001”，得到如图 6-39 所示的查询结果。

图 6-38 “输入参数值”对话框

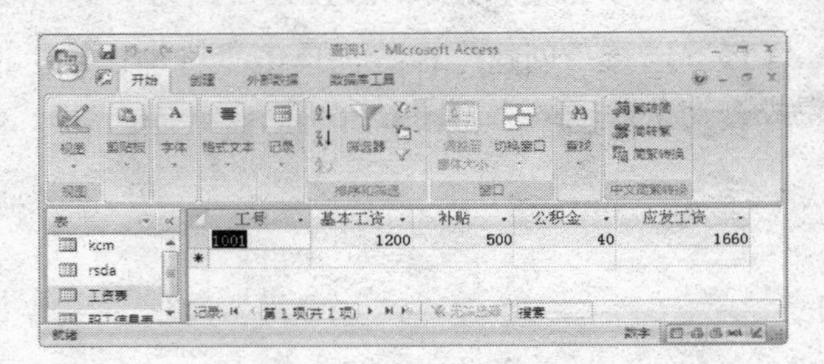

图 6-39 参数查询结果

2. 创建窗体和报表

窗体用于在数据库中输入和显示数据的数据库对象，也可将窗体用做切换面板来打开数据库中的其他窗体和报表，或者用做自定义对话框来接受用户的输入及根据输入执行操作。报表用于组织数据并对组中的数据进行比较、总结和小计等，可以控制报表上每个对象的大小和外观，从而打印出漂亮的标签、订单等，也可以保存固定的打印格式，随时进行调用。

（1） 创建窗体。

只有在保存数据库后，才能基于它的类别来创建窗体。打开要在其中创建窗体的数据库文件，切换到“创建”选项卡，单击“窗体”组中的“窗体”按钮，即可创建相应的窗体；并在功能区中显示窗体布局工具，其中包括“格式”和“排列”两个选项卡，如图6-40所示。

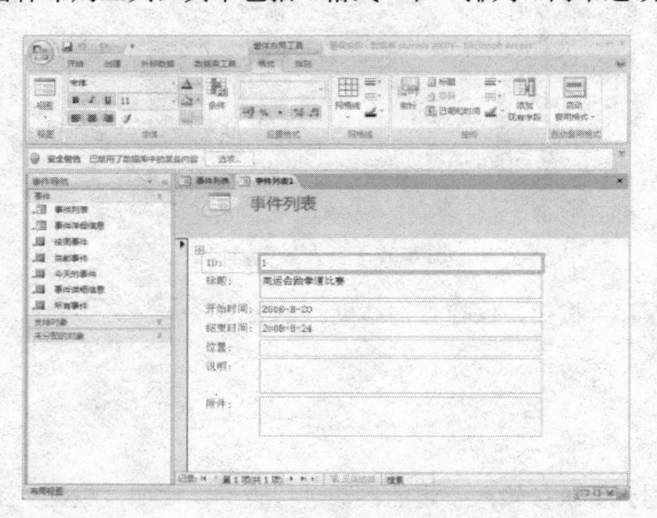

图 6-40 创建窗体窗口

用户也可以通过单击“窗体”组中的“空白窗体”按钮来创建一个空白窗体，此时程序窗口右侧会显示一个“字段列表”任务窗格，其中列出最近使用过的表中可用的字段，如图6-41所示。单击表名称前的展开标记⊞展开字段列表，双击所需字段即可将其添加到窗体中。

此外，用户还可以利用“窗体向导”来创建窗体。单击“窗体”组中的“其他窗体”按钮，从弹出的菜单中选择“窗体向导”命令，打开窗体向导，然后根据提示操作。

（2） 创建报表。

报表主要作为打印之用。打开要创建报表的数据库，切换到“创建”选项卡，单击“报表”组中的“报表”按钮，即可创建相应的报表，并在功能区中显示报表布局工具，其中包括“格式”、“排列”、“页面设置”3个选项卡，如图6-42所示。

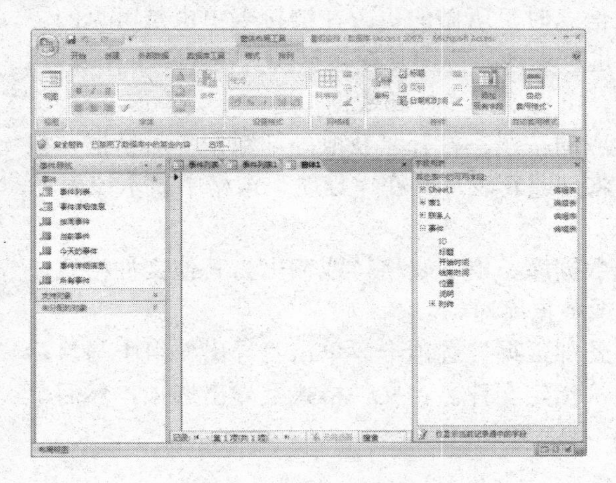

图 6-41　创建空白窗体

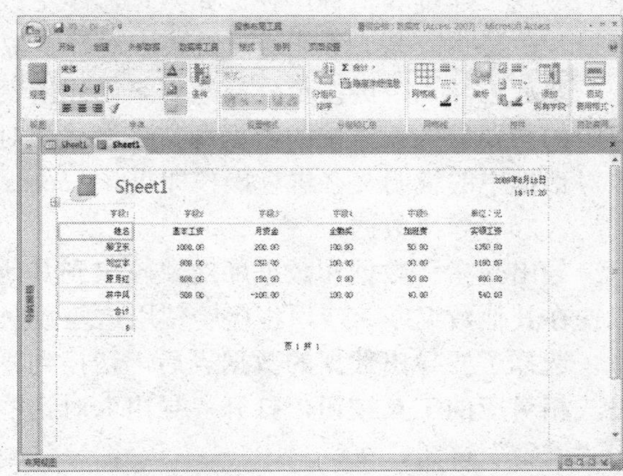

图 6-42　为“Sheet1”数据库创建报表

用户也可以通过单击“报表”组中的“空报表”按钮来创建一个空白报表，此时程序窗口右侧会显示一个“字段列表”任务窗格，其中列出最近使用过的表中可用的字段，如图6-43所示。单击表名称前的展开标记⊞展开字段列表，双击所需字段可将其添加到报表中。

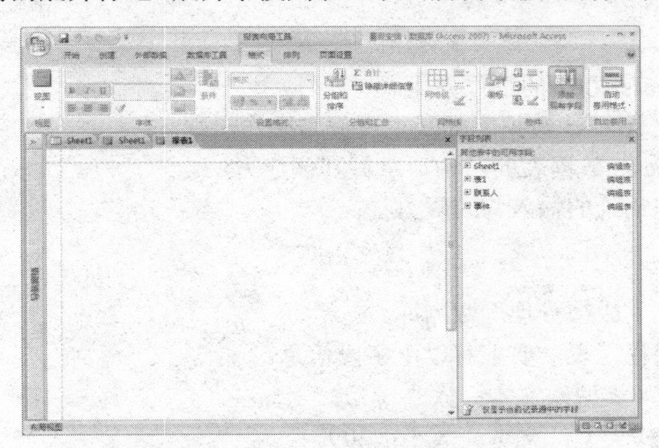

图 6-43　创建空白报表窗口

此外，用户还可以利用“报表向导”来创建报表，方法是单击“报表”组中的“报表向导”命令，打开报表向导，根据提示一步步操作即可。

3. 数据的导入、导出和链接

用户可以根据不同的需要将所需的表、窗体等对象或数据导入或链接到自己的数据库，或将数据库中的对象或数据导出。

（1） 导入和链接外部数据。

可以通过导入或链接至其他位置存储的信息来创建表。例如，可以导入或链接至 Excel 工作表、SharePoint 列表、XML 文件、其他 Access 数据库、Microsoft Office Outlook 2007 文件夹以及许多其他数据源中存储的信息。导入信息时，将在当前数据库的一个新表中创建信息的副本。相反，链接至信息时，则是在当前数据库中创建一个链接表，代表指向其他位置所存储的现有信息的活动链接。因此，在链接表中更改数据时，也会同时更改原始数据源中的数据。通过其他程序在原始数据源中更改信息时，所做的更改在链接表中也是可见的。不过，在某些情况下不能通过链接表对数据源进行更改，特别是在数据源为 Excel 工作表时。

要通过导入或链接至外部数据来创建新表，可切换到“外部数据”选项卡，单击“导入”组中的与要导入或链接的数据源文件格式相对应的按钮，打开“获取外部数据”对话框，按照对话框中的说明文字进行操作即可。Access 将创建新表，并在“导航”窗格中显示该表。

（2） 导出数据。

导出是指将数据和数据库对象输出到其他数据库、电子表格，或输出为其他文件格式，以便在其他数据库、应用程序中使用这些数据或数据库对象。

选择了要导出数据的数据表后，切换到“外部数据”选项卡，单击“导出”组中与目标格式相对应的工具按钮，打开“导出”对话框，指定文件名、文件格式及导出选项，然后单击“确定”按钮。

6.4 实训内容

6.4.1 建立“学生成绩管理”数据库

1. 实训目标

（1） 熟悉 Access 2007 的工作界面。

（2） 掌握建立 Access 数据库的基本过程与操作步骤。

（3） 理解 Access 数据表的结构，掌握其创建方法。

（4） 掌握数据记录的输入与编辑方法。

2. 实训要求

（1） 创建“学生成绩管理”数据库。

（2） 创建“课程”表，要求有以下字段信息。

字段 1：课程号（类型：文本；大小：7）。

字段 2：课程名（类型：文本；大小：20）。

字段 3：学分（类型：数字；大小：整型；有效性规则：大于 0）。

字段 4：周学时（类型：数字；大小：整型；有效性规则：大于 0）。

在“课程”表中添加记录，如表 6-6 所示。

表 6-6 课程表

课程号	课程名	学分	周学时
3200170	计算机基础	3	4
3100461	程序设计语言	5	6
4700350	高等数学	3	2
5800148	大学英语	4	3
6300180	离散数学	4	4

（3）　创建“学生”表，要求有以下字段信息。

字段1：学号（类型：文本；大小：15）。

字段2：姓名（类型：文本；大小：8）。

字段3：性别（类型：文本；大小：2）。

字段4：团员否（类型：逻辑型）。

字段5：出生日期（类型：日期/时间）。

字段6：班级号（类型：文本；大小：8）。

在“学生”表中添加记录，如表6-7所示。

表6-7　学生表

学　号	姓　名	性　别	团员否	出生日期	班级号
12000101	张红荣	女	是	1990-8-20	计科09-1
12000102	王一明	男	是	1992-5-12	计科09-1
12000103	李闻清	男	否	1990-5-7	计科09-1
12000104	刘小波	男	否	1991-5-6	计科09-1
12000201	李清红	女	是	1993-10-19	计科09-2
12000202	贺晓娟	女	否	1993-8-19	计科09-2

（4）　创建“成绩”表，要求有以下字段信息。

字段1：学号（类型：文本；大小：15）。

字段2：课程号（类型：文本；大小：7）。

字段3：成绩（类型：数字；大小：整型）。

在“学生”表中添加记录，如表6-8所示。

表6-8　成绩表

学　号	课程号	成　绩	学　号	课程号	成　绩
12000101	3200170	80	12000104	3200170	92
12000101	3100461	90	12000104	6300180	85
12000102	4700350	60	12000201	4700350	80
12000102	5800148	50	12000201	5800148	70
12000103	3200170	88	12000202	6300180	85
12000103	3100461	45	12000202	3200170	79

（5）　创建表之间的关系。

建立“学生”表与“成绩”表的关系，“课程”表与“成绩”表的关系。要求：“学生”表与“成绩”表的关系实施参照完整性，联接类型为包含“学生”表中的所有记录和“成绩”表中联接字段相等的那些记录；“课程”表与“成绩”表关系实施参照完整性，联接类型为包含“成绩”表中的所有记录和“课程”表中联接字段相等的那些记录。

3.　相关知识点

（1）　建立数据库。

（2）　建立表和输入数据记录。

（3） 建立表与表之间的关系。

6.4.2 查询“学生成绩管理”数据库

1. 实训目标

（1） 掌握 Access 2007 数据库中使用向导创建查询的方法。

（2） 掌握 Access 2007 数据库中使用设计视图创建查询的方法。

2. 实训要求

已经创建一个名为“学生成绩管理”数据库，该数据库中已有如表 6-6 所示的“课程表”，如表 6-7 所示“学生表”和如表 6-8 所示“成绩表”。表与表之间根据相关联的字段已建好了关系。现根据这些表中的数据，创建如下查询：

（1） 创建名为“不及格名单”的查询，查询所有不及格的学生的学号、课程号和成绩，要求以课程号（升序）为第一关键字，学号（降序）为第二关键字排序。

（2） 创建名为“平均成绩”的查询，查找学生的成绩信息，并显示为“学号”和“平均成绩”两列内容。其中“平均成绩”一列数据由统计计算得到。

（3） 创建名为“更新”的查询，将“学生”表中“团员否”字段的值清除。

（4） 创建名为“删除”的查询，将“学生”表里所有姓名含有“红”字的记录删除。

（5） 创建名为“参数”的查询，显示学生的“姓名”、“性别”和“出生日期”三个字段信息。将“性别”字段作为参数，设定提示文本为“请输入性别”。

（6） 创建名为“统计”查询。以“成绩”为值来统计输出每班的男女生的平均成绩。

3. 相关知识点

（1） 选择查询。

（2） 更新查询。

（3） 删除查询。

（4） 生成表查询。

习 题

1. 选择题

（1） Access 是________的数据库管理系统。

A. 层次型　　B. 网状型　　C. 关系型　　D. 逻辑型

（2） 在 Access 中，表的含义是________。

A. 电子表　　B. 表格

C. 可打印输出的报表　　D. 数据库中的一种组件

（3） 表中的字段是________。

A. 函数　　B. 常量　　C. 表达式　　D. 变量

（4） 关系数据库系统中所管理的关系是________。

A. 一个 mdb 文件　　B. 一个二维表

C. 若干个 mdb 文件　　D. 若干个二维表

（5） 有关键字段的数据类型不包括________。

A. 字段大小可用于设置文本，数字或自动编号等类型字段的最大容量

B. 可对任意类型的字段设置默认值属性

C. 有效性规则属性是用于限制此字段输入值的表达式

D. 不同的字段类型，其字段属性有所不同

（6） Access 支持的查询类型有________。

A. 选择查询，交叉表查询，参数查询，SQL 查询和操作查询

B. 基本查询，选择查询，参数查询，SQL 查询和操作查询

C. 多表查询，单表查询，交叉表查询，参数查询和操作查询

D. 选择查询，统计查询，参数查询，SQL 查询和操作查询

（7） 查找入学成绩在 400 分以上并且所在系为中文的记录，逻辑表达式为________。

A. 入学成绩>=400.OR. 所在系=“中文”

B. 入学成绩>=400 .AND.所在系=“中文”

C. “入学成绩”>=400 .AND.“所在系”=“中文”

D. “入学成绩”>=400 .OR.“所在系”=“中文”

（8） 在 SQL 查询中使用 WHILE 子句指出的是________。

A. 查询目标　　B. 查询结果　　C. 查询视图　　D. 查询条件

（9） 在下列说法中，查询中的数据________。

A. 来源于一个数据表　　B. 来源于多个数据表

C. 与数据库无关　　D. 是数据表中的全部数据

（10） 在 Access 中，窗体是由________组成。

A. 窗口和菜单　　B. 对话框

C. 页眉、主体和页脚　　D. 数据记录

（11） 以下不属于 Access 数据库子对象的是________。

A. 窗体　　B. 组合框　　C. 报表　　D. 宏

（12） 如果一张数据表中含有照片，那么“照片”这一字段的数据类型通常为________。

A. 备注　　B. 超链接　　C. OLE 对象　　D. 文本

（13） 查询中的列求和条件应写在设计视图中________行。

A. 总计　　B. 字段　　C. 准则　　D. 显示

（14） 数据表视图中，可以________。

A. 修改字段的类型　　B. 修改字段的名称

C. 删除一个字段　　D. 删除一条记录

（15） 如果在创建表中建立字段“基本工资额”，其数据类型应当是________。

A. 文本　　B. 数字　　C. 日期　　D. 备注

（16） 在已经建立的“工资库”中，要在表中直接显示出我们想要看的记录，凡是记录时间为“2003 年 4 月 8 日”的记录，可用________的方法。

A. 排序　　B. 筛选　　C. 隐藏　　D. 冻结

（17） Access 2007 中表和数据库的关系是：________。

A. 一个数据库可以包含多个表　　B. 一个表只能包含两个数据库

C. 一个表可以包含多个数据库　　D. 一个数据库只能包含一个表

（18） 下面对数据表的叙述有错误的是：________。

A. 数据表是 Access 数据库中的重要对象之一。

B. 表的设计视图的主要工作是设计表的结构。

C. 表的数据视图只用于显示数据。

D. 可以将其他数据库的表导入到当前数据库中。

（19） 将表“学生名单 2”的记录复制到表“学生名单 1”中，且不删除表“学生名单 1”中的记录，所使用的查询方式是________。

A. 删除查询　B. 生成表查询　C. 追加查询　D. 交叉表查询

（20） 在 Access 数据库中，对数据表进行列求和的是________。

A. 汇总查询　B. 动作查询　C. 选择查询　D. SQL 查询

2. 简答题

（1） 什么是数据库？

（2） 在数据库中如何创建新表？

（3） 如何将外部数据导入到 Access 中？

（4） 表中字段的数据类型有哪些？

（5） 表的结构由哪几部分组成？

（6） Access 数据库“设计”视图窗口由哪几部分组成？

（7） 文件系统中的文件与数据库系统中的文件有何本质上的不同？

（8） 查询的作用是什么？

（9） 建立查询的常用方法有几种？请简述之。

（10） 如何建立表和表之间的多对多关系？试举例说明。

第 7 章　网络基础及 Internet 应用

教学目标：

通过本章的学习，了解计算机网络和 Internet 的基本知识；准确理解计算机网络的基本概念、IP 地址和域名的概念及相互关系；掌握计算机网络的基本组成及 Internet 的基本操作。

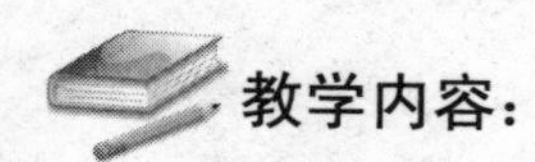

教学内容：

本章主要从计算机网络的基本概念，Internet 的基本知识概述入手，通过本章的学习使读者对计算机网络技术及 Internet 的应用有一个基本的了解，主要包括：

1. 计算机网络的概念。
2. 计算机网络的组成。
3. 计算机网络的分类。
4. Internet 基本概述。
5. IP 地址及域名。
6. Internet 典型应用。

教学重点与难点：

1. 计算机网络的组成。
2. IP 地址与域名系统。
3. 计算机网络的应用。

7.1　网络基础

7.1.1　计算机网络基本知识

计算机网络是计算机技术与现代通信技术紧密结合的产物，是计算机科学技术的主要研究和发展方向之一。Internet 已成为现代信息社会的基础性设施，与人们的生活越来越密切，时刻影响人们的学习、工作和生活，已成为人们日常生活中必不可少的工具。

1. **定义**

所谓计算机网络是利用通信设备和通信线路将分布在不同地理位置上的具有独立功能的

多个计算机系统相互连接起来，在网络软件的支持下在各个计算机之间实现数据传输和资源共享的系统，计算机网络是计算机技术与通信技术相结合的产物。

2. 计算机网络的组成

从系统功能的角度看，计算机网络主要由资源子网和通信子网两部分组成。资源子网与通信子网的关系如图 7-1 所示。

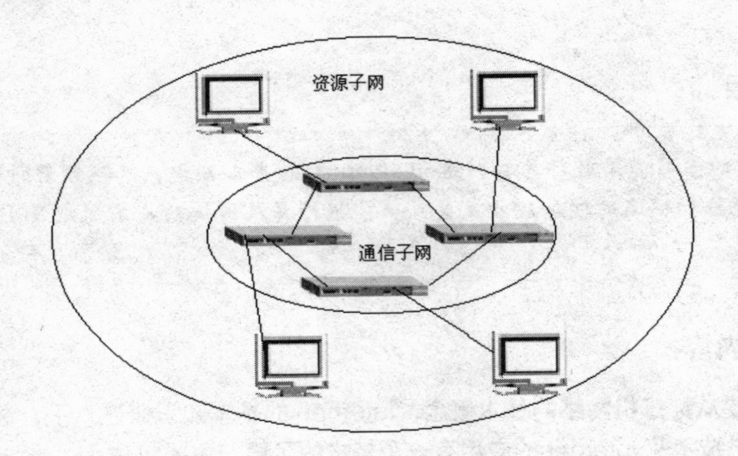

图 7-1　计算机网络的通信子网和资源子网

资源子网主要包括：联网的计算机、终端、外部设备、网络协议以及网络软件等。主要任务是收集、储存和处理信息，为用户提供网络服务和资源共享功能等。

通信子网即把各站点互相连接起来的数据通信系统，主要包括：通信线路（即传输介质）、网络连接设备（如通信控制处理器）、网络协议和通信控制软件等。其主要任务是连接网上的各种计算机，完成数据的传输、交换和通信处理。

3. 计算机网络的分类

计算机网络的分类标准很多。

按计算机网络的拓扑结构分类可分为星形、总线形、环形、树形、混合形网络等；按网络的交换方式分类可分为电路交换、报文交换、分组交换网络；按网络的传输介质分类分为双绞线、同轴电缆、光纤、无线网络等；按网络信道分类分为窄带网络和宽带网络；按网络的用途分类可分为教育、科研、商业、企业网络等。但是，各种分类标准只能从某一方面反映网络的特征。按网络覆盖的地理范围（距离）进行分类是最普遍的分类方法，它能较好地反映出网络的本质特征。依照这种方法，可把计算机网络分为三大类：局域网、广域网和城域网。

（1） 局域网。

局域网 LAN（Local Area Network），是一种在小区域内使用的网络，其传送距离一般在几公里之内，最大距离不超过 10 公里。它是在微型计算机大量推广后被广泛使用的，适合于一个部门或一个单位组建的网络，例如：在一个办公室，一幢大楼或校园内。成本低，容易组网；易管理，使用灵活方便，所以，深受广大用户的欢迎。

（2） 广域网。

广域网 WAN（Wide Area Network），是跨城市、跨地区甚至跨国家建立的计算机网络，其覆盖地理范围比局域网要大得多，也叫远程网络，可从几十千米到几千甚至几万千米，可以使用电话线、微波、卫星或者它们的组合信道进行通信。

（3） 城域网。

城域网 MAN（Metropolitan Area Network），是建立在一个城市范围内的网络，也叫都市网，其覆盖地理范围介于局域网和广域网之间，一般为几千米到几十千米。

局域网、广域网和城域网的比较如表 7-1 所示。

表 7-1 局域网、广域网和城域网的比较

类 型	覆盖范围	传输速率	误 码 率	计算机数目	传输介质	所 有 者
LAN	<10KM	很高	10^{-11}～10^{-8}	10～10^{3}	双绞线、同轴电缆、光纤	专用
MAN	几百千米	高	<10^{-9}	10^{2}～10^{4}	光纤	共/专
WAN	很广	低	10^{-7}～10^{-6}	极多	公共传输网	公用

【知识链接】

1. 计算机网络的产生与发展

计算机网络技术的发展速度与应用的广泛程度是人类科技发展史上的奇迹。从 20 世纪 50 年代起到现在，计算机网络经历了从单机到多机、从终端与计算机间通信到计算机与计算机间直接通信的发展时期。计算机网络的发展大致可以划分为以下四个阶段。

（1） 面向终端的计算机通信网络。

通常将具有通信功能的计算机系统称为第一代计算机网络——面向终端的计算机通信网络，如图 7-2 所示。

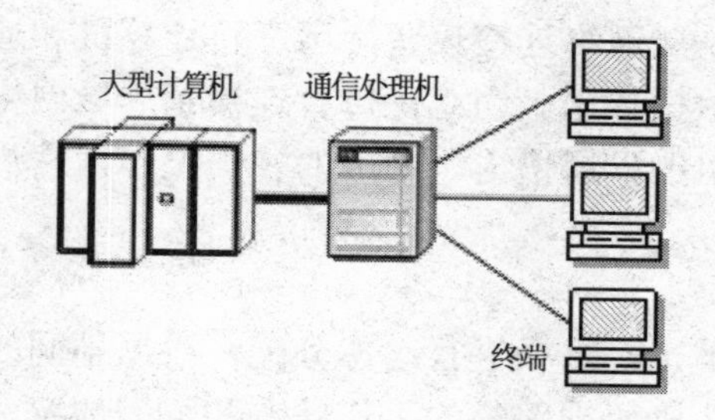

图 7-2 面向终端的计算机网络通信网

面向终端的计算机通信网是一种主从式结构，这种网络与现在计算机网络的概念不同，只是现代计算机网络的雏形。

（2） 分组交换网。

现代计算机网络产生于 20 世纪 60 年代中期，网络的基本结构如图 7-3 所示，它是利用传输介质（如双绞线）将具有独立功能的计算机连接起来的系统，分组交换技术的引入大大地推动了计算机网络的发展。

分组交换网是以网络为中心，主机和终端都处在网络的外围，构成用户资源子网。用户通过分组交换网可共享资源子网的许多硬件和各种丰富的软件资源。为了和用户资源子网对比，将分组交换网称为通信子网。

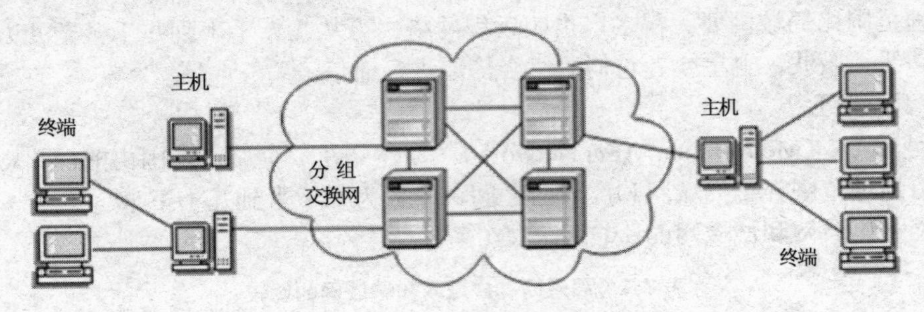

图 7-3　分组交换网

（3）　体系结构标准化的计算机网络。

20 世纪 70 年代后期，各种商业网络纷纷建立，各个厂商提出了各自的网络体系结构。国际标准化组织（ISO）在 1984 年颁布了 OSI/RM（开放式系统互联参考模型）国际标准化网络体系结构，从此，计算机网络开始走上标准化的道路。我们把网络体系标准化的计算机网络称为第三代计算机网络。

（4）　Internet 时代。

目前，计算机网络的发展正处于第 4 阶段，该阶段计算机网络发展的特点是：高效、互联、高速、智能化应用。

2.　计算机网络常用设备

（1）　调制解调器（Modem）。

具有调制和解调两种功能的设备称为调制解调器，所谓调制是把数字信号转换为模拟信号，解调是把模拟信号转换为数字信号。

（2）　网络接口卡。

网络接口卡（简称网卡）属网络连接设备，用于将计算机和通信电缆连接起来，以便经电缆在计算机之间进行高速数据传送。因此，每台连接到局域网络的计算机都需要安装一块网卡。通常网卡都插在计算机的扩展槽内。网卡的种类很多，它们各有自己适用的传输介质和网络协议。

（3）　路由器（Router）。

用于检测数据的目的地址，对路径进行动态分配，根据不同的地址将数据分流到不同的路径中。如果存在多条路径，则根据路径的工作状态和忙闲情况，选择一条合适的路径，动态平衡通信负载。有的路由器还具有帧分割功能。

（4）　交换机（Switch）。

交换机是一种用于电信号转发的网络互连设备，每个端口独享指定带宽，它可以为接入交换机的任意两个网络结点提供独享电信号通路。

3.　网络的拓扑结构

拓扑是一数学分支，它是研究与大小和形状无关的点、线和面构成的图形特征的方法。网络的拓扑结构是指构成网络的节点（如：工作站）和连接各节点的链路（如：传输线路）组成的图形的共同特征。网络拓扑结构主要有星形、环形和总线形等几种，如图 7-4 所示。

（1）　星形结构。

星形结构是最早的通用网络拓扑结构形式，其中每个站点都通过连线（例如电缆）与主控机相连，相邻站点之间的通信都通过主控机进行，所以，要求主控机有很高的可靠性。这是一种集中控制方式的结构。星形结构的优点是结构简单，控制处理也较为方便，增加工作站点容易；缺点是一旦主控机出现故障，会引起整个系统的瘫痪，可靠性较差。

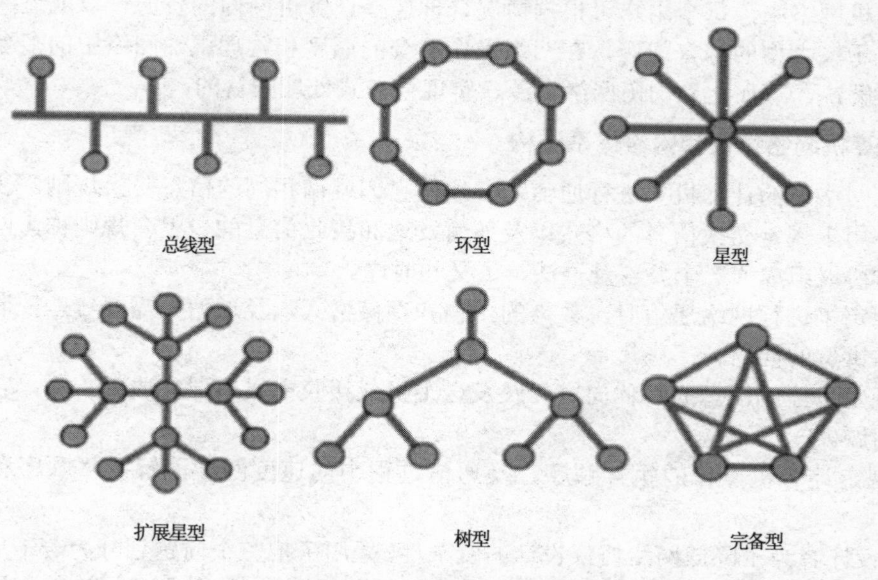

图 7-4　网络的拓扑结构

（2）　环形结构。

网络中各工作站通过中断器连接到一个闭合的环路上，没有主次之分，信息沿环形线路单向（或双向）传输，由目的站点接收。环形结构的优点是结构简单、成本低、实时性好，但扩充不方便。缺点是环中任意一点的故障都会引起网络瘫痪，可靠性低。

（3）　总线形结构

网络中各个工作站均经一根总线（BUS）相连，信息可沿两个不同的方向由一个站点传向另一个站点。这种结构的优点是：工作站连入或从网络中卸下都非常方便；系统中某工作站出现故障也不会影响其他站点之间的通信，系统可靠性较高；结构简单，成本低、扩充容易。但总线故障会使整个网络无法工作。这种结构是目前局域网中普遍采用的形式。

4.　计算机网络系统的功能

建立计算机网络的基本目的是实现数据通信和资源共享，其主要功能有以下几方面。

（1）　数据通信。

数据通信即数据传输和交换，是计算机网络的最基本功能之一。从通信角度看，计算机网络其实是一种计算机通信系统，其本质上是数据通信的问题。

（2）　资源共享。

资源共享指的是网上用户能够部分或全部地使用计算机网络资源，使计算机网络中的资源互通有无、分工协作，从而大大地提高各种资源的利用率。资源共享主要包括硬件、软件和数据资源，它是计算机网络的最基本功能之一。

（3）　提高计算机系统的可靠性和可用性。

计算机网络是一个高度冗余、容错的计算机系统。联网的计算机可以互为备份，一旦某台计算机发生故障，则另一台计算机可替代它，继续工作。更重要的是，由于数据和信息资源存放在不同地点，因此可防止由于故障而无法访问或由于灾害造成数据破坏。

（4） 易于进行分布处理。

在计算机网络中，每个用户可根据情况合理选择计算机网内的资源，以就近的原则快速地处理。对于较大型的综合问题，在网络操作系统的调度和管理下，网络中的多台计算机可协同工作来解决，从而达到均衡网络资源、实现分布式处理的目的。

5. 计算机网络协议和网络体系结构

计算机网络中的计算机要进行通信，必须使它们遵循相同的信息交换规则。我们把在计算机网络中用于规定交换信息的格式以及如何发送和接收信息的一整套规则称为网络协议或通信协议。协议组成的三个要素是语法、语义和时序。

语法规定了进行网络通信时，数据的传输和存储格式，及通信中需要哪些控制信息，它解决“怎么讲”的问题。

语义规定了控制信息的具体内容，及发送主机或接收主机所要完成的工作，它解决“讲什么”的问题。

时序规定计算机操作的执行顺序，及通信过程中的速度匹配，解决“顺序和速度”的问题。

网络设计者为了降低网络协议设计的复杂性，采用了把整个问题划分为若干层次的许多小问题，然后逐一解决每个层次的小问题的方法来设计协议，这种划分层次的方法叫做开发网络协议的分层模型，这种方法能够简化网络协议的设计、分析、编码和测试。

计算机网络各层次及其协议的集合成为网络体系结构。

各计算机厂家都在研究和发展计算机网络体系，相继发表了本厂家的网络体系结构。为了把这些计算机网络互联起来，达到相互交换信息、资源共享、分布应用，ISO（国际标准化组织）提出了 OSI/RM（开放系统互联参考模型）。该参考模型将计算机网络体系结构划分为七个层次，其草案建议于 1980 年提出供讨论，1982 年 4 月形成国际标准草案，作为发展计算机网络的指导标准。图 7-5 展示了这一模型。

应用层
表示层
会话层
传输层
网络层
数据链路层
物理层

图 7-5 OSI/RM 网络体系结构模型

（1） 物理层。

物理层是 OSI/RM 的最低层，其任务是为数据链路层提供物理连接。该层将信息按比特（bit）一位一位地从一台主机经传输介质送往另一台主机，以实现主机之间的比特流传送。

物理层包括网络、传输介质、网络设备的物理接口，以及信号从一个设备传输到另一个设备的规则。

（2）　数据链路层。

由于物理层提供原始的数据传输，所以数据链路层的主要功能保证两个相邻节点间数据以“帧”为单位的无差错传输。数据链路层为上层提供的主要服务是差错检测和控制。

（3）　网络层。

网络层的主要功能是以数据链路层的无差错传输为基础，为网络内任意两个设备间数据的传递提供服务，并进行路径选择和拥塞控制。该层将数据分成一定长度的分组，并在分组头中标识源和目的节点的逻辑地址，这些地址就象街区、门牌号一样，成为每个节点的标识；网络层的核心功能便是根据这些地址来获得从源到目的的路径，当有多条路径存在的情况下，还要负责进行路由选择。

（4）　传输层。

传输层也称为运输层或传送层。该层提供对上层透明（不依赖于具体网络）的可靠的数据传输。如果说网络层关心的是“点到点”的逐点转递，那么可以说传输层关注的是“端到端”（源端到目的端）的最终效果。

（5）　会话层。

会话层又称对话层，它是用户到网络的接口。该层在网络实体间建立、管理和终止通信应用服务请求和响应等会话。

（6）　表示层。

表示层主要处理用户信息的表示问题。它主要提供交换数据的语法，目的是解决用户数据格式和数据表示的问题。定义了一系列代码和代码转换功能以保证源端数据在目的端同样能被识别，比如大家所熟悉的文本数据的 ASCII 码，表示图像的 GIF 或表示动画的 MPEG 等。

（7）　应用层。

应用层是 OSI/RM 面向用户的最高层，通过软件应用实现网络与用户的直接对话，如：找到通信对方，识别可用资源和同步操作等。

7.1.2　Internet 概述

因特网是一个建立在网络互联基础上的网际网，被称为信息高速公路，是一个全球性的巨大的信息资源库。它将全世界成千上万得局域网和广域网按照统一的协议连接起来，使得每一台接入因特网的计算机可以共享网上巨大的资源，可以在整个网络中自由地传送信息，它缩短了人们的生活距离，把世界变的更小了，使得千百年来人们梦寐以求的“千里眼顺风耳”及“天涯若比邻”真正成为现实。不言而喻，掌握因特网的使用已逐渐成为现代人的必需。

1.　Internet 的概念

Internet，中文译名为因特网。Internet 目前还没有一个十分精确的概念，大致可从如下几方面理解。

从结构角度看，它是一个使用路由器将分布在世界各地的、数以千万计的规模不一的计算机网络互联起来的大型网际互联网。

从网络通信技术的观点来看，Internet 是一个以 TCP/IP 通信协议为基础，连接各个国家、各个部门、各个机构计算机网络的数据通信网。

从信息资源的观点来看，Internet 是一个集各个领域、各个学科的各种信息资源为一体的、供网上用户共享的数据资源网。

总之，Internet 是当今世界上最大的、也是应用最为广泛的计算机信息网络，它是把全世界各个地方已有的各种网络，如局域网、数据通信网以及公用电话交换网等互联起来，组成一个跨越国界的庞大的因特网，因此也称为“网络的网络”。

2. TCP/IP 协议

因特网是通过路由器（Router）或网关（Gateway）将不同类型的物理网络互联在一起的虚拟网络。它采用 TCP/IP 协议控制各网络之间的数据传输，采用分组交换技术传输数据。

TCP/IP 是用于计算机通信的一组协议，而 TCP 和 IP 是这众多协议中最重要的两个核心协议。

（1） IP（Internet Protocol）协议。

它位于网间层，主要将不同格式的物理地址转换为统一的 IP 地址，将不同格式的帧转换为“IP 数据报”，向 TCP 协议所在的传输层提供 IP 数据报，实现无连接数据报传送；IP 的另一个功能是数据报的路由选择，简单说，路由选择就是在网上从一端点到另一端点的传输路径的选择，将数据从一地传输到另一地。

（2） TCP（Transmission Control Protocol）协议。

它位于传输层，主要向应用层提供面向连接的服务，确保网上所发送的数据报可以完整地接收，一旦数据报丢失或破坏，则由 TCP 负责将丢失或破坏的数据报重新传输一次，实现数据的可靠传输。

3. IP 地址及域名

（1） IP 地址。

为了信息能准确传送到网络的指定站点，像每一部电话具有一个唯一的电话号码一样，各站点的主机（包括路由器和网关）都必须有一个唯一的可以识别的地址，称为 IP 地址。

因为 Internet 是由许多个物理网互联而成的虚拟网络，所以，一台主机的 IP 地址由网络号和主机号两部分组成。

IP 地址用 32 个比特（4 个字节）表示。为便于管理，将每个 IP 地址分为 4 段（1 个字节一段），用 3 个圆点隔开的十进制整数表示。可见，每个十进制整数的范围是 0～255。例如，211.67.177.68 和 211.100.31.96 都是合法的 IP 地址。

由于网络中 IP 地址很多，所以又将他们分为不同的类，即把 IP 地址的第一段进一步划分为五类：0 到 127 为 A 类；128 到 191 为 B 类；192 到 223 为 C 类；D 类和 E 类留作特殊用途。IP 地址的分类如表 7-2 所示。

表 7-2 IP 地址的分类

网络类别	最大网络数	第一个可用网络号	最后一个可用网络号	每个网络中的最大主机数
A	126	1	126	16777214
B	16382	128.1	191.255	65534
C	2097150	192.0.1	223.255.255	254

（2） 域名。

域名的实质就是用一组具有助记功能的英文简写名代替的 IP 地址。为了避免重名，主机的域名采用层次结构，各层次的子域名之间用圆点“・”隔开，从右至左分别为第一级域名

（也称最高级域名）、第二级域名、……、直至主机名（最低级域名）。其结构为：

主机名・…　・第二级域名・第一级域名

关于域名应该注意以下几点：

- 只能以字母字符开头，以字母字符或数字字符结尾，其他位置可用字符、数字、连字符或下画线。
- 域名中大小写字母视为相同。
- 各子域名之间以圆点分开。
- 域名中最左边的子域名通常代表机器所在单位名，中间各子域名代表相应层次的区域，第一级子域名是标准化了的代码，常用的第一级子域名标准代码见表 7-3。
- 整个域名长度不得超过 255 个字符。

表 7-3　常用一级子域名的标准代码

域名代码	意　义	域名代码	意　义
COM	商业组织	NET	主要网络支持中心
EDU	教育机构	ORG	其他组织
GOV	政府机关	MIL	军事部门

域名和 IP 地址都是表示主机的地址，就好像一条大街上的一个商店，既可以通过门牌号又可以通过商店名找到它。如通过域名 www.263.com.cn 或 IP 地址 211.100.31.96 都可以访问 263 的主页。从域名到 IP 地址或从 IP 地址到域名的转换由域名服务器 DNS（Domain Name Server）完成。

国际上，第一级域名采用通用的标准代码，它分组织机构和地理模式两类。由于因特网诞生在美国，因此其第一级域名采用组织机构域名，而美国以外的其他国家，都用主机所在的国家或地区的名称（由两个字母组成，表 7-4 列出了部分国家和地区的域名），作为第一级域名。

表 7-4　部分国家和地区的域名

域　名	国家和地区	域　名	国家和地区	域　名	国家和地区
Au	澳大利亚	Fl	芬兰	Nl	荷兰
Be	比利时	Fr	法国	No	挪威
Ca	加拿大	Hk	中国香港	Nz	新西兰
Ch	瑞士	Ie	爱尔兰	Ru	俄罗斯
Cn	中国	In	印度	Se	瑞典
De	德国	It	意大利	Tw	中国台湾
Dk	丹麦	Jp	日本	Uk	英国
es	西班牙	Kp	韩国	Us	美国

根据《中国互联网络域名注册暂行管理办法》规定，我国的第一级域名是 CN，次级域名也分类别域名和地区域名，共计 40 个。类别域名有：AC 表示科研院所及科技管理部门，GOV 表示国家政府部门，ORG 表示各社会团体及民间非盈利组织，NET 表示互联网络，COM 表示工、商和金融等企业，EDU 表示教育单位等 6 个。地区域名有 34 个“行政区域名”如

BJ（北京市），SH（上海市），TJ（天津市），CQ（重庆市），FJ（福建省）等。

例如：pku.edu.cn 是北京大学的一个域名。

tsinghua.edu.cn 是清华大学的一个域名。

ox.ac.uk 是牛津大学的域名。

huanghuai.edu.cn 是黄淮学院域名。

在 Internet 中，有相应的软件把域名换成 IP 地址。所以在使用上，IP 地址和域名是等值的。IP 地址和域名是在因特网的使用中经常遇到的。

（3） 中文域名。

用英文字母表示域名对于不懂英文的用户来讲很不方便，2000 年 11 月 7 日，CNNIC（中国互联网络信息中心）中文域名系统开始正式注册。现在 CNNIC 将同时为用户提供“中国”、“公司”和“网络”结尾的纯中文域名注册服务。其中注册“中国”的用户将自动获得“CN”的中文域名，如注册“清华大学・中国”，将自动获得“清华大学・CN”。

（4） 子网及子网掩码。

子网是指在 IP 地址上生成的逻辑网络，它使用源于单个 IP 地址的 IP 寻址方案，把一个网络分成多个子网，要求每个子网使用不同的网络号，通过把主机号分成两个部分，为每个子网生成唯一的网络号。一部分用于标识作为唯一网络的子网，另一部分用于标识子网中的主机，这样原来的 IP 地址结构变成如下两层结构：

网络地址	主机地址

把一个网络划分成多个子网是通过子网掩码实现的。

子网掩码是一个 32 位的 IP 地址，它的作用一是用于屏蔽 IP 地址的一部分，以区别网络号和主机号；二是用来将网络分割成多个子网；三是判断目的主机的 IP 地址是在本地局域网还是在远程网络。表 7-5 为不同地址类 IP 地址默认的子网掩码，其中值为 1 的位用来确定网络号，值为 0 的位用来确定主机号。

表 7-5　不同地址类型的子网掩码

地址类	子网掩码（十进制表示）	子网掩码（二进制表示）
A	255. 0. 0. 0	11111111 00000000 00000000 00000000
B	255. 255. 0. 0	11111111 11111111 00000000 00000000
C	255. 255. 255. 0	11111111 11111111 11111111 00000000

【知识链接】

1. Internet 的发展概况

（1） 国外 Internet 的发展。

Internet 始于 1968 年美国国防部高级研究计划局（ARPA）提供并资助的 ARPANET 网络计划，其目的是将各地不同的主机以一种对等的通信方式连接起来，最初只有四台主机。此后，提出了 TCP/IP 协议，为 Internet 的发展奠定了基础。

1969—1983 年是因特网形成的第一阶段，这是研究试验阶段，主要是作为网络技术的研究和实验，在一部分美国大学和研究部门中运行和使用。

1983—1994 年是 Internet 的实用阶段。在美国和一部分发达国家的大学和研究部门中作为用于教学、科研和通信的学术网络得到广泛使用。

因特网最初的宗旨是支持教育和科研活动。在 1991 年以前，无论在美国还是其他国家，Internet 的应用被严格限制在科技与教育领域。由于其开放性和具有信息资源的共享和交换能力，吸引了大批的用户，其应用领域也突破原来的限制，扩大到文化、政治、经济、商业等各个领域。据不完全统计，全世界有 170 多个国家和地区加入到 Internet，用户已接近或超过 1.4 亿。

（2） 我国因特网的发展。

我国于 1994 年 4 月正式联入 Internet，从此中国的网络建设进入了大规模发展阶段。因特网已经成为人们乐于使用的快速、高效的信息交流媒体。到 1996 年初，中国的 Internet 已形成了中国科学技术计算机网（CSTNET）、中国教育和科研计算机网（CERNET）、中国公用计算机互联网（CHINANET）和国家公用经济信息通信网（CHINAGBN）四大具有国际出口的网络体系。下面简单介绍。

① 中国科学技术计算机网（CSTNET）。

1989 年 8 月，中国科学院承担了国家计委立项的“中关村教育与科研示范网络”（NCFC）——中国科技网（CSTNET）前身的建设。1994 年 4 月，NCFC 率先与美国 NSFNET 直接互联，实现了中国与 Internet 全功能网络连接，标志着我国最早的国际互联网络的诞生。1995 年 12 月，中国科学院百所联网工程完成，1996 年 2 月，中国科学院决定正式将以 NCFC 为基础发展起来的中国科学院院网（CASNET）命名为“中国科技网”（CSTNET）。

目前，CSTNET 由北京、广州、上海、昆明、新疆等十三家地区分中心组成国内骨干网，拥有多条通往美国、俄罗斯、韩国、日本等国际出口，并与香港、台湾等地区以及与中国电信 ChinaNET、中国联通（中国网通）China169、中国教育网 CERNET、国家互联网交换中心 NAP 等国内主要互联网运行商实现高速互联，中国科技网已成为是中国互联网行业快速发展的一支主要力量。

CSTNET 以确立实现中国科学院科学研究活动信息化（e-Science）和科研活动管理信息化（ARP）为建设目标，先后独立承担了中国科学院“百所”联网、中国科学院网络升级改造等近百项网络工程的建设以及国家“863”计算机网络和信息管理系统、网络流量计费系统、网络安全系统等项目的开发，并且负责中国科学院视频会议系统、邮件系统的建设和维护。目前，正在参与中国下一代互联网（CNGI）的建设。

② 中国教育和科研计算机网（CERNET）。

中国教育和科研计算机网 CERNET 是由国家投资建设，教育部负责管理，清华大学等高等学校承担建设和管理运行的全国性学术计算机互联网络。CERNET（The China Education and Research Network）分四级管理，分别是全国网络中心；地区网络中心和地区主结点；省教育科研网；校园网。全国网络中心设在清华大学，负责全国主干网运行管理。

全国已经有 1000 多所高校接入 CERNET，其中有 100 多所高校的校园网以 100～1000Mb/s 速率接入 CERNET。

③ 中国公用计算机互联网（ChinaNET）。

ChinaNET 是中国最大的 Internet 服务提供商。它是在 1994 年由前邮电部（现为信息产业部）投资建设的公用互联网，现由中国电信经营管理，于 1995 年 5 月正式向社会开放。它是中国第一个商业化的计算机互联网，旨在为中国的广大用户提供 Internet 的各类服务，推进信息产业的发展。

ChinaNET 是国内计算机互联网名副其实的骨干网。ChinaNET 现已开通至美国、欧洲国家、亚洲国家的国际出口电路，2011 年 12 月底为 1,389,529Mb/s。

④ 国家公用经济信息通信网（CHINAGBN）。

国家公用经济信息通信网（金桥网）是信息网、多媒体网、综合业务数字网（ISDN）、增值业务网（VAN），它区别于基本的电信业务网。

金桥网是“天地一体”的网络结构即将建成了 CHINAPAC 互为补充的卫星横向网络，他们在同一的王冠系统下实行互联互通，且有互操作性、互为补充、互为备用，同时，金桥网还为没有专业网的行业建立网上虚拟网。

中国主要骨干网络及国际出口带宽数来源于第 29 次中国互联网络发展状况统计报告，见表 7-6。

表 7-6　主要骨干网络及国际出口带宽数

主要骨干网络	国际出口带宽数（Mb/s）
中国电信	809,881
中国联通	466,932
中国移动	82,559
中国科技网	18,500
中国教育和科研计算机网	11,655
中国国际经济贸易互联网	2
合计	1,389,529

2.　Internet 的服务功能

Internet 之所以受到大量用户的青睐，是因为它能够提供丰富的服务，主要包括：

（1）　WWW 服务。

WWW 中文译为“万维网”或“全球信息网”，简称为“WWW 服务”或“Web 服务”或“3W 服务”，是因特网的多媒体信息查询工具，是因特网上发展最快和使用最广的服务。它使用超文本和链接技术，使用户能以任意的次序自由地从一个文件跳转到另一个文件，浏览或查询各自需要的信息。

（2）　电子邮件服务。

电子邮件是因特网的一个基本服务。通过因特网和电子信箱地址，通信双方可以快速、方便和经济地收发邮件。电子邮件不只是单纯的文字信息，还可以包括声音、影像和动画等。而且电子信箱不受用户所在的地理位置限制，只要能连接上因特网，就能使用电子信箱。正因为它具有省时、省钱、方便和不受地理位置的限制的优点，所以，它是 Internet 上使用最高的一种功能。

（3）　文件传输服务。

文件传输 FTP（File Transfer Protocol）又称为文件转输协议，它主要为因特网用户提供在网上传输各种类型的文件的功能，是因特网的基本服务之一。用户不仅可以从远程计算机上获取文件（下载），而且可以将文件从本地计算机传送到远程计算机（上传），特别是许多共享软件（Shareware 指试用一段时间后再付款的软件）和免费软件（Freeware 是指完全免费）

都放在 FTP 服务器上，只要使用 FTP 文件传输程序连上所需软件所在的主机地址，就可以将软件下载到自己的本地计算机上。

（4）远程登录服务。

远程登录（Telnet）是 Internet 提供的基本信息服务之一，是提供远程连接服务的终端仿真协议。远程登录是一台主机的 Internet 用户，使用另一台主机的登录账号和口令与该主机实现连接，作为它的一个远程终端使用该主机的资源的服务。

（5）网上交易。

主要指电子数据交换和电子商务系统，包括金融系统的银行业务、期货证券业务，服务行业的订售票系统、在线交费、网上购物等。

（6）娱乐服务。

提供在线电影、电视、动画，在线聊天、视频点播（VOD）、网络游戏等服务。

（7）电子公告板系统。

电子公告板系统（Bulletin Board System，BBS）是 Internet 提供的一种社区服务，用户们在这里可以围绕某一主题开展持续不断的讨论，人人可以把自己参加讨论的文字“张贴”在公告板上，或者从中读取其他参与者“张贴”的信息。提供 BBS 服务的系统叫做 BBS 站点。

（8）网络新闻组。

网络新闻组（Netnews）也称为新闻论坛（Usenet），但其大部分内容不是一般的新闻，而是大量问题、答案、观点、事实、幻想与讨论等，是为了人们针对有关的专题进行讨论而设计的，是人们共享信息、交换意见和获取知识的地方。

（9）其他服务。

包括：远程教育、远程医疗、远程办公、数字图书馆、工业自动控制、辅助决策、情报检索与信息查询、金融证券、IPhone（IP 电话）等服务。

7.2　教学案例：信息浏览、搜索与下载

【任务】教师节马上就要到了，生物工程系要举行一场名为“师生情”的联欢晚会，大家积极筹备节目，以便在晚会上大展身手。王强想要演唱一首“长大后我就成了你”送给大家，他想从网上查找这首歌曲，并把它下载到自己的手机上以便随时播放。可是他不知道该怎么操作，这可愁坏了他。针对这些问题，他请教了计算机老师。老师给了他以下操作顺利帮助他完成了心愿。

（1）打开 IE 浏览器，在地址栏中输入搜索引擎百度的地址。

（2）在打开的主页中输入歌曲名，单击“百度一下”。

（3）搜索出的信息列表中选择其中一个，单击打开。

（4）单击下载链接地址，在弹出的对话框中保存歌曲。

7.2.1　学习目标

本节主要学习利用浏览器进行信息浏览、查看；利用搜索引擎快速查找所需要的信息并下载的方法。通过本节的学习，掌握浏览器的常用操作和搜索引擎的使用。这些知识对我们以后的学习和生活大有益处。

7.2.2 相关知识

本案例主要的知识点有：

（1） 浏览器的使用。

（2） 搜索引擎的使用。

（3） 文件的下载。

7.2.3 操作步骤

1. 打开浏览器

在桌面上找到 IE 浏览器图标双击打开，在地址栏里输入要浏览的网页地址，这里输入国内著名的搜索引擎——百度的地址（www.baidu.com），进入百度的主页面。单击“mp3”超链接，进入 mp3 的主页面，效果如图 7-6 所示。

2. 使用搜索引擎

在百度的主页面上单击“mp3”超链接，进入“mp3”的页面，在搜索栏里输入歌曲名“长大后我就成了你”，单击右边的“百度一下”按钮，就可以看到搜索出的相关信息列表，如图 7-7 所示。

图 7-6 百度搜索主页面工程

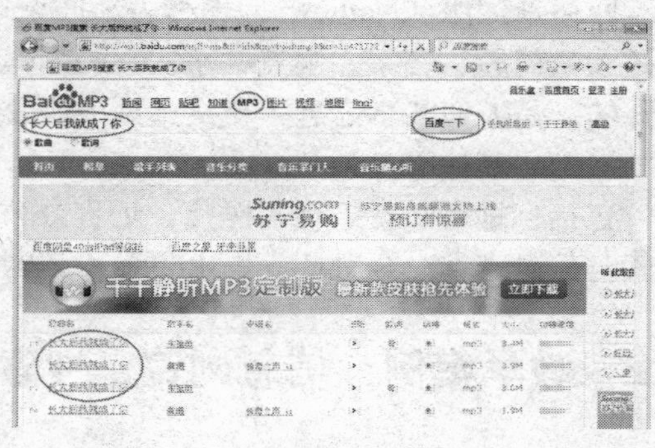

图 7-7 搜索信息列表

3. 下载文件

在信息列表中选中其中一首并单击超链接，即可在网络上试听该歌曲；如果想下载保存，单击下载地址，在弹出的对话框中单击“保存”按钮会打开“另存为”对话框，在该对话框中输入要保存文档的路径和文件名后，单击“保存”按钮，即可将下载的歌曲保存到相应的位置，如图 7-8、图 7-9 和图 7-10 所示。

图 7-8 网络收听歌曲

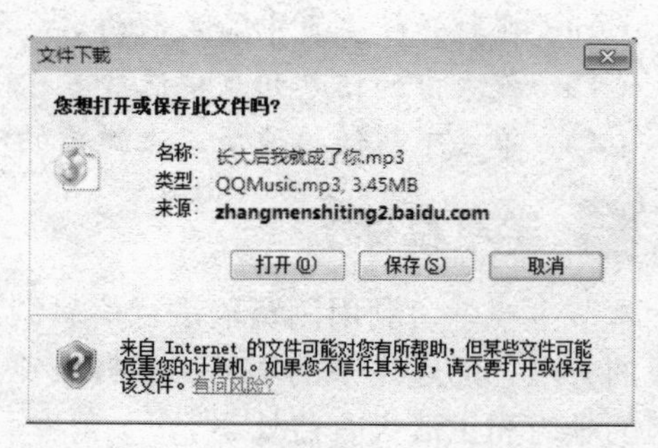

图 7-9 单击下载地址后保存界面

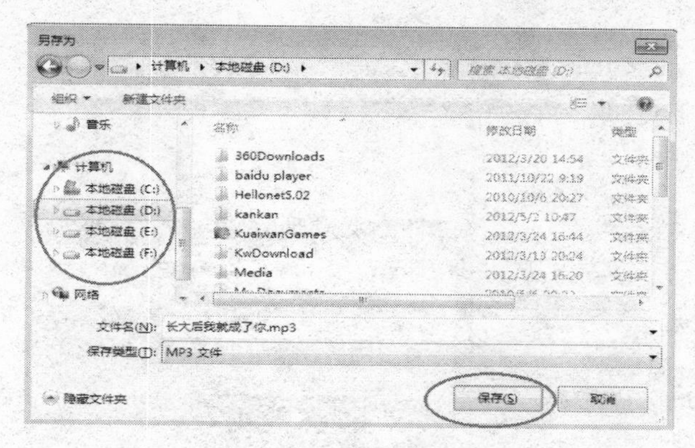

图 7-10　保存下载文件

【知识链接】

1. 浏览器

要想在网络上浏览信息，就要用到浏览器。浏览器是一个软件程序，用于与 WWW 建立连接，并与之进行通信。比较流行的浏览器是美国 Microsoft 公司的产品 IE，常见的浏览器还包括 Firefox、Safari、360、Sogou、QQ 等。下面介绍一下浏览器及与其相关的使用。

（1） 浏览网页。

要浏览网页信息，在 IE 浏览器地址栏中输入相应的网址，单击地址栏右边的“刷新”按钮或按 Enter 键即可打开所要浏览的网站。单击网站中的超链接，就可以转入相应页面浏览页面信息。如图 7-11 所示是浏览搜狐新闻的页面。

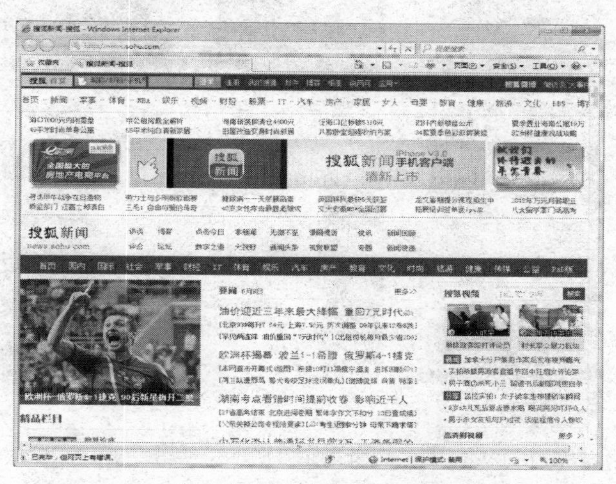

图 7-11　浏览搜狐新闻页面

（2） 网页资源的保存。

① 保存网页。

要保存所浏览的网页，在浏览器窗口中打开“文件”菜单，单击“另存为”命令，如图 7-12 所示。在打开的对话框中设置保存网页的路径、文件名和保存类型，确认后即可保存浏览网页及相关显示信息。

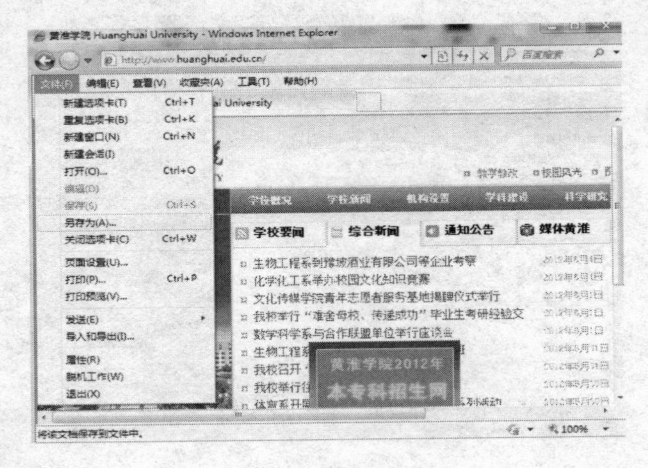

图 7-12　保存网页

② 保存图片。

要保存网页中的图片，在浏览器窗口中用鼠标右击要保存的图片，在弹出的快捷菜单中选择“图片另存为”命令，如图 7-13 所示。在弹出的“保存图片”对话框中设定保存路径、文件名和文件类型，单击“确定”按钮即可保存选定的图片。但是要注意的是，有很多网页图片为了不影响网页的浏览设置了缩略显示，对这类图片保存前应先单击图片显示原图，再对原图执行保存，这样可以保存较完整的图片信息。

图 7-13　保存网页中的图片

③ 保存网页文本。

要保存当前网页中的文本，先选定要保存的文本内容，采用“复制”方式放入剪贴板，然后“粘贴”在目标文档并保存，这里也可以包含图片。

（3） 浏览器的设置。

① 默认主页的设置。

在浏览器窗口中打开“工具”菜单，单击“Internet”选项，在“常规”选项卡中，可以更改默认主页的地址，使用 IE 启动时即可访问该主页，图 7-14 是设置黄淮学院为主页地址。

② 查看已访问站点。

单击图 7-14 中的“浏览历史记录”区中的“设置”按钮，弹出“Internet 临时文件和历史记录设置”对话框，如图 7-15 所示。

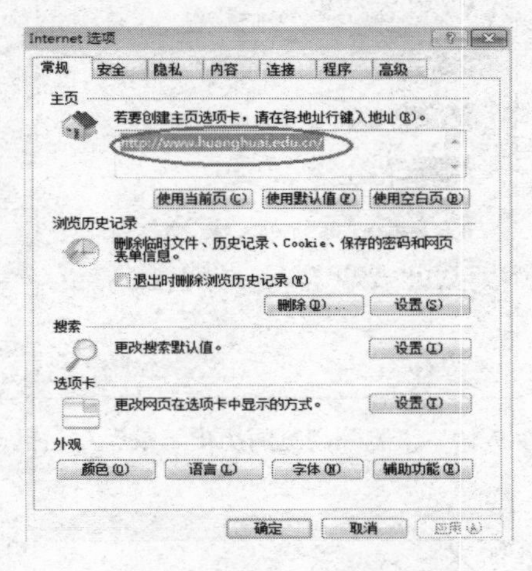

图 7-14　默认主页的设置

图 7-15　“Internet 临时文件和历史记录设置”对话框

在图 7-15 对话框中，“检查所存网页的较新版本”选项区的默认选项是“自动”，如果为防止 IE 更新 Internet 临时文件夹中的网页，请单击“从不”按钮，可在“要使用的磁盘空间”调整临时文件所占的磁盘空间。在“历史记录”组框中，可调整网页保留在历史记录中的天数。

单击网页工具栏上的☆按钮，单击“历史记录”，可查看最近访问过的网页记录，如图 7-16 所示。

如果想收藏该网站，单击图 7-16 中的“添加到收藏夹”，弹出 7-17 所示的“添加收藏”对话框，单击“添加”按钮即可。

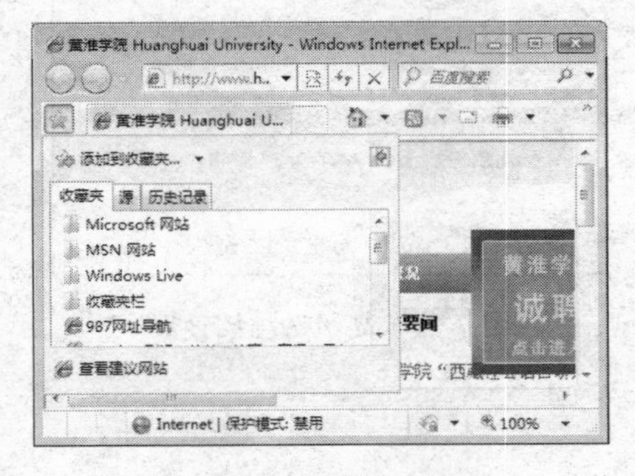

图 7-16　查看历史记录

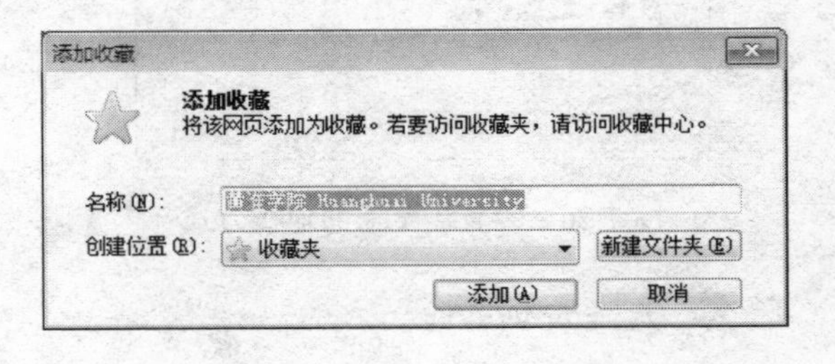

图 7-17　将网页添加到收藏

③ 删除历史记录。

在 IE 中，选择“工具”|“删除浏览的历史记录”命令，如图 7-18 所示。

如果删除所有浏览历史记录，单击“全部删除”按钮，然后单击“是”按钮；如果要分别删除 Internet 临时文件、Cookie、历史记录、表单数据、密码，单击要删除的信息类别旁边的“删除”按钮，单击“是”按钮；标注完成后单击“关闭”按钮，如图 7-19 所示。

图 7-18 “删除浏览的历史记录”菜单项

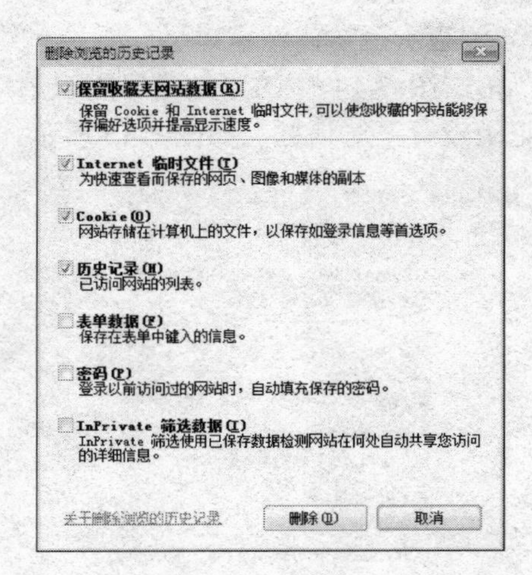

图 7-19 “删除浏览的历史记录”对话框

④ 设置连接方式。

打开“连接”选项卡，设置连接的方式，如图 7-20 所示。

⑤ 设置工作方式。

打开“高级”选项卡，可以对 IE 浏览器的工作方式进行详细设置，如图 7-21 所示。

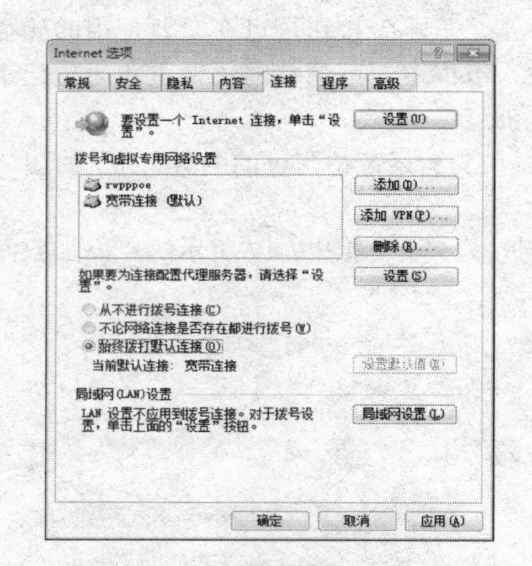

图 7-20 设置浏览器的连接方式

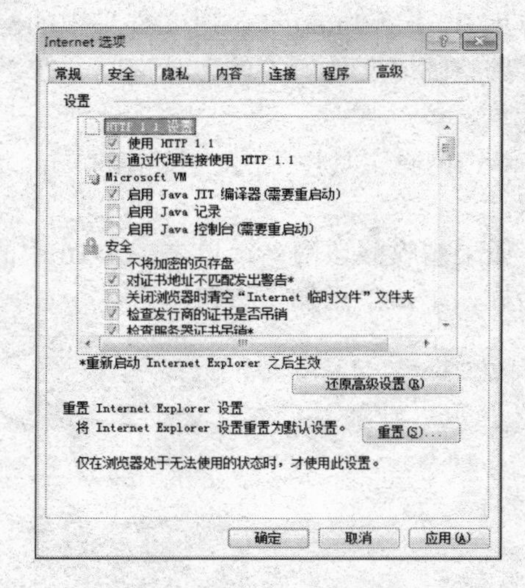

图 7-21 高级选项的设置

2. 万维网 WWW

万维网 WWW（World Wide Web）是一种建立在因特网上的全球性的、交互的、动态的、多平台的、分布式的、超文本超媒体信息查询系统。它也是建立在因特网上的一种网络服务。其最主要的概念就是超文本（Hypertext），遵循超文本传输协议 HTTP（Hyper Text Transmission Protocol）。Web 技术是由位于瑞士日内瓦的欧洲原子核研究委员会的蒂姆·贝纳斯-李（Tim Berners-Lee）创建的。其开发的最初目的是为了在科学家之间共享科研成果，科学家们可以将科研成果以图文形式放在网上进行共享。现在 WWW 的应用已远远超出了原定的目标，成为因特网上最受欢迎的应用之一。WWW 的出现推动了因特网的发展。

WWW 网站中包含有许多网页，又称 Web 页。网页是用超文本标记语言 HTML（Hyper Text Markup Language）编写的，并在超文本传输协议 HTTP 支持下运行。一个网站的第一个 Web 页称为主页，它主要体现此网站的特点和服务项目。每一个 Web 页都用唯一的地址（URL）来表示。

3. 统一资源定位器（URL）

WWW 用统一资源器 URL（Uniform Resource Locator ）描述 Web 页的地址和访问它时所用的协议。

URL 的格式如下：

协议：//IP 地址或域名/路径/文件名。其中：

协议：是服务方式或是获取数据的方法。简单地说就是“游戏规则”。如 http，ftp 等。

IP 地址或域名：是指存放该资源的主机的 IP 地址或域名。

路径和文件名：是用路径的形式表示 Web 页在主机中的具体位置（如文件夹、文件名等）。比如，http://www. east. net. cn/info/xinxi/train/trave. htm 就是一个 Web 页的 URL。它告诉系统：使用超文本传输协议（http）；资源是域名为 www. east. net. cn 的主机上、文件夹 info/xinxi/train 下的一个 HTML 语言文件 trave. htm。

4. 超链接

所谓的超链接是指从一个网页指向一个目标的连接关系，这个目标可以是另一个网页，也可以是相同网页上的不同位置，还可以是一个图片，一个电子邮件地址，一个文件，甚至是一个应用程序。当浏览者单击已经链接的文字或图片后，链接目标将显示在浏览器上，并且根据目标的类型来打开或运行。超链接在本质上属于一个网页的一部分，它是一种允许我们同其他网页或站点之间进行连接的元素。各个网页链接在一起后，才能真正构成一个网站。

设置了超链接的对象，当鼠标移动到该对象上面时，鼠标形状会变成“小手”状。

5. 搜索引擎

搜索引擎是指根据一定的策略、运用特定的计算机程序从互联网上搜集信息，在对信息进行组织和处理后，为用户提供检索服务，将用户检索相关的信息展示给用户的系统。搜索引擎包括全文索引、目录索引、元搜索引擎、垂直搜索引擎、集合式搜索引擎、门户搜索引擎与免费链接列表等。

Internet 上的搜索引擎众多，搜索服务已成为 Internet 重要的商业模式，许多网站专门从事搜索业务，并且取得了非常突出的业绩，百度和谷歌等是搜索引擎的代表。下面列出一些常用的搜索引擎。

百度，网址是 http://www.baidu.com

新浪，网址是 http:// www.sina.com.cn

搜狐，网址是 http://www.sohu.com

网易，网址是 http://www.163.com

谷歌，网址是 http://www.google.com

雅虎，网址是 http://cn.yahoo.com.

好多，网址是 http://www.cseek.com

北极星，网址是 http://www.beijixing.com.cn

7.3 教学案例：电子邮箱的申请与使用

【任务】“师生情”晚会在一片热烈的掌声中结束了，会后大家纷纷发表自己对这台晚会的感受，老师让大家把感受写下来，用电子邮件发送到老师指定的信箱。老师给同学们提出了以下要求：

（1） 申请一个免费的电子邮箱。

（2） 利用申请的电子邮箱把对这台晚会的感受以附件的形式发送到指定的邮箱。

7.3.1 学习目标

本节主要学习利用网络申请、收发电子邮件的方法，通过本节的学习应熟练掌握电子邮箱的使用。

7.3.2 相关知识

（1） 申请免费邮箱并收发电子邮件。

（2） 电子邮箱附件的使用。

（3） 电子邮箱的常用设置。

7.3.3 操作步骤

1. 申请126免费邮箱

（1） 打开IE浏览器，输入www.126.com，进入126主页面，在页面右部可看到如图7-22所示画面。

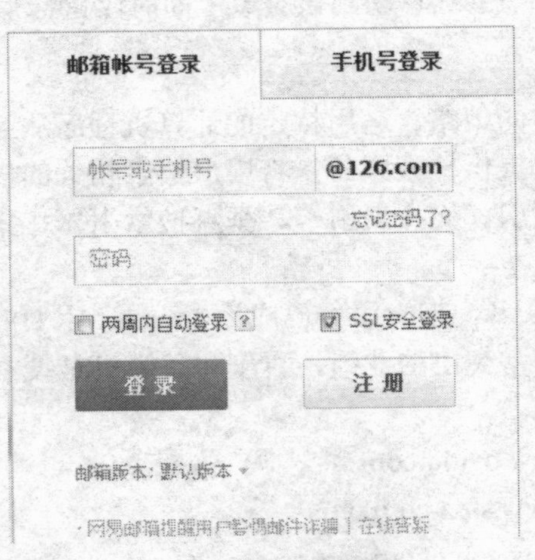

图7-22 126主页中申请邮箱页面

（2） 单击“注册”按钮，进入126免费电子邮箱注册页面，如图7-23所示。按照页面提示完成相关信息的输入，直至出现如图7-24所示的注册成功的界面，注意要牢记所申请的邮箱地址：kangmingliu@126.com。值得一提的是，为了避免申请时出现用户名占用的现象，用手机号做为邮箱名申请是一个不错的选择。

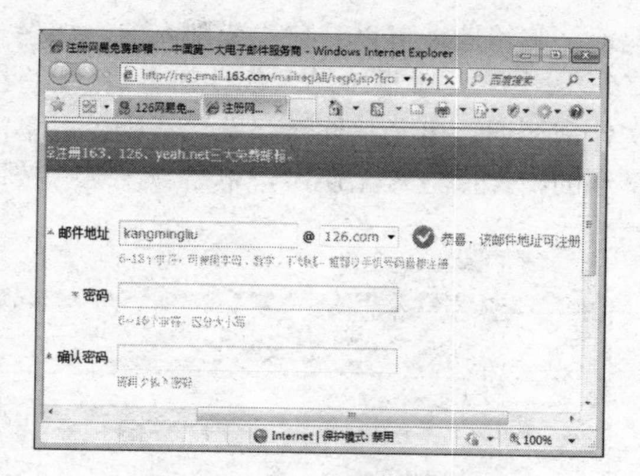

图 7-23　注册信息输入界面

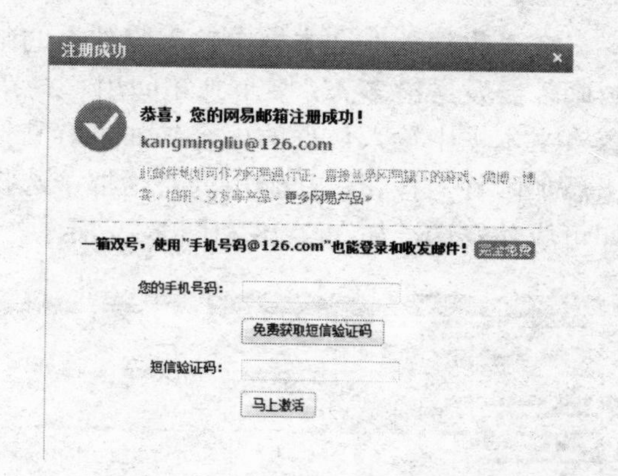

图 7-24　提示注册成功界面

2. 利用刚申请的免费邮箱收发电子邮件

（1） 再次进入 126 主页面，在如图 7-22 所示画面中，输入刚申请的邮箱名（如 kangmingliu）和密码，进入到如图 7-25 所示的界面。

（2） 浏览电子邮件。如果要浏览自己邮箱中的邮件，请单击“收件箱”按钮，进入到收件箱列表界面，如图 7-26 所示。如果想要查看某一邮件的详细内容，单击邮件打开即可。

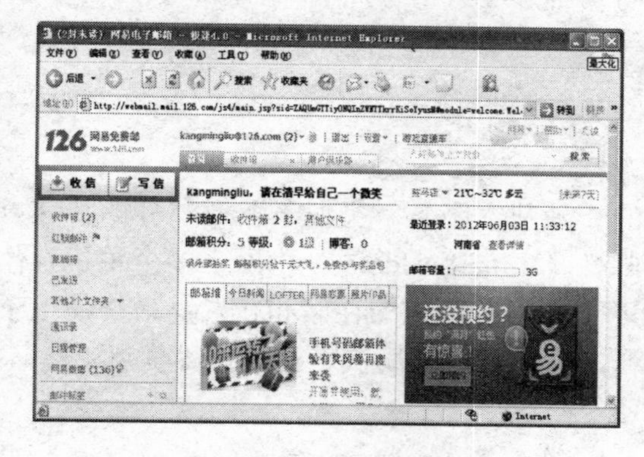

图 7-25　邮件服务页面

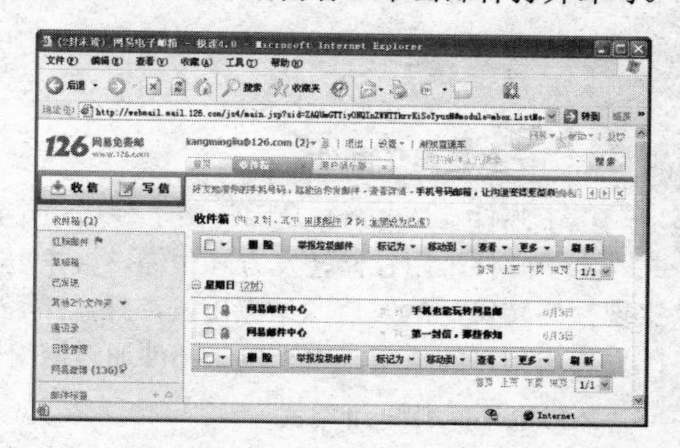

图 7-26　邮件列表页面

（3） 发送电子邮件。如果要发送电子邮件，请单击“写信”按钮，进入到写信页面，如图 7-27 所示。

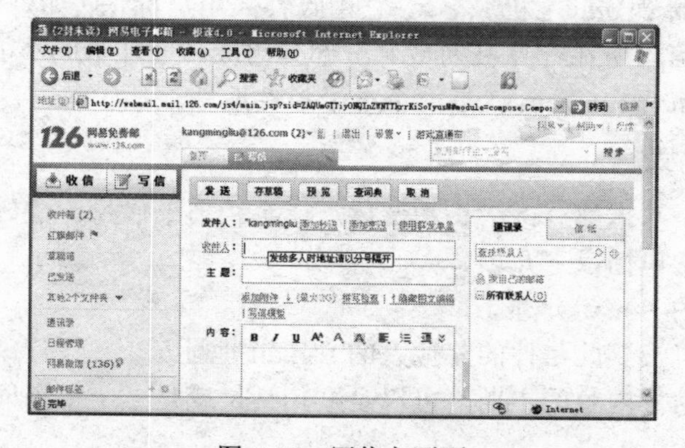

图 7-27　写信主页面

在“收件人”文本框中输入收件人的邮箱地址，邮箱地址可以是自己或别人的，如果一封邮件要发送给多人，多个邮箱间用“；”隔开；在“主题”文本框中输入信件的主题，在“内容”文本框中输入信件的内容；如果有其他的文件需要通过电子邮件一起发送，则可以单击“添加附件”按钮，在弹出的对话框中选择要发送的附件；检查无误后，单击“发送”按钮即可成功发送，如图 7-28 和图 7-29 所示。

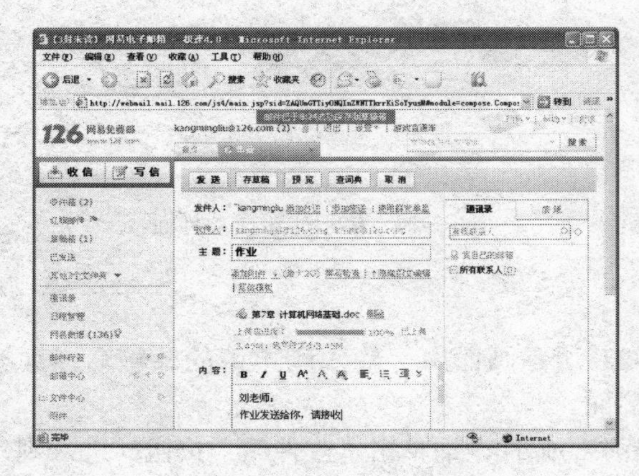

图 7-28　书写电子邮件

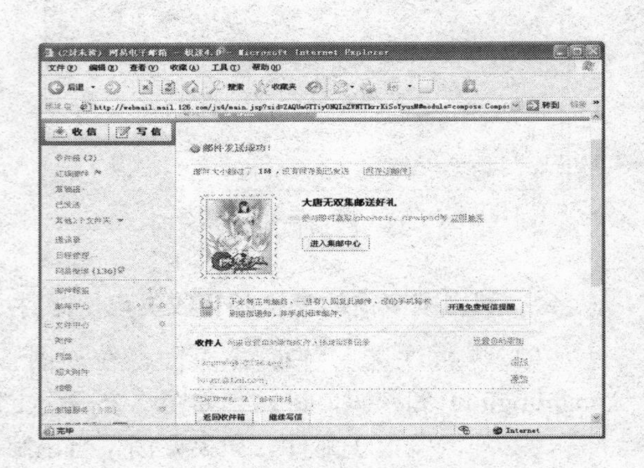

图 7-29　邮件发送成功界面

【知识链接】

1.　什么是电子邮件

电子邮件（E-mail）是因特网上使用最广泛的一种基本服务。类似于普通邮件的传递方式，电子邮件采用存储转发方式传递，根据电子邮件（E-mail Address）由网上多个主机合作实现存储转发，从发信源结点出发，经过路径上若干个网络节点的存储和转发，最终使电子邮件传送到目的信箱。由于电子邮件通过网络传送，因此具有速度快、费用低等优点。

2.　电子邮件地址格式

类似普通邮件寄信应有收信地址一样，使用因特网上的电子邮件系统的用户首先要有一个电子信箱，每个电子信箱应有一个唯一可识别的电子邮件地址。任何人可以将电子邮件投递到电子信箱中，而只有信箱的主人才有权打开信箱，阅读和处理信箱中的邮件。电子邮件地址的格式是：<用户标识>@<主机域名>。它由收件人用户标识（如姓名或缩写）、字符“@”（读作“at”）和电子信箱所在计算机的域名三部分组成。地址中间不能有空格或逗号。例如前面申请的 kangmingliu@126.com 就是一个电子邮件地址。

3.　电子邮件的格式

电子邮件都有两个基本部分：信头和信体。信头相当于信封，信体相当于信件内容。

（1）　信头中通常包括以下几项。

收件人：收件人的 E-mail 地址。

抄送：表示同时可接到此信件的其他人的 E-mail 地址。

主题：概括描述信件内容的主题，可以是一句话，或是一个主题词。

（2） 信体。

信体就是希望收件人看到的内容，有时还可以包含附件。

4. 复信与转发

（1） 回复邮件。

看完一封信需要复信时，请在邮件阅读窗口中单击“回复作者”或“全部回复”图标。这时弹出复信窗口，这里的发件人和收件人的地址已由系统自动填好，原信件的内容也都显示出来。编写复信，这里允许原信内容和复信内容交叉，以便引用原信语句。复信内容就绪后，单击“发送”按钮，就完成复信任务。

（2） 转发。

如果觉得有必要让更多的人也阅读自己收到的这封信，就请转发该邮件。操作如下：

① 对于刚阅读过的邮件，直接在邮件阅读窗口上点击“转发”图标。对于收信箱中的邮件，可以先选中要转发的邮件，然后单击“转发”图标。之后，均可进入类似回复窗口那样的转发邮件窗口。

② 填入收件人地址，多个地址之间用分号隔开。

③ 必要时，在待转发的邮件之下撰写附加信息。最后，单击“发送”按钮，完成转发。

国内的很多站点提供电子邮件功能，现在介绍几个，有兴趣的话可注册一个。

http://www.163.net

http://www.263.net

http://www.sina.com.cn

http://www.china.com

http://www.sohu.com

http://www.chinaren.com.cn

http://www.21cn.com

7.4 实训内容

7.4.1 搜索北京至广州的列车时刻表

1. 实训目标

（1） 下载并安装 360 安全浏览器。

（2） 掌握使用 360 浏览器浏览网页信息的方法。

（3） 掌握 Google 搜索引擎快速查找信息的方法。

2. 实训要求

（1） 在 360 安全浏览器中输入 Google 搜索引擎的地址。

（2） 在搜索引擎 Google 中搜索列车时刻表。

（3） 查询北京至广州的列车车次及时刻。

3. 相关知识点

（1） 360 浏览器的使用。

（2） 使用 baidu 查找并下载 360 浏览器。

（3） 安装 360 浏览器并设置。

（4） 搜索引擎 Google 的使用。

7.4.2 给你的朋友发送电子邮件

1. 实训目标

（1） 掌握申请免费电子邮箱的方法。

（2） 掌握电子邮箱的使用方法。

（3） 掌握附件的添加和删除。

（4） 了解对电子邮件的常用设置和管理的方法。

2. 实训要求

（1） 申请一个免费的电子邮箱。

（2） 利用申请的邮箱给你的朋友写一封电子邮件。

（3） 把写好的邮件同时发送给多个朋友。

（4） 把你的照片做为附件一起发送。

（5） 设置自动回复功能。

3. 相关知识点

（1） 电子邮件的申请。

（2） 电子邮件的发送和查看。

（3） 电子邮箱的设置与管理。

（4） 多地址邮件的发送。

7.4.3 检索并下载与你所学专业相关的学术论文

1. 实训目标

（1） 掌握搜索引擎快速查找信息的方法。

（2） 文件的下载与保存。

2. 实训要求

（1） 打开中国知网（www.cnki.net），在知网提供的搜索中检索与自己所学专业相关的论文。

（2） 下载并保存查找的文件。

3. 相关知识点

（1） IE 浏览器的使用。

（2） 使用 baidu 查找并下载文件。

（3） 对文件进行排版。

习　题

1. 选择题

（1） 计算机网络是计算机技术与________技术紧密结合的产物。

A. 通信　　B. 电话　　C. Internet　　D. 卫星

（2） 网络软件包括________、网络服务器软件、客户端软件。

A. Windows　　B. UNIX　　C. 网络操作系统　　D. 通信控制软件

（3） 计算机网络的目的在于实现________和信息交流。

A. 资源共享　　B. 远程通信　　C. 网页浏览　　D. 文件传输

（4） 通信双方必须共同遵守的规则和约定称为网络________。

A. 合同　　B. 协议　　C. 规范　　D. 文本

（5） ________拓扑结构是由一个中央节点和若干从节点组成。

A. 总线形　　B. 星形　　C. 环形　　D. 网络形

（6） OSI/RM 的中文含义是________。

A. 网络通信协议　　B. 国家信息基础设施

C. 开放系统互联参考模型　　D. 公共数据通信网

（7） 网络协议分层方法及其协议层与层之间接口的集合称为网络________。

A. 服务　　B. 通信　　C. 关系　　D. 体系结构

（8） IP v6 将 IP 地址增加到了________。

A. 32　　B. 64　　C. 128　　D. 256

（9） 局域网中每一台计算机的网卡上都有一个全球唯一的________地址。

A. MAC　　B. IP　　C. 计算机　　D. 网络

（10） 为了能在网络上正确地传送信息，制定了一整套关于传输顺序、格式、内容和方式的约定，称之为________。

A. ISO 参考模型　　B. 网络操作系统　　C. 通信协议　　D. 网络通信软件

（11） 目前，局域网的传输介质主要是________和光纤。

A. 电话线　　B. 双绞线　　C. 公共数据网　　D. 通信卫星

（12） 一座办公大楼各个办公室中的微机进行联网，这个网络属于________。

A. WAN　　B. LAN　　C. MAN　　D. PAN

（13） 开放系统互联参考模型的基本结构分为________层。

A. 4　　B. 5　　C. 6　　D. 7

（14） Internet 的中文标准译名为________。

A. 因特网　　B. 万维网　　C. 互联网　　D. 广域网

（15） 1990 年 12 月 3 日，中国的________域名申请得到了批准。

A. .CN　　B. .COM　　C. .EDU　　D. .NET

（16） ChinaNet 网络将全国 31 个省级网络划分为________个区域，不同区域网之间的连接需经过核心层。

A. 3　　B. 8　　C. 31　　D. 大于 31

（17） IP 地址分为________地址和主机地址两部分。

A. 子网　　B. 网络　　C. A 类　　D. C 类

（18） ________用来确定因特网上信息资源的位置，它采用统一的地址格式。

A. IP 地址　　B. URL　　C. MAC 地址　　D. HTTP

（19） ________是 Web 服务器与浏览器间如何传送所要求的文件协议。

A. HTTP　　B. HTML　　C. FTP　　D. URL

（20） ________服务可以在因特网上进行即时的文字信息、语音信息、视频信息、电子白板等方式的交流，还可以传输各种文件。

A. IM　　B. FTP　　C. Web　　D. Email

（21） 即时通信软件主要有我国腾讯公司的 QQ 和美国微软公司的________。

A. MSN　　B. Word　　C. IE　　D. Outlook

（22） ________是一种专门用于定位和访问 Web 网页信息，获取用户希望得到的资源的导航工具。

A. IE　　B. QQ　　C. MSN　　D. 搜索引擎

2. 填空题

（1） 网络存储、网络打印、网络计算等都是一种网络________。

（2） 网络________资源包括网页、软件、数据等。

（3） 所有信息在计算机中都必须转换为________形式进行处理。

（4） 网络协议组成的三个要素是语法、语义和________。

（5） 域名系统是逐层、逐级由大到小地划分的，这样既提高了域名解析的效率，同时也保证了________的唯一性。

3. 简答题

（1） Internet 的功能主要体现在哪几个方面？

（2） 在上网浏览信息时如何收藏喜欢的网页？

第8章　多媒体技术与常用工具软件

教学目标：

通过本章的学习，了解多媒体技术的基本概念及相关的一些基本知识，掌握目前流行的声音文件和图像文件格式，掌握常用工具软件的安装、基本功能和操作方法。

教学内容：

本章主要介绍多媒体技术的基础知识，主要包括：

1. 多媒体技术的基本概念和多媒体计算机系统的组成。
2. 主要多媒体元素及多媒体信息的数字化。
3. 多媒体数据的压缩技术。
4. 主流声音和图像文件的格式。
5. 常用工具软件的安装及操作方法。

教学重点与难点：

1. 多媒体和多媒体技术的基本概念。
2. 多媒体系统的特征与系统组成。
3. 多媒体信息的数字化。
4. 多媒体数据的压缩技术。
5. 声音与图像文件的格式。
6. 常用工具软件的使用。

8.1　多媒体技术基础

8.1.1　多媒体技术的基本概念

目前，多媒体的概念深入人心，使用也非常广泛，计算机用户掌握多媒体处理方面的基本知识和应用已是不可缺少的基本技能。20 世纪 60 年代以来，技术专家们就致力于研究将声音、图形、图像和视频作为新的信息形式输入和输出到计算机，使计算机的应用更为容易和丰富。

1.　多媒体技术的发展

多媒体（Multimedia）一词产生于 20 世纪 80 年代初，它出现于美国麻省理工（MIT）递交给美国国防部的一个项目计划报告中。

1984 年 Apple 公司在微机中建立了一种新型的图形化人机接口，即第一台多媒体计算机。

1985 年 Commodore 公司首创 Amiga 多媒体计算机系统。

1986 年 Philips 和 Sony 公司共同制定了光盘技术标准。

1991 年制定了第一个多媒体计算机标准 MPC1。

1995 年微软公司推出 Windows 95，推动了多媒体技术在计算机中的普及。

2. 媒体的表现形式

在计算机领域中，媒体主要有两种含义：一是指用以存储信息的实体，如磁盘、光盘、录像带和半导体存储器等；二是指用以承载信息的载体，如文字、声音、图形、图像和动画等。

根据国际电信联盟（ITU）的定义，媒体可以分为：感觉媒体、表示媒体、显示媒体、存储媒体和传输媒体五大类，如表 8-1 所示。

表 8-1 媒体的表现形式

媒体类型	媒体特点	媒体形式	媒体实现方式
感觉媒体	人类感知客观环境的信息	视觉、听觉、触觉	文字、图形、声音、图像、动画、视频等
表示媒体	信息的处理方式	计算机数据格式	ASCII 编码、图像编码、音频编码、视频编码等
显示媒体	信息的表达方式	输入、输出信息	显示器、打印机、扫描仪、投影仪、数码摄像机等
存储媒体	信息的存储方式	存取信息	内存、硬盘、光盘、纸张等
传输媒体	信息的传输方式	网络传输介质	电缆、光缆、电磁等

人类通过视觉得到的信息最多，其次是听觉和触觉。三者一起得到的信息，达到了人类感受到信息的 95%。因此感觉媒体是人们接收信息的主要来源，而多媒体技术则是充分利用了这种优势。

3. 多媒体定义

多媒体是各种媒体的有机结合，它意味着将音频、视频、图像等和计算机技术集成到同一数字环境中，并派生出许多应用领域。多媒体不仅包容了我们所见过的报刊、画册、广播、电影和电视等，并且具有自身特有的功能——交互性，它将文字、图形、图像、动画、视频、声音和特效等汇集在一起。

多媒体技术（Multimedia Technology）是一种将文字、声音、图像、动画、视频与计算机集成在一起的信息综合处理、建立逻辑关系和人机交互作用的技术。

4. 多媒体技术的特征

多媒体技术有以下主要特征。

（1） 多样性：计算机处理的媒体类型包括数值、字符、文本、音频信号、视频信号、静态图形信号、动态图形信号等。

（2） 集成性：多媒体信息的集成是将各种信息媒体按照一定的数据模型和组织结构集成为一个有机的整体。

（3） 交互性：这是多媒体应用有别于传统信息交流媒体的主要特点之一。多媒体技术交互性则可实现人对信息的主动选择、使用、加工和控制。

（4） 非线性：多媒体技术的非线性特点将改变人们传统循序性的读写模式。多媒体技术借助超文本链接的方法，把内容以一种更灵活、更具变化的方式呈现给读者。

（5）　实时性：当人们给出操作命令时，相应的多媒体信息都能够得到实时控制。

（6）　方便性：用户使用信息时可以按照自己的需要、兴趣、任务要求、偏爱和认知特点来使用信息，获取图、文、声等信息表现形式。

（7）　动态性：用户可以按照自己的目的和认知特征重新组织信息结构，即增加、删除或修改节点，重新建立链接等。

5.　多媒体数据的特点

（1）　数据量巨大。

（2）　数据类型较多。

（3）　数据存储容量差别大。

（4）　数据处理方法不同。

（5）　数据输入和输出复杂。

6.　流媒体文件

多媒体文件分为静态多媒体文件和流式多媒体文件（简称为流媒体），静态多媒体文件只能先下载，后观看，而无法提供网络在线播放功能。

流媒体是指在Internet/Intranet中使用流式传输技术的连续时基媒体，即采用流式传输方式在Internet/Intranet播放的媒体格式，如音频、视频或多媒体文件。可实现用户一边下载一边观看，收听，而不需要等整个压缩文件下载到自己的机器后才可以观看。

8.1.2　多媒体信息的数字化

多媒体媒体元素主要有文本、图形、图像、声音、动画和视频等。多媒体计算机对这些元素进行处理时，首先需要将这些资料来源不同、信号形式不一、编码规格不同的外部信息，改造为计算机能够处理的信号，然后按规定格式对这些信息进行编码，这个过程称为多媒体信息的数字化。

1.　声音数字化

在计算机内，所有的信息都是以数字形式表示的，声音信号也用一系列数字表示，称为数字音频。要使计算机能存储和处理声音信号，就必须将模拟音频数字化。

模拟音频的特征是时间上连续，而数字音频是一个离散的数据序列。为此，当把模拟音频变成数字音频时，需要每隔一个时间间隔在模拟音频的波形上取一个幅度的值，称之为采样。采样的时间间隔称为采样周期。采样值以二进制形式表示称为量化编码。数字声音就是利用数字音频技术对模拟声音进行采样、量化、压缩及还原的声音。

以上工作可由计算机中的声卡或音频处理芯片负责完成。音频信号的数字化过程如图8-1所示。

2.　图形图像数字化

图形图像数字化就是把外部的编码规格不同的图形图像信息，改造为计算机能够处理的数字信息。图像的数字化是将连续色调的模拟图像经采样量化后转换成数字影像的过程。计算机中的图形图像从处理方式上可以分为两大类——矢量图和位图（点阵图）。

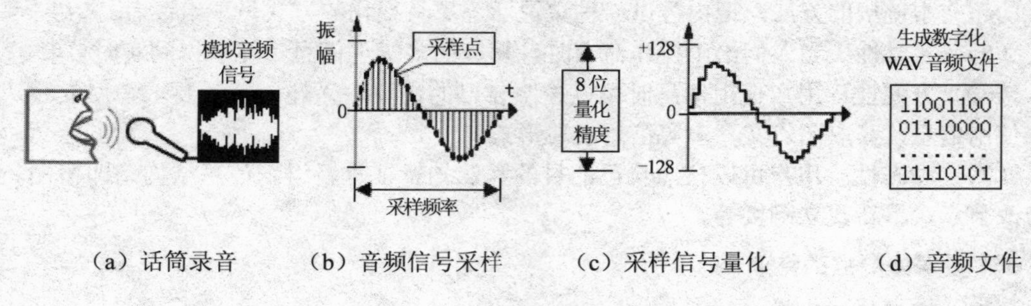

（a）话筒录音　（b）音频信号采样　（c）采样信号量化　（d）音频文件

图 8-1　音频信号的数字化过程

（1）　矢量图。

矢量图是以路径定义形状的计算机图形（简称为图形），是由数学公式定义的直线和曲线组成的，内容以色块和线条为主。矢量图所占的空间比较小，清晰度与分辨率无关，对矢量图进行放大、缩小、旋转等操作时，图形对象的清晰程度不会改变。

（2）　位图。

位图，亦称为点阵图图像（bitmap）或绘制图像或光栅图，由许多排列成网格的像小方块一样的称为“像素”的点组成。网格中每个像素的位置和颜色值决定了一个完整的位图图像，位图具有丰富的色彩。位图中单位面积内的像素越多，图像的分辨率越高，图像表现得就越细致。当无限放大时会看到一块一块的像素色块，效果会失真。

（3）　矢量图与位图比较。

在图形文件中，只记录生成图形的算法和图上的某些特征点参数。如图 8-2 所示，矢量图和位图图形图像。

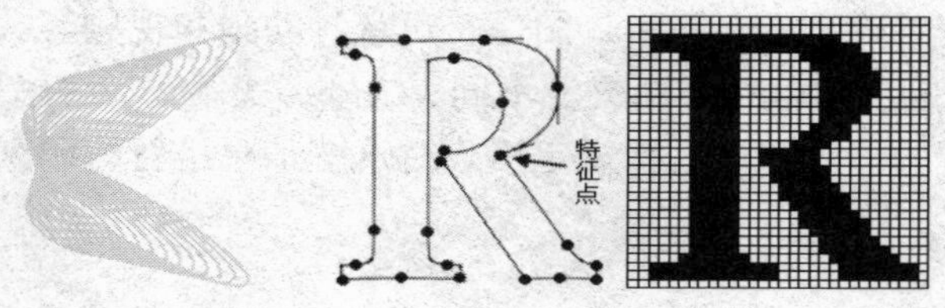

图 8-2　矢量图（左、中）和位图（右）

矢量图与位图分析比较，结果如表 8-2 所示。

表 8-2　矢量图与位图比较表

图开图像类型	组　成	优　点	缺　点	常用制作工具
矢量图	数学矢量	文件容量较小，在进行放大、缩小或旋转等操作时图像不会失真	不易制作色彩变化太多的图像	CorelDraw、Flash 等
点阵图	像素	只要有足够多的不同色彩的像素，就可以制作出色彩丰富的图像，逼真地表现自然界的景象	缩放和旋转容易失真，同时文件容量较大	Photoshop、画图等

3.　视频数字化

视频和动画日益成为多媒体系统中的主要媒体。视频和动画更容易直观表现和抒发人们的感情，可以把现实不可能看到的转为现实，扩展了人类的想像力和创造力。

（1）数字视频。

数字视频就是以数字形式记录的视频，和模拟视频相对的。数字视频也叫数码视频，能够以不同的文件格式存储在计算机中，不同格式的数字视频磁盘占用空间和播放效果都不相同。

（2）动画。

动画是多幅按一定频率连续播放的静态图像。动画利用了人类眼睛的“视觉暂留效应”。帧动画要描绘多帧画面，然后连续播放，一帧就是一幅画面。矢量动画是一种纯粹的计算机动画形式，变形动画把一个物体从原来的形状改变成为另一种形状。

8.1.3 多媒体数据的压缩技术

多媒体数据的压缩实际上是一个编码过程，即把原始的数据进行编码压缩，数据压缩方法也称为编码方法。数据的解压缩是数据压缩的逆过程，即把压缩的编码还原为原始数据。因此，压缩由两个过程组成：编码过程，将原始数据进行压缩；解码过程，将编码后的数据还原。数据压缩分为无损压缩和有损压缩。

（1）无损压缩格式，是利用数据的统计冗余进行压缩，可完全回复原始数据而不引起任何失真，但压缩率是受到数据统计冗余度的理论限制，一般为 2:1 到 5:1。这类方法广泛用于文本数据，程序和特殊应用场合的图像数据（如指纹图像，医学图像等）的压缩。常用的无损压缩算法：RLE（行程长度编码）、Huffman（哈夫曼编码）和 LZW（算术编码）。

（2）有损压缩是利用了人类对图像或声波中的某些频率成分不敏感的特性，允许压缩过程中损失一定的信息；虽然不能完全恢复原始数据，但是所损失的部分对理解原始图像的影响缩小，却换来了大得多的压缩比。有损压缩广泛应用于语音，图像和视频数据的压缩。有损压缩在还原时，与原始图像存在一定的误差，但效果一般可以接受。压缩比可以从几倍到上百倍。常用的有损压缩方法有：PCM（脉冲编码调制）、插值、外推、分形压缩等。

8.1.4 常用多媒体文件的格式

1. 主流音频文件格式

音频文件可分为波形文件（如 WAV、MP3 音乐）和音乐文件（如手机 MIDI 音乐）两大类，由于它们对自然声音记录方式的不同，文件大小与音频效果相差很大。波形文件通过录入设备录制原始声音，直接记录了真实声音的二进制采样数据，通常文件较大。

目前较流行的音频文件有 WAV、MP3、WAV、RM、MID 等。

（1）WAV 格式：WAV 文件是 Microsoft 公司和 IBM 公共同开发的 PC 标准音频格式，具有很高的音质。

（2）MP3 格式：MP3 是一种符合 MPEG-1 音频压缩第 3 层标准的文件。MP3 压缩比高达成 1∶10～1∶12，MP3 是一种有损压缩，MP3 音频是因特网的主流音频格式。

（3）WMA 格式：WMA 格式是 Microsoft 公司开发的一种音频文件格式。在低比特率时，相同音质的 WAM 文件比 MP3 小了很多，这就是它的优势。

（4）RA、RM、RAM：它们是 Microsoft 公司开发的一种流式音频文件格式，它主要用于在低速率的因特网上实时传输的音频信息。

（5）MIDI 格式：MIDI（乐器数字接口）是电子合成乐器的统一的国际标准。MIDI 文件只包含产生某种声音的指令，计算机将这些指令发送给声卡，声卡按照指令将声音合成出来。MIDI 音乐主要用于手机等存储器空间有限的多媒体设备。MIDI 文件存储的是命令，而不是声音数据，因此 MIDI 音乐容易编辑。

2. 主流图形图像文件格式

（1） 位图文件格式。

① BMP 格式：文件结构简单，图像文件较大，优点是能被大多数软件接受。

② TIF 格式：可在 Windows、Linux、UNIX、Mac OS 等操作系统中使用。TIF 分成压缩和非压缩两大类。TIF 文件存储的图像质量非常高，但占用的存储空间也非常大。TIF 主要用于美术设计和出版行业。

③ JPG 格式：它将不易被人眼察觉的图像颜色删除，达到较大的压缩比（2∶1～40∶1）。JPG 格式是因特网上的主流图像格式。

④ GIF 格式：一种压缩图像存储格式，压缩比较高，文件很小。GIF 格式还允许在一个文件中存储多个图像，因此可实现动画功能。GIF 文件最多只能处理 256 种色彩。

⑤ PNG 格式：压缩比高于 GIF 文件，支持图像透明。网页中有很多图片都是这种格式。PNG 的色彩深度可以是灰度图像的 16 位，彩色图像的 48 位。

（2） 矢量图文件格式。

① CDR 格式：CorelDRAW 专用格式。

② DWG 格式：Auto CAD 专用格式。

③ FLA 格式：Flash 动画专用格式。

④ WMF 格式：Windows 图元文件格式。

⑤ SVG 格式：由因特网联盟组织开发的矢量图形标准。

【知识链接】

1. 多媒体的应用领域

（1） 教育（形象教学、模拟展示）：电子教案、形象教学、模拟交互过程、网络多媒体教学、仿真工艺过程。

（2） 商业广告（特技合成、大型演示）：影视商业广告、公共招贴广告、大型显示屏广告、平面印刷广告。

（3） 影视娱乐业（电影特技、变形效果）：电视/电影/卡通混编特技、演艺界 MTV 特技制作、三维成像模拟特技、仿真游戏、赌博游戏。

（4） 医疗（远程诊断、远程手术）：网络多媒体技术、网络远程诊断、网络远程操作（手术）。

（5） 旅游（景点介绍）：风光重现、风土人情介绍、服务项目。

（6） 人工智能模拟（生物、人类智能模拟）：生物形态模拟、生物智能模拟、人类行为智能模拟。

8.2 教学案例：“千千静听”音乐播放器

【任务】张明和刘林就该选择哪种播放器播放歌曲“长大后我就成了你”争论起来，这时班长过来了说：“为何不选择千千静听呀，千千静听是一款完全免费的音乐播放软件，拥有自主研发的全新音频引擎，集播放、音效、转换、歌词等众多功能于一身。小巧精致、操作简捷、功能强大是其主要特点，深受广大用户的喜爱，被网友评为中国十大优秀软件之一。你们不防下载试试呀！”该任务包含以下内容：

（1） 下载并安装千千静听。

（2） 使用千千静听播放歌曲。

（3） 设置个性化的千千静听界面。

8.2.1 学习目标

本节主要学习利用千千静听音乐播放器播放音乐，通过本节学习，掌握常用软件下载的方法及千千静听音乐播放器的常用操作。

8.2.2 相关知识

本案例主要的知识点有：

（1） 搜索、下载千千静听。

（2） 安装千千静听。

（3） 添加并播放歌曲。

（4） 千千静听的个性化设置。

8.2.3 操作步骤

1. 搜索下载千千静听

（1） 用浏览器打开百度主页面（www.baidu.com），在文本框中输入“千千静听”，单击“百度一下”按钮，就会搜索到有关千千静听的信息列表，如图 8-3 所示。

（2） 在图 8-3 中单击“官方下载”，会弹出文件下载对话框，给所要下载文件选择合适的保存位置，单击“保存”按钮就可下载该文件。

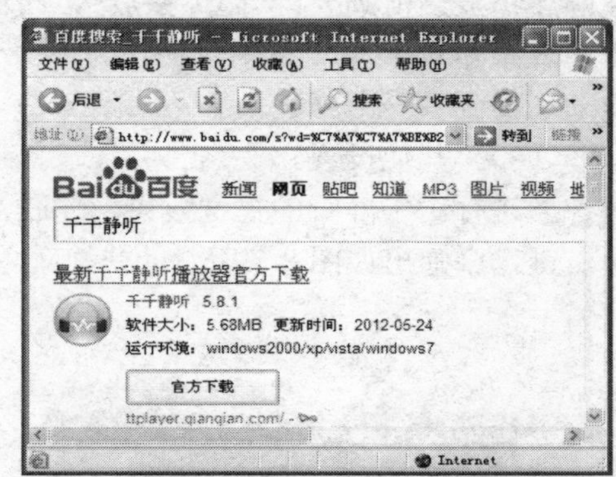

图 8-3　千千静听信息列表

2. 安装千千静听

运行千千静听音乐播放器的安装程序，在软件安装过程中选择所需组件，其余步骤单击“下一步”按钮即可。安装成功后，其界面如图 8-4 所示。软件由播放窗口、歌曲播放列表窗口、歌词窗口、均衡器和音乐窗组成，后 4 个窗口可通过单击播放窗口右上方的 4 个按钮来显示或隐藏。

3. 千千静听的常用操作

（1） 添加播放歌曲。

添加歌曲的常用方法有 3 种：

① 单击歌曲播放列表窗口上的“添加”按钮，添加要播放的歌曲，如图 8-5 所示。其中

单击“文件”，可以添加指定文件夹的单个歌曲；单击“文件夹”，可以批量添加该文件夹下的歌曲；单击“本地搜索”，可以在本地电脑上搜索要添加的歌曲；单击“添加 URL”，可以在弹出的对话框中输入歌曲的 URL 地址，在线播放网上音乐。

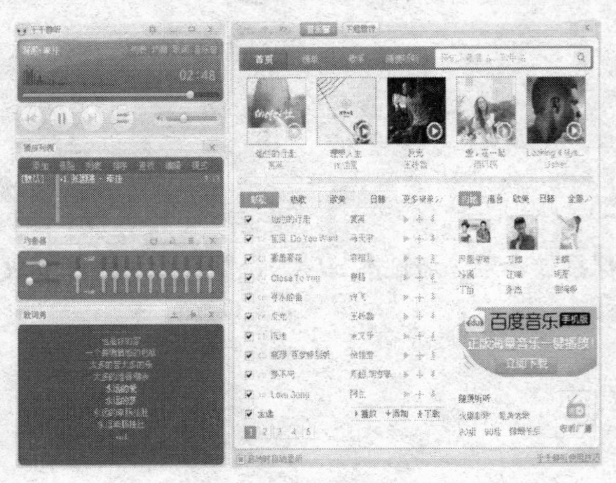

图 8-4　千千静听软件界面

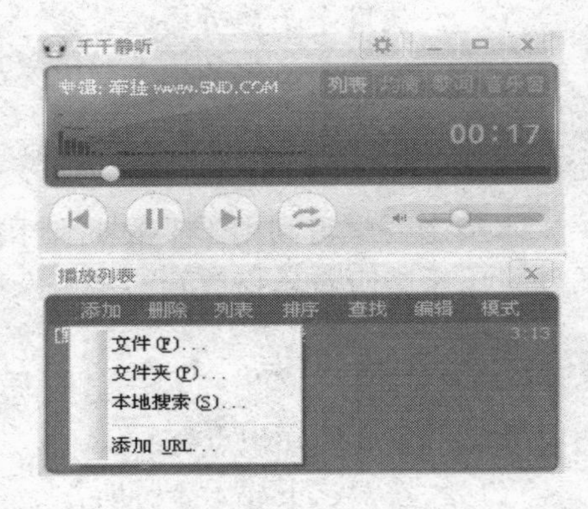

图 8-5　添加歌曲列表

② 将本地要播放的歌曲选中，直接拖放到千千静听播放列表窗口。

③ 将本地硬盘中的歌曲千千静听关联，双击歌曲名即可播放歌曲。

（2）　设置播放模式。

在歌曲的播放过程中，对于比较喜欢的歌曲，总想反复多听几遍，这就需要设置千千静听的播放模式。单击播放列表窗口的“模式”，弹出可选择的播放模式，如图 8-6 所示。

其中“单曲播放”，单遍播放当前文件；“单曲循环”，循环播放当前文件；“顺序播放”，按顺序播放当前列表；“循环播放”，循环播放当前列表；“随机播放”，随机播放当前列表；“播放跟随光标”，将选中歌曲作为下一个播放对象；“自动切换列表”，当前列表播放完毕时，自动切换到另一个列表。

（3）　其他设置。

要进行千千静听的视觉效果、皮肤及其他方面的个性化设置，在软件的播放窗口单击鼠标右键，会弹出如图 8-7 所示的快捷菜单选项。

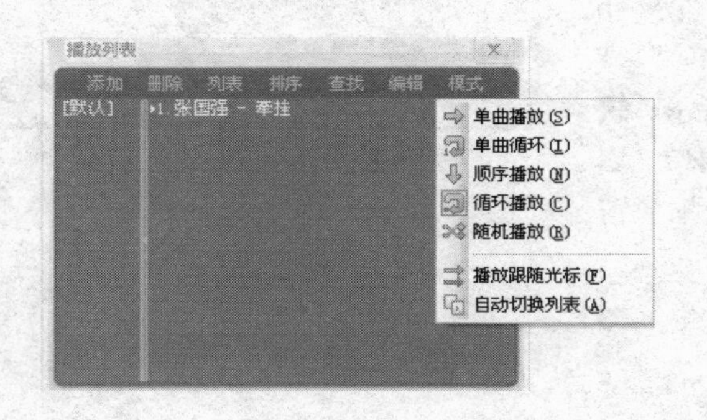

图 8-6　播放模式设置

图 8-7　其他设置的快捷菜单

8.3　教学案例：CAJViewer 电子阅读器

【任务】老师让学生到中国知网（www.cnki.net）去搜索与本专业相关的国家科学自然基金论文作为课外学习资料，张亮下载了几篇准备回宿舍认真阅读。没想到回去他傻眼了，下载的论文在自己电脑上无法阅读。于是他向同学班长请教。班长说：“这很简单，去中国知网下载专用的阅读器 CAJViewer 就能阅读了，而且 CAJViewer 还提供很多其他的功能呢”！该任务包含以下内容：

（1）利用中国知网检索文件。

（2）下载并安装专用的阅读器 CAJViewer。

（3）阅读器 CAJViewer 的常用操作。

8.3.1　学习目标

本节主要学习利用 CAJViewer 电子阅读器浏览文件。通过本节学习，掌握 CAJViewer 的常用操作。

8.3.2　相关知识

CAJViewer 电子阅读器是中国期刊网的专用全文格式阅读器，它支持中国期刊网的 CAJ、NH、KDH 和 PDF 格式文件。可配合网上原文的阅读，也可以阅读下载后的中国期刊网全文，并且打印效果与原版的效果一致。本节掌握 CAJViewer 电子阅读器的使用方法。

8.3.3　操作步骤

1. 搜索下载并安装 CAJViewer

登录 www.cnki.net 主页面，选择“常用软件下载”，进入到 CAJViewer 的下载页面，将软件下载到合适的位置。双击该软件，进入软件的安装，按照提示完成安装。

2. CAJViewer 的常用操作

（1）浏览文档。

单击“开始”|“程序”|“同方知网”|“CAJViewer”|“CAJViewer 7.1”，打开 CAJViewer，选择“文件”菜单中的“打开”命令，打开一个文档，开始浏览，这个文档必须是.caj、.pdf、.khd、.hn、.caa、.teb 等类型的文件。打开指定文档后如图 8-8 所示。

一般情况下，屏幕正中间最大的一块区域代表主页面，显示的是文档中的实际内容，除非打开的是 CAA 文件，此时可能显示空白，因为实际文件正在下载中。

可以通过鼠标、键盘直接控制主页面，也可以通过菜单或者单击页面窗口或目录窗口来浏览页面的不同区域，还可以通过菜单项或者点击工具条来改变页面布局或者显示比率。

当屏幕光标是手的形状时，可以随意拖动页面，也可以打开链接。

选择“查看”|“全屏”命令，当前主页面将全屏显示。

在没有本程序运行的情况下，如果在命令行下直接敲入本程序名称，后面加上多个文件名，本程序将运行，并打开指定的多个文档；如果在资源管理器里，选择多个与本程序相关联的文件输入回车或者鼠标双击，本程序将运行，并打开指定的多个文档。如果已经有一个本程序在浏览文档，将不再有新的程序启动，已经运行的本程序将打开指定的第一个文档。

（2） 缩放。

选择菜单栏的“查看”|“缩小”命令，主页面的鼠标形状将变成一个中间带“-”号的放大镜，每点击主页面一次，显示比率将减少 20%，直到显示比率达到 25%为止。

点击显示百分比的编辑控件右边的小按钮，将弹出如图 8-9 所示的菜单项。

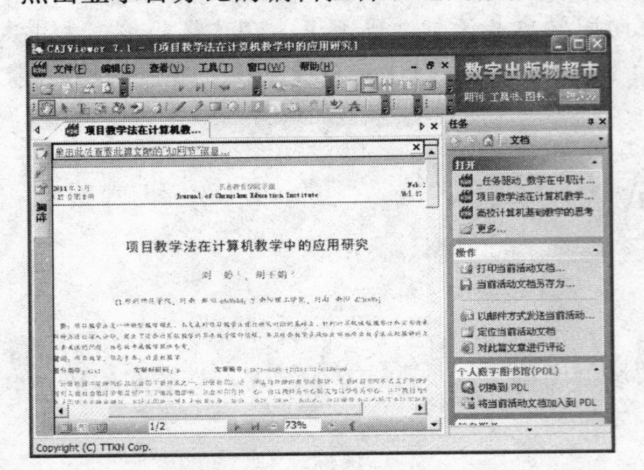

图 8-8 打开指定文档

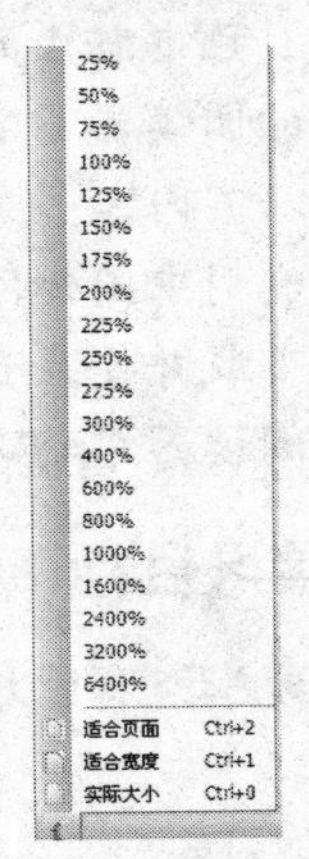

图 8-9 显示百分比

（3） 全屏浏览。

选择“查看”|“全屏”命令或者按 Ctrl + L 组合键，可以全屏浏览文档，如果想退出全屏浏览，单击“退出全屏”或按 Esc 键。

（4） 页面显示模式。

新版本在连续页显示的基础之上拓展了更多的布局模式：对开模式和连续对开，使用户浏览文档的方式更加灵活。对开模式对应原来的单页模式，但是一次可以同时显示两页；连续对开就是对开模式的连续显示方式，可以同时浏览更多页。

选择“查看”|“页面布局”命令，会弹出如图 8-10 的显示模式。单击不同选项进入相应的显示模式，其中“连续”是默认选项。

顺时针旋转和逆时针旋转是新增功能，可以全部或单独旋转某一页面，并能将旋转结果保存。

（5） 图片工具。

当鼠标移动到图片上时在图片的左上角会出现图像工具栏（在参数设置中可以设置不出现），如图 8-11 所示。

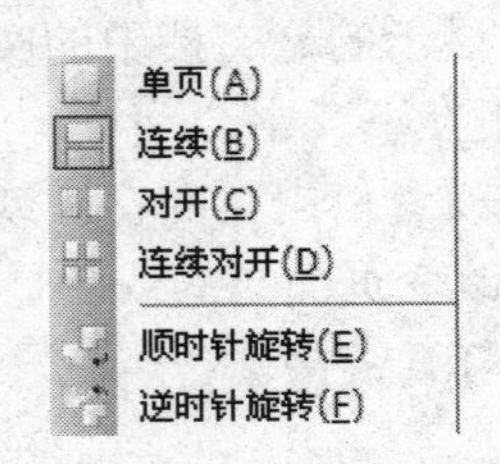

图 8-10 页面显示模式

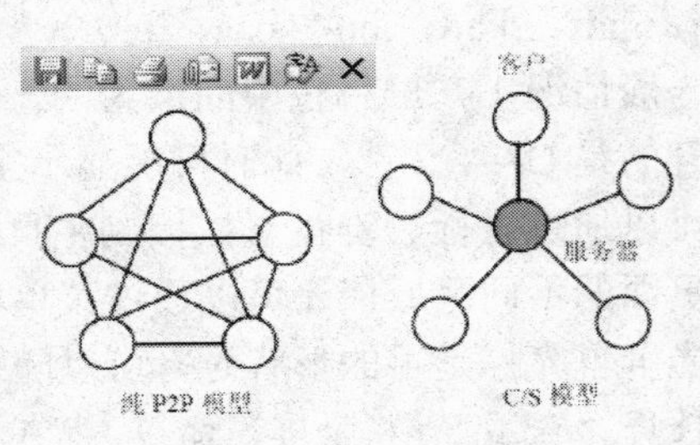

图 8-11 图片工具栏

图像工具栏共有 7 个按钮，从左到右分别是：

① 保存此图像。

② 将此图像复制到剪贴板。

③ 打印此图像。

④ 在电子邮件中发送此图像。

⑤ 将此图像发送到 WORD。

⑥ 使用文字识别转换此图像（要首先安装文字识别模块）。

⑦ 关闭图像工具栏。

（6） 搜索文本。

选择“编辑”|“搜索”命令，搜索窗口将会出现，一般在屏幕的右边，如图 8-12 所示。

在编辑窗口里输入将要搜索的文本，选择搜索的范围，新版本里增加了多种检索范围：

① 在当前活动文档中搜索，搜索结果都将在窗口下部的列表框里显示，搜索完成后主页面上将显示搜索到的第一条文本，点击不同的搜索结果，主页面将进入到相应的区域。

② 在所有打开的文档中搜索，搜索结果都将在窗口下部的列表框里显示，搜索完成后主页面上将显示搜索到的第一条文本，点击不同的搜索结果，主页面将进入到相应的区域。

③ 在 PDL 中搜索，如果安装了个人数字图书馆将打开该软件，并在该软件中搜索，搜索结果在个人数字图书馆中显示。

④ 选择范围搜索，选择一个目录进行搜索，将搜索所有 CAJViewer 可以打开的文件，搜索结果都将在窗口下部的列表框里显示，搜索完成后主页面上将显示搜索到的第一条文本，点击不同的搜索结果，主页面将进入到相应的区域，如果文件没有打开将首先打开文件。

⑤ 在 CNKI 中搜索，将弹出浏览器（一般是 MS Internet Explorer）显示搜索结果。

⑥ 在 Google 中搜索，将弹出浏览器（一般是 MS Internet Explorer）显示搜索结果。

⑦ 在百度中搜索，将弹出浏览器（一般是 MS Internet Explorer）显示搜索结果。

（7） 文字识别。

选择“工具”|“文字识别”命令，当前页面上的光标变成文字识别的形状，按下鼠标左键并拖动，可以选择一页上的一块区域进行识别，识别结果将在对话框中显示，并且允许修改，做进一步的操作，如图 8-13 所示。

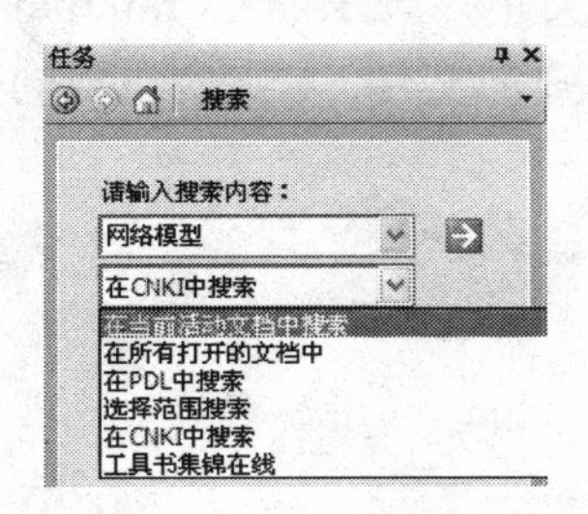

图 8-12　软件搜索功能

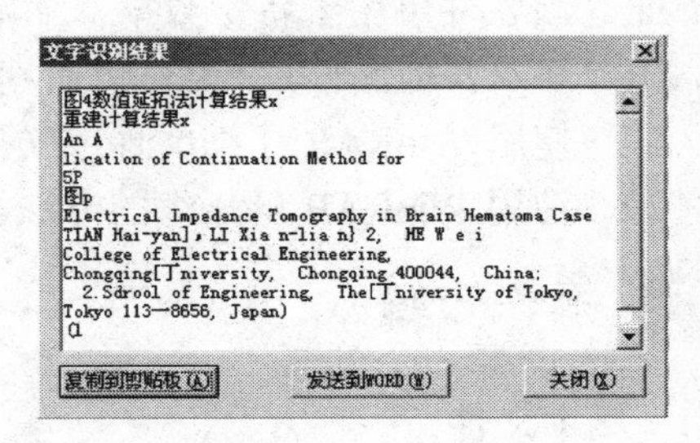

图 8-13　文字识别

点击“复制到剪贴板”，编辑后的所有文本都将被复制到 Windows 系统的剪贴板上；点击“发送到 Word”，编辑后的所有文本都将被发送到微软 Office 的 Word 文档中。如果 Word 没有在运行，将先使之运行。

该功能使用了清华文通的 OCR 识别技术，安装了该软件包方可使用本功能。

（8） 预览和打印。

该版本增加打印预览功能，预览打印效果，通过选择“文件”|“打印预览”命令即可打开打印预览界面；选择“文件|打印”命令，将弹出打印对话框，用户可根据自己需求进行打

印设置。

【知识链接】

1. 清华文通 OCR 简介

OCR 是英文 Optical Character Recognitiond 的缩写，意思为光学字符识别，通称为汉字识别，它的工作原理为通过扫描仪或数码相机等光学输入设备获取纸张上的文字图片信息，利用各种模式识别算法分析文字形态特征，判断出汉字的标准编码，并按通用格式存储在文本文件中，由此可看出，OCR 实际上是让计算机认字，实现文字自动输入。它是一种非常快捷、省力的文字输入方法。TH 是 TsingHua 的缩写，TH-OCR 代表清华文通公司开发的 OCR 软件。

8.4 教学案例：WinRAR 压缩软件

【任务】老师让学生把作业通过网络提交到指定的邮箱，可是王刚把作业作为附件发送的时候遇到了点难题，他的作业有点大，提交不了，于是特别着急。这时刘洋告诉了他一种方法，利用文件的压缩技术使王刚顺利提交了作业。该任务包含以下内容：

（1） 下载并安装 WinRAR。

（2） 使用 WinRAR 压缩文件。

（3） 使用 WinRAR 解压缩文件。

8.4.1 学习目标

本节主要学习使用 WinRAR 压缩工具对文件进行压缩和解压缩。通过本节的学习，掌握 WinRAR 的常用操作方法。

8.4.2 相关知识

WinRAR 是一款功能强大的压缩包管理器，它是档案工具 RAR 在 Windows 环境下的图形界面。该软件可用于备份数据，缩减电子邮件附件的大小，解压缩从 Internet 上下载的 RAR、ZIP 2.0 及其他文件，并且可以新建 RAR 及 ZIP 格式的文件。本案例主要的知识点有：

（1） 使用 WinRAR 压缩文件或文件夹的方法。

（2） 使用 WinRAR 解压缩的方法。

8.4.3 操作步骤

1. 压缩文件

搜索出本地计算机所有的*.jpg 文件，将其压缩到一个名为 pic 的压缩文件中，并将 pic 存放到 D 盘。

（1） 搜索出计算机中的*.jpg 文件，将其复制到一个任意命名的文件夹中。

（2） 右键单击此文件夹，从快捷菜单中选择“添加到压缩文件”命令，弹出如图 8-14 的对话框。

（3） 在图 8-14 所示的对话框中，将压缩文件名改为“pic.rar”。

（4） 单击“浏览”按钮，选择保存位置为 D 盘根目录。

（5） 单击“确定”按钮，WinRAR 将执行压缩任务，完成后即生成压缩文件。

2.　解压缩文件

将 pic.rar 文件解压缩到 E 盘根目录。

（1）　双击 pic.rar 文件，在弹出窗口中单击“解压到”命令；或右击 pic.rar 后在弹出的快捷菜单中选择“解压文件”命令，都会弹出如图 8-15 所示的对话框。

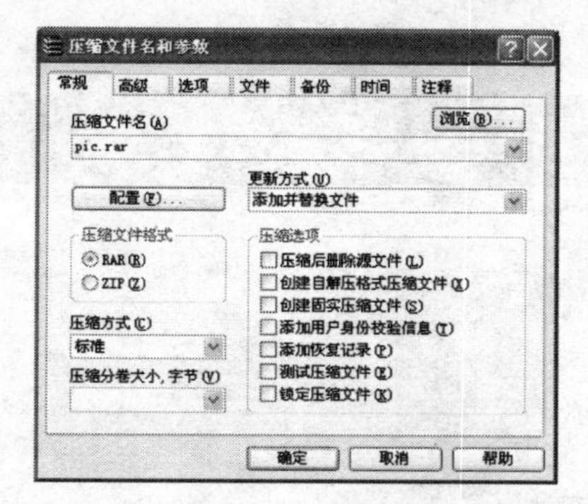

图 8-14　“压缩文件名和参数”对话框

图 8-15　“解压路径和选项”对话框

（2）　在图 8-15 中的“目标路径”文本框中输入“E:\”，单击“确定”按钮，WinRAR 将执行解压操作，完成后即在 E 盘根目录下生成名为“pic”的包含*.jpg 文件的文件夹。

8.5　教学案例：杀毒软件 360 安全卫士

【任务】陈东同学在机房从网上下载学习资料，把下载的资料保存在随身携带的 U 盘，当他打开 U 盘查看时，发现 U 盘里原来保存的文件夹不翼而飞了，这可把他给急坏了。他赶忙向老师请教，老师告诉他都是病毒惹的祸，让他下载 360 安全卫士就能轻松解决问题。该任务包含有以下内容：

（1）　下载并安装 360 安全卫士。

（2）　使用 360 安全卫士对电脑进行体检、查杀木马、清理恶评插件。

（3）　使用 360 安全卫士管理应用软件。

（4）　使用 360 安全卫士修复系统漏洞、清理电脑垃圾。

8.5.1　学习目标

本节主要学习 360 安全卫士的常用操作。通过本节学习，掌握 360 安全卫士在查杀流行木马、清理恶评插件、管理应用软件、修复系统漏洞等方面的操作方法。

8.5.2　相关知识

（1）　360 安全卫士的下载和安装。

（2）　360 安全卫士的常用操作。

8.5.3　操作步骤

1.　电脑体检

双击“360 安全卫士”图标，自动进入如图 8-16 所示为电脑体检界面。单击“立即体检”

按钮，360 安全卫士会对你的电脑进行全面体检。

2. 木马查杀

单击图 8-16 中的“查杀木马”选项卡进入如图 8-17 的木马查杀界面，可以选择“快速扫描”、“全盘扫描”或“自定义扫描”来检查电脑里是否存在木马程序。扫描结束后若出现疑似木马，可以选择删除或加入信任区。

图 8-16　电脑体检界面

图 8-17　木马查杀界面

3. 清理插件

单击图 8-17 中的“清理插件”选项卡，单击“开始扫描”按钮，360 安全卫士会扫描电脑中的所有插件，并给出清理建议，用户可以根据需要选择是否要清理插件，如图 8-18 所示。

4. 修复漏洞

单击“系统修复”选项卡，进入 8-19 所示界面，可以查看系统是不是有漏洞，也可以单击右下角的“重新扫描”加以确认。

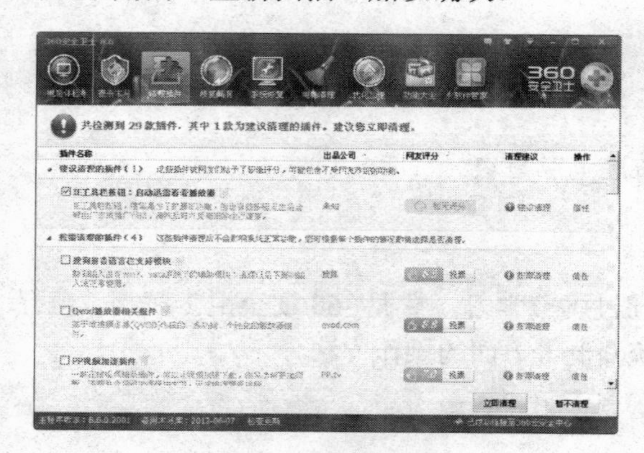

图 8-18　清理插件界面

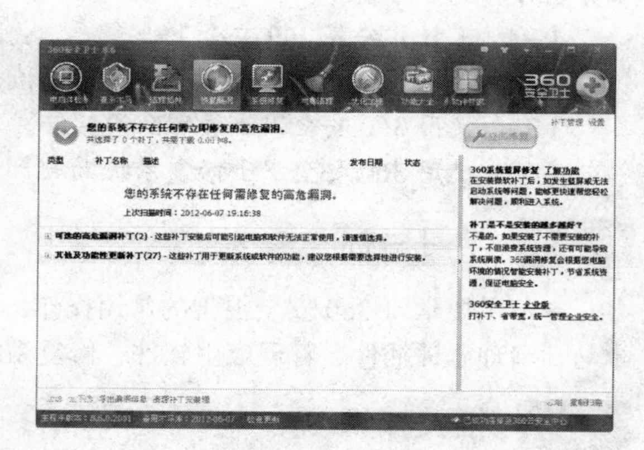

图 8-19　修复漏洞选项卡

5. 电脑清理

单击“电脑清理”，进入 8-20 所示的界面，可以勾选需要清理的垃圾文件种类并点击“开始扫描”。如果不清楚哪些文件该清理，哪些文件不该清理，可点击“推荐选择”，让 360 安全卫士来为用户做合理的选择，扫描结束后，单击“立即清理”即可。

6. 软件管家

单击“软件管家”可以浏览 360 给我们提供的安全的常用软件，也可以使用“软件卸载”卸载本机上安装的软件等，如图 8-21 所示。

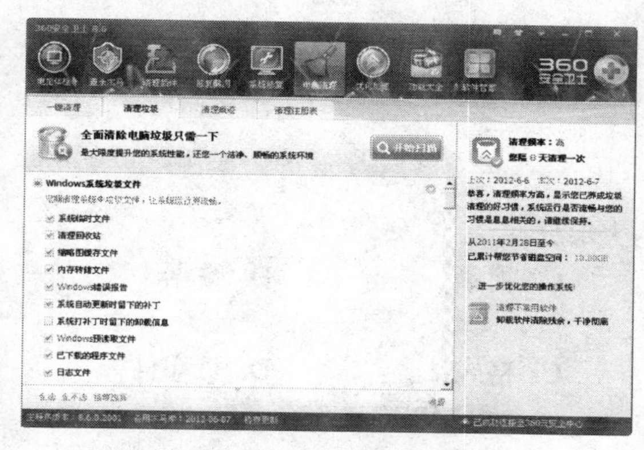

图 8-20　电脑清理界面

图 8-21　软件卸载窗口

8.6 实训内容

8.6.1 使用 QQ 软件

1. 实训目标

（1） 掌握即时通信软件 QQ 下载和安装。
（2） 掌握即时通信软件 QQ 的应用。

2. 实训要求

（1） 利用即时通信软件 QQ 收发消息。
（2） 使用即时通信软件 QQ 发送离线文档。
（3） 使用即时通信软件 QQ 截取图像。

3. 相关知识点

（1） 使用 QQ 收发离线文件。
（2） 使用 QQ 截取图像。
（3） QQ 软件的个性化设置。

8.6.2 使用 ACDSee 处理照片

1. 实训目标

（1） 掌握图像查看工具 ACDSee 软件的下载与安装。
（2） 掌握图像查看工具 ACDSee 查看、处理图像的方法。

2. 实训要求

（1） 利用图像查看工具 ACDSee 查看个人图片。
（2） 使用 ACDSee 的图片处理功能处理个人图片。

3. 相关知识点

（1） 图像查看工具 ACDSee 浏览图片的方法；

（2） 图像查看工具 ACDSee 的常用操作。

习　题

1. 选择题

（1） 多媒体文件包含文件头和________两大部分。

A. 声音　　B. 图像　　C. 视频　　D. 数据

（2） 数据________是多媒体的关键技术。

A. 交互性　　B. 压缩　　C. 格式　　D. 可靠性

（3） 目前通用的压缩编码国际标准主要有________和 MPEG。

A. JPEG　　B. AVI　　C. MP3　　D. DVD

（4） MPEG 是一个________压缩标准。

A. 视频　　B. 音频　　C. 视频和音频　　D. 电视节目

（5） ________在播放前不需要下载整个文件。

A. 流媒体　　B. 静态媒体　　C. 多媒体　　D. 视频媒体

（6） ________音乐可以模拟上千种常见乐器发音，但是不能模拟人们的歌声。

A. WAV　　B. MP3　　C. DVD　　D. MIDI

（7） ________图形的尺寸可以任意变化而不会损失图形的质量。

A. 矢量　　B. 位图　　C. JPG　　D. GIF

（8） 矢量图形是用一组________集合来描述图形的内容。

A. 坐标　　B. 指令　　C. 点阵　　D. 曲线

（9） GIF 文件的最大缺点是最多只能处理________色彩，因此不能用于存储真彩色的大图像文件。

A. 128　　B. 256　　C. 512　　D. 160 万

（10） 截取模拟信号振幅值的过程称为________。

A. 采样　　B. 量化　　C. 压缩　　D. 编码

（11） 使用最广泛和简单的建模方式是________建模方式。

A. 数字化　　B. 结构化　　C. 多媒体化　　D. 多边形

2. 简答题

（1） 什么是多媒体？

（2） 多媒体计算机系统的组成？

（3） 什么是多媒体数据的压缩？多媒体数据的压缩技术的分类？

（4） 计算机中的图形图像从处理方式上可以分为几类？它们分别是什么？

（5） 主流声音文件格式有哪些？

（6） 主流图像文件格式文件格式有哪些？

（7） 常用的多媒体素材制作软件有哪些，并简要介绍其功能。

第9章　新技术介绍

教学目标：

通过本章的学习，使学生了解信息领域的新技术，重点了解物联网、云计算、移动互联网技术、数字产品、数字地球等新领域及新技术，以开阔视野，适应信息社会新技术的迅猛发展需要。

教学内容：

本章主要介绍信息领域的一些新技术，主要包括：

1. 物联网技术的概念、特征及国内外发展状况。
2. 云计算的发展历史、云计算的实践应用、云计算的商业价值。
3. 移动互联网技术概述、特征及国内外发展状况。
4. 苹果产品及苹果操作系统的由来及发展。
5. 数字地球与数字城市概念、特征及国内外发展状况。

教学重点与难点：

1. 物联网的概念和应用。
2. 云计算的概念和应用。
3. 数字地球和数字城市。

9.1　教学案例：物联网技术

【任务】自2009年8月温家宝总理提出“感知中国”以来，物联网被正式列为国家五大新兴战略性产业之一，并写入“政府工作报告”，物联网在中国受到了全社会极大的关注，物联网被预言为继互联网之后新的全球信息化产业浪潮。什么是物联网？物联网的前景如何？让我们共同探索。

9.1.1　学习目标

通过本节内容的学习，使学生初步了解物联网技术的概念、特征及国内外发展状况，使学生更好的跟上信息技术的发展，开拓学生的视野。

9.1.2 相关知识

1. 物联网技术概念

物联网（Internet of Things）技术是通过射频识别（RFID）、红外感应器、全球定位系统、激光扫描器等信息传感设备，按约定的协议，将任何物品与互联网相连接，进行信息交换和通信，以实现智能化识别、定位、追踪、监控和管理的一种网络技术。

“物联网技术”的核心和基础仍然是“互联网技术”，是在互联网技术基础上的延伸和扩展的一种网络技术；其用户端延伸和扩展到了任何物品和物品之间，进行信息交换和通信。通俗的讲就是“通过通信技术实现物物相连的互联网络。”

图 9-1 物联网示意图

物联网充分运用前沿的信息技术使之覆盖到各行各业，具体表现就是把感应器安装或嵌入到对人类有用的物品（如家用电器）或基础设施（如桥梁、公路、隧道、建筑、大坝、油气管网、铁路、电网）上，然后通过与互联网相连，可以实时对“万物”进行“高效、节能、安全、环保”的“管、控、营”一体化监控，实现智能化识别和管理，提高资源利用率和生产力水平，改善人与自然间的关系。

2. 物联网技术发展

物联网这个概念，在中国早在 1999 年就提出来了。不过，当时不叫“物联网”而叫传感网。中科院早在 1999 年就启动了传感网的研究和开发。与其他国家相比，我国的技术研发水平处于世界前列。

2005 年 11 月 27 日，在突尼斯举行的信息社会峰会上，国际电信联盟（ITU）发布了《ITU 互联网报告 2005：物联网》，正式提出了物联网的概念。

物联网概念的问世，打破了之前的传统思维。过去的思路一直是将物理基础设施和 IT 基础设施分开，一方面是机场、公路、建筑物，另一方面是数据中心、个人电脑、宽带等。而在物联网时代，钢筋混凝土、电缆将与芯片、宽带整合为统一的基础设施，在此意义上，基础设施更像是一块新的地球。故也有业内人士认为物联网与智能电网均是智慧地球的有机构成部分。

9.1.3 应用举例

1. 物联网传感器产品已率先在上海浦东国际机场防入侵系统中得到应用。

系统铺设了 3 万多个传感节点，覆盖了地面、栅栏和低空探测，可以防止人员的翻越、偷渡、恐怖袭击等攻击性入侵。上海世博会也与中科院无锡高新微纳传感网工程技术研发中心签下订单，购买防入侵微纳传感网 1500 万元产品。

2. ZigBee 路灯控制系统点亮济南园博园。

ZigBee 无线路灯照明节能环保技术的应用是济南园博园中的一大亮点。园区所有的功能性照明都采用了 ZigBee 无线技术达成的无线路灯控制。

3. 智能交通系统（ITS）

智能交通系统（IntelligentTransportationSystem，简称ITS）是未来交通系统的发展方向，它是将先进的信息技术、数据通信传输技术、电子传感技术、控制技术及计算机技术等有效地集成运用于整个地面交通管理系统而建立的一种在大范围内、全方位发挥作用的，实时、准确、高效的综合交通运输管理系统。ITS 可以有效地利用现有交通设施、减少交通负荷和环境污染、保证交通安全、提高运输效率，因而，日益受到各国的重视。

4. 首家高铁物联网技术应用中心在苏州投用

高铁物联网作为物联网产业中投资规模最大、市场前景最好的产业之一，正在改变人类的生产和生活方式。据中心工作人员介绍，以往购票、检票的单调方式，将在这里升级为人性化、多样化的新体验。刷卡购票、手机购票、电话购票等新技术的集成使用，让旅客可以摆脱拥挤的车站购票；与地铁类似的检票方式，则可实现持有不同票据旅客的快速通行。我国首家高铁物联网技术应用中心2010年6月18日在苏州科技城投用，该中心将为高铁物联网产业发展提供科技支撑。

5. 国家电网首座220千伏智能变电站

2011年1月3日，国家电网首座220千伏智能变电站——无锡市惠山区西泾变电站日前投入运行，并通过物联网技术建立传感测控网络，实现了真正意义上的“无人值守和巡检”。西泾变电站利用物联网技术，建立传感测控网络，将传统意义上的变电设备“活化”，实现自我感知、判别和决策，从而完成自动控制。完全达到了智能变电站建设的前期预想，设计和建设水平全国领先。

6. 首家手机物联网落户广州

将移动终端与电子商务相结合的模式，让消费者可以与商家进行便捷的互动交流，随时随地体验品牌品质，传播分享信息，实现互联网向物联网的从容过度，缔造出一种全新的零接触、高透明、无风险的市场模式。手机物联网购物其实就是闪购。广州闪购通过手机扫描条形码、二维码等方式，可以进行购物、比价、鉴别产品等功能。专家称，这种智能手机和电子商务的结合，是手机物联网的其中一项重要功能。有分析表示，预计2013年手机物联网占物联网的比例将过半，至2015年手机物联网市场规模达6847亿元，手机物联网应用正伴随着电子商务大规模兴起。

9.2 教学案例：云计算

【任务】2012年3月在国务院政府工作报告中云计算被给出了一个政府官方的解释，表达了政府对云计算产业的重视，现在，云计算的新闻和广告铺天盖地，可谓狂沙漫天。人们一时间创造出了大量的以云开头或结尾的新名词：制造云（云制造），商务云（云商务），家电云（云家电）等。云这个字成为了中国汉字中的一个奇迹，它几乎可以被放到任何词的前面或后面，可以说云计算已成为深入到大众心中的一个重要名词。什么是云计算？云计算的前景如何？让我们共同进行探索。

9.2.1 学习目标

通过本节内容的学习，使学生初步了解云计算的发展历史、云计算的实践应用、云计算的商业价值，使学生更好的跟上信息技术的发展，激发学生学习新技术的兴趣。

9.2.2 相关知识

1. 云计算的概述

云计算（Cloud Computing）是基于互联网的相关服务的增加、使用和交付模式，通常涉及通过互联网来提供动态易扩展且经常是虚拟化的资源。云是网络、互联网的一种比喻说法。过去在图中往往用云来表示电信网，后来也用来表示互联网和底层基础设施的抽象。狭义云计算指 IT 基础设施的交付和使用模式，指通过网络以按需、易扩展的方式获得所需资源；广义云计算指服务的交付和使用模式，指通过网络以按需、易扩展的方式获得所需服务。这种服务可以是 IT 和软件、互联网相关，也可是其他服务。它意味着计算能力也可作为一种商品通过互联网进行流通。

由于云计算是近年出现的新技术，所以目前公认的标准定义并没有，不同的厂商站在自己的角度会有不同的表达。例如维基百科对其描述如下：

云计算（Cloud Computing），是一种基于互联网的计算方式，通过这种方式，共享的软硬件资源和信息可以按需提供给计算机和其他设备。整个运行方式很像电网。

云计算是继 1980 年代大型计算机到客户端-服务器的大转变之后的又一种巨变。用户不再需要了解云中基础设施的细节，不必具有相应的专业知识，也无需直接进行控制典型的云计算提供商往往提供通用的网络业务应用，可以通过浏览器等软件或者其他 Web 服务来访问，而软件和数据都存储在服务器上。云计算可以分为以下几个层次：基础设施即服务（IaaS），平台即服务（PaaS）和软件即服务（SaaS）。

互联网上的云计算服务特征和自然界的云、水循环具有一定的相似性，因此，云是一个相当贴切的比喻。通常云计算服务应该具备以下几条特征：

（1） 基于虚拟化技术快速部署资源或获得服务。

（2） 实现动态的、可伸缩的扩展。

（3） 按需求提供资源、按使用量付费。

（4） 通过互联网提供、面向海量信息处理。

（5） 用户可以方便地参与。

（6） 形态灵活，聚散自如。

（7） 减少用户终端的处理负担。

（8） 降低了用户对于 IT 专业知识的依赖。

硅谷动力网站对云计算基本原理的解释为：通过使计算分布在大量的分布式计算机上，而非本地计算机或远程服务器中，企业数据中心的运行将与互联网更相似。这使得企业能够将资源切换到需要的应用上，根据需求访问计算机和存储系统。好比是从古老的单台发电机模式转向了电厂集中供电的模式。它意味着计算能力也可以作为一种商品进行流通，就像煤气、水电一样，取用方便，费用低廉。最大的不同在于，它是通过互联网进行传输的。

2. 云计算的发展

云计算早期的雏形是 1983 年，SUN 公司提出“网络是电脑”（“The Network is the Computer”）的。

2006 年，亚马逊（Amazon）推出弹性计算云（Elastic Compute Cloud；EC2）服务；Google 首席执行官埃里克·施密特（Eric Schmidt）在搜索引擎大会（SES San Jose 2006）首次提出“云计算”（Cloud Computing）的概念。

2007 年，Google 与 IBM 开始在美国大学校园，包括卡内基梅隆大学、麻省理工学院、斯坦福大学、加州大学柏克莱分校及马里兰大学等，推广云计算的计划，这项计划希望能降低分布式计算技术在学术研究方面的成本，并为这些大学提供相关的软硬件设备及技术支持（包括数百台个人电脑及 BladeCenter 与 System x 服务器，这些计算平台将提供 1600 个处理器，支持包括 Linux、Xen、Hadoop 等开放源代码平台）。而学生则可以通过网络开发各项以大规模计算为基础的研究计划。

2008 年，国际知名大公司相继推出云计划，如：Google 宣布在台湾启动“云计算学术计划”，将与台湾台大、交大等学校合作，将这种先进的大规模、快速计算技术推广到校园；IBM（NYSE: IBM）宣布将在中国无锡太湖新城科教产业园为中国的软件公司建立全球第一个云计算中心（Cloud Computing Center）；雅虎、惠普和英特尔宣布一项涵盖美国、德国和新加坡的联合研究计划，推出云计算研究测试床，推进云计算。

2010 年，又有一些国际知名大公司也相继推出云计划，如：Novell 与云安全联盟（CSA）共同宣布一项供应商中立计划，名为可信任云计算计划（Trusted Cloud Initiative）；美国国家航空航天局和包括 Rackspace、AMD、Intel、戴尔等支持厂商共同宣布 OpenStack 开放源代码计划；微软表示支持 OpenStack 与 Windows Server 2008 R2 的集成；而 Ubuntu 已把 OpenStack 加至 11.04 版本中。

2011 年 2 月，思科系统正式加入 OpenStack，重点研制 OpenStack 的网络服务。

9.2.3 应用举例

1. 云存储

云存储是在云计算（cloud computing）概念上延伸和发展出来的一个新的概念，是指通过集群应用、网格技术或分布式文件系统等功能，将网络中大量各种不同类型的存储设备通过应用软件集合起来协同工作，共同对外提供数据存储和业务访问功能的一个系统。当云计算系统运算和处理的核心是大量数据的存储和管理时，云计算系统中就需要配置大量的存储设备，那么云计算系统就转变成为一个云存储系统，所以云存储是一个以数据存储和管理为核心的云计算系统。当前，各大厂商相继进入云存储领域，围绕云存储产业链，推出各自的云存储服务，国外企业，谷歌、亚马逊、微软、苹果及从云存储产品中崛起的互联网公司 Dropbox 来势汹涌，而国内的百度、阿里、联想、华为、酷盘、金山快盘、电信运营商等也动作频频，似乎但凡是互联网企业或 IT 企业，都有云存储方面的产品。

2. 云安全

云安全（Cloud Security）是一个从云计算演变而来的新名词。云安全的策略构想是：使用者越多，每个使用者就越安全，因为如此庞大的用户群，足以覆盖互联网的每个角落，只要某个网站被挂马或某个新木马病毒出现，就会立刻被截获。

云安全通过网状的大量客户端对网络中软件行为的异常监测，获取互联网中木马、恶意程序的最新信息，推送到 Server 端进行自动分析和处理，再把病毒和木马的解决方案分发到每一个客户端。目前推出云安全的安全厂商比较多，著名的有瑞星，360，金山，趋势，熊猫等。

9.3 教学案例：移动互联网技术

【任务】现在日常生活中少不了用手机直接进行即进信息查询，或者用手机 QQ 客户端、飞信客户端与别人进行通信，或者将自己即时拍的照片上传到某个网站上，这些生活中的应用都是实用的移动互联网。什么是移动互联网？移动互联网的前景如何？让我们一起走进移动互联网技术。

9.3.1 学习目标

通过本节内容的学习，初步了解移动互联网技术的基础知识，从而提高学生在这方面的素养，激发学生对这一领域的兴趣，从而更好地将各种移动互联网技术应用于工作和生活。

9.3.2 相关知识

1. 移动互联网技术概述

移动互联网技术，就是将移动通信技术和互联网技术二者结合起来，成为一体。在最近几年里，移动通信技术和互联网技术成为当今世界发展最快、市场潜力最大、前景最诱人的两大业务，它们的增长速度都是任何预测家未曾预料到的，所以移动互联网技术可以预见将会创造怎样的经济神话。一个国家的创新能力，最终是这个国家所掌握的创新的技术在市场竞争中的表现。市场才是衡量创新价值的主要标准，而企业应是国家创新能力的主要体现者。推而广之，如果在 7 亿手机用户这样一个消费群体上建立一个平台，使之广泛应用到企业、商业和农村之中，一定会创造更惊天动地的奇迹。

2. 移动互联网技术发展

2000 年 9 月 19 日，中国移动和国内百家 ICP 首次坐在了一起，探讨商业合作模式。随后时任中国移动市场经营部部长张跃率团去日本 NTTDoCoMo 公司 I-mode 取经，“移动梦网”雏形初现。

2000 年 12 月 1 日开始施行的中国移动通信集团“移动梦网”计划是 2001 年初中国通信、互联网业最让人瞩目的事件。

2001 年 11 月 10 日，中国移动通信的“移动梦网”正式开通。当时官方的宣传称手机用户可通过“移动梦网”享受到移动游戏、信息点播、掌上理财、旅行服务、移动办公等服务。

2008 年 12 月 31 日上午，国务院常务会议研究同意启动第三代移动通信（3G）牌照发放工作，明确工业和信息化部按照程序做好相关工作。

2009 年 1 月 7 日，工业和信息化部在内部举办小型牌照发放仪式，确认国内 3G 牌照发放给三家运营商，为中国移动、中国电信和中国联通发放 3 张第三代移动通信（3G）牌照。由此，2009 年成为我国的 3G 元年，我国正式进入第三代移动通信时代。包括移动运营商、资本市场、创业者等各方急速杀入中国移动互联网领域，一时间，各种广告联盟、手机游戏、手机阅读、移动定位等纷纷获得千万级别的风险投资，3G 概念股票逐步被热炒。

2009 年 10 月下旬开始，工信部联合中央外宣办、公安部等部门印发了整治手机淫秽色情专项行动方案，由此媒体开始陆续曝光手机涉黄情况，中国史无前例的扫黄风暴席卷整个移动互联网甚至 PC 互联网，11 月底，各大移动运营商相继停止 WAP 计费。运营商的计费通道暂停，让大批移动互联网企业思考新的支付通道和运营模式，而神州行支付卡等第三方支付手段逐步成为众多移动互联网企业最主要的支付通道。

2010 年 3 月 10 日，中国移动全资附属公司广东移动与浦发银行签署合作协议，以人民币 398 亿元收购浦发银行 22 亿新股，中国移动将通过全资附属公司广东移动持有浦发银行 20%股权，并成为浦发银行第二大股东，中国手机支付领域再掀起波浪。

9.3.3 应用举例

1. 资讯定制服务

以新闻定制为代表的媒体短信服务，是许多普通用户最早的也是大规模使用的短信服务。对于像搜狐、新浪这样的网站而言，新闻短信几乎是零成本，他们几乎可以提供国内最好的媒体短信服务。目前这种资讯定制服务已经从新闻走向社会生活的各个领域，股票、天气、商场、保险等。

2. 移动 QQ 服务

移动 QQ 帮助腾讯登上了“移动梦网”第一信息发送商的宝座。通过移动 QQ 和 QQ 信使服务，使手机用户和 QQ 用户实现双向交流，一下子将两项通信业务极大地增值了。

3. 娱乐服务

娱乐短信业务现在已经被作为最为看好的业务方向，世界杯期间各大 SP（Service Provider）推出的短信娱乐产品深受用户的欢迎，使用量狂增。原因很简单，娱乐短信业务是最能发挥手机移动特征的业务。

移动梦网的进一步发展将和数字娱乐紧密结合，而数字娱乐产业是体验经济的最核心领域。随着技术的进步，MMS 的传送将给短信用户带来更多更新的娱乐体验。

4. 手机上网服务

手机上网主要提供两种接入方式：手机+笔记本电脑的移动互联网接入；移动电话用户通过数据套件，将手机与笔记本电脑连接后，拨打接入号，笔记本电脑即可通过移动交换机的网络互联模块 IWF，接入移动互联网。智能手机上网，智能手机是移动信息化建设中最具有诱人前景的业务之一，是最具个人化特色的电子商务工具。移动用户通过使用智能手机直接通过 3G 网接入互联网，中国移动、中国联通中国电信均已开通了手机上网业务，覆盖了国内所有城市、乡镇。

从目前来看，主要是三大方面的应用，即公众服务、个人信息服务和商业应用。公众服务可为用户实时提供最新的天气、新闻、体育、娱乐、交通及股票等信息。个人信息服务包括浏览网页查找信息、查址查号、收发电子邮件和传真、统一传信、电话增值业务等，其中电子邮件可能是最具吸引力的应用之一。商业应用除了办公应用外，恐怕移动商务是最主要、最有潜力的应用了。股票交易、银行业务、网上购物、机票及酒店预订、旅游及行程和路线安排、产品订购可能是移动商务中最先开展的应用。

9.4 教学案例：苹果产品及苹果操作系统

【任务】苹果 iPad、iPhone 和 iMac 在中国十分流行，拥有一款苹果产品已经成为青年人的时尚追求，对于一些顾客而言，苹果的产品已经成为了社会地位的象征。苹果产品在中国的风靡同时也催生出了“仿冒”产品的发展。怎样识别苹果产品？苹果操作系统的特点是什么？

9.4.1 学习目标

通过本节内容的学习，使学生初步了解苹果产品和苹果操作系统的发展历史、苹果公司的产品，使学生更好地了解信息技术的发展，开拓视野。

9.4.2 相关知识

1. 苹果产品及苹果操作系统概述

（1） 苹果产品。

① 苹果电脑（MAC）。

② 个人数码影音随身听（IPOD）。

③ 移动电话（IPHONE）。

④ 平板电脑（IPAD）。

（2） 苹果操作系统。

乔布斯宣称苹果的灵魂并不是硬件，而是其操作系统。诚然现在我们一提到 Apple，最先想到的就是那美轮美奂，可以称之为艺术精品的 MAC OS X。自从苹果在 2001 年正式发布 MAC OS X 起，很多 PC 用户就被 MAC OS X 的唯美风格所征服，开始纷纷以在 Windows 系统中模拟出惟妙惟肖的 MAC OS X 操作环境为荣，在他们眼里 MAC OS X 不单单是一个操作系统，更是一件艺术品，一种生活的态度。

2012 年，苹果于北京时间 6 月 12 日凌晨 1 时在旧金山举办全球开发者大会（WWDC），CEO 库克发表主题演讲，并发布 iOS 6、Mac OS X Mountain Lion 操作系统，及新一代 MacBook 产品。

2. 苹果公司的发展概述

（1） LOGO 来源。

在史蒂夫·乔布斯、史蒂夫·沃兹尼亚克和罗纳德·韦恩（Ronald Wayne）三人决定成立公司时，乔布斯正好从一次旅行回来，他向沃兹建议把公司命名为苹果电脑。最初的 LOGO 在 1976 年由创始人三人之一韦恩设计，只在生产 Apple-I 时使用，为牛顿坐在苹果树下看书的钢笔绘画。在 1976 年由乔布斯决定重新委托广告设计，并配合 Apple-2 的发行使用，本次 LOGO 确定使用了彩虹色、具有一个缺口的苹果图像。这个 LOGO 一直使用至 1998 年，在 iMac 发布时作出修改，变更为单色系列。2007 年再次变更为金属带有阴影的银灰色，使用至今。

（2） 苹果的发展历程。

苹果 LOGO 的来源为 2001 年的英国电影 *Enigma*，在该部电影中虚构了前述有关图灵自杀与苹果公司 LOGO 关系的情节，被部分公众以及媒体讹传。而苹果 LOGO 的设计师在一次采访中亲自证实这个 LOGO 与图灵（或者其他的猜测，比如，被夏娃咬的那个苹果）无关。

苹果电脑公司第一个产品被命名 Apple I。当时大多数的电脑没有显示器，Apple I 却以电视机作为显示器。对比起后来的显示器，Apple I 的显示功能只能缓慢地每秒显示 60 字。此外，主机的 ROM 包括了引导（Bootstrap）代码，同时沃兹也设计了一个用于装载和储存程序的卡式磁带接口，以 1200b/s 的高速运行。虽然设计相当简单，但它仍然是一件杰作，而且比其他同等级的主机需用的零件少，使沃兹赢得了设计大师的名誉。最终一共生产了 200 部。

图 9-2　Apple Iic：早期苹果电脑

此后，沃兹成功设计出比 Apple I 更先进的 Apple II。1977 年 1 月，苹果电脑公司正式注册成为苹果电脑有限公司。同年 4 月，Apple II 在首届的西岸电脑展览会（West Coast Computer Fair）首次面世。

2001 年，苹果推出了 Mac OS X，一个基于乔布斯的 NeXTStep 的操作系统。它最终整合了 UNIX 的稳定性、可靠性和安全性，和 Macintosh 界面的易用性，并同时以专业人士和消费者为目标市场。OS X 的软件包括了模拟旧系统软件的方法，使它能执行在 OS X 以前编写的软件。通过苹果的 Carbon 库，在 OS X 前开发的软件相对容易地配合和利用 OS X 的特色。2001 年 10 月推出的 iPod 数码音乐播放器大获成功，虽然并非是市面上首款便携式 MP3 播放器，但因其精良的设计及舒适的手感而大受好评，配合其独家的 iTunes 网络付费音乐下载系统，一举击败索尼公司的 Walkman 系列成为全球占有率第一的便携式音乐播放器，随后推出的数个 iPod 系列产品更加巩固了苹果在商业数字音乐市场不可动摇的地位。到了 2007 年，苹果宣布售出第一亿部 iPod，是史上销售速度最快的 MP3 播放器。而自首次推出 iPod 以来，苹果现已推出超过二十款 iPod 产品。

2005 年 6 月 6 日的 WWDC 大会上，CEO 乔布斯宣布从 2006 年起 Mac 的产品将开始使用英特尔公司所制造的 CPU（英特尔酷睿）。

2006 年 4 月 5 日，苹果电脑推出允许采用英特尔微处理器的 Mac 电脑运行微软 Windows XP 的软件 Boot Camp。它简化了在 Mac 上安装 Windows 的任务，有一步一步的指导，用户还能够在重启机器时选择是采用 Mac OS X 还是 Windows。

2007 年 1 月 9 日，苹果电脑公司正式推出 iPhone 手机，并宣布更名为苹果公司。

2008 年 10 月 15 日，苹果公司推出经过全新设计的 MacBook、MacBook Pro 系列笔记本电脑和新产品 Apple LED Cinema Display 显示器。新产品 Apple LED Cinema Display，是苹果公司专门为 MacBook 设计的显示器，也是苹果公司第一款采用 LED 材质的大型独立显示器。

2010 年，苹果公司推出平板电脑产品 iPad，定位介于 iPhone 和 MacBook 之间，采用 iPhone OS 操作系统的修改版。

2011年，苹果公司推出了iPad 2、Mac Os X lion、iOS 5、iCloud、iPhone 4S的产品。

9.4.3 应用举例

1. 个人数位音乐播放器

这类包含了大家耳熟能详的iPod classic、iPod nano、iPod shuffle以及除了没有电话功能，其余功能都能和iPhone媲美的播放器iPod touch。

2. 笔记本型电脑

这类包含了MacBook、MacBook Pro、以及拥有最纤细身材的MacBook Air，其拥有最厚部分只有1.73厘米厚，而最薄部分更只有0.28cm厚度优秀生产水准。

3. 个人电脑

这类包含了Mac Pro和iMac两个最新的桌上型电脑，iMac是一款针对消费者和教育市场一体化的Mac电脑系列，显示器已经和主机结合为一体，减少了占地空间，只需添置鼠标及键盘就能够完成对iMac的体验。

4. 小型桌面电脑

这类包含了Mac mini，这个设备相当于一个电脑主机，它大约有一本普通书籍的大小，预先安装了Mac OS X操作系统，所以只需购置显示器以及鼠标或其他外接操作设备即可使用。

5. 移动电话

这类包含了iPhone、iPhone 3G、iPhone 3GS、iPhone 4已经最新一代iPhone 4s，iPhone 4s拥有先进的Apple A5处理器，搭载了Siri语音助理系统，提供了人机互动的可能。

6. 平板电脑

这类包含了iPad以及iPad 2两款产品，iPad可以说是掀起平板电脑革命性的产品之一，它拥有多点触碰的良好操作体验，并且能够胜任诸如浏览互联网、收发电子邮件、观看电子书、播放音讯或视讯、玩游戏等功能。

9.5 教学案例：数字地球与数字城市

【任务】1998年美国副总统戈尔在加利福尼亚科学中心开幕典礼上发表的题为“数字地球：21世纪认识地球的方式”演说时，提出了数字地球概念。数字地球是什么样的？怎样才是真正的数字城市？让我们共同来探索。

9.5.1 学习目标

通过本节内容的学习，使学生初步了解数字地球和数字城市的概念、特征及国内外发展状况，开拓学生学习新技术的视野。

9.5.2 相关知识

1. 数字地球的概念和发展

数字地球（digital earth）：以地球坐标为依据的、具有多分辨率的海量数据和多维显示的地球虚拟系统。属于地理学一级学科下的地球信息科学学科。

数字地球被看成是“对地球的三维多分辨率表示、它能够放入大量的地理数据”，是关于整个地球、全方位的 GIS 与虚拟现实技术、网络技术相结合的产物。其核心思想是用数字化的手段来处理整个地球的自然和社会活动诸方面的问题，最大限度地利用资源，并使普通百姓能够通过一定方式方便地获得他们所想了解的有关地球的信息，其特点是嵌入海量地理数据，实现多分辨率、三维对地球的描述，即“虚拟地球”。通俗地讲，就是用数字的方法将地球、地球上的活动及整个地球环境的时空变化装入电脑中，实现在网络上的流通，并使之最大限度地为人类的生存、可持续发展和日常的工作、学习、生活、娱乐服务。

2. 数字地球的技术基础

严格地讲，数字地球是以计算机技术、多媒体技术和大规模存储技术为基础，以宽带网络为纽带运用海量地球信息对地球进行多分辨率、多尺度、多时空和多种类的三维描述，并利用它作为工具来支持和改善人类活动和生活质量。

要在电子计算机上实现数字地球不是一个很简单的事，它需要诸多学科，特别是信息科学技术的支撑。这其中主要包括：信息高速公路和计算机宽带高速网络技术、高分辨率卫星影像、空间信息技术、大容量数据处理与存贮技术、科学计算以及可视化和虚拟现实技术。

3. 数字城市的概念

数字城市（digital city）是以计算机技术、多媒体技术和大规模存储技术为基础，以宽带网络为纽带，运用遥感、全球定位系统、地理信息系统、遥测、仿真-虚拟等技术，对城市进行多分辨率、多尺度、多时空和多种类的三维描述，即利用信息技术手段把城市的过去、现状和未来的全部内容在网络上进行数字化虚拟实现。

“数字城市”系统是一个人地（地理环境）关系系统，它体现人与人、地与地、人与地相互作用和相互关系，系统由政府、企业、市民、地理环境等，既相对独立又密切相关的子系统构成。

4. 数字城市的诞生

1999 年 11 月 29 日至 12 月 2 日在北京召开了首届国际“数字地球”大会。从这之后，与“数字地球”相关相似的概念层出不穷。“数字中国”、“数字省”、“数字城市”、“数字化行业”、“数字化社区”等名词充斥报端和杂志，成了当前最热门的话题之一。

“数字城市”仍是一个概念，它是“数字地球”的一个组成部分，可以看作是一个系统工程或发展战略，但不能看作是一个项目或一个系统。它可能包括了很多系统，但是要对它下一个确切的定义是很难的，也难以界定哪些是属于数字城市的内容，到了什么样的信息化水平可以看作是实现了数字城市。

5. 数字城市的技术基础

“数字城市”虽然不只含有一个系统，但从广义上说仍属于计算机及网络所支持的系统群集。因而它具有计算机信息系统的基本特征，有比较严密的逻辑结构。

（1） 宽带网络。

“数字城市”涉及到大量图形、影像、视频等多媒体数据，数据量非常大，目前的因特网难以胜任，必须使用宽带网络。城市宽带网技术发展很快，据报道，国内已有城市开始建立每秒 10G 的宽带网络。这种宽带网络可以满足“数字城市”的需要。但是，要特别注意网络的互联与接口问题。中国城市的宽带网建设可能会以企业为主，中国电信放开经营以后，一些有实力的企业都盯住城市宽带网建设，这样形成竞争的局面是一件好事，不过它可能会形成美国那样多家公司的通信电缆都通到一个小区，小区用户可以任意选择一家的电话或 Internet。如果协调得好，这也未尝不可，但是如果协调不好，它不仅造成电缆资源的浪费，甚至相互封闭，互不联通，或通过“很远”的路径联通，造成许多不便。所以建立“数字城市”首先要把网络建设规划和高效联通的问题协调好，千万不能造成相互割据的局面。

（2） 海量存储。

除了网络外，计算机服务器与存贮设备是一个至关重要的问题。由于“数字城市”涉及地理数据，数据量大，一个大中型城市的数据可能以 TB 计算。当前计算机的硬件已经能够满足这些要求，多 CPU 高性能服务器的价格大幅降低，上千 GB 的 Raid 硬盘也相当便宜。“数字城市”的数据存储可能是采用多服务器，分布式管理，如何将它们有效连接和协调管理是"数字城市"建设的关键技术。

（3） 联邦数据库。

联邦数据库（Federated DataBase）的概念有别于分布式数据库和数据仓库。分布式数据库和数据仓库一般是指同种同类数据的组织管理。除了包含分布式的概念以外，它还指异构数据库和空间数据的多比例尺数据库。异构数据有两个概念，一个是同一种类型的数据，使用不同数据库管理系统管理，如矢量图形数据或属性数据，不同的部门采用不同的系统管理，它们的数据类型相同，只是数据的物理存贮结构不同，形成异构数据；另一个概念是数据的类型也不相同，如 DEM 数据和影像数据，它们与矢量图形数据的类型不同。

（4） 数字城市的数据类型。

数字城市的数据类型一般包含五种类型：二维矢量图形数据、影像数据、数字高程模型数据、属性表格数据、城市三维图形与纹理数据。由于城市各部门的应用不同，它们可能还是多比例尺的和分布式的。

（5） 数据共享。

数据共享是“数字城市”建设需要解决的核心问题，除了政策和行政协调方面需要解决的问题外，技术上仍有大量的问题需要解决。数据共享有多种方法，其中最简单的方法是通过数据转换，不同的部门分别建立不同的系统，当要进行数据集成或综合应用时，先将数据进行转换，转为本系统的内部数据格式再进行应用。我国已经颁布了“地球空间数据交换格式标准”，使用该标准可以进行有效的数据转换。建立“数字城市”应该追求直接的实时的数据共享，用户可以任意调入“数字城市”各系统的数据，进行查询和分析，实现不同数据类型、不同系统之间的互操作。

（6） 可视化与虚拟现实。

“数字城市”的基础之一是地理空间数据，这就为空间数据的可视化提供了一个展示丰富多彩的现实世界的一个机会。“数字城市”的空间数据包括二维数据和三维数据。二维数据的可视化问题已基本解决，剩余的问题属于艺术加工的范畴，三维数据的可视化或者说虚拟现实技术目前仍是一个难点。如何高效逼真地显示我们的“数字城市”是我们需要尽快解决的一个问题。

（7）　超链接技术。

因特网得益于万维网的超链接技术，它将世界各地的网站通过 IP 地址超链接起来，忽略了空间距离。“数字城市”将来也有很多的系统，需要把它们超链接起来。从硬件技术和网络协议上说，超文本链接的问题已经解决，但是“数字城市”涉及到图形、图像等数据，远没有超文本链接那么简单。这里需要涉及到前面所说的许多技术，特别是互操作技术。当前我们已经进行了一系列研究工作，实现“数字城市”各系统之间的超链接已为期不远。

9.5.3 应用举例

1. 数字地球的应用

（1）　对全球变化与社会可持续发展的作用。

全球变化与社会可持续发展已成为当今世界人们关注的重要问题，数字化地球为我们研究这一问题提供了非常有利的条件。在计算机中利用数字地球可以对全球变化的过程、规律、影响以及对策进行各种模拟和仿真，从而提高人类应付全球变化的能力。数字地球可以广泛地应用于对全球气候变化，海平面变化，荒漠化，生态与环境变化，土地利用变化的监测。与此同时，利用数字地球，还可以对社会可持续发展的许多问题进行综合分析与预测，如：自然资源与经济发展，人口增长与社会发展，灾害预测与防御等。

（2）　数字地球对社会经济和生活的影响。

数字地球将容纳大量行业部门、企业和私人添加的信息，进行大量数据在空间和时间分布上的研究和分析。例如国家基础设施建设的规划，全国铁路、交通运输的规划，城市发展的规划，海岸带开发，西部开发。从贴近人们的生活看，房地产公司可以将房地产信息链接到数字地球上；旅游公司可以将酒店、旅游景点，包括它们的风景照片和录像放入这个公用的数字地球上；世界著名的博物馆和图书馆可以将其收藏以图像、声音、文字形式放入数字地球中；甚至商店也可以将货架上的商店制作成多媒体或虚拟产品放入数字地球中，让用户任意挑选。另外在相关技术研究和基础设施方面也将会起推动作用。因此，数字地球进程的推进必将对社会经济发展与人民生活产生巨大的影响。

（3）　数字地球与精细农业。

22 世纪农业要走节约化的道路，实现节水农业、优质高产无污染农业。这就要依托数字地球，每隔 3～5 天给农民送去他们的庄稼地的高分辨率卫星影像，农民在计算机网络终端上可以从影像图中获得他的农田里庄稼的长势征兆，通过 GIS 作分析，制定出行动计划，然后在车载 GPS 和电子地图指引下，实施农田作业，及时地预防病虫害，把杀虫剂、化肥和水用到必须用的地方，而不致使化学残留物污染土地、粮食和种子，实现真正的绿色农业。这样一来，农民也成了电脑的重要用户，数字地球就这样飞入了农民家。到那时农民也需要有组织，有文化，掌握高科技。

（4）　数字地球与智能化交通。

智能运输系统是基于数字地球建立国家和省市、自治区的路面管理系统、桥梁管理系统、交通阻塞、交通安全以及高速公路监控系统，并将先进的信息技术、数据通讯传输技术、电子传感技术、电子控制技术以及计算机处理技术等有效地集成运用于整个地面运输管理体系而建立起的一种在大范围内、全方位发挥作用的，实时、准确、高效的综合运输和管理系统，实现运输工具在道路上的运行功能智能化。从而，使公众能够高效地使用公路交通设施和能源。具体地说，该系统将采集到的各种道路交通及服务信息经交通管理中心集中处理后，传输到公路运输系统的各个用户（驾驶员、居民、警察局、停车场、运输公司、医院、救护排障等部门），出行者可实时选择交通方式和交通路线；交通管理部门可自动进行合理的交通疏导、控制和事故处理；运输部门可随时掌握车辆的运行情况，进行合理调度。从而，使路网上的交通流运行处于最佳状态，改善交通拥挤和阻塞，最大限度地提高路网的通行能力，提高整个公路运输系统的机动性和安全性。

对于公路交通而言，ITS 将产生的效果主要包括以下几个方面：

① 提高公路交通的安全性。

② 降低能源消耗，减少汽车运输对环境的影响。

③ 提高公路网络的通行能力。

④ 提高汽车运输生产率和经济效益，并对社会经济发展的各方面都将产生积极的影响。

（5） 数字地球与虚拟城市。

基于高分辨率正射影像、城市地理信息系统、建筑 CAD，建立虚拟城市和数字化城市，实现真三维和多时相的城市漫游、查询分析和可视化。数字地球服务于城市规划、市政管理、城市环境、城市通讯与交通、公安消防、保险与银行、旅游与娱乐等，为城市的可持续发展和提高市民的生活质量等。

（6） 数字地球为专家服务。

顾名思义，数字地球是用数字方式为研究地球及其环境的科学家尤其是地学家服务的重要手段。地壳运动、地质现象、地震预报、气象预报、土地动态监测、资源调查、灾害预测和防治、环境保护等等无不需要利用数字地球。而且数据的不断积累，最终将有可能使人类能够更好地认识和了解我们生存和生活的这个星球，运用海量地球信息对地球进行多分辨率、多时空和多种类的三维描述将不再是幻想。

（7） 数字地球与现代化战争。

在现代化战争和国防建设中，数字地球具有十分重大意义。建立服务于战略、战术和战役的各种军事地理信息系统，并运用虚拟现实技术建立数字化战场，其中包括地形地貌侦察、军事目标跟踪监视、飞行器定位、导航、武器制导、打击效果侦察、战场仿真、作战指挥等方面。在战争开始之前需要建立战区及其周围地区的军事地理信息系统；战时利用 GPS、RS 和 GIS 进行战场侦察，信息的更新，军事指挥与调度，武器精确制导；战时与战后的军事打击效果评估等。而且，数字地球是一个典型的平战结合，军民结合的系统工程，建设中国的数字地球工程符合我国国防建设的发展方向。

2. 数字城市的应用

数字城市的广泛应用，对城市的繁荣稳定及可持续发展都有着巨大的促进和推动作用。主要表现在以下方面：

（1） 城市设施的数字化。

在统一的标准与规范基础上，实现设施的数字化，这些设施包括：城市基础设施（建筑设施、管线设施、环境设施）、交通设施（地面交通、地下交通、空中交通）、金融业（银行、保险、交易所）、文教卫生（教育、科研、医疗卫生、博物馆、科技馆、运动场、体育馆，名胜古迹)；安全保卫（消防、公安、环保）、政府管理（各级政府、海关税务、户籍管理与房地产）、城市规划与管理（背景数据、城市监测、城市规划）。

（2） 城市网络化。

电话网、有线电视网与 Internet，三网实现互联互通；通过网络将分散的分布式数据库、信息系统连接起来，建立互操作平台；建立数据仓库与交换中心、数据处理平台、多种数据的融合与立体表达。

（3） 城市智能化。

城市智能化方面包括：

① 电子商务：网上贸易、虚拟商场、网上市场管理。

② 电子金融：网上银行、网上股市、网上期货、网上保险。

③ 网上教育：虚拟教室、虚拟试验、虚拟图书馆。

④ 网上医院：网上健康咨询、网上会诊、网上护理。

⑤ 网上政务：网上会议等。

“数字城市”是一个庞大的系统工程，它是城市发展和社会信息化的必然趋势，也是城市发展的新的经济增长点，目前的技术已基本成熟。

9.6 实训内容

9.6.1 云存储

1. 实训目标

（1） 掌握云存储的建立方法。

（2） 了解云存储技术的应用及推广。

2. 实训要求

（1） 申请一个云存储账号，建立一个网盘。

（2） 实现网络存储的上传和下载功能。

（3） 实现个人云存储的应用和推广。

9.6.2 智能交通

1. 实训目标

（1） 掌握电子地图查询方法。

（2） 熟悉 GPS 的应用。

2. 实训要求

（1） 通过网上地图，查收自己家的位置。

（2） 运用网上地图，查找自己所在位置到目地的路线图。

（3） 使用智能手机的 GPS 进行定位导航。

9.6.3 数码产品

1. 实训目标

（1） 了解数码产品。

（2） 学会选购适合自身的数码产品。

2. 实训要求

（1） 通过网络查阅相关数码产品。

（2） 了解不同数码产品的功能。

（3） 选择适合自己的数码产品。